机械工程学科
研究生教学用书

控制理论及其应用

Control Theory and Applications

卢泽生　主编
卢泽生　吴振顺　孙雅洲　编著
王积伟　审阅

高等教育出版社

内容提要

本书介绍的内容是理论与实践密切结合的跨学科的综合技术，主要是应用古典控制理论和现代控制理论分析和解决工程技术问题。主要内容包括机械系统模型的建立及机电相似系统的等效转换、系统的典型信号和典型环节、控制系统的稳定性及其分析、根轨迹法、控制系统的评价和误差分析与计算、自动控制系统的校正设计、机械系统的建模与分析、机床进给系统速度和位置控制及稳定性分析、控制系统的状态空间描述、控制系统状态方程的解、李雅普诺夫稳定性分析、控制系统的状态空间综合法、神经网络控制及其应用、模糊控制及其应用等。

本书可作为普通高等学校机械工程学科研究生教学用书，还可供相关专业工程技术人员自学与参考。

图书在版编目(CIP)数据

控制理论及其应用/卢泽生主编.—北京：高等教育出版社，2009.12

ISBN 978-7-04-028062-3

Ⅰ.控… Ⅱ.卢… Ⅲ.控制论-研究生-教材
Ⅳ.O231

中国版本图书馆CIP数据核字(2009)第183698号

策划编辑 宋 晓 刘占伟 **责任编辑** 查成东 **封面设计** 李卫青
责任绘图 尹 莉 **版式设计** 范晓红 **责任校对** 俞声佳
责任印制 毛斯璐

出版发行	高等教育出版社	购书热线	010-58581118
社 址	北京市西城区德外大街4号	咨询电话	400-810-0598
邮政编码	100120	网 址	http://www.hep.edu.cn
总 机	010-58581000		http://www.hep.com.cn
		网上订购	http://www.landraco.com
			http://www.landraco.com.cn
经 销	蓝色畅想图书发行有限公司		
印 刷	北京中科印刷有限公司	畅想教育	http://www.widedu.com
开 本	787×1092 1/16	版 次	2009年12月第1版
印 张	19.75	印 次	2009年12月第1次印刷
字 数	460 000	定 价	31.40元

本书如有缺页、倒页、脱页等质量问题，请到所购图书销售部门联系调换。

物料号 28062-00

机械工程学科研究生教学用书专家委员会

总 序

随着中国高等教育持续发展，研究生教育发生了很大变化，我国已经迅速跨入了世界研究生教育大国的行列。为了满足研究生教育的需求，高等教育出版社组织了若干套丛书作为研究生教学参考用书。其中，机械工程学科研究生教学用书是在对全国机械工程学科研究生教育及其教学用书进行全面调研的基础上，由"机械工程学科研究生教学资源建设委员会"组织编写的。组织、编写、出版这套研究生教学用书是一件既有教学价值，又有学术价值的工作。

培养研究生应当特别重视能力的培养。所谓能力，包括自我充实的能力，即独立从一个领域进入另一个领域的能力，以及解决问题的能力。知识是一个动态的集合：昨天的新知识，今天就可能变成一般的知识，明天也许就要变为需要加以更新的知识。竞争迫使人们不断更新自己的知识和进入新的领域。任何人都不可能将他一生中解决问题需要用到的知识都在学校里装进大脑，也不可能年轻时学了的就可以用一辈子。因此，如何培养自我充实能力是非常重要的教育课题，特别是在研究生培养阶段。

自我充实主要有三个途径：浏览、读书和实践。在信息技术高度发展的时代，为一个名词搜集几万条信息，往往只是几秒钟的事。因此，需要将浏览和读书作为两个不同的学习方法区分开来。浏览是遍历广泛的信息而可以不甚了了，读书则不同，读书是为了对所描述的领域进行深入的了解。要了解一个领域，并且想进入这个领域，最好的办法就是先找一本这个领域的经典著作，老老实实地读完。不仅要掌握书中阐述的基本概念，还要弄懂书中介绍的基本理论，学好书中采用的基本方法。如果有计算公式，那么最好一个一个地推导，如果有作业，最好一个一个做一遍。读完以后，再依照书和借助其他工具的引导，去浏览可能得到的信息以丰富自己。此时，对于得到的信息，不仅要能够辨别信息的可信程度，而且要估计它的重要性并判断是否需要花时间和需要花多少时间去进一步了解。这样就完成了从不了解到进入一个领域的第一步。一本好书，还应当起到帮助初学者掌握正确的学习方法和以严谨、科学的治学态度潜移默化地感染读者的作用。

进入一个领域的第二步，也是不可缺少的一步，就是实践。一个人，不论他读了多少书，如果没有亲自做过，他就不可能真正领会很多理论和方法的精髓。当他要用读到的知识去解决问题时，就会觉得没有把握。另外，任何书都不可能完美无缺，经过实践，不仅能够更深入地理解书中正确的方面，更可以发现书中论点和方法的不足之处。读书不是为了做书呆子，而是为了在前人成功的基础上找到自己前进的方向。

从上面的分析可以看到，一本经典著作，对于引领一个人进入一个领域，是多么的重要。可惜现在这样的好书太少了，按照这种要求来写的书太少了。另外，能够这样读书的人也太少了。很多人往往满足于在网络上浏览，或者用对待查手册的态度对待读书。读得也不少，但是越读越理不出头绪。另一方面，没有好书可读也是事实。读文献不等于读书，一篇文献讲的往往是很局部的问题，不可能从一条缝隙中看到一片天；综述文献又太概括，对于还不熟悉这个领域的人，很难从中了解问题的本质。

高等教育出版社组织的若干套研究生教学用书，按照人们的期望，应当走出过去写本科生教材的框框，应当能够向专门的学术著作方向发展，希望其中一部分，能够在一段时间以后成为相应领域中的经典著作。从组织这套机械工程学科研究生教学用书已经确定的选题来看，覆盖了机械工程学科许多非常重要的基础领域，如果能够写好，将会对研究生培养起到重要作用，对于工作在非教育岗位上的同行，也是自我充实的宝贵资源，是继续教育的重要组成部分。从研究生自我充实能力培养的角度出发，这些领域的好书太重要了。研究生不能再靠听课来充实自己，也不能再靠以考试打分去考察他们的能力。这就是为什么人们对这套机械工程学科研究生教学用书寄以殷切期望的原因。

愿它们能够早日与大家见面。

中国工程院 院士
上海交通大学 西安交通大学 教授 谢友柏
2008 年 6 月

前　言

随着现代科学技术的迅速发展，特别是随着机械自动化程度、劳动生产率、仪器设备精度等的不断提高，自动控制技术在机械制造中的地位显得越来越重要。而电子技术、自动控制技术以及计算机技术的快速发展又为控制理论在机械制造中的广泛应用提供了条件。对于大多数工程技术人员和科学工作者来说，自动控制已成为必不可缺的基础知识。很好地掌握并应用自动控制理论尤为重要。

但是，作为一般的机械工程技术人员和学生来说，总觉得学习和掌握控制理论和技术很困难，究其原因主要是在以往的教学中，过多地强调理论的系统性和数学的严谨性，而忽视了学习控制理论和技术的目的性和适用性。本书以理论密切联系实际为宗旨，尽量做到将控制理论应用到机械制造领域中，这样更有利于进一步学习、消化理解和掌握控制理论和相关技术。

本书由卢泽生主编。第1～4、6～8、14、15章由卢泽生编写；第5、9章由孙雅洲编写；第10～13章由吴振顺编写。

东南大学王积伟教授认真审阅了本书，并提出许多宝贵的意见与建议，在此表示衷心的感谢。

虽然在多年的教学中得到了不断的充实和改进，但由于作者水平所限，书中内容仍难免有局限性、错误和欠妥之处，诚恳希望广大读者提出宝贵意见，以帮助进一步完善和提高。

编　者

2008年8月

目　录

第1章 绪　论

本章主要讲述控制理论的基本概念、机械控制系统的组成、控制系统的性能指标以及自动控制系统的分类。通过本章的学习读者可重点掌握本门课程所研究的基本内容及所要解决的基本问题。

控制理论指的是自动控制理论。当今一切领域都离不开自动控制,没有自动控制就没有现代科学技术和现代社会文明。自动控制技术可使生产过程具有高度的准确性,能有效地提高产品的性能和质量,节约能源,降低材料消耗,能极大地提高劳动生产率、改善劳动条件和减轻劳动强度等。

本书的重点在于应用,即应用自动控制理论来分析、研究和解决机械制造中的有关控制问题和精度保证问题,如位移、位置、速度、力、精度、质量等的控制。

追溯起来,控制理论最早是从机械制造领域中的飞行器发展起来的,后来随着科学技术的不断发展,这一理论日趋成熟,并自成体系,与机械制造领域越来越脱离。随着机械制造工业的发展,机电一体化产品的不断出现,学科之间不断的交叉与渗透,将这一理论更为成功地应用于机械制造领域将大有前途。

1.1 基本概念

自动控制是指在没有人直接参与的情况下,通过控制系统使被控对象自动地按照预定规律运行的控制过程。

系统是指由相互联系、相互依赖、相互制约和相互作用的若干部分组成的具有某种特定功能的有机整体。

控制系统是指由相互联系、相互依赖、相互制约和相互作用的若干部分组成的具有某种控制功能的有机整体。

自动控制系统是指由相互联系、相互依赖、相互制约和相互作用的若干部分组成的具有自动控制功能的有机整体。

被控对象是指工作状态需要加以控制的装置、设备和过程。

被控量是指描述被控对象按预定运行规律工作的量,也是系统的输出量。

控制量是指作为被控量的控制指令而加给控制系统的输入量,也称给定量。

扰动量是指引起被控量偏离预定运行规律的量,也称干扰量。

机械是指由零部件组成,可实现运动、能量和信息传递或转换的具有某种功能的仪器、装置或设备。

制造是指把原材料变成产品的过程。

机械制造是指把原材料通过加工、检测、装配制成装置或设备等产品的过程。

所以说，用控制理论去分析研究和实现机械系统的设计、制造、检测、装配或控制，并保证其精度和质量的问题都属于本门课程所研究的内容。

从控制理论上而不是控制方法上说，控制理论主要分为两大类：经典控制理论和现代控制理论。

经典控制理论以传递函数为理论基础，主要解决单输入、单输出的线性控制系统的分析与设计问题。其分析方法主要是频域法，一般基于经典控制理论的控制方法难以获得最佳控制。

现代控制理论以状态方程或模糊数学、神经网络等为理论基础，主要解决多输入、多输出的非线性时变控制系统的分析与设计问题。其分析方法主要是时域法，一般基于现代控制理论的控制方法易于实现最佳控制。

时变控制系统是指其方程的系数是时间的函数。如宇宙飞船的控制系统就是一个时变控制系统，因为飞船的燃料消耗和引力的变化是时间的函数。再如对一个高速弹性系统，可建立时变振动系统的二阶线性变系数微分方程为：

$$m(t)\ddot{x}+f(t)\dot{x}+K(t)x=F(t)$$

式中 m、f 和 K 分别为随时间变化的质量、粘滞阻尼系数和刚度系数（或称弹性系数），x、$\dot{x}$、$\ddot{x}$ 和 $F(t)$分别为位移、速度、加速度和力向量，因此也是一个时变控制系统。

用经典控制论所能解决的问题都能用现代控制论来解决，但经典控制的独到之处是输入输出关系明确，对系统分析、设计简单直观，所以经典控制仍然具有广阔的应用前景。

1.2　机械控制系统的组成及其研究内容

自动控制系统是由控制器、执行机构、被控对象和反馈元件（传感器）组成的。

控制器是通过所产生的控制信号来操纵执行机构，使被控对象按技术要求完成某种任务的器件，主要包括计算机、控制元件、放大元件、转换元件、比较元件、运算元件等。

执行机构是根据控制信号对被控对象进行操作的装置，如液压马达、电机等。

被控对象前面已经讲过，但也可说成是受控制器操纵的、具有某种功能的、最终可完成某种任务的对象，如机床、人造卫星、火箭、飞机、化工装置等。

反馈元件是可产生与被控制量（输出量）有一定函数关系的反馈信号的器件，如各种可满足特定性能要求的传感器。

如果被控对象是由某种机械所组成的反馈系统，则其机械控制系统的基本组成如图 1.1 所示。

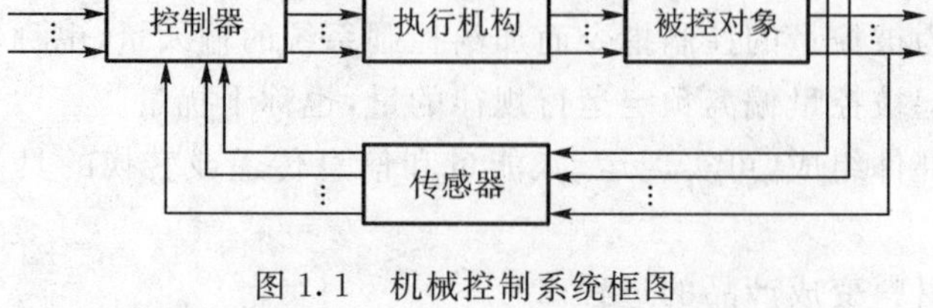

图 1.1　机械控制系统框图

控制理论主要解决的问题包括两个方面，一是控制系统性能分析，二是控制系统的设计。

1.2.1 控制系统性能分析

控制系统性能分析包括以下几个方面：

（1）判断系统能否正常工作——系统稳定性分析。

（2）判断系统是否有稳定裕量，即能否可靠地工作——系统可靠性分析。

（3）判断系统精度的高低、误差的大小——系统准确性分析。

（4）判断系统响应的快慢——系统快速性分析。

1.2.2 控制系统的设计

单纯从控制角度讲，设计的基本问题是合理选择控制规律和设计控制器，以保证输出量能满足设计指标。对系统分析和设计的依据是控制系统的性能指标。它是根据控制系统应完成的任务和技术要求而确定的，主要包括系统的稳态性能、动态性能和抗干扰性能等指标。

1. 系统的稳态性能

判定系统的稳态性能，一是看系统是否稳定，即系统稳定性，二是看系统稳定后其稳态精度如何，即系统的准确性。系统稳定是指：当输出量偏离给定的输入量的初始值随着时间的推移，能逐渐趋于零时，则系统稳定，反之则不稳定。如果一个系统不稳定，被控制量将不停地波动（振荡）或者发散，不能保持正常的工作状态。所以，系统稳定是任何控制系统的必要条件。

系统的准确性是指在过渡过程结束后，输出量与给定量之间的偏差，又称为稳态误差或稳态精度。

2. 系统的动态性能

根据所采用的分析与设计方法不同，动态性能通常用时域指标和频域指标这两种形式来衡量。

（1）时域指标

时域指标是相对于控制系统在单位阶跃输入作用下的输出响应而规定的，其响应曲线如图 1.2 所示。

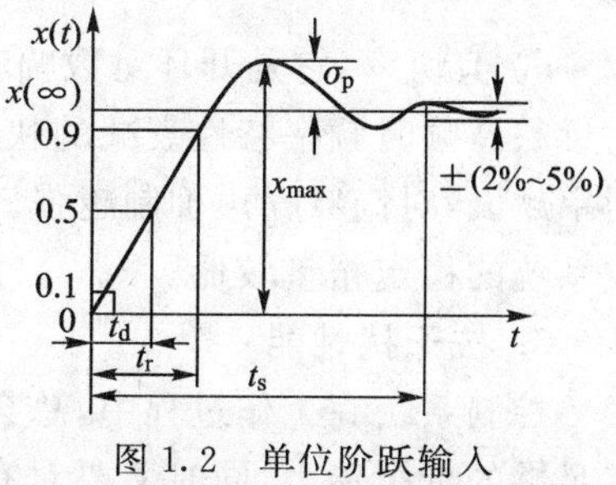

图 1.2 单位阶跃输入作用下的输出响应

具体的时域指标有：

1）超调量 σ_p：$\sigma_p=\dfrac{x_{max}-x(\infty)}{x(\infty)}\times100\%$

2）调整时间（过渡过程时间）t_s：定义为阶跃响应曲线达到输出量稳态值的±（2%～5%）（称为允许误差带）所需要的时间。它反映了系统的快速性能，这个指标是在稳定的前提下提出来的，因为没有稳定性也就谈不上快速性。所谓快速性就是当系统的输出量与给定的输入量之间产生偏差时，消除这种偏差的快慢程度，即系统恢复原值或跟随给定的输入值的速度，亦即过渡过程时间 t_s 的大小，显然 t_s 越小越好。

3）上升时间 t_r：定义为阶跃响应从稳态值的 10%上升到 90%所经历的时间。

4）延迟时间 t_d：定义为阶跃响应从起始值到稳态值的50%所经历的时间。

5）振荡次数 N：在 $0<t<t_s$ 的时间内，$x(t)$ 穿越 $x(\infty)$ 即 $1(t)$ 的次数的一半为控制系统过渡过程的振荡次数 N。N 的数值越小，控制系统的阻尼性能越好。

（2）频域指标

频域指标的设定是从闭环频率特性和开环频率特性两个角度给出的。

1）闭环频率特性的频域指标：共有三项，如图1.3所示。

① 谐振峰值 M_r：定义幅值 $M(\omega)$ 的最大值为谐振峰值，M_r 的大小说明闭环控制系统的相对稳定性，M_r 值大则超调量就大。

② 谐振频率 ω_r：谐振峰值 M_r 所对应的频率。ω_r 的大小表征了瞬态响应的速度。ω_r 的值越大，时间响应越快。

③ 频带宽度 BW：当幅值 $M(\omega)$ 降至其零频率幅值 $M(0)$ 的0.707倍或从零频增益下降至3 dB时的频率范围，此处的频率为截止频率 ω_b，频带越宽，其截止频率越高，则系统响应越快。它反映了系统的滤波特性。

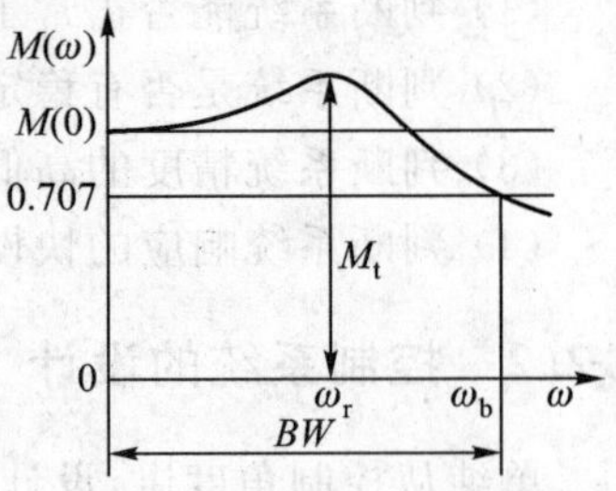

M_r—谐振峰值；ω_r—谐振频率；
ω_b—截止频率；BW—频带宽度

图1.3　闭环系统幅频特性曲线

2）开环频率特性的频域指标：在分析和设计控制系统时，不仅要使系统稳定，而且还要求系统具有一定的稳定裕度。所以将增益裕量和相位裕量作为开环频率特性的频域指标。

① 增益裕量 K_g：其定义为系统开环频率特性 $G(j\omega)H(j\omega)$ 的相角为-180°时，幅频特性 $|G(j\omega)H(j\omega)|$ 的倒数

$$K_g=\frac{1}{|G(j\omega)H(j\omega)|}$$

或

$$20\lg K_g=-20\lg|G(j\omega)H(j\omega)|$$

② 相位裕量 γ：其定义为系统剪切频率（幅值交界频率）ω_c 处，相频特性 $\varphi(\omega_c)$ 与-180°相差的角度，即

$$\gamma=180^\circ+\varphi(\omega_c)$$

③ 剪切率：它是开环对数幅频特性曲线在剪切频率（或称幅值交界频率）ω_c 附近的斜率。它反映高频时频率特性衰减的快慢。高频衰减越快，对于信号和噪声的区分能力越强。剪切率越大，对高频噪声抑制越强。然而，陡峭的剪切特性常伴随着谐振幅值 M_r 的增大，会造成系统的稳定裕量较低。

3. 抗干扰性能

控制系统在工作过程中，总会受到外界的干扰。一个良好的控制系统，应对外界干扰具有足够的抵抗能力，同时又要对有用信号做出迅速反应。这两项要求是有矛盾的。在工程设计中常用闭环系统的带宽 BW 作为抗扰性的度量。带宽越窄，则系统的抗高频干扰性越强。

根据系统输入量和输出量的性质和大小，控制器产生一定的控制信号，即控制量，去控制被控对象。控制信号的变化规律叫控制规律。从控制角度讲，控制系统的基本问题是设计所需要的控制器和选择最为合理的控制规律，以保证输出量满足设计指标要求。

1.3 自动控制系统的分类

任何事物的分类都是一个复杂的问题,难以准确地给予统一的定义,不同的结构、不同的应用背景、不同的原理等都有不同的分类方法。下面从不同的角度对自动控制系统进行分类。

1. 按系统组成的物理性质分类

可分为电气控制系统、机械控制系统、流体控制系统、电气—流体控制系统等。

2. 按系统的数学模型(微分方程)的性质分类

(1) 线性系统

线性系统指自动控制系统的工作状态和性能可用线性微分方程或线性差分方程来描述的系统。它又可分为:

1) 线性定常系统:描述线性系统的微分方程或差分方程的系数是不随时间而变化的常数。

2) 线性时变系统:描述线性系统的微分方程或差分方程的系数是时间的函数。

(2) 非线性系统

自动控制系统的工作状态和性能可用非线性微分方程描述的系统。它可以分为非线性定常系统和非线性时变系统。

(3) 线性系统与非线性系统的特点

1) 线性系统的稳定性只与其自身的结构和参数有关,而与初始条件和外加输入信号无关。对于线性定常系统,其稳定性仅取决于特征方程的根在 s 平面的分布。

非线性系统的稳定性除了与系统的结构和参数有关外,还与初始条件和输入信号有关。对于一个非线性系统,在不同的初始条件下,运动的最终状态可能完全不一样。也有可能在某种初始条件下是稳定的,而在另一种条件下是不稳定的。或者在某种输入信号下是稳定的,而在另一种输入信号下是不稳定的。所以,对于非线性系统只能判断在某种条件下系统是否稳定。

2) 对于线性系统,系统的运动状态或收敛于平衡状态或发散。只有处于临界稳定时才会出现等幅振荡。但在实际情况下,这种状态是不能持久的。

在非线性系统中,也会出现具有一定振幅和频率的振荡。这种振荡的频率和振幅具有一定的固定性,称为自激振荡或称自振荡。改变系统的结构和参数可以改变系统的自激振荡的频率和振幅。

3) 在线性系统中,当输入信号为正弦信号时,其输出的稳定分量是同频率的正弦信号。输入信号和稳态输出之间,仅在振幅和相位上有所不同,因此可以用频率响应来描述系统的固有特性。

对于非线性系统,如果输入信号为某一频率的正弦信号,其稳定输出一般不是同频率的正弦信号,而是含有高次谐波分量的非正弦周期函数。因此不能直接应用频率特性、传递函数等线性系统常用的概念来分析和综合非线性系统。

4) 对于线性系统,可以用线性微分方程来描述,可以用叠加原理求解。

对于非线性系统,要用非线性方程来描述,不能用叠加原理求解,而通常采用数值解法、描述函数法、相平面法、李雅普诺夫直接法、波波夫法等进行分析。

3. 按给定量的变化规律分类

(1) 恒值控制系统

起控制作用的输入量是恒定值的控制系统称为恒值控制系统。

(2) 程序控制系统

控制作用是按预先给定的规律(程序)变化的控制系统称为程序控制系统。

(3) 随动控制系统

控制作用是时间的未知函数,即输入量事先未知,而输出量能迅速复现输入量变化的控制系统称为随动控制系统。

4. 按输入及输出信号连续性分类

(1) 连续系统

系统中各元件的输入和输出信号是时间 t 的连续函数的控制系统称为连续系统。

(2) 离散系统

系统输入、输出值是在离散时间 $t_1,t_2\cdots$ 上配值的脉冲序列函数的控制系统称为离散系统。

5. 按被控制量参数的性质分类

可分为速度控制、位置控制、力和力矩控制、混合变量控制等系统。

6. 按系统有无反馈信号分类

(1) 开环系统

系统的输出信号对控制信号无直接影响的控制系统称为开环系统。

(2) 闭环系统

系统的输出信号对控制信号有直接影响的控制系统称为闭环系统。

开环系统具有构造简单、维护容易、成本较低、不存在不稳定问题、输出量不用测量(与闭环系统相比)等优点。其缺点是当扰动和给定值变化时会造成误差,为保证必要的输出量,还需对标定值随时进行修正。

闭环系统控制精度较高、抗干扰性强,但结构较复杂、成本较高,其误差取决于反馈回路的测试精度,设计时需校核其系统的稳定性。

第 2 章　机械系统模型的建立及机电相似系统的等效转换

本章主要讲述模型的分类、机械系统物理模型和数学模型的建立、机械系统物理模型参数的转换原则以及机电相似系统的等效转换。通过本章的学习读者可综合运用以前所学的有关知识实现机电相似系统的等效转换。

2.1　机械系统模型的建立

机械系统模型的建立包括物理模型和数学模型的建立。

1. 模型的分类

模型一般可分为五种形式:实体模型、图式模型、模拟(仿真)模型、物理模型和数学模型。

(1) 实体模型

实体模型一般是现实系统放大或缩小的表现形式。它能表明系统的主要特征和各组成部分之间的关系,如原子模型、导弹模型、舰艇模型、地球仪等。

(2) 模拟(仿真)模型

模拟模型一般是指通过计算机仿真或是用一种物理模型来代替另外一种物理模型的表现形式。如用电系统物理模型来代替机械系统物理模型也可称为模拟。总之,是模拟现实系统的性能和行为。

(3) 图式模型

图式模型是用图表、图形、曲线、符号等对现实系统加以抽象、概括与描述的表现形式。如设计图、网络图、流程图、电路图等。

(4) 物理模型

物理模型是用物理参数对现实系统加以抽象、概括与描述的表现形式。

(5) 数学模型

数学模型是用数学方程对现实系统加以抽象、概括与描述的表现形式。

2. 机械系统物理模型的建立

物理模型应根据图式模型来建立。需要将该系统的结构装配图简化为结构原理图,然后再概括抽象为用物理参数表示的物理模型。

机械系统物理模型的描述,一般用质量(m)或惯量(J)、弹性系数(K)和与速度有关的粘滞阻尼系数(f)等物理量来表示。

根据机床工作台进给系统结构原理(图 2.1a)建立其物理模型(图 2.1b)。图 2.1b 中 m 为后文所述的运动部件转化后的质量;F 为工作台所受的力;x 为工作台的位移;f 为粘滞阻尼系数；k 为弹性系数。

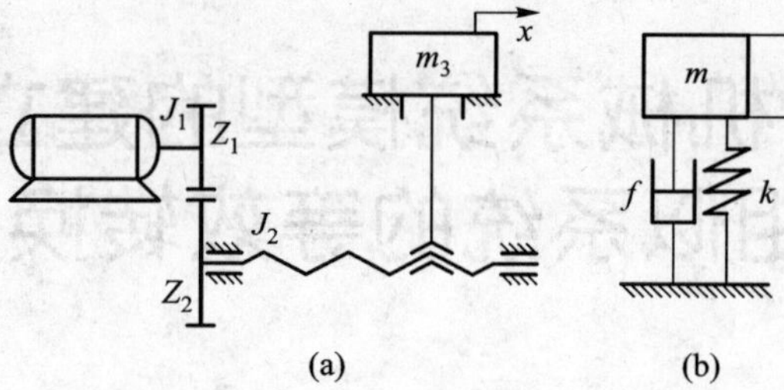

图 2.1　机床工作台进给系统的结构原理图及其物理模型

3. 机械系统数学模型的建立

数学模型建立的依据是物理模型。根据各参数的相互关系，通过有关的定律、定理和规律等建立数学表达式，该表达式可正确地反映系统的本质。在数学模型的建立中要力求简化和准确。

（1）简化性

作为一个系统，特别是复杂的系统可能要由十多个甚至数十个方程才能较完善地描述一个系统。这样要对这个系统进行研究分析是非常困难的，甚至是不可能的。因此要对此系统的数学描述进行简化，即忽略那些次要因素，使得研究分析可以进行，否则数学模型再正确也没有实际意义。

（2）准确性

对系统的描述一定要准确，被忽略或简化的因素一定是次要的，并且还要正确地应用相关的物理概念和公式。

4. 有关物理参数的转化和计算

（1）质量和惯量的转化

研究一个机械系统，主要是控制被控对象的输出量，被控对象的运动形式一般是零部件的移动或者转动。图 2.1 中 m_3 为工作台的质量，但是其他运动部件的质量或转动惯量对系统也有不同程度的影响，那么就应该将这些质量或转动惯量通过转化归算到被研究的部件上，这就是质量和惯量的转化。

转化原则：转化前后系统的瞬时动能保持不变。

转化前的动能

$$E=\frac{1}{2}\sum_{i=1}^{k}m_i v_{si}^2+\frac{1}{2}\sum_{i=k+1}^{n}J_{si}\omega_i^2 \tag{2.1}$$

式中　v_{si}——元件 i 的重心 s 的速度；

J_{si}——元件 i 对重心轴 s 的转动惯量；

ω_i——元件 i 的瞬时角速度；

m_i——元件 i 的质量；

i——运动部件（包括移动和转动）的序号，$i=1,2,\cdots,k,k+1,k+2,\cdots,n$。

转化后被研究对象的瞬时动能

移动元件　　$$E=\frac{1}{2}m_{\mathrm{H}}v_i^2 \tag{2.2}$$

转动元件　　$$E=\frac{1}{2}J_H\omega_i^2 \tag{2.3}$$

式中 m_H，J_H 分别为转化后的质量和转动惯量。

移动元件为工作台 m_3，由式(2.2)得

$$\frac{1}{2}m_H v_3^2=\frac{1}{2}J_1\omega_1^2+\frac{1}{2}J_2\omega_2^2+\frac{1}{2}m_3 v_3^2 \tag{2.4}$$

又：

$$v_3=\frac{h}{2\pi}\omega_2=\frac{h}{2\pi}\omega_1\frac{z_1}{z_2} \tag{2.5}$$

将式(2.5)代入式(2.4)得

$$m_H=\frac{4\pi^2}{h^2}\left[J_1\left(\frac{z_2}{z_1}\right)^2+J_2\right]+m_3 \tag{2.6}$$

式中　h——丝杠螺距(单线螺纹)；

z_1，z_2——传动齿轮的齿数。

(2) 弹性系数的计算

拉伸或压缩弹簧力 F 与变形 x 的关系　　$$F=k_F x(t) \tag{2.7}$$

扭转弹簧扭矩 M 与扭转变形 θ 的关系　　$$M=k_\theta\theta(t) \tag{2.8}$$

式中　k_F——拉压弹簧弹性系数；

k_θ——扭转弹簧弹性系数。

串、并联弹簧弹性系数的计算如图 2.2 所示。

图 2.2a 弹性系数计算公式为

$$k=\frac{k_1k_2}{k_1+k_2} \tag{2.9}$$

图 2.2b 弹性系数计算公式

$$k=k_1+k_2 \tag{2.10}$$

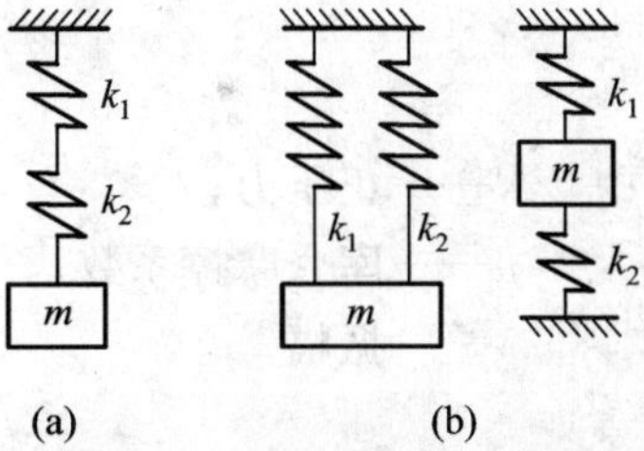

图 2.2　串、并联弹簧示意图

(3) 阻尼系数转化为粘滞阻尼系数

摩擦和摩擦力定义如下：两物体有相对运动或相对运动趋势时，其接触表面将对运动产生阻碍，这种阻碍即为摩擦，其阻碍运动的力即为摩擦力。

摩擦力的形式和大小取决于两物体表面形貌、两面间的压力、相对运动速度及其他一些因素。因此，对摩擦力做到准确的数学描述是困难的。摩擦可分为三种类型：静摩擦、动摩擦(库仑摩擦)和粘滞摩擦，如图 2.3 所示。

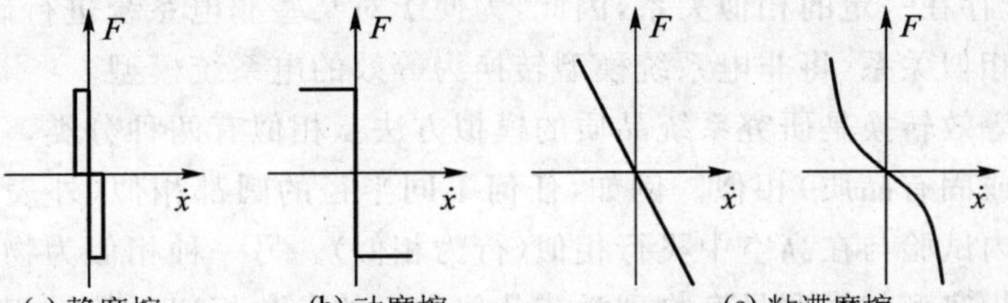

图 2.3　摩擦的类型及摩擦力 F 与速度 $\dot{x}$ 的关系曲线

粘滞摩擦力与速度成正比，库仑摩擦力与速度的大小无关。

摩擦对伺服系统来说会带来误差，当摩擦力或摩擦扭矩大而驱动系统刚度低，特别是低速时，易出现有输入而无输出、时动时停、时快时慢的不平稳运动现象，这就是爬行。目前学术界对于爬行机理的认识还不完全一致，但通常倾向于认为它是由于摩擦系数的非线性和运动部件刚性不足所致。

在谐振系统中，若将库仑摩擦系统转换为粘滞摩擦阻尼系统，谐振方程为

$$x = A\sin\omega t$$

$$\dot{x} = A\omega\cos\omega t$$

转换的原则是转换前后耗散的功相等。

粘滞阻尼耗散的功为 U_c，则

$$\begin{aligned} U_c &= \int_0^T f\dot{x}\,\mathrm{d}x = \int_0^T f\dot{x}\dot{x}\,\mathrm{d}t = \int_0^T fA^2\omega^2\cos^2\omega t\,\mathrm{d}t \\ &= fA^2\omega^2\left(\frac{t}{2} + \frac{1}{4\omega}\sin 2\omega t\right)\Bigg|_0^{t=T=\frac{2\pi}{\omega}} \\ &= f\pi A^2\omega \end{aligned}$$

式中 f——粘滞阻尼系数。

库仑摩擦力 F 作的功为 U_F，则

$$F = \mu N$$

$$U_F = F\cdot 4A = 4\mu NA$$

式中 N——正压力；

μ——库仑摩擦系数；

A——振幅。

则

$$U_c = U_F$$

从而

$$f = \frac{4\mu N}{\pi A\omega}$$

2.2 机电相似系统的等效转换

由于电系统的研究比较成熟，有许多有效的处理方法，而某些非电系统（如机械、化工等过程）又同电系统存在一定的相似关系，因此，为便于对某些非电系统进行研究，可利用电系统与非电系统的相似关系，将非电系统模型转换为等效的电系统模型。

相似系统的等效转换是研究系统品质的模拟方法。相似有两种分类，一种是外表（或外貌）相似与行为（或固有品质）相似。例如，任何不同半径的圆都相似（外表相似），一架新型飞机在风洞装置内试验与在高空中飞行相似（行为相似）。另一种相似为物理相似和数学相似。物理相似是指实型与模型具有物理学或几何学上的参数相似。数学相似是描述实型与模型行为规律的数学方程相似。表 2.1 和表 2.2 是机械系统与电系统相似物理量等效对应表。

表 2.1 机械系统与电系统力—电压相似物理量等效对应表

机械系统		电系统	
机械量	符号	电量	符号
力(力矩)	$F(M)$	电压	e
质量(惯量)	$m(J)$	电感	L
粘滞阻尼系数	f	电阻	R
弹性系数	k	电容	$1/C$
位移(角位移)	$x(\theta)$	电荷量	q
速度(角速度)	$\dot{x}(\dot{\theta})$	电流	$i(\dot{q})$

表 2.2 机械系统与电系统力—电流相似物理量等效对应表

机械系统		电系统	
机械量	符号	电量	符号
力(力矩)	$F(M)$	电流	i
质量(惯量)	$m(J)$	电容	C
粘滞阻尼系数	f	电阻	$1/R$
弹性系数	k	电感	$1/L$
位移(角位移)	$x(\theta)$	磁通	ψ
速度(角速度)	$\dot{x}(\dot{\theta})$	电压	e

机电相似系统主要指机械系统和电系统的数学方程相似(本节是指传递函数相似)。

1. 机电系统相似判断(例 1)

一般来说,图 2.4a 由 k、f 组成的机械系统可用图 2.4b 由 R、C 组成的电系统来模拟。如果两系统的传递函数具有相同的形式,说明两系统等效,其两系统的参数将有一一对应的关系。

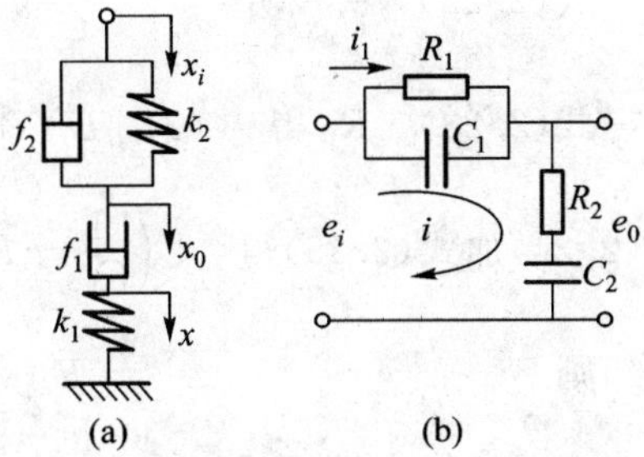

图 2.4 机械系统和电系统的物理模型

建立图 2.4a 的数学模型为

$$\begin{cases}(x_i-x_0)k_2+(\dot{x}_i-\dot{x}_0)f_2=(\dot{x}_0-\dot{x})f_1 & (2.11)\\(\dot{x}_0-\dot{x})f_1=k_1x & (2.12)\end{cases}$$

对上式进行拉氏变换,并令初始条件为零

$$\begin{cases}k_2[X_i(s)-X_0(s)]+f_2s[X_i(s)-X_0(s)]=f_1s[X_0(s)-X(s)] & (2.13)\\f_1s[X_0(s)-X(s)]=k_1X(s) & (2.14)\end{cases}$$

由式(2.14)得

$$X(s)=\frac{f_1s}{k_1+f_1s}X_0(s) \tag{2.15}$$

将式(2.15)代入式(2.13)得

$$X_i(s)[k_2+f_2s]=X_0(s)[k_2+f_2s]+\left[X_0(s)-\frac{f_1s}{k_1+f_1s}X_0(s)\right]f_1s$$

$$=X_0(s)\left[k_2+f_2s+\frac{k_1f_1s}{k_1+f_1s}\right] \tag{2.16}$$

由式(2.16)得

$$G(s)=\frac{X_0(s)}{X_i(s)}=\frac{k_2+f_2s}{k_2+f_2s+\dfrac{k_1f_1s}{k_1+f_1s}}=\frac{\left(\dfrac{f_1}{k_1}s+1\right)\left(\dfrac{f_2}{k_2}s+1\right)}{\dfrac{f_1}{k_1}\dfrac{f_2}{k_2}s^2+\left[\dfrac{f_1}{k_1}\left(1+\dfrac{k_1}{k_2}\right)+\dfrac{f_2}{k_2}\right]s+1}$$

$$=\frac{(T_1s+1)(T_2s+1)}{T_1T_2s^2+[T_1(1+\beta)+T_2]s+1} \tag{2.17}$$

建立图 2.4b 的数学模型为

$$\begin{cases}e_0=R_2i+\dfrac{1}{C_2}\displaystyle\int i\mathrm{d}t & (2.18)\\ e_i-e_0=R_1i_1 & (2.19)\\ e_i-e_0=\dfrac{1}{C_1}\displaystyle\int(i-i_1)\mathrm{d}t & (2.20)\end{cases}$$

对上式进行拉氏变换,并令初始条件为零,可得

$$\begin{cases}E_0(s)=\left[R_2+\dfrac{1}{C_2s}\right]I(s) & (2.21)\\ E_i(s)-E_0(s)=R_1I_1(s) & (2.22)\\ E_i(s)-E_0(s)=\dfrac{1}{C_1s}[I(s)-I_1(s)] & (2.23)\end{cases}$$

式(2.22)×$\frac{1}{C_1s}$得 $$\frac{1}{C_1s}[E_i(s)-E_0(s)]=\frac{R_1}{C_1s}I_1(s) \tag{2.24}$$

式(2.23)×R_1 得 $$R_1[E_i(s)-E_0(s)]=\frac{R_1I(s)}{C_1s}-\frac{R_1}{C_1s}I_1(s) \tag{2.25}$$

式(2.24)加式(2.25)得 $$\left(\frac{1}{C_1s}+R_1\right)[E_i(s)-E_0(s)]=\frac{R_1}{C_1s}I(s)$$

则 $$E_i(s)=E_0(s)+\frac{R_1}{1+R_1C_1s}I(s) \tag{2.26}$$

将式(2.21)代入式(2.26)得

$$E_i(s)=\left(R_2+\frac{1}{C_2s}\right)I(s)+\frac{R_1}{1+R_1C_1s}I(s)=\left(R_2+\frac{1}{C_2s}+\frac{R_1}{1+R_1C_1s}\right)I(s) \tag{2.27}$$

将式(2.21)除式(2.27)得

$$G(s)=\frac{E_0(s)}{E_i(s)}=\frac{\left(R_2+\dfrac{1}{C_2s}\right)I(s)}{\left(R_2+\dfrac{1}{C_2s}+\dfrac{R_1}{1+R_1C_1s}\right)I(s)}=\frac{(R_1C_1s+1)(R_2C_2s+1)}{R_1C_1R_2C_2s^2+\left[R_1C_1\left(1+\dfrac{C_2}{C_1}\right)+R_2C_2\right]s+1}$$

$$=\frac{(T_1s+1)(T_2s+1)}{T_1T_2s^2+[T_1(1+\beta)+T_2]s+1} \tag{2.28}$$

由式(2.17)和式(2.28)知机电两系统等效，即相似。并可得出以下对应关系

$$\beta=\frac{k_1}{k_2}\Leftrightarrow\beta=\frac{C_2}{C_1}\qquad\begin{cases}k_1\Leftrightarrow\dfrac{1}{C_1}\\[2ex] k_2\Leftrightarrow\dfrac{1}{C_2}\end{cases}$$

$$T_1=\frac{f_1}{k_1}\Leftrightarrow T_1=R_1C_1\qquad f_1\Leftrightarrow R_1$$

$$T_2=\frac{f_2}{k_2}\Leftrightarrow T_2=R_2C_2\qquad f_2\Leftrightarrow R_2$$

2. 机电系统相似判断(例 2)

图 2.5a 以力 F 为输入，位移 x 为输出，图 2.5b 以电压 e_i 为输入，电荷量 q 为输出，求两系统传递函数，并证明两系统是否等效，如等效，则写出各参数的对应关系。

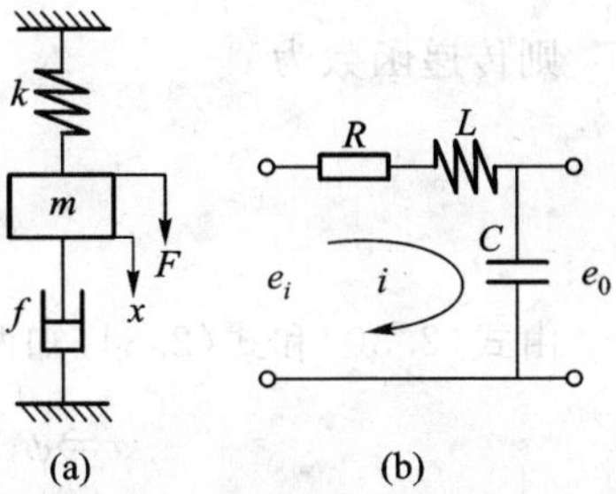

图 2.5 机械系统和电系统物理的模型

图 2.5a 机械物理模型的数学模型为

$$F=m\ddot{x}+f\dot{x}+kx \tag{2.29}$$

对式(2.29)进行拉氏变换，令初始条件为零，可得

$$F(s)=ms^2X(s)+fsX(s)+kX(s)$$

传递函数为

$$G(s)=\frac{X(s)}{F(s)}=\frac{1}{ms^2+fs+k} \tag{2.30}$$

图 2.5b 电物理模型的数学模型为

$$e_i=Ri+L\frac{\mathrm{d}i}{\mathrm{d}t}+\frac{1}{C}\int i\mathrm{d}t$$

由于

$$i=\frac{\mathrm{d}q}{\mathrm{d}t}$$

所以

$$e_i=R\frac{\mathrm{d}q}{\mathrm{d}t}+L\frac{\mathrm{d}^2q}{\mathrm{d}t^2}+\frac{q}{C} \tag{2.31}$$

对式(2.31)进行拉氏变换，并令初始条件为零，可得

$$E_i(s)=RsQ(s)+Ls^2Q(s)+\frac{Q(s)}{C}$$

则

$$G(s)=\frac{Q(s)}{E_i(s)}=\frac{1}{Ls^2+Rs+\dfrac{1}{C}} \tag{2.32}$$

由式(2.30)和式(2.32)可知两系统等效，即相似。并可得出以下对应关系

$$F\Leftrightarrow e_i;\quad x\Leftrightarrow q;\quad m\Leftrightarrow L;\quad f\Leftrightarrow R;\quad k\Leftrightarrow\frac{1}{C}$$

3. 机电系统相似判断(例 3)

如果将图 2.5b 换成图 2.6，求出以总电流 i 为输入，以输出电压 e_0 的磁通 ψ 为输出的传递函数，并证明图 2.5a 与图 2.6 两系统是否等效，如等效，则写出各参数的对应关系。

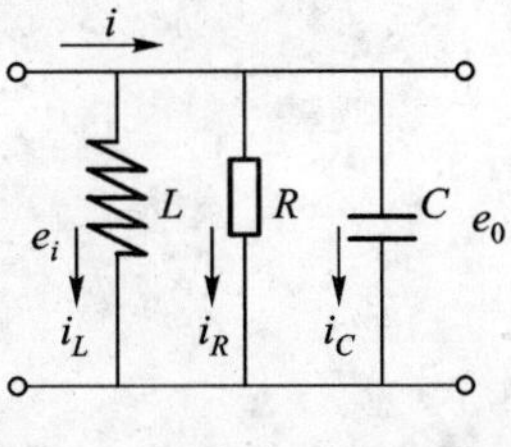

图 2.6 电系统的物理模型

图 2.6 电物理模型的数学模型为

$$i = i_L + i_R + i_C = \frac{1}{L}\int e_0 \mathrm{d}t + \frac{e_0}{R} + C\frac{\mathrm{d}e_0}{\mathrm{d}t}$$

由于

$$e_0 = \frac{\mathrm{d}\psi}{\mathrm{d}t}$$

所以

$$i = \frac{\psi}{L} + \frac{1}{R}\frac{\mathrm{d}\psi}{\mathrm{d}t} + C\frac{\mathrm{d}^2\psi}{\mathrm{d}t^2} \tag{2.33}$$

对式(2.33)进行拉氏变换，令初始条件为零，可得

$$Cs^2\psi(s) + \frac{1}{R}s\psi(s) + \frac{1}{L}\psi(s) = I(s)$$

则传递函数为

$$G(s) = \frac{\psi(s)}{I(s)} = \frac{1}{Cs^2 + \frac{1}{R}s + \frac{1}{L}} \tag{2.34}$$

由式(2.30)和式(2.34)知两系统等效，即相似。并可得以下对应关系

$$x \Leftrightarrow \psi;\quad F \Leftrightarrow i;\quad m \Leftrightarrow C;\quad f \Leftrightarrow \frac{1}{R};\quad k \Leftrightarrow \frac{1}{L}$$

第 3 章　系统的典型信号和典型环节

本章主要讲述控制系统的典型信号和典型环节、系统的时间响应和频率响应以及有关频率的基本概念。通过本章的学习读者可重点掌握典型信号和典型环节的表达方法或描述方式、系统的时间响应和频率响应分析。

3.1　系统的典型信号及其时间响应分析

系统的响应与输入信号有直接关系，输入信号不同，系统的响应也不同。自控系统的输入信号经常带有随机性，特别是出现干扰信号时，难以用准确的数学表达式进行描述。这对如何衡量一个系统是否满足实际工作状态的要求，带来分析和设计上的很大困难。所以有必要通过一些典型信号（实验信号），根据系统的实际工作状态选择合适的典型信号对系统进行考核。

3.1.1　系统的典型信号

典型信号有阶跃信号、斜坡信号、加速度信号、脉冲信号和正弦信号。

1. 阶跃信号

阶跃信号如图 3.1 所示，其数学表达式为

$$x_i(t)=\begin{cases}0 & t<0\\ R & t\geqslant 0\end{cases} \tag{3.1}$$

当 $R=1$ 时，记为 $1(t)$，即单位阶跃信号。

2. 斜坡信号

斜坡信号如图 3.2 所示，其数学表达式为

$$x_i(t)=\begin{cases}0 & t<0\\ Rt & t\geqslant 0\end{cases} \tag{3.2}$$

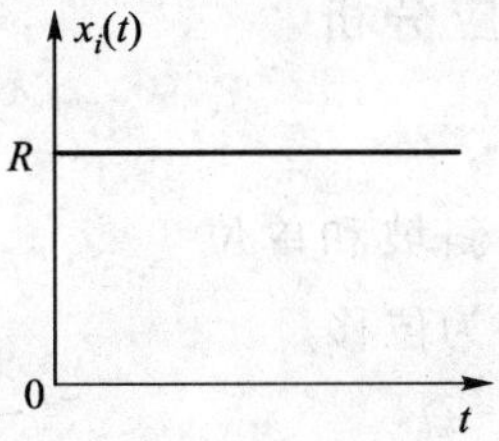

图 3.1　阶跃信号

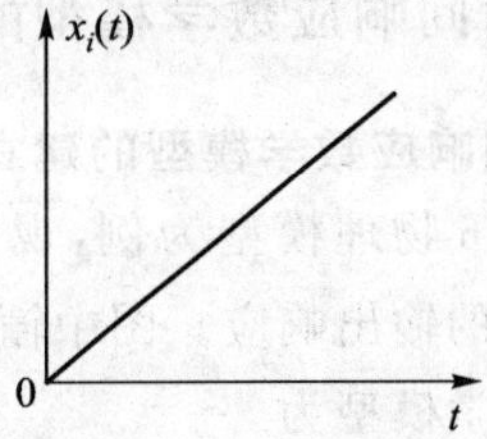

图 3.2　斜坡信号

当 $R=1$ 时，为单位斜坡函数（等速度函数）。斜坡函数等于阶跃函数的积分 $\int R\mathrm{d}t=Rt$，而它对时间的导数就是阶跃函数 $(Rt)'=R$。当积分器（运算放大器）输入端加入恒值电压，其输出为斜坡函数。又如，如果转动轴的输入是恒定转速 n，输出是角位移，为斜坡函数，其表达式为 $\int n\mathrm{d}t=nt$。如若输入为速度 v，输出是位移，是斜坡函数，其表达式为 $\int v\mathrm{d}t=vt$。

3. 加速度信号

加速度信号如图 3.3 所示，其数学表达式为

$$x_i(t)=\begin{cases}0 & t<0\\ \dfrac{1}{2}Rt^2 & t\geqslant 0\end{cases} \tag{3.3}$$

当 $R=1$ 时，为单位加速度函数。加速度函数是斜坡函数对时间的积分，即

$$\int Rt\,\mathrm{d}t=\frac{1}{2}Rt^2。$$

4. 脉冲信号

脉冲信号如图 3.4 所示，其数学表达式为

$$x_i(t)=\begin{cases}0 & t<0 \quad 或 \quad t>\varepsilon\\ \dfrac{R}{\varepsilon} & 0\leqslant t\leqslant\varepsilon\end{cases} \tag{3.4}$$

脉冲函数的面积等于 R，当 $R=1$ 和 $\varepsilon\to 0$ 时，就得到单位脉冲函数，亦称 δ 函数。它的幅值非常大，但它的面积仍为 1，即

$$\int_{-\infty}^{\infty}\delta(t)\mathrm{d}t=1。$$

5. 正弦信号

正弦信号如图 3.5 所示，其数学表达式为

$$x_i(\omega)=A\sin\omega t \tag{3.5}$$

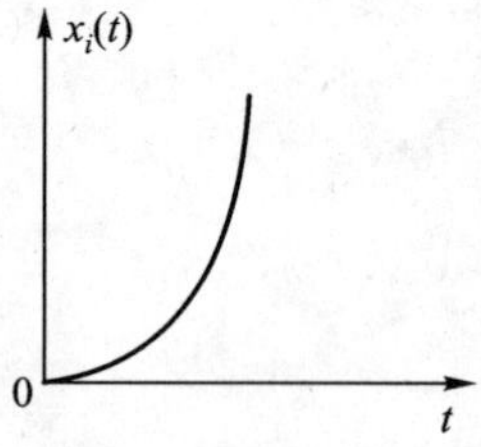

图 3.3 加速度信号

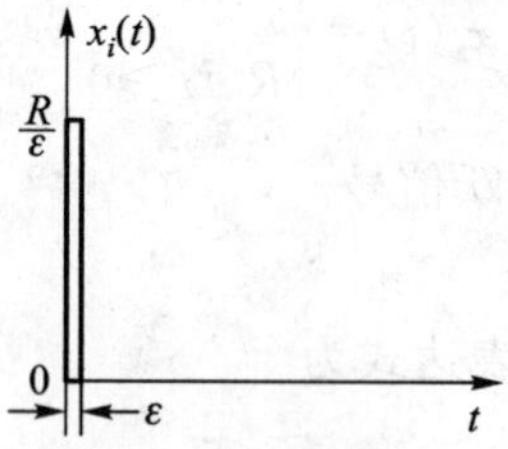

图 3.4 脉冲信号

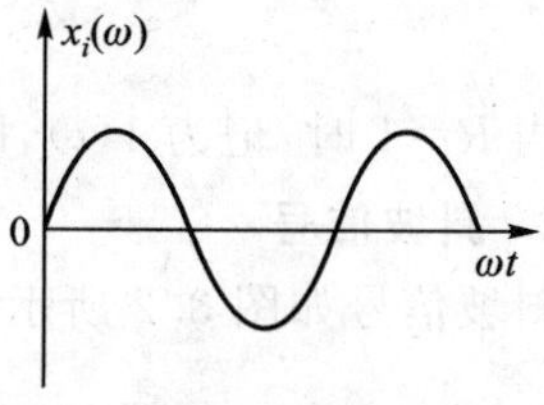

图 3.5 正弦信号

3.1.2 系统时间响应数学模型的建立与时间响应分析

1. 系统时间响应数学模型的建立

下面以图 3.6 物理模型为例，观察单位阶跃、单位斜坡和单位脉冲信号输入时的输出响应。图中输入 x_i 和输出 x_0 均为位移量。

图 3.6 的数学模型为

$$k(x_i-x_0)=f\dot{x}_0 \tag{3.6}$$

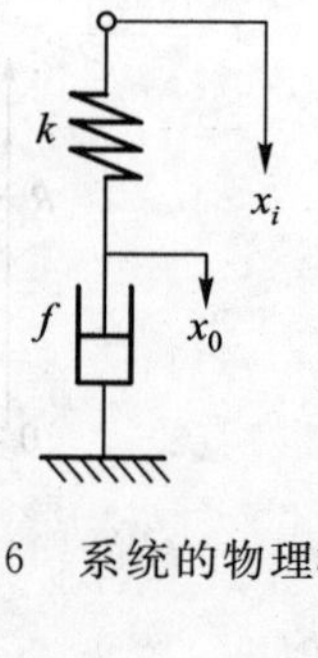

图 3.6 系统的物理模型

对式(3.6)进行拉氏变换，并令初始条件为零，可得

$$kX_i(s)-kX_0(s)=fsX_0(s)$$

其传递函数为

$$G(s)=\frac{X_0(s)}{X_i(s)}=\frac{1}{\frac{f}{k}s+1}=\frac{1}{Ts+1} \tag{3.7}$$

式中 T——时间常数，$T=\frac{f}{k}$。

将 $X_i(s)$ 的三种信号分别代入式(3.7)得

$$X_0(s)=\frac{1}{Ts+1}X_i(s)=\frac{1}{Ts+1}\begin{cases}\frac{1}{s}\\ \frac{1}{s^2}\\ 1\end{cases}=\begin{cases}\frac{1}{s}-\frac{T}{Ts+1}\\ \frac{1}{s^2}-\frac{T}{s}+\frac{T^2}{Ts+1}\\ \frac{1}{Ts+1}\end{cases} \tag{3.8}$$

式(3.8)中 $\frac{1}{s}$、$\frac{1}{s^2}$ 和 1 分别为输入信号 $1(t)$、t 和 $\delta(t)$ 的拉氏变换。

将式(3.8)三种输出信号由复数域转回到时域，则

$$x_0(t)=\begin{cases}1-e^{-\frac{t}{T}}\\ t-T+Te^{-\frac{t}{T}}\\ \frac{1}{T}e^{-\frac{t}{T}}\end{cases} \tag{3.9}$$

2. 系统的时间响应分析

系统的响应函数 $x_0(t)$ 是由瞬态分量和稳态分量两部分组成的。稳定系统的瞬态分量随着 $t\to\infty$，逐渐衰减为零。决定这个分量衰减速度的是系统传递函数的极点。所以，传递函数的极点决定了瞬态分量的形式和衰减速度，衰减速度可用过渡过程时间 t_s 来描述，系统的瞬态分量决定了系统的动态性能。

稳态分量是由输入信号决定的，并与输入信号的变化规律相同。当瞬态分量衰减到零以后，系统的响应便完全由这个分量决定。系统的稳态分量决定了系统的稳态性能。

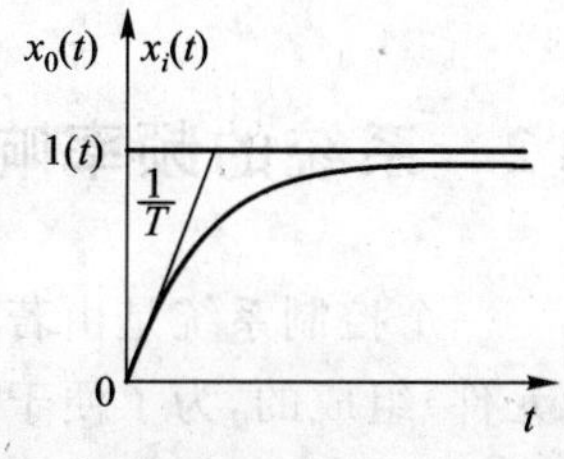

图 3.7 阶跃信号的时间响应曲线

下面对式(3.9)在单位阶跃、单位斜坡和脉冲信号输入下的输出量与物理参数的关系进行分析。

(1) 单位阶跃信号输入

如图 3.7 所示，该系统输出对输入响应的速度主要取决于时间常数 T。由图可知，当 $t=0$ 时输出曲线的斜率决定了响应速度，即

$$\left(1-e^{-\frac{t}{T}}\right)'=\frac{1}{T}e^{-\frac{t}{T}}\Big|_{t=0}=\frac{1}{T} \tag{3.10}$$

因为 $T=\frac{f}{k}$，所以当 T 减小时，则曲线斜率增大，即响应速度快。所以若使响应速度快就要提高系统的刚度，即增大弹性系数 k，减小粘滞阻尼系数 f。

其系统误差 $e(t)$ 为

$$e(t)=x_i(t)-x_0(t)=1-(1-e^{-\frac{t}{T}})=e^{-\frac{t}{T}} \tag{3.11}$$

当 $t=0$ 时， $e(t)=1$

$t\to\infty$ 时， $e(t)=0$

由式(3.11)可知，增大弹性系数 k，减小粘滞阻尼系数 f，可使误差 $e(t)$ 减小。

(2) 单位斜坡信号输入

当输入信号 $x_i=t$ 时，由式(3.9)知其输出为 $x_0(t)=t-T+Te^{-\frac{t}{T}}$，其关系曲线如图 3.8 所示。

其系统误差 $e(t)$ 为

$$e(t)=x_i(t)-x_0(t)=t-(t-T+Te^{-\frac{t}{T}})=T(1-e^{-\frac{t}{T}}) \tag{3.12}$$

由式(3.12)可见，$e(t)$ 是 f、k、t 的函数，若使误差 $e(t)$ 减小，则需使时间常数 T 下降，即使弹性系数 k 增大，而使粘滞阻尼系数 f 减小。

(3) 单位脉冲信号输入

当输入信号 $x_i=\delta(t)$ 时，其输出为 $x_0(t)=\frac{1}{T}e^{-\frac{t}{T}}$，其关系曲线如图 3.9 所示。

该系统输出对输入响应的速度主要取决于时间常数 T。当 $t=0$ 时输出曲线的斜率决定了响应速度，则

$$\left(\frac{1}{T}e^{-\frac{t}{T}}\right)'=-\frac{1}{T^2}e^{-\frac{t}{T}}\bigg|_{t=0}=-\frac{1}{T^2} \tag{3.13}$$

若使系统响应快，则需降低时间常数 T，即增大弹性系数 k 和减小粘滞阻尼系数 f。

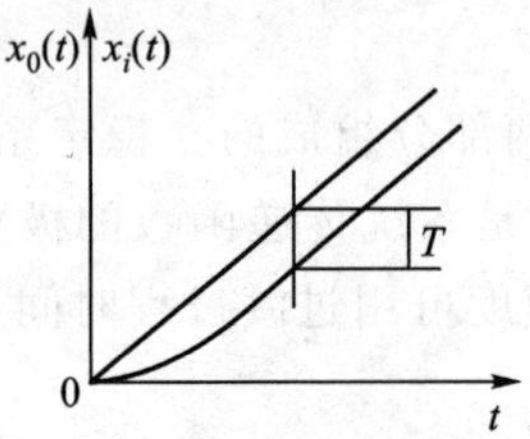

图 3.8 斜坡信号的时间响应曲线

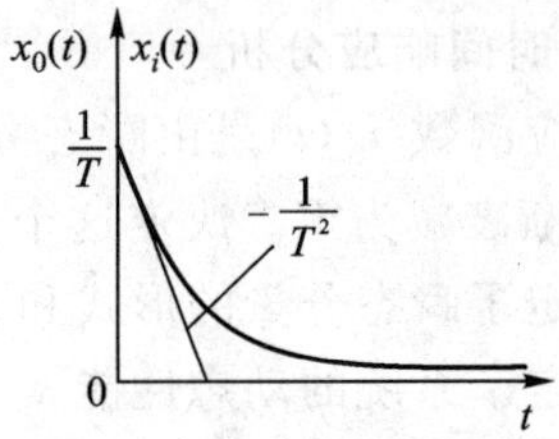

图 3.9 脉冲信号的时间响应曲线

3.2 系统的频率响应和典型环节

一个控制系统是由若干个具有不同功能、不同结构、不同性能的元器件或零部件(统称为元件)组成的，为了便于研究和分析线性定常控制系统的特性，其闭环系统的开环传递函数 $G(s)$(即前向通道传递函数和反馈通道传递函数的乘积)可以用通式表示为

$$G(s)=\frac{\prod_{i=1}^{\lambda}k_i\prod_{i=1}^{\mu}(\tau_i s+1)\prod_{i=1}^{\eta}(\tau_{di}^2 s^2+2\zeta_{di}\tau_{di}s+1)}{s^{\nu}\prod_{i=1}^{\rho}(T_i s+1)\prod_{i=1}^{\sigma}(T_{ni}^2 s^2+2\zeta_{ni}T_{ni}s+1)} \tag{3.14}$$

式中 ζ_i——某环节的阻尼比；

τ_i，T_i——分别为不同环节的周期，也即时间常数，一般周期等于频率的倒数；

ν——积分环节的阶数，$\nu=0、1、2、\cdots$，当 $\nu=0$ 时，为 0 型系统，表示系统中没有积分环节，$\nu=1$ 时，即$\frac{1}{s}$，则系统为Ⅰ型系统，$\nu=2$ 时，即$\frac{1}{s^2}$，则系统为Ⅱ型系统。

3.2.1 频率响应

系统或环节对正弦函数输入的稳态响应称为频率响应（或称频率特性）。应用频率响应分析系统的动态性能称为频率响应分析法，这种方法通常可以在不了解线性系统数学模型的情况下，用频率响应测试仪以实验的方法迅速准确地得到频率响应，并据此可导出系统的传递函数。根据频率响应还可判别系统稳定性，并设计出达到一定品质的控制系统。

在线性定常系统的传递函数 $G(s)$ 中，以 $j\omega$ 代替 s，则 $G(j\omega)$ 就代表了该系统的频率响应，称 $G(j\omega)$ 为系统的正弦传递函数。$G(j\omega)$ 是复变函数，故可在复平面上用矢量表示，如图 3.10 所示。可将 $G(j\omega)$ 分解为实部和虚部。

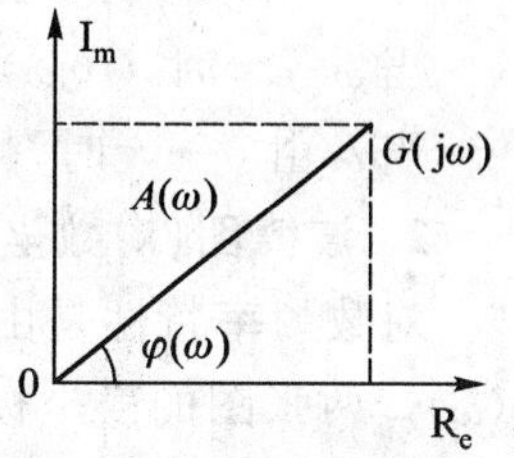

图 3.10 G(jω)矢量图

频率特性

$$G(j\omega)=R_e(\omega)+jI_m(\omega) \tag{3.15}$$

频率特性除可用上述代数表达外，还有以下两种形式：

三角式表达 $$G(j\omega)=A(\omega)\cos\varphi(\omega)+jA(\omega)\sin\varphi(\omega) \tag{3.16}$$

指数式表达 $$G(j\omega)=A(\omega)e^{j\varphi(\omega)} \tag{3.17}$$

式中 $A(\omega)$——幅频特性，是 $G(j\omega)$ 的模，它等于稳态输出量与输入量的振幅比；

$R_e(\omega)$——实频特性，是 $G(j\omega)$ 的实部；

$I_m(\omega)$——虚频特性，是 $G(j\omega)$ 的虚部；

$\varphi(\omega)$——相频特性，$G(j\omega)$ 的相角，它等于稳态输出量与输入量的相位差。

通过上述公式和概念可得如下关系式：

$$A(\omega)=|G(j\omega)|=\sqrt{[R_e(\omega)]^2+[I_m(\omega)]^2} \tag{3.18}$$

$$\varphi(\omega)=\angle G(j\omega)=\arctan\left[\frac{I_m(\omega)}{R_e(\omega)}\right] \tag{3.19}$$

$$R_e(\omega)=A(\omega)\cos\varphi(\omega) \tag{3.20}$$

$$I_m(\omega)=A(\omega)\sin\varphi(\omega) \tag{3.21}$$

频率特性一般表达形式有极坐标图、波德图和根轨迹法，下面仅对前两种进行介绍。

1. 极坐标图（奈奎斯特图或幅相频率特性）

此法是表示 ω 由零变化到无穷大时，极坐标上的 $G(j\omega)$ 幅值 $A(\omega)$ 与相角 $\varphi(\omega)$ 的关系。

如以惯性环节 $G(s)=\frac{1}{Ts+1}$ 为例作极坐标图，如图 3.11 所示。

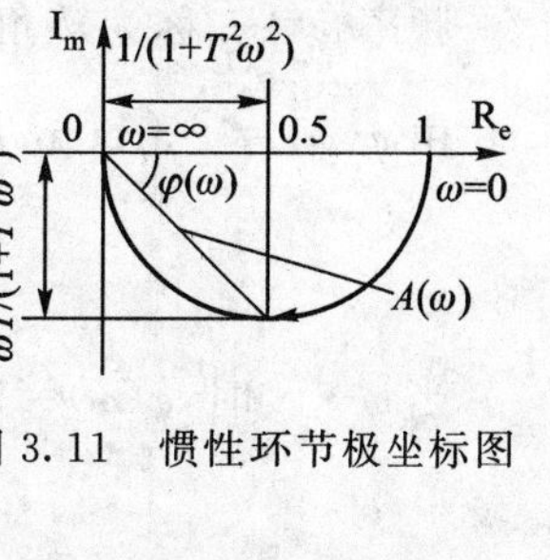

图 3.11 惯性环节极坐标图

由式(3.15)知频率特性为 $G(j\omega)=\frac{1}{1+jT\omega}=\frac{1}{1+T^2\omega^2}+j\frac{(-T\omega)}{1+T^2\omega^2}$

由式(3.18)知幅频特性为 $A(\omega)=|G(\mathrm{j}\omega)|=\sqrt{[\mathrm{R_e}(\omega)]^2+[\mathrm{I_m}(\omega)]^2}=\dfrac{1}{\sqrt{1+T^2\omega^2}}$

由式(3.19)知相频特性为 $\varphi(\omega)=\angle G(\mathrm{j}\omega)=\arctan\dfrac{\mathrm{I_m}(\omega)}{\mathrm{R_e}(\omega)}=\arctan(-T\omega)$

当 $\omega=0$ 和 $\omega=\dfrac{1}{T}$ 时，$G(\mathrm{j}\omega)$ 值分别为

$$G(\mathrm{j}\omega)=G(\mathrm{j}0)=1\angle 0^\circ$$

$$G(\mathrm{j}\omega)=G\left(\mathrm{j}\,\frac{1}{T}\right)=\frac{\sqrt{2}}{2}\angle(-45^\circ)$$

当 $\omega\to\infty$ 时，$G(\mathrm{j}\omega)$ 的幅值趋于零，相角趋于 -90°(滞后)。

当 ω 由 $0\to\infty$ 时，幅相频率特性为一半圆。

2. 波德图(对数坐标图或对数频率特性)

对数频率特性是由两张图组成的：一张是对数幅频特性 $L(\omega)$，另一张是对数相频特性 $\varphi(\omega)$。两张图的横坐标都是按频率的对数分度，纵坐标的振幅 $L(\omega)$ 和相角 $\varphi(\omega)$ 都是线性分度。这样幅值的乘法运算可以变为加法运算，$G(s)$ 的对数幅频的表达式为

$$L(\omega)=20\lg|G(\mathrm{j}\omega)| \tag{3.22}$$

另外，在以 $\lg\omega$ 划分的频率轴上，不论起点如何，只要角频率变化10倍，在横轴上线段长度均等于一个单位，即叫做十倍频程，以“dec”表示。

仍然以惯性环节 $G(s)=\dfrac{1}{Ts+1}$ 为例，求它的对数幅频特性和对数相频特性。

由式(3.22)知幅频特性为

$$L(\omega)=20\lg|G(\mathrm{j}\omega)|=20\lg\frac{1}{\sqrt{1+T^2\omega^2}}=-20\lg\sqrt{1+T^2\omega^2}$$

与极坐标图相同，相频特性仍为

$$\varphi(\omega)=\angle G(\mathrm{j}\omega)=\arctan(-T\omega)$$

在低频时，即当 $T\omega\ll 1$ 时，$T^2\omega^2$ 与“1”相比可忽略不计。当 $0<\omega<\dfrac{1}{T}$ 时，是一条幅值等于零的水平线。当 $\dfrac{1}{T}<\omega<\infty$ 时，是一条斜率为 $-20\ \mathrm{dB\cdot dec^{-1}}$ 的直线，这是近似的渐近线。精确的对数幅频特性曲线发生在 $\omega=\dfrac{1}{T}$ 处，$L\left(\omega=\dfrac{1}{T}\right)=-3\ \mathrm{dB}$。惯性环节波德图如图3.12所示。

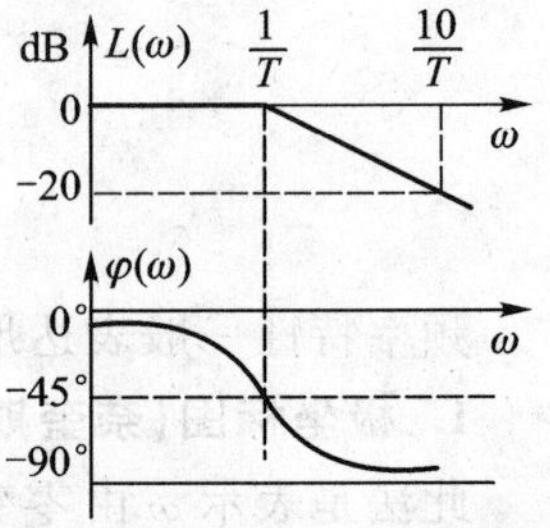

图3.12 惯性环节波德图

频率 $\omega=\dfrac{1}{T}$ 称为转角频率，为两条渐近线的交点。

由 $\varphi(\omega)=-\arctan T\omega$ 决定相频特性曲线。当 $\omega=0$ 时，$\varphi(\omega)=0^\circ$，

$$\varphi(\omega)\Big|_{\omega=\frac{1}{T}}=\arctan T\omega=-45^\circ$$

当 $\omega\to\infty$ 时，$\varphi(\omega)=90^\circ$

3.2.2 机械系统的典型环节及其特性的描述

1. 比例环节

比例环节对输出的反映只起放大或缩小的作用，不改变输入信号的形式，不存在使输出信号失真或时间滞后的问题，但影响系统的稳定性。如以液压油缸为例，以油缸的流量 Q 为输入，以油缸活塞的速度 v 为输出，如图 3.13 所示，则

$$Q=Av \quad G(s)=\frac{V(s)}{Q(s)}=\frac{1}{A}=k$$

式中 A——活塞有效工作面积。

由此可见，此环节为比例环节。

频率特性
$$G(\mathrm{j}\omega)=\frac{V(\mathrm{j}\omega)}{Q(\mathrm{j}\omega)}=k$$

幅频特性
$$A(\omega)=|G(\mathrm{j}\omega)|=\sqrt{\mathrm{R}_e^2+\mathrm{I}_m^2}=k$$

相频特性
$$\varphi(\omega)=\angle G(\mathrm{j}\omega)=\arctan\frac{\mathrm{I}_m}{\mathrm{R}_e}=\arctan\frac{0}{k}=0^\circ$$

其奈氏图(极坐标图)如图 3.14 所示。

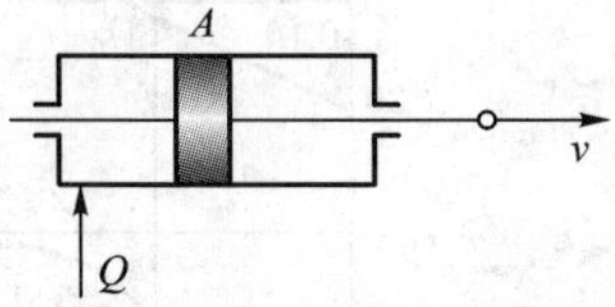

图 3.13 液压缸结构简图

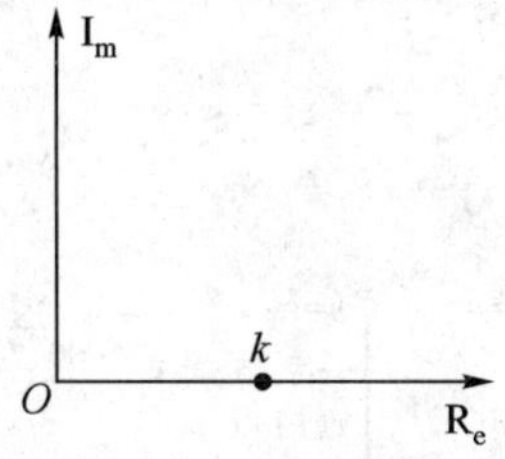

图 3.14 比例环节极坐标图

其波德图(对数坐标图)如图 3.15 所示。

对数幅频特性
$$20\lg|G(\mathrm{j}\omega)|=20\lg k$$

对数相频特性
$$\varphi(\omega)=\angle G(\mathrm{j}\omega)=0^\circ$$

2. 微分环节

微分环节包括：理想微分环节(τs)、一阶微分环节($\tau s+1$)和二阶微分环节($\tau^2s^2+2\zeta\tau s+1$)。

微分环节的输出量正比于输入量的变化率。其表达式为 $kx_0(t)=\frac{\mathrm{d}x_i(t)}{\mathrm{d}t}$

以液压油缸为例，如图 3.16 所示，以油缸活塞位移 x_i 为输入，以油缸位移 x_0 为输出，其方程为

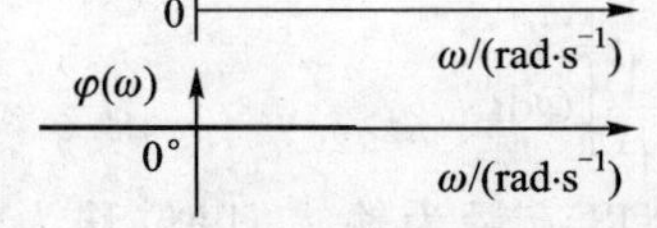

图 3.15 比例环节波德图

图 3.16 液压缸运动简图

$$f\frac{d(x_i-x_0)}{dt}=kx_0$$

对上式进行拉氏变换,并令初始条件为零,则

$$fs[X_i(s)-X_0(s)]=kX_0(s)$$

其传递函数为
$$G(s)=\frac{X_0(s)}{X_i(s)}=\frac{\frac{f}{k}s}{\frac{f}{k}s+1}=\frac{\tau s}{\tau s+1}$$

如果 $\tau\ll 1$,则 $G(s)\doteq\tau s$ 为理想微分

理想微分环节的频率特性为 $G(j\omega)=j\tau\omega$

幅频特性为 $|G(j\omega)|=\sqrt{R_e^2+I_m^2}=\tau\omega$

相频特性为 $\angle G(j\omega)=\arctan\frac{I_m}{R_e}=\arctan\frac{\tau\omega}{0}=\arctan\infty=90°$

微分环节的极坐标图如图 3.17 所示。图中画出了理想微分环节 τs 和一阶微分环节($\tau s+1$)。微分环节的波德图如图 3.18 所示。理想微分环节的对数幅频特性为

$$20\lg|G(j\omega)|=20\lg\tau\omega$$

因为零和负数无对数,所以波德图的幅频特性曲线不应与 $\omega=0$ 时的纵轴相交。

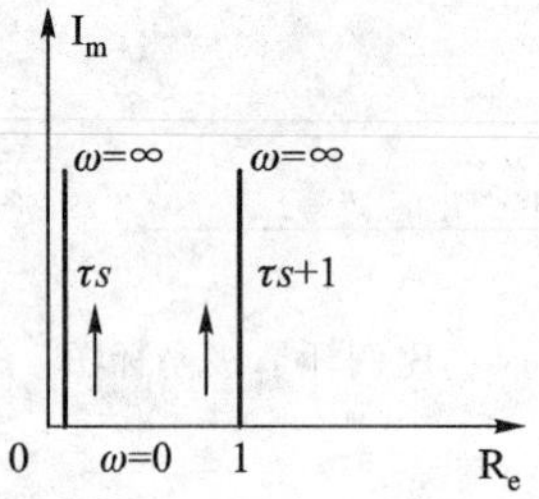

图 3.17 微分环节极坐标图

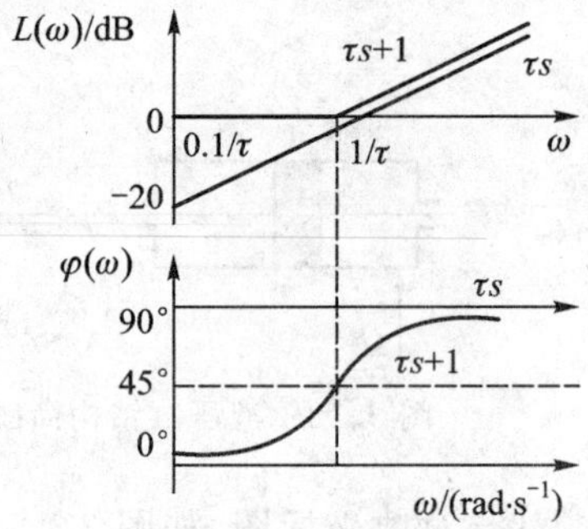

图 3.18 微分环节波德图

而一阶微分环节 $\tau s+1$ 的频率特性为

$$G(j\omega)=j\tau\omega+1$$

其幅频特性为 $|G(j\omega)|=\sqrt{R_e^2+I_m^2}=\sqrt{1+\tau^2\omega^2}$

其相频特性为 $\angle G(j\omega)=\arctan\frac{I_m}{R_e}=\arctan\tau\omega$

3. 积分环节

积分环节的输出量正比于输入量的积分,$x_0(t)=k\int x_i(t)dt$

以液压油缸为例,流量 Q 为输入,活塞位移 x 为输出,活塞有效工作面积为 A,如图 3.13 所示。其运动方程为

$$Q=A\dot{x}\quad x=\frac{1}{A}\int Q dt$$

对上式进行拉氏变换,并令初始条件为零,则以流量为输入,以位移为输出的传递函数为

$$G(s)=\frac{X(s)}{Q(s)}=\frac{\frac{1}{A}}{s}=\frac{1}{AS}$$

频率特性为 $$G(\mathrm{j}\omega)=\frac{1}{\mathrm{j}A\omega}=-\mathrm{j}\frac{1}{A\omega}$$

幅频特性为 $$|G(\mathrm{j}\omega)|=\sqrt{R_e^2+I_m^2}=\frac{1}{A\omega}$$

相频特性为 $$\angle G(\mathrm{j}\omega)=\arctan\frac{-\frac{1}{A\omega}}{0}=\arctan(-\infty)=-90^\circ$$

积分环节极坐标图如图 3.19 所示。

对数幅频特性为 $$L(\omega)=20\lg|G(\mathrm{j}\omega)|=20\lg\frac{1}{A\omega}=-20\lg A-20\lg\omega$$

对数相频特性为 $$\varphi(\omega)=\angle G(\mathrm{j}\omega)=-90^\circ$$

未考虑 $-20\lg A$ 的情况下波德图的幅频特性如图 3.20 所示。

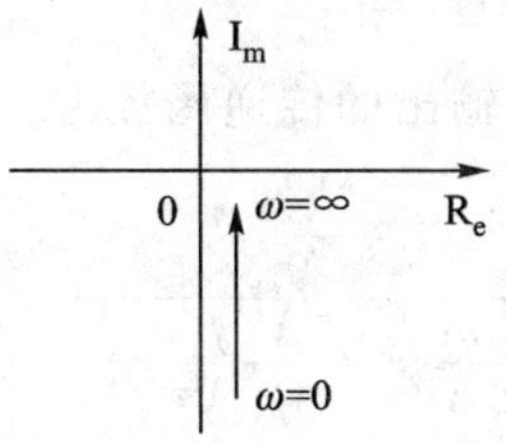

图 3.19 积分环节极坐标图

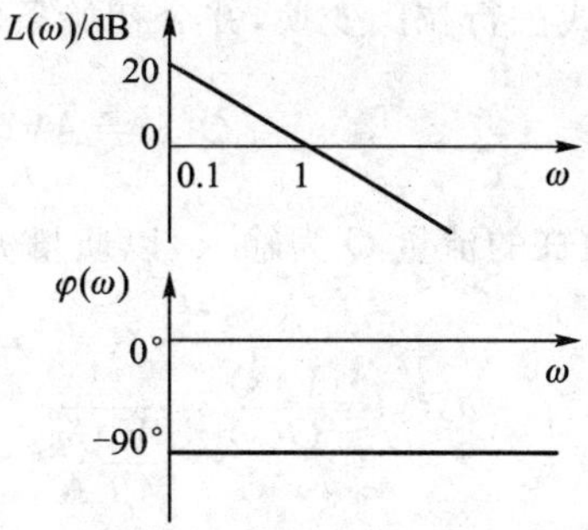

图 3.20 积分环节波德图

4. 惯性环节

惯性环节对突变形式的输入，其输出不能立即复现，因为有储能元件，输出落后于输入量。以液压油缸为例，供油压力 p 为输入，活塞位移 x 为输出，如图 3.21 所示。其运动方程为

$$F=Ap\quad F=f\dot{x}+kx\quad Ap=f\dot{x}+kx$$

对上式进行拉氏变换，并令初始条件为零，以压力 p 为输入，以液压缸活塞位移 x 为输出的传递函数为

$$G(s)=\frac{X(s)}{P(s)}=\frac{A}{fs+k}=\frac{\frac{A}{k}}{\frac{f}{k}s+1}=\frac{K}{Ts+1}$$

令 $K=1$，则其频率特性的极坐标图和波德图分别如图 3.11 和图 3.12 所示。

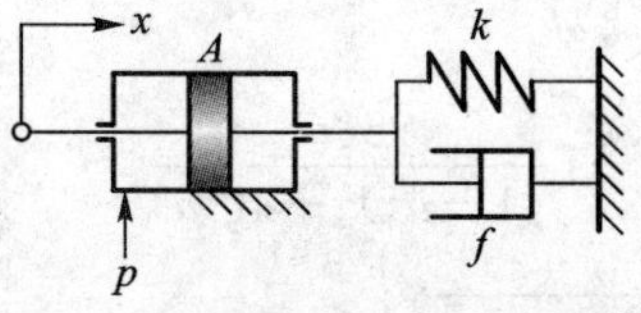

图 3.21 液压缸及物理模型图

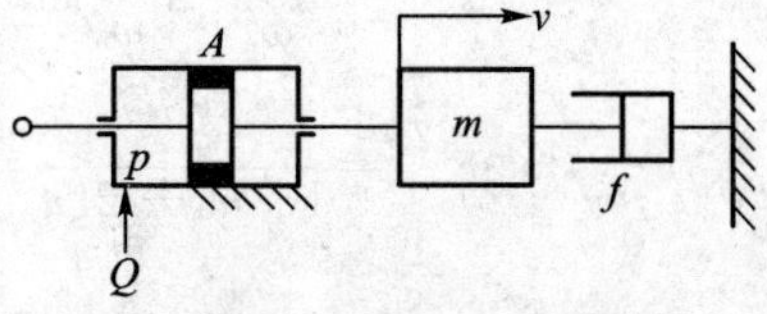

图 3.22 液压缸及物理模型

5. 振荡环节 $1/(T^2s^2+2\zeta Ts+1)$

振荡环节输出带有振荡性质，原因是包含两种形式的储能元件，而且可以互相转换。如位能和动能的相互转换、磁能和电能的相互转换。

由液压油缸所组成的模型如图 3.22 所示。

以流量 Q 为输入，以质量 m 的速度 v 为输出的数学模型为

$$Q=Av+\frac{V_t}{4\beta_e}\frac{dp}{dt}$$

由于 $pA=m\dot{v}+fv$，则 $\frac{dp}{dt}=\frac{m}{A}\ddot{v}+\frac{f}{A}\dot{v}$，将其代入上式得

$$Q=Av+\frac{V_t}{4\beta_e}\left[\frac{m}{A}\ddot{v}+\frac{f}{A}\dot{v}\right]$$

式中 V_t——液压油缸的容积；

β_e——油缸的有效容积弹性模数；

p——油缸左腔压力。

对上式进行拉氏变换，并令初始条件为零，则

$$Q(s)=AV(s)+\frac{V_t}{4\beta_e}\left[\frac{m}{A}s^2+\frac{f}{A}s\right]V(s)$$

从而，以油缸的流量 Q 为输入，以质量 m 的移动速度 v 为输出的传递函数为

$$G(s)=\frac{V(s)}{Q(s)}=\frac{1}{\frac{V_t}{4\beta_e}\frac{m}{A}s^2+\frac{V_t}{4\beta_e}\frac{f}{A}s+A}=\frac{\frac{1}{A}}{\frac{V_tm}{4\beta_eA^2}s^2+\frac{V_tf}{4\beta_eA^2}s+1}$$

$$=\frac{k}{\frac{1}{\omega_n^2}s^2+\frac{2\zeta}{\omega_n}s+1}$$

式中 ω_n——无阻尼自振频率 $\omega_n=\sqrt{\frac{4\beta_eA^2}{V_tm}}$；

ζ——阻尼比 $\zeta=\frac{f}{4}\sqrt{\frac{V_t}{m\beta_eA^2}}$，当 $\zeta>1$ 时为过阻尼，当 $0<\zeta<1$ 时为欠阻尼，当 $\zeta=1$ 时为临界阻尼；

k——比例系数，$k=\frac{1}{A}$。

当 $k=1$ 时，其频率特性为

$$G(j\omega)=\frac{1}{\frac{(j\omega)^2}{\omega_n^2}+\frac{2\zeta}{\omega_n}j\omega+1}=\frac{1}{1-\left(\frac{\omega}{\omega_n}\right)^2+j2\zeta\frac{\omega}{\omega_n}}\Bigg|_{\frac{\omega}{\omega_n}=u}$$

$$=\frac{1}{1-u^2+j2\zeta u}=\frac{(1-u^2)}{(1-u^2)^2+4\zeta^2u^2}-j\frac{2\zeta u}{(1-u^2)^2+4\zeta^2u^2}$$

幅频特性为 $$|G(j\omega)|=\sqrt{R_e^2+I_m^2}=\sqrt{\frac{1}{(1-u^2)^2+4\zeta^2u^2}}$$

相频特性为 $\angle G(j\omega)=-\arctan\dfrac{-2\zeta u}{1-u^2}=-\arctan\dfrac{2\zeta u}{1-u^2}$

振荡环节幅相频率特性曲线的形状与阻尼比 ζ 有关。

当 $\omega=0$ 时，$A(\omega)=1$，$\varphi(\omega)=0°$，幅相频率特性曲线从正实轴开始。对于 $0<\zeta<1$ 的欠阻尼情况下，当 ω 等于无阻尼自振频率 ω_n，即 $\omega=\omega_n=1/T$ 时，$A(\omega)=|G(j\omega)|=\dfrac{1}{2\zeta}$，而 $\varphi(\omega)=\angle G(j\omega)=-90°$，幅相频率特性曲线与负实轴相交。当 ω 趋于∞时，$A(\omega)$ 趋于零，$\varphi(\omega)$ 趋于 $-180°$，幅相频率特性曲线和负实轴相切，则极坐标图如图 3.23 所示，图中曲线表明，在阻尼比 ζ 小到一定程度时，$A(\omega)$ 将出现大于 $A(0)$ 的峰值，该值称为谐振峰值 M_r，此时所对应的频率为谐振频率 ω_r。当 $\zeta\to0$ 时，$\omega_r\to\dfrac{1}{T}=\omega_n$。

对数频率特性为

$$L(\omega)=20\lg|G(j\omega)|=-20\lg\sqrt{(1-u^2)^2+4\zeta^2u^2}$$

在 $\omega\ll\omega_n$ 的低频区内，则

$$L(\omega)\approx-20\lg 1=0$$

在 $\omega\gg\omega_n$ 的高频区内，则

$$L(\omega)\approx-20\lg u^2=-40\lg\frac{\omega}{\omega_n}=-40\lg\omega T$$

这是一条由 $\omega=\dfrac{1}{T}$ 处开始，与横轴斜率为 $-40\ \text{dB}\cdot\text{dec}^{-1}$ 的一条直线。在横轴上的交点 $\omega_n=\dfrac{1}{T}$ 称为振荡环节的转角频率 ω_T。振荡环节极坐标图如图 3.23 所示。

$$\omega\ll\omega_n\text{时}，\quad L(\omega)=0\ \text{dB}，\quad \varphi(\omega)\approx0°$$
$$\omega\gg\omega_n\text{时}，\quad L(\omega)=-40\ \text{dB}，\quad \varphi(\omega)\approx-180°$$

振荡环节波德图如图 3.24 所示。

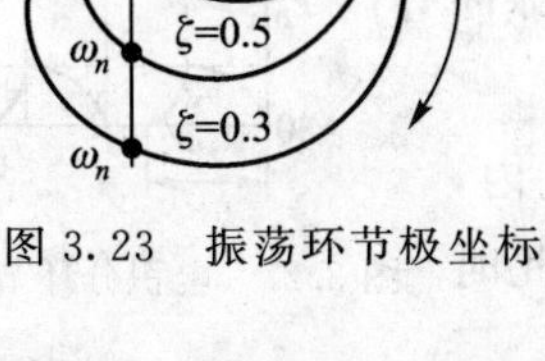

图 3.23 振荡环节极坐标图

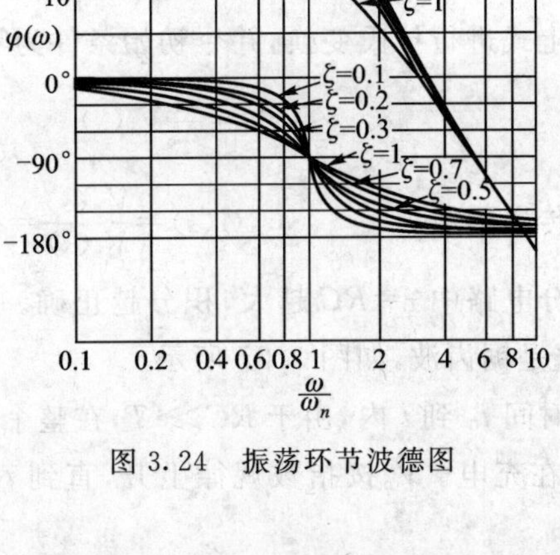

图 3.24 振荡环节波德图

3.2.3　电系统的典型环节及其特性的描述

前面以液压油缸为例讲了典型环节，下边讲电路的几个典型环节。

利用电阻、电容的组合，可以得到系统的比例(P)、积分(I)、微分(D)等环节。

1. 电比例环节

比例电路如图 3.25a 所示，其输入与输出的关系如图 3.25b 所示。

$$V_o=\frac{R_2}{R_1}V_i=K_pV_i$$

当 $R_2=R_1$ 时，$K_{pmax}=1$

其传递函数为

$$G(s)=\frac{V_o(s)}{V_i(s)}=K_p$$

2. 电积分环节

输出量正比于输入量的积分，$V_o(t)=k\int V_i\mathrm{d}t$。电路图如图 3.26a 所示，当 V_i 信号为阶跃突变输入，其输出为电容 C 两端电压 V_o，此时 V_o 不能突变。

当 $t=0$ 时，电流 i 很大，则电阻两端电压 $V_R\approx V_i$，则 $V_o=0$，随着 C 充电，充电电流 i 逐渐下降，而 V_o 上升，但斜率越来越小，当 i 下降为零时，$V_o=V_i$，如图 3.26(b)所示。

V_o 与 V_i 是否成积分关系，作如下验证

$$V_o=V_i=\frac{1}{C}\int i\mathrm{d}t$$

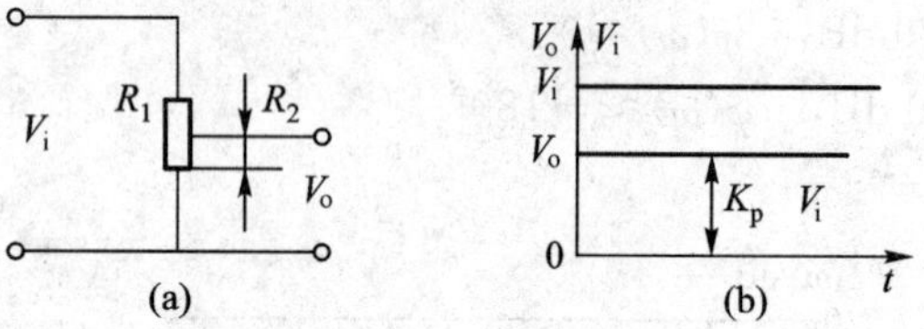

图 3.25　电比例环节原理图

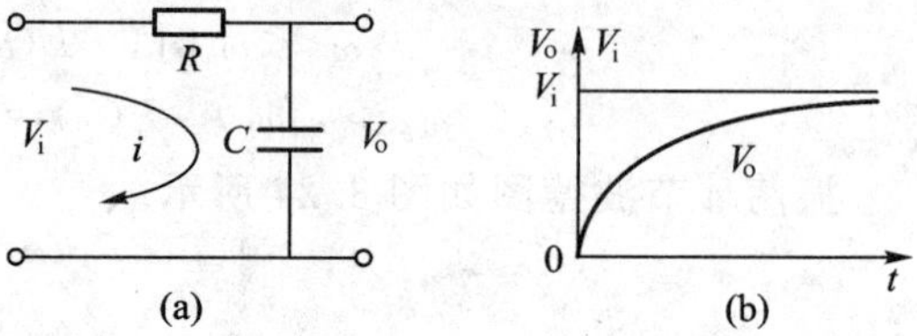

图 3.26　电积分环节原理图

如果选择时间常数 $\tau=RC\gg T=\frac{1}{\omega}$，那么电容上的电压 V_o 与输入电压 V_i 相比较，将很小，这时 $i\approx\frac{V_i}{R}$，则 $V_o=\frac{1}{C}\int\frac{V_i}{R}\mathrm{d}t=\frac{1}{RC}\int V_i\mathrm{d}t=\frac{1}{\tau}\int V_i\mathrm{d}t$

对上式进行拉氏变换，并令初始条件为零，则

$$V_o(s)=\frac{1}{\tau s}V_i(s)$$

其传递函数为　　$G(s)=\frac{V_o(s)}{V_i(s)}=\frac{1/\tau}{s}$

积分电路中 $\tau=RC$ 越大，积分越正确。当 V_i 为矩形脉冲时，V_o 将是锯齿波，如图 3.27 所示。

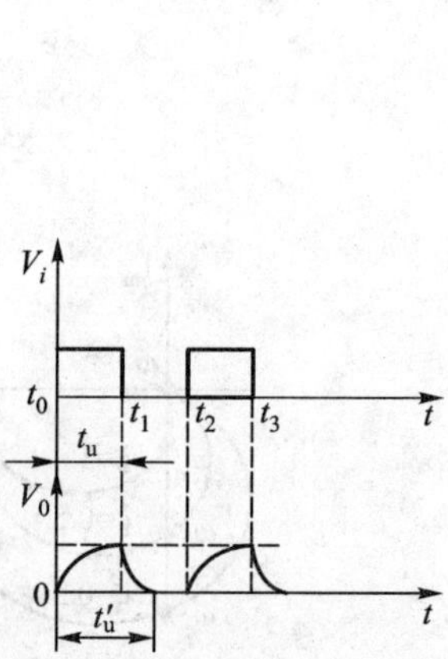

图 3.27　电积分环节输入输出波形

在时间 t_0 到 t_i 内，由于 $RC\gg T$，在整个脉冲持续期 t_u 内，电容 C 在充电。V_o 按指数规律上升，直到 t_1 时刻为止。此时

V_i跃降为0，而V_o不能突变，到t_1后，C通过R和矩形脉冲源的内阻完全放电。

3. 电微分环节

输出信号正比于输入信号的微分。如图3.28所示，当V_i阶跃输入时，电容两端电压不能突变，但电容的充电电流i最大，在此瞬间，电容相当于短路，$V_o \approx V_i$，随着i的下降，V_o也随着下降。

在自动控制中，常需对控制信号作微分变换，如将某一函数的电压脉冲V_i或电流脉冲i_1变换成另一函数的电压脉冲V_o或i_2，并希望后者是前者的微分，即

$$f_H(t) = K\frac{\mathrm{d}f_Q(t)}{\mathrm{d}t}$$

由于

$$i = C\frac{\mathrm{d}V_C}{\mathrm{d}t},\quad V_o = iR = RC\frac{\mathrm{d}V_C}{\mathrm{d}t}$$

又因为

$$V_i = V_C + V_o$$

如选择时间常数$\tau = RC$很小，即R和C的数值很小，而且$RC \ll T = \frac{1}{\omega}$则$\frac{1}{\omega C} \gg R$，故$V_C \gg V_o$，则$V_i = V_C$

从而

$$V_o = RC\frac{\mathrm{d}V_C}{\mathrm{d}t} \doteq RC\frac{\mathrm{d}V_i}{\mathrm{d}t}$$

此式说明：当$\tau = RC$很小时，输出电压V_o近似正比于输入电压的微分，故称微分电路。图3.28中，矩形脉冲突然下降为零，而将电压加在R上，接着由于C按指数规律放电，V_o也按指数规律减小，所以得到一个负的尖顶脉冲，如图3.29所示。

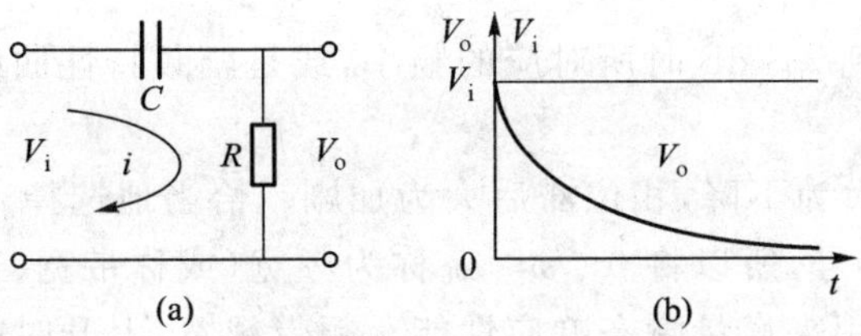

图3.28 电微分环节原理图

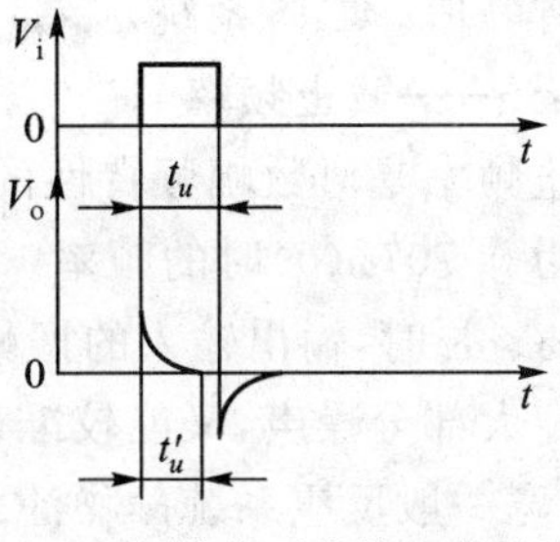

图3.29 电微分环节输入输出波形

图中，t'_u的宽度取决于RC的大小，RC增加，则t'_u也增加。

$t'_u < t_u$，因而微分电路有缩短脉冲持续时间的作用。这种缩短后的脉冲经常用来严格地触发某些脉冲设备或作为控制器指令。

3.3 有关频率的基本概念

1. f——频率

频率单位时间内物理量完成循环(振荡)的次数，等于周期T的倒数，即$f = \frac{1}{T}$，单位为Hz(赫兹)。

2. T——周期

周期是物理量完成一次振荡所需要的时间或完成一个循环的时间，单位为 s。

3. ω——角频率

角频率是正弦量频率的 2π 倍，记作 $\omega=2\pi f=2\pi\frac{1}{T}$，单位为 $\mathrm{rad\cdot s^{-1}}$。

4. ω_n——无阻尼自然振荡频率(系统的固有频率)

无阻尼自然振荡频率是系统不衰减振荡频率，与初始条件无关，取决于系统结构。如系统的弹簧刚度和质量可表征 ω_n 的大小，则 $\omega_n=\sqrt{\frac{k}{m}}$。振荡环节的固有频率等于转角频率，即 $\omega_n=\omega_T=\frac{1}{T}$(此处 T 为振荡环节的时间常数)。

5. ω_T——转角频率(转折频率、交接频率或交点频率)

转角频率是绘制波德图时两条渐近线相交处的频率。

6. ω_d——有阻尼自然振荡频率(系统有阻尼固有频率)

在机械物理模型中，$\omega_d=\omega_n\sqrt{1-\zeta^2}$，式中阻尼比 $\zeta=\frac{f}{2\sqrt{mk}}$，在此 f 为粘滞阻尼系数。

7. ω_r——谐振频率

谐振频率是振荡环节谐振峰值 M_r 所对应的频率。在机械物理模型中，$\omega_r=\omega_n\sqrt{1-2\zeta^2}$。而且 ω_r 也可表示为 $\omega_r=\omega_d\sqrt{1-2\zeta^2}/\sqrt{1-\zeta^2}$。当阻尼比 ζ 趋于零时，谐振频率 ω_r 趋近于 ω_n。当 $0\leqslant\zeta\leqslant0.707$ 时，谐振频率小于有阻尼自然振荡频率 ω_d；当 $\zeta>0.707$ 时，不产生谐振峰值，而且随频率 ω 的增大，幅频特性 $|G(j\omega)|$ 是单调减小的，这就是说对于 $\zeta>0.707$，幅值曲线并没有峰值。二阶系统 $\omega_r=1/(2\zeta\sqrt{1-\zeta^2})$，$\zeta\leqslant0.707$。

8. ω_b——截止频率

截止频率是对数幅频特性的幅值下降到 -3 dB 时所对应的频率，或是幅频特性曲线对应幅值为 $0.707\omega(0)$时的频率。

当 $\omega>\omega_b$ 时，输出输入的振幅比 $A(\omega)$ 大为下降，相位滞后大为加剧。恰当地选择 ω_b 可做到滤掉大部分噪声，又能较准确地输送信号，所以将 $0\leqslant\omega\leqslant\omega_b$ 称为频宽(或称带宽、通频带)。带宽一般反应系统静噪滤波特性，也用来衡量瞬态响应性能。频带越宽，上升时间越短，频带越窄，时间响应越慢。二阶系统截止频率为 $\omega_b=\omega_n\sqrt{\sqrt{1+4\zeta^4}-2\zeta^2}$。

9. ω_c——增益交界频率(剪切频率或幅值交界频率)

增益交界频率是开环频率特性 $|G(j\omega)|=1$，即对数幅频特性曲线与 0 dB 线交点所对应的频率。

10. ω_p——相位交界频率(相角交界频率)

相位交界频率是对数相频特性曲线与 $-180°$线交点所对应的频率。

3.4　自动控制系统的静态和动态的概念

1. 静态

自动控制系统的静态(稳态)是指被控参数不随时间变化的平衡状态。

2. 动态

自动控制系统的动态是指被控参数随时间变化的不平衡状态。过渡过程就是一个动态过程。

系统有干扰是客观存在的，其干扰是随机的而且是难以避免的，所以系统运行中需要不断调节，过渡过程时间也可称为调节时间，因而要研究干扰和调节这对矛盾的相互作用。

3. 系统的特性

系统或环节的输入信号和输出信号的函数关系称为系统特性，系统稳态时是静特性，系统变动状态时是动特性。

4. 有静差控制系统

有静差控制系统是指稳态下，被控参数的值与外来干扰有关的控制系统。也就是说，当扰动信号加入后，最终的被控参数对给定值有一个恒定的偏差，其静差的大小与扰动作用大小有关。

例如，如图 3.30 所示的一个液位调节系统如果对排量 Q_2 增加一个扰动量 ΔQ_2，则浮标下移，阀门开大，浮标的浮力即浮标吃水深度不变，则浮标定会产生 ΔH 的下移，因此杠杆在新的位置下平衡。

容器液面高度 H 为被控参数，当阀门打开在某一开度下，流入系统的流量 Q_1 和流出系统的流量 Q_2 相等，这时系统处于平衡状态。当有一扰动，即 Q_2 流量突然增加一个定值，H 减小，浮标下降，则阀门开口变大，Q_1 流量增加，水位要在新的 H 值下稳定，出现 ΔH 误差，则为有静差控制系统。其静态特性如图 3.31 所示。

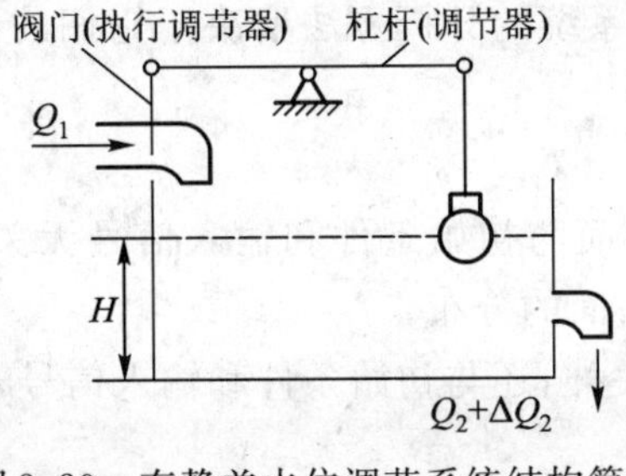

图 3.30　有静差水位调节系统结构简图

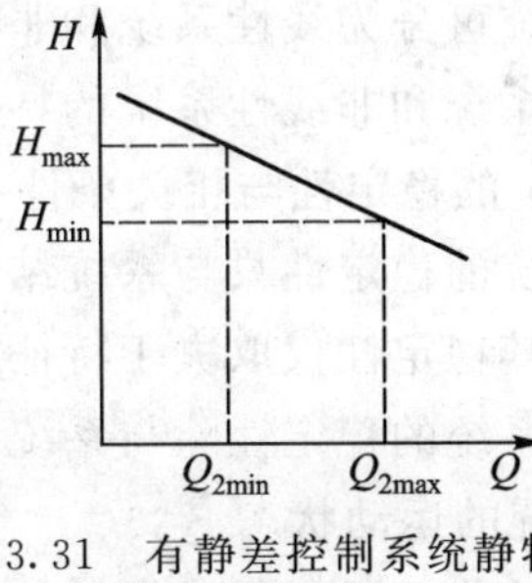

图 3.31　有静差控制系统静特性

5. 无静差控制系统

无静差控制系统是在各种负荷扰动下，被控参数的稳态值都能保持在初始给定值下的系统。如图 3.32 所示，如果始终保证杠杆水平，也就保证了 H 值恒定。如果在扰动作用下使 Q_2增大，H 下降，则电机向开大阀门的方向旋转，使 Q_1增加，直至浮标使杠杆处于中间位置，电机不转，保持 H 不变，即为无静差控制系统。其静态特性如图 3.33 所示。

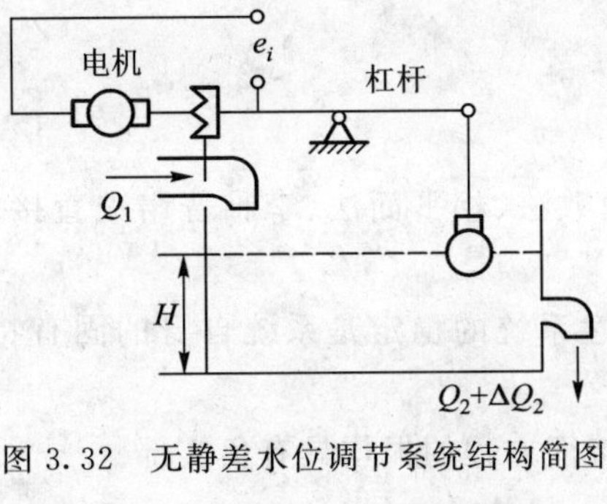

图 3.32　无静差水位调节系统结构简图

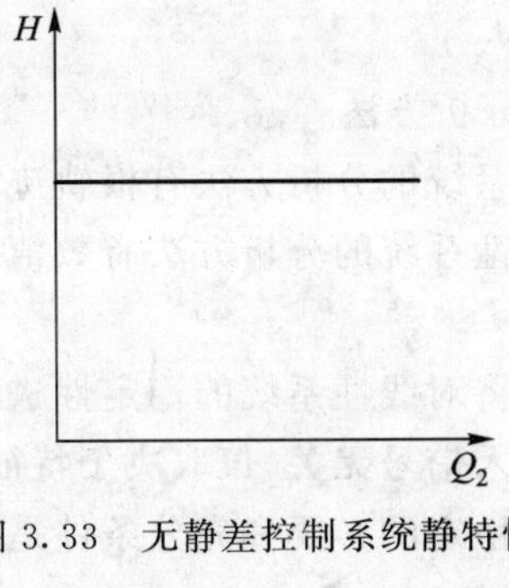

图 3.33　无静差控制系统静特性

第4章　控制系统的稳定性及其分析

本章主要讲述自动控制系统稳定性的基本概念、系统的稳定性判据的种类及方法、系统的稳定裕量。通过液压仿形刀架控制系统的综合分析与计算实例，读者可以综合运用所学的知识对机械系统进行物理模型和数学模型的建立以及稳定性的判断。

4.1　系统的稳定性

自动控制系统的稳定性定义很多，不同的判别方式有不同的定义，但从应用的角度，可以简单地描述为，系统在使它偏离稳定状态的扰动作用终止后，返回原来稳定状态的性能。也就是说，自动控制系统在去掉作用于系统上的扰动之后，系统能够以足够精确的程度恢复初始平衡状态的能力。凡是具有上述特性的系统称为稳定系统。稳定性也可说成是系统抗干扰的程度。

控制系统可分为线性系统和非线性系统，控制系统的分析方法取决于它们的有关特点，下面对线性系统和非线性系统的特点进行比较。

(1) 系统的稳定性与相关条件

线性系统的稳定性只与系统结构和参数有关，而与初始条件和输入信号无关。对于线性定常系统其稳定性仅取决于特征方程的根在 s 平面的分布。

非线性系统的稳定性除与系统结构和参数有关外，还与初始条件和输入信号有关。

(2) 系统的运动状态

线性系统收敛于平衡或发散的运动状态，而在临界稳定状态时，会出现等幅振荡。

非线性系统除收敛于平衡状态外，还会在没有外界作用的情况下，系统本身产生具有一定固定性的振幅和频率的振荡，称为自持振荡或自激振荡。

(3) 系统输入正弦信号时的输出

线性系统输出的稳态分量与输入信号频率相同，但两者振幅和相位一般不同。

非线性系统稳态输出一般不是同频率的正弦，而是含有高次谐波分量的非正弦周期函数。

(4) 分析方法

线性系统的分析方法有根轨迹法、频率法。

非线性系统的分析方法有数值解法、描述函数法、相平面法、李雅普诺夫直接法和波波夫法。

本章将对线性系统的稳定性进行分析。线性系统的稳定是系统自身的固有特性，它和系统的输入信号无关，仅取决于特征方程的根。

系统稳定的必要和充分条件是闭环系统的特征方程的根均具有负实部。

系统的稳定性分为大范围内稳定和小范围内稳定。

大范围内稳定是指如果系统受到扰动后，不论它的初始偏差多大，都能以足够的精度恢复到初始平衡状态。

小范围内稳定是指如果系统受到扰动后，只有当它的初始偏差小于某一定值时，才能在取消扰动后恢复到初始平衡状态。

线性的稳定系统必须在大范围和小范围内都稳定。而非线性系统或者是线性化后的非线性系统只是在小范围内稳定，而在大范围内却不稳定。

4.2 系统的稳定性判据

控制系统的稳定性的判断是针对闭环系统而言的。线性系统的稳定性与输入信号无关。

控制系统稳定的必要和充分条件是闭环传递函数的全部极点(即特征方程的根)均位于 s 平面左半部，即闭环系统特征方程的根均具有负实部，则系统稳定。

系统的稳定判据有解方程稳定判据、劳斯稳定判据、奈奎斯特稳定判据和对数幅相频率特性稳定判据等。

4.2.1 解方程稳定判据(求解闭环传递函数特征方程法)

判断图 4.1 所示单位负反馈系统是否稳定。

其系统闭环传递函数为

$$G(s)=\frac{X_o(s)}{X_i(s)}=\frac{\dfrac{k}{s(Ts+1)}}{1+\dfrac{k}{s(Ts+1)}}=\frac{k}{Ts^2+s+k}$$

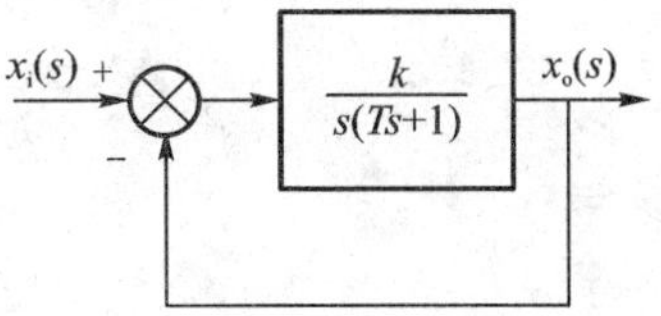

图 4.1 系统框图

特征方程为 $$Ts^2+s+k=0$$

特征方程的根为 $$s_{1,2}=\frac{-1\pm\sqrt{1-4Tk}}{2T}$$

可见，此系统两个根均具有负实部，所以系统稳定。

在控制系统稳定性判断时之所以不只用解方程稳定判据，而提出其他稳定性判据，其原因是求解三阶以上特征方程非常困难。

4.2.2 劳斯稳定判据

劳斯稳定判据是利用闭环系统特征方程的系数来进行稳定性判断。该判据是从稳定的必要条件和充分条件两方面来判断。

1. 稳定的必要条件

闭环系统特征方程的各项系数均为正实数值。

2. 稳定的充分条件

劳斯阵列的第一列中所有项都具有正号。

如闭环系统的特征方程为

$$a_n s^n+a_{n-1}s^{n-1}+\cdots+a_1 s+a_0=0$$

按特征方程列写劳斯阵列为

$$\begin{array}{llll} s^n & a_n & a_{n-2} & a_{n-4} & \cdots \\ s^{n-1} & a_{n-1} & a_{n-3} & a_{n-5} & \cdots \\ s^{n-2} & b_1 & b_2 & b_3 & \cdots \\ s^{n-3} & c_1 & c_2 & c_3 & \cdots \\ \vdots & \vdots & \vdots & \vdots & \\ s^1 & \vdots & \vdots & \vdots & \\ s^0 & \vdots & \vdots & \vdots & \end{array}$$

式中各项可写成行列式

$$b_1=-\frac{1}{a_{n-1}}\begin{vmatrix} a_n & a_{n-2} \\ a_{n-1} & a_{n-3} \end{vmatrix}=-\frac{a_n a_{n-3}-a_{n-2}a_{n-1}}{a_{n-1}} \quad b_2=-\frac{1}{a_{n-1}}\begin{vmatrix} a_n & a_{n-4} \\ a_{n-1} & a_{n-5} \end{vmatrix}$$

$$b_3=-\frac{1}{a_{n-1}}\begin{vmatrix} a_n & a_{n-6} \\ a_{n-1} & a_{n-7} \end{vmatrix} \quad c_1=-\frac{1}{b_1}\begin{vmatrix} a_{n-1} & a_{n-3} \\ b_1 & b_2 \end{vmatrix} \quad c_2=-\frac{1}{b_1}\begin{vmatrix} a_{n-1} & a_{n-5} \\ b_1 & b_3 \end{vmatrix}$$

给定一闭环系统的特征方程为 $s^3+3s^2+2s+k=0$，求当 k 等于何值时系统才稳定。

首先进行必要条件的判断，即特征方程的各项系数均应大于零，即 $k>0$，然后再进行充分条件的判断。现列写特征方程的劳斯阵列为

$$\begin{array}{lll} s^3 & 1 & 2 \\ s^2 & 3 & k \\ s^1 & b_1 & \\ s^0 & c_1 & \end{array} \qquad b_1=-\frac{1}{3}\begin{vmatrix} 1 & 2 \\ 3 & k \end{vmatrix}=-\frac{k-6}{3}>0 \qquad c_1=k>0$$

劳斯阵列第一列均应为正值，则 $b_1>0$ 且 $c_1>0$，这样由不等式可知，当 $0<k<6$ 时系统是稳定的。

如再给定一闭环系统的特征方程为 $s^5-2s^4+2s^3+4s^2-11s-10=0$，判断系统是否稳定，如若不稳定有多少个极点在 s 平面的右半部。

首先判断必要条件没有满足，此系统不稳定。但是要知有多少个极点在 s 平面的右半部，可列劳斯阵列为

$$\begin{array}{llll} s^5 & 1 & 2 & -11 \\ s^4 & -2 & 4 & -10 \\ s^3 & b_1=4 & b_2=-16 & 0 \\ s^2 & c_1=-4 & c_2=-10 & \\ s^1 & d_1=-26 & & \\ s^0 & -10 & & \end{array}$$

劳斯阵列第一列变换三次符号，即说明有三个极点在 s 平面右半部。第一列中的正负号变换次数即为正实部根数。

由此可见劳斯稳定判据有三个功能：

① 可进行稳定性判断；

② 可判断不稳定情况下有几个正实部根，即有几个极点在 s 平面右半部；

③ 可求控制系统的增益，即放大系数 k。

4.2.3　奈奎斯特稳定判据（简称奈氏判据）

奈氏判据是按开环传递函数的幅相频率特性（奈氏图或称极坐标图）来判断闭环系统是否稳定。

如何判断，要根据系统开环状态下稳定和不稳定两种情况进行分析。

(1) 开环状态下是稳定的（开环传递函数特征方程在 s 平面右半部无极点，即 $m=0$。一般习惯上把开环系统积分环节的零根作为左根处理）。闭环状态下稳定的必要和充分条件是：开环幅相频率特性 $G(s)H(s)$ 曲线不包围 s 平面上的(−1,j0)点。

(2) 开环状态下是不稳定的（开环传递函数的特征方程在 s 平面右半部有 m 个极点）。闭环状态下稳定的必要和充分条件是：当 ω 从 $-\infty$ 到 $+\infty$ 时，开环幅相频率特性 $G(s)H(s)$ 曲线逆时针方向包围(−1,j0)点 m 周。如果 ω 从 0 到 $+\infty$ 时，开环幅相频率特性曲线应逆时针方向包围(−1,j0)点 $m/2$ 周。

图 4.2(a)和(b)分别是在开环下稳定和不稳定状态时的幅相频率特性曲线，而 ω 取值为 $0\sim+\infty$，判断系统是否稳定。按照上述条件，经判断两系统均稳定。

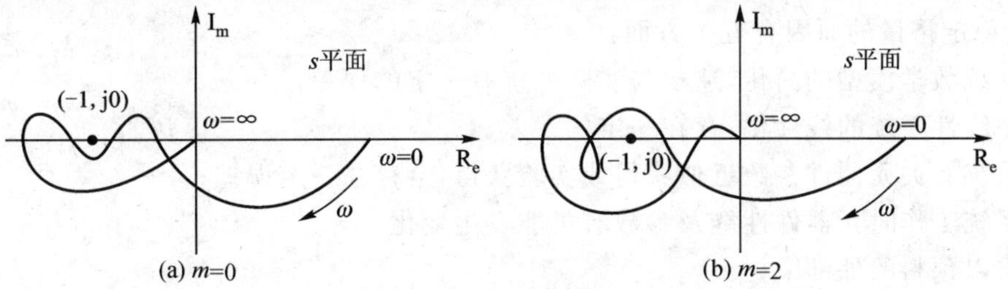

图 4.2　开环幅相频率特性曲线

4.2.4　对数幅相频率特性稳定判据

该判据是按开环传递函数的对数幅相频率特性（波德图）来判断闭环系统是否稳定。如何进行判断也要根据开环状态下稳定和不稳定两种情况进行分析。

(1) 开环状态下是稳定的（开环传递函数的特征方程在 s 平面右半部无极点，即 $m=0$），则闭环状态下稳定的必要和充分条件是：在对数幅频特性曲线 $L(\omega)\geqslant 0$ 的频率范围内，相频特性曲线 $\varphi(\omega)$ 在 $-\pi$ 线上的正负穿越次数之差为零（由 $-\pi$ 线下方向上穿越为正穿越，由 $-\pi$ 线上方向下穿越为负穿越）。

某一系统的波德图如图 4.3 所示，该系统 $m=0$，从图中可见正负穿越各一次，则系统稳定。

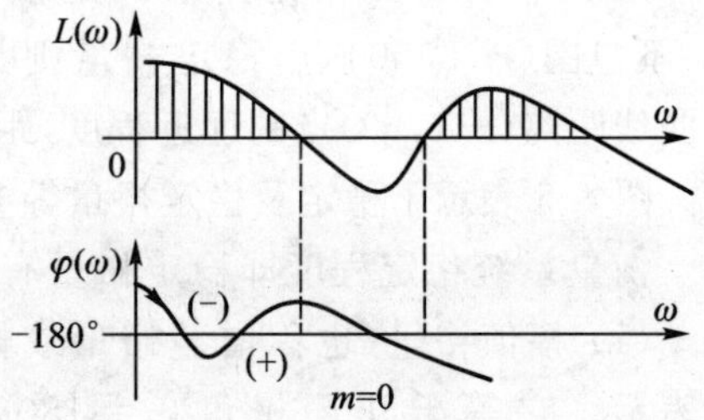

图 4.3　开环对数幅相频率特性曲线

(2) 开环状态下不稳定（开环传递函数特征方程有 m 个根在 s 平面的右半部），则闭环状态下稳定的必要和充分条件是：在所有 $L(\omega)\geqslant 0$ 的频率范围内，相频特性曲线 $\varphi(\omega)$ 在 $-\pi$ 线上的正负穿越次数之差为 $\frac{m}{2}$。

两系统的波德图如图 4.4a 和 b 所示。当 $m=2$ 时，判断系统是否稳定。图 a 正负穿越次数之差为 -1，所以系统不稳定。图 b 正负穿越次数之差为 $+1$，所以系统稳定。

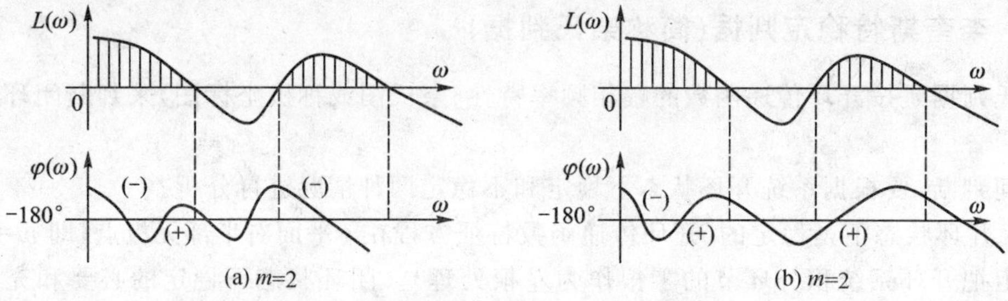

图 4.4　开环对数幅相频率特性曲线

4.3　系统的稳定裕量

上一节讨论了控制系统的稳定性，如果系统稳定，说明系统可以正常工作。但这是不够的，除此之外还要保证系统能够安全可靠地工作。特别是对于实际的工程问题，其环境条件是千变万化的，系统必须有一定的稳定裕量来弥补来自系统内部和外部的干扰。归纳起来设置系统稳定裕量的原因有五个方面：

① 系统数学模型的简化，造成与实际系统有一定的误差；

② 非线性系统的线性化，存在一定的误差；

③ 系统有关元器件参数近似获得或实验获得，会存在一定误差；

④ 系统工作时元器件性能及参数有可能发生变化；

⑤ 难以预料的外部干扰。

稳定裕量是用来衡量一个稳定的系统距离不稳定的程度。不同的稳定判断，对稳定裕量的表述也不一样，下边分别加以讨论。

4.3.1　奈氏稳定判据的稳定裕量

根据奈氏稳定判据，对于开环稳定的系统（$m=0$），闭环系统稳定必要和充分条件是幅相频率特性（奈氏图）不包围（-1, j0）点，稳定裕量则是衡量幅相频率特性曲线距离（-1, j0）点的远近程度，距离越远稳定裕量越大。图 4.5 表示了稳定及稳定裕量等参数的相互关系。

衡量系统稳定程度即稳定裕量有两个指标：

（1）幅值裕量（也称增益裕量或幅值储备），可用 k_p 来表示。它等于开环相角 $\varphi=180°$ 时开环幅值的倒数，即

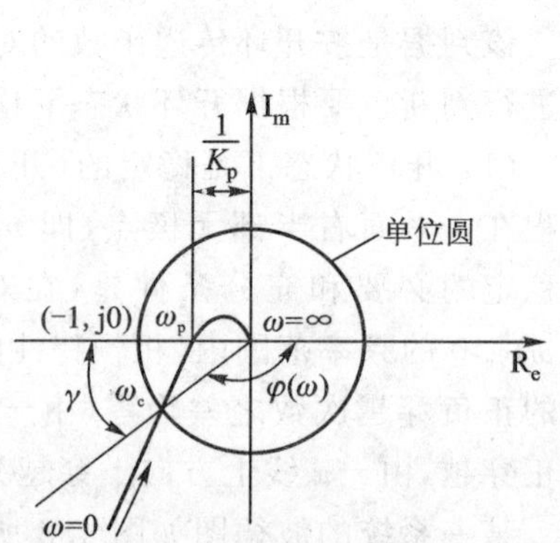

图 4.5　开环系统幅相频率特性曲线

$$k_p=\frac{1}{|G(j\omega_p)|}$$

应该说，在相位交界频率 ω_p 下，$A(\omega_p)=|G(j\omega_p)|$ 值越大幅值裕量越小。从图 4.5 中可以看到，ω_p 离原点越近，也就是离（-1，j0）点越远幅值裕量就越大。

（2）相位裕量（也称相角裕量或相位储备），可用 γ 表示。它是指开环频率特性的幅值 $|G(j\omega_c)|=1$ 时，它的相角 φ 与 -180° 之间的差值，即 $\gamma=180^\circ+\varphi(\omega_c)$。或者说，相位裕量 γ 是向量 $G(j\omega_c)$ 与负实轴的夹角。ω_c 是开环频率特性的幅值等于 1 时的频率，即增益交界频率（剪切频率）。若 $\varphi(\omega_c)$ 角越小，则相位裕量 γ 越大。

4.3.2　对数幅相频率特性稳定判据的稳定裕量

根据对数幅相频率特性稳定判据，对于开环稳定的系统（$m=0$），闭环稳定必要和充分条件是：在对数幅频特性 $L(\omega)\geqslant 0$ 的频率范围内，相频特性曲线 $\varphi(\omega)$ 在 $-\pi$ 线上的正负穿越次数之差为零。如若在此条件下无穿越，则系统也稳定，如图 4.6 所示。

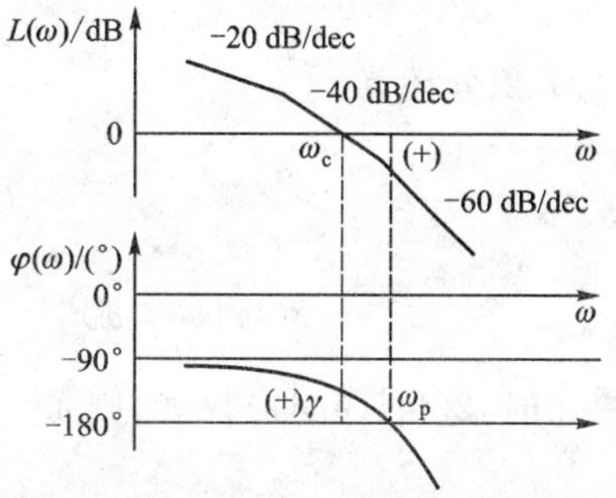

图 4.6　开环系统对数幅相频率特性曲线

根据对数幅相频率特性判断其系统的稳定裕量时

$$L(\omega_p)=20\lg k_p=-20\lg|G(j\omega_p)|$$

定义 $L(\omega_p)$ 为负值时（即 $-20\lg|G(j\omega_p)|$），增益裕量为正。所以 k_p 增大，则幅值裕量增加。

当增益裕量以分贝表示时，如果 $k_p>1$，则增益裕量定为正值，当 $k_p<1$，增量裕量定为负值，正增益裕量说明系统稳定。对于稳定的最小相位系统（即是系统的开环传递函数在 s 平面的右半部没有零点、极点的系统）而言，正增益裕量指出了系统在变成不稳定的系统时，增益可增加多少。对于不稳定的系统而言，负增益裕量指出了若使系统稳定，增益应减少多少。

例 4.1　试确定如图 4.7 所示的单位负反馈系统的稳定条件，即 K 值的取值范围。并试求当 $K=10$ 和 $K=100$ 时，对数幅相频率特性稳定判据的相位裕量和增益裕量。

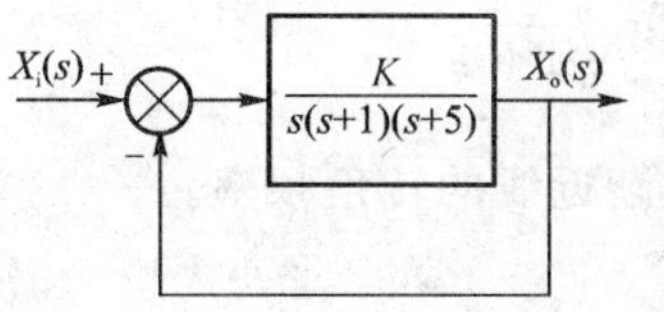

图 4.7　系统框图

第 1 步　求系统稳定的 K 值的取值范围

要确定 K 值的取值范围，就要用劳斯稳定判据。判断此系统的稳定性，就要先求出此系统的闭环传递函数的特征方程，而后再确定令系统稳定的 K 值的取值范围。系统的闭环传递函数为

$$G(s)=\frac{X_o(s)}{X_i(s)}=\frac{\dfrac{K}{s(s+1)(s+5)}}{1+\dfrac{K}{s(s+1)(s+5)}}=\frac{K}{s^3+6s^2+5s+K}$$

闭环系统的特征方程为　　$s^3+6s^2+5s+K=0$

劳斯阵列为

$$\begin{array}{lll} s^3 & 1 & 5 \\ s^2 & 6 & K \\ s^1 & b_1 & \\ s^0 & K & \end{array} \qquad \begin{array}{l} b_1=-\dfrac{1}{6}\begin{vmatrix}1 & 5\\ 6 & K\end{vmatrix}=\dfrac{30-K}{6} \\ \\ b_1>0 \\ K>0 \end{array}$$

所以当 $0<K<30$ 时系统稳定。

第 2 步　作波德图，求相位裕量和增益裕量

下面按题目要求，求对数幅相频率特性稳定判据的相位裕量和增益裕量。当 $K=10$ 时，其开环传递函数为

$$W_1(s)=\frac{10}{s(s+1)(s+5)}=\frac{2}{s(s+1)(0.2s+1)}=\frac{2}{s(s+1)(Ts+1)}$$

系统由四个典型环节组成

(1) 比例环节 $$G_1(s)=k=2$$

$$20\lg|G_1(j\omega)|=20\lg 2=6.02\ \text{dB}$$

$$\varphi_1(\omega)=0°$$

(2) 积分环节 $$G_2(s)=\frac{1}{s}$$

$$G_2(j\omega)=\frac{1}{j\omega}=-j\frac{1}{\omega}$$

$$20\lg|G_2(j\omega)|=20\lg\sqrt{R_e^2+I_m^2}=20\lg\frac{1}{\omega}=-20\lg\omega$$

当 $\omega=1$ 时，$20\lg|G_2(j\omega)|=0$，则 $\omega=1$ 为增益交界频率 ω_c

$$\varphi_2(\omega)=\arctan\frac{I_m}{R_e}=\arctan\frac{-\frac{1}{\omega}}{0}=-90°$$

(3) 惯性环节 $$G_3(s)=\frac{1}{s+1}$$

此环节时间常数 $T=1=\frac{1}{\omega_T}$，则转角频率(交点频率)$\omega_T=1$

$$G_3(j\omega)=\frac{1}{j\omega+1}=\frac{1}{1+\omega^2}-j\frac{\omega}{1+\omega^2}$$

$$20\lg|G_3(j\omega)|_{\omega=\frac{1}{T}=1}=20\lg\sqrt{\frac{1}{1+T^2\omega^2}}=20\lg\sqrt{\frac{1}{1+\omega^2}}$$

当 $\omega=1$ 时，$20\lg\sqrt{\frac{1}{1+\omega^2}}=-3\ \text{dB}$，可将 $\omega=1$ 视为波德图渐近线的转角频率。

当 $\omega=1$ 时，$\varphi_3(\omega)=\angle G_3(\omega)=\arctan\frac{I_m}{R_e}=\arctan(-T\omega)=-\arctan\omega=-45°$

(4) 惯性环节 $$G_4(s)=\frac{1}{Ts+1}$$

此环节时间常数 $T=0.2=\frac{1}{\omega_T}$，即转角频率 $\omega_T=5$

频率响应 $$G_4(j\omega)=\frac{1}{jT\omega+1}=\frac{1}{1+T^2\omega^2}-j\frac{T\omega}{1+T^2\omega^2}$$

$$20\lg|G_4(j\omega)|=20\lg\sqrt{\frac{1}{1+T^2\omega^2}}\Bigg|_{\omega=\frac{1}{T}=5}=20\lg\sqrt{\frac{1}{1+1}}=-3\ \text{dB}$$

$$\varphi_4(\omega)=\angle G_4(j\omega)=\arctan(-T\omega)\big|_{\omega=\frac{1}{T}}=-45°$$

根据上述四个环节绘制波德图，如图 4.8 所示：当 $K=10$ 时，增益交界频率 $\omega_c=1.2$；相位裕量 $\gamma=24°$；相位交界频率 $\omega_p=2$；增益裕量等于 10 dB。由此可知幅值裕量和相位裕量均为正。如果作图准确的话，可以得到较为准确的裕量。若想获得更为精确的值，需通过下

述步骤计算获得。

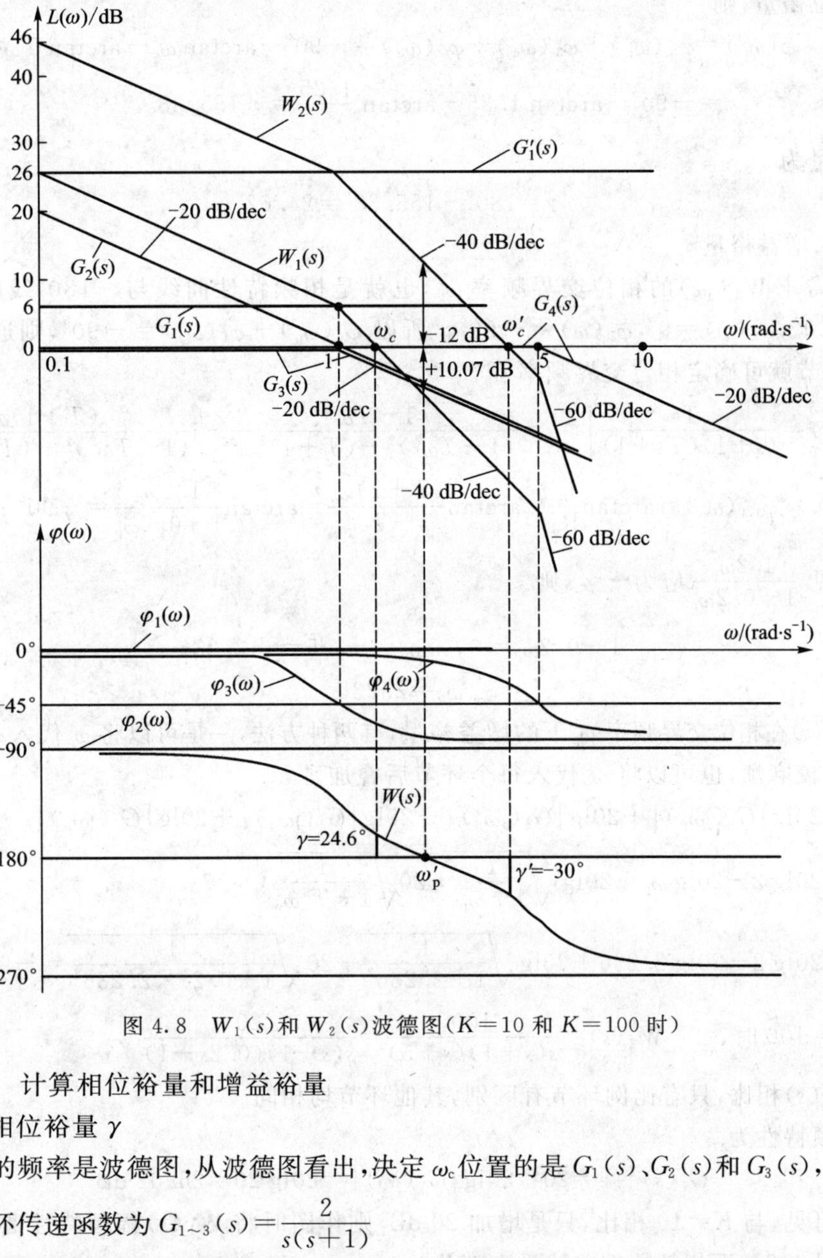

图 4.8 $W_1(s)$和$W_2(s)$波德图($K=10$ 和 $K=100$ 时)

第 3 步 计算相位裕量和增益裕量

(1) 求相位裕量 γ

决定 γ 的频率是波德图，从波德图看出，决定 ω_c 位置的是 $G_1(s)$、$G_2(s)$和 $G_3(s)$，而与 $G_4(s)$ 无关。则开环传递函数为 $G_{1\sim3}(s)=\dfrac{2}{s(s+1)}$

则频率响应为
$$G_{1\sim3}(j\omega)=\frac{2}{j\omega(j\omega+1)}=-\frac{2}{\omega^2+1}-j\frac{2}{\omega(\omega^2+1)}$$

求增益交界频率 ω_c，则
$$20\lg|G_{1\sim3}(j\omega)|=20\lg\sqrt{I_m^2+R_e^2}=20\lg\frac{2}{\omega\sqrt{\omega^2+1}}$$

而增益交界频率 ω_c 处的对数幅频特性为
$$L(\omega_c)=20\lg|G_{1\sim3}(j\omega_c)|=0$$

所以
$$\omega_c\sqrt{\omega_c^2+1}=2\quad \omega_c^4+\omega_c^2-4=0$$

取正值，则　　$\omega_c=1.25$

ω_c决定相位裕量，则

$$\varphi(\omega_c)=\varphi_2(\omega_c)+\varphi_3(\omega_c)+\varphi_4(\omega_c)=-90°-\arctan\omega_c-\arctan T\omega_c$$
$$=-90°-\arctan 1.25-\arctan\frac{1.25}{5}=-155.38°$$

其相位裕量为

$$\gamma=180°-155.38°=24.62°$$

(2) 求增益裕量

首先需求 $W_1(j\omega)$ 的相位交界频率 ω_p，也就是相频特性曲线与 $-180°$ 线的交点，因为 $\varphi(\omega_p)=180°$，$\varphi_1(\omega)=0°$，$\varphi_2(\omega)=-90°$。所以 $\varphi_3(\omega_p)+\varphi_4(\omega_p)=-90°$，则通过 $G_3(s)$ 和 $G_4(s)$ 两环节就可确定相位交界频率 ω_p。

$$G_{3,4}(s)=\frac{1}{(s+1)(Ts+1)}\bigg|_{s=j\omega}=\frac{1-T\omega^2}{(1-T\omega^2)^2-(T+1)^2\omega^2}-j\frac{(T+1)\omega}{(1-T\omega^2)^2-(T+1)^2\omega^2}$$

$$\varphi_{3,4}(\omega_p)=\arctan\frac{I_m}{R_e}=\arctan\frac{(T+1)\omega_p}{1-T\omega_p^2}=\arctan\frac{1.2\omega_p}{1-0.2\omega_p^2}=-90°$$

由上式可见 $\frac{1.2\omega_p}{1-0.2\omega_p^2}$ 应为 $-\infty$，则

$$1-0.2\omega_p^2=0,\quad \omega_p=\pm\sqrt{5}=\pm 2.236$$

取正值　　$\omega_p=2.236$

求 $W_1(s)$ 在相位交界频率 ω_p 下的增益裕量，有两种方法，一是可以将 ω_p 代入 $20\lg|W_1(j\omega)|$ 中求，但比较麻烦，也可以将 ω_p 代入每个环节后叠加。

$$20\lg|G_1(j\omega_p)|+20\lg|G_2(j\omega_p)|+20\lg|G_3(j\omega_p)|+20\lg|G_4(j\omega_p)|$$
$$=20\lg 2-20\lg\omega_p+20\lg\sqrt{\frac{1}{1+\omega_p^2}}+20\sqrt{\frac{1}{1+T^2\omega_p^2}}$$
$$=20\lg 2-20\lg 2.236+20\lg\sqrt{\frac{1}{1+2.236^2}}+20\sqrt{\frac{1}{1+0.2^2\times 2.236^2}}=-9.54\text{ dB}$$

当 $K=100$ 时，　$W_2(s)=\frac{100}{s(s+1)(s+5)}=\frac{20}{s(s+1)(0.2s+1)}$

与 $W_1(s)$ 相比，只有比例环节有区别，其他环节均相同。

其对数辐频特性为

$$G_1'(s)=k=20\quad 20\lg|G_1(j\omega)|=20\lg 20=26.02\text{ dB}$$

由此可见，与 $K=10$ 相比，只是增加 20 dB，则作图时将 $W_1(s)$ 幅频特性曲线平行上移 20 dB，见图 4.8。而相频特性曲线没有变化。

4.4 液压仿形刀架控制系统的综合分析与计算

液压仿形刀架如图 4.9 所示，系统由伺服阀、液压缸及仿形机构三部分组成。触头位移 x_i 受样板控制，杠杆牵动伺服阀阀芯产生位移 x_e，形成节流口的开度来控制油缸的位移 x_o，此位移又使节流口逐渐关小，直到恢复阀体相对阀芯的原始位置。系统中伺服阀是在零开口附近工作，很小的力使阀芯产生位移，将恒压油源压力为 p_s 的油供给液压缸，它是一个力

或功率的放大元件，而液压缸是一个执行元件。这一运动过程是刀架完全跟踪仿形样板型面的运动过程。

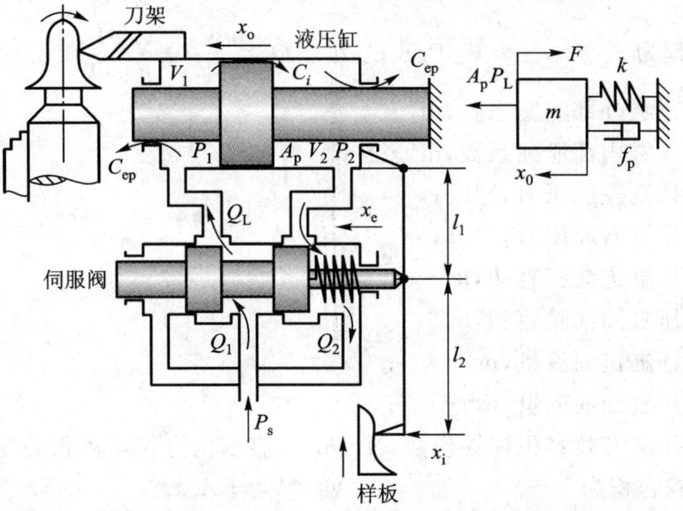

图 4.9 液压仿形刀架结构原理图

1. 液压仿形刀架系统物理模型的建立

所有在 x 方向运动的部件（刀架、液压缸体和伺服阀阀套联动）的质量为 m，运动部件与非运动部件（液压缸活塞及活塞杆和其他导向机构）间的粘滞阻尼系数为 f_p，活塞杆的弹性系数为 k。A_p 为活塞有效工作面积，P_L为油缸两腔压差（称为负载压差）$P_L=P_1-P_2$，刀架位移为 x_o，F 为切削力（可认为是外扰动力），物理模型如图 4.9 右端所示。

2. 液压仿形刀架系统数学模型的建立

首先不考虑杠杆和样板仿形部分，而只考虑伺服阀和液压缸部分。

(1) 确定系统的输入量及输出量

伺服阀输入量为阀芯位移 x_e，其输出量为负载流量 Q_L，Q_L 表示管路中流量的平均值为 $Q_L=\dfrac{Q_1+Q_2}{2}$，如不考虑泄漏，则 $Q_L=Q_1=Q_2$

液压缸输入量为伺服阀的输出量，即负载流量 Q_L。液压缸的输出量为液压缸也就是刀架的位移 x_o。

在此应该注意在建立数学模型时，前一个环节的输出量应该是后一个环节的输入量，这样有利于解所建立的联立方程时消除中间变量。

(2) 列写系统各环节的运动方程

1) 伺服阀运动方程的建立

伺服阀特性曲线如图 4.10 所示。首先建立伺服阀在不同的开口量，即阀芯位移为 $x_{e_1}, x_{e_2}, x_{e_3}\cdots$的情况下，负载流量 Q_L 与负载压差 P_L 的函数关系。其 x_{e_i}、Q_L、P_L 的函数关系为

$$Q_L=f(P_L, x_{e_i}) \tag{4.1}$$

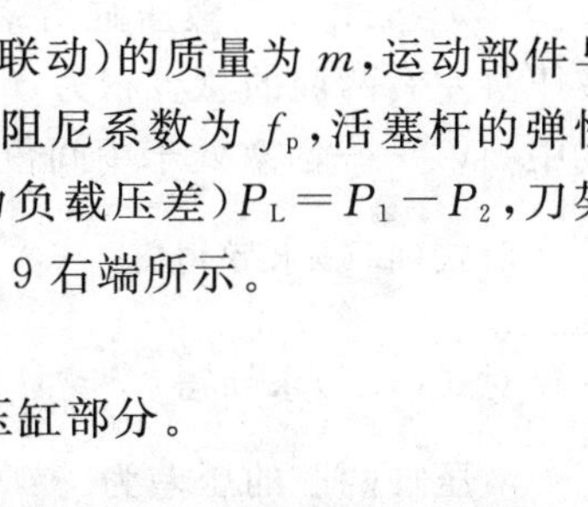

图 4.10 伺服阀特性曲线

2) 液压缸流量方程的建立

根据液压系统的质量守恒原则，建立液压缸两腔的连续方程

左腔连续方程为 $$Q_1 - C_{ep}P_1 - C_{ip}P_L = \frac{dV_1}{dt} + \frac{V_1}{\beta_e}\frac{dP_1}{dt} \tag{4.2}$$

右腔连续方程为 $$C_{ip}P_L - C_{ep}P_2 - Q_2 = \frac{dV_2}{dt} + \frac{V_2}{\beta_e}\frac{dP_2}{dt} \tag{4.3}$$

式中 C_{ep}——液压缸外部泄漏系数，$m^5 \cdot N^{-1}s^{-1}$；

C_{ip}——液压缸内部泄漏系数，$m^5 \cdot N^{-1}s^{-1}$；

P_1——液压缸左腔压力，MPa；

P_2——液压缸右腔压力，MPa；

V_1——液压缸进油腔容积，m^3；

V_2——液压缸回油腔容积，m^3；

Q_1——液压缸进油流量，$m^3 \cdot s^{-1}$；

Q_2——液压缸回油流量，$m^3 \cdot s^{-1}$；

β_e——液压缸有效容积弹性模数，$N \cdot m^{-2}$，表示压力相对体积的变化率。

液压缸进油腔容积为 $$V_1 = V_{01} + A_p x_o \tag{4.4}$$

液压缸回油腔容积为 $$V_2 = V_{02} - A_p x_o \tag{4.5}$$

式中 V_{01}，V_{02}——分别为液压缸左右两腔的初始容积，被认为是常数；

A_p——液压缸活塞的有效工作面积。

液压缸左右两腔的总容积为 $$V_t = V_1 + V_2 = V_{01} + V_{02} = 2V_0$$

式中 V_0——活塞处于中间位置时左右腔的容积。

对式(4.4)求导得 $$\frac{dV_1}{dt} = A_p\frac{dx_o}{dt} \tag{4.6}$$

对式(4.5)求导得 $$\frac{dV_2}{dt} = -A_p\frac{dx_o}{dt} \tag{4.7}$$

液压缸两腔的压差为 $$P_L = P_1 - P_2 \tag{4.8}$$

油泵的供油压力为 $$P_s = P_1 + P_2 \tag{4.9}$$

式(4.8)加式(4.9)得 $$P_1 = \frac{1}{2}(P_s + P_L) \tag{4.10}$$

式(4.9)减式(4.8)得 $$P_2 = \frac{1}{2}(P_s - P_L) \tag{4.11}$$

油泵的供油压力恒定，则 P_s=常数

对式(4.10)求导，得 $$\frac{dP_1}{dt} = \frac{1}{2}\frac{dP_L}{dt} \tag{4.12}$$

对式(4.11)求导，得 $$\frac{dP_2}{dt} = -\frac{1}{2}\frac{dP_L}{dt} \tag{4.13}$$

式(4.2)减式(4.3)，并将式(4.6)、式(4.7)、式(4.12)、式(4.13)代入，得

$$Q_1 + Q_2 = 2A_p\frac{dx_o}{dt} + (C_{ep} + 2C_{ip})P_L + \frac{V_1 + V_2}{2\beta_e} \cdot \frac{dP_L}{dt} \tag{4.14}$$

令式中$\frac{1}{2}(C_{ep} + 2C_{ip}) = C_{tp}$，又因为 $Q_L = \frac{1}{2}(Q_1 + Q_2)$，$V_1 + V_2 = V_t$

由式(4.14)得 $$Q_L = A_p\frac{dx_o}{dt} + C_{tp}P_L + \frac{V_t}{4\beta_e}\frac{dp_L}{dt} \tag{4.15}$$

3）液压缸力平衡方程的建立

根据物理模型建立其液压缸力学方程

$$A_p P_L = m\ddot{x}_o + f_p \dot{x}_o + kx_o + F$$

则
$$P_L = \frac{1}{A_p}(m\ddot{x}_o + f_p \dot{x}_o + kx_o) + \frac{F}{A_p} \tag{4.16}$$

4）非线性方程的线性化处理

非线性方程 $Q_L = f(P_L, x_e)$ 的线性化，需取额定工作点 P_{L_0}，x_{e_0}，如图 4.10 所示。

$$Q_{L_0} = f(P_{L_0}, x_{e_0}) \tag{4.17}$$

引入泰勒公式进行线性化处理，若函数 $f(x)$ 在点 $x = x_0$ 处的某一邻域内具有 1 至 n 阶导数 $f'(x)$，$f''(x)$，…，$f^n(x)$，则泰勒公式为

$$f(x) = f(x_0) + \frac{f'(x_0)(x-x_0)}{1!} + \frac{f''(x_0)(x-x_0)^2}{2!} + \cdots + \frac{f^{(n)}(x_0)(x-x_0)^n}{n!} + R_n$$

式中 R_n——拉格朗日余项，为高阶无穷小。

根据系统对精度的要求，可选择其中几项，本系统选择前两项。

则式(4.1)可展开为

$$Q_L = f(P_{L_0}, x_{e_0}) + \frac{\partial f(P_L, x_e)}{\partial x_e}\bigg|_{\substack{x_e = x_{e_0} \\ P_L = P_{L_0}}} \Delta x_e + \frac{\partial f(P_L, x_e)}{\partial P_L}\bigg|_{\substack{x_e = x_{e_0} \\ P_L = P_{L_0}}} \Delta P_L$$

令 $\frac{\partial f(P_L, x_e)}{\partial x_e}\bigg|_{\substack{x_e = x_{e_0} \\ P_L = P_{L_0}}} = K_q$；$\frac{\partial f(P_L, x_e)}{\partial P_L}\bigg|_{\substack{x_e = x_{e_0} \\ P_L = P_{L_0}}} = -K_c$

式中 K_q——流量放大系数；

K_c——流量压力系数。

则
$$Q_L = f(P_{L_0}, x_{e_0}) + K_q \Delta x_e - K_c \Delta P_L \tag{4.18}$$

式(4.18)与式(4.17)的两端分别相减，得

$$Q_L - Q_{L_0} = \Delta Q_L = K_q \Delta x_e - K_c \Delta P_L \tag{4.19}$$

式(4.19)表明了负载流量 ΔQ_L、阀芯位移 Δx_e 和负载压差 ΔP_L 之间的线性关系。可见随着阀的工作点不同，阀的系数 K_q 和 K_c 也在变化。

因为伺服阀是在额定工作点处展开成线性，而且阀工作在额定工作点附近，所以可将增量方程(4.19)写成

$$Q_L = K_q x_e - K_c P_L \tag{4.20}$$

由式(4.15)、式(4.16)、式(4.20)拉氏变换，并令初始条件为零，得

$$Q_L(s) = A_p s X_o(s) + \left(C_{tp} + \frac{V_t}{4\beta_e}s\right) P_L(s) \tag{4.21}$$

$$P_L(s) = \frac{1}{A_p}(ms^2 + f_p s + k) X_o(s) + \frac{F(s)}{A_p} \tag{4.22}$$

$$Q_L(s) = K_q X_e(s) - K_c P_L(s) \tag{4.23}$$

由式(4.21)得

$$P_L(s) = [Q_L(s) - A_p s X_o(s)] \Big/ \left(C_{tp} + \frac{V_t}{4\beta_e}s\right) \tag{4.24}$$

将式(4.22)改写为

$$X_o(s)=[P_L(s)A_p-F(s)]/(ms^2+f_p s+k) \tag{4.25}$$

由式(4.23)、式(4.24)和式(4.25)绘制系统框图如图 4.11 所示：

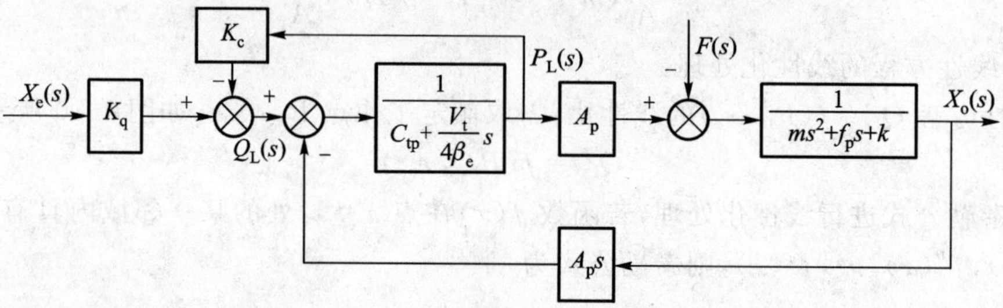

图 4.11　伺服阀至液压缸控制系统框图Ⅰ

由图 4.11 得

$$\left\{[(K_q X_e(s)-K_c P_L(s))-A_p s X_o(s)]\frac{A_p}{C_{tp}+\frac{V_e}{4\beta_e}s}-F(s)\right\}\frac{1}{ms^2+f_p s+k}=X_o(s) \tag{4.26}$$

根据式(4.26)和式(4.24)可得

$$X_o(s)=\left\{\left[K_q X_e(s)-K_c\left(\frac{1}{A_p}(ms^2+f_p s+k)\right)X_o(s)+\frac{F(s)}{A_p}\right]-A_p s X_o(s)\frac{A_p}{C_{tp}+\frac{V_e}{4\beta_e}s}-F(s)\right\}\frac{1}{ms^2+f_p s+k}$$

$$=\left\{\left[K_q X_e(s)-\frac{K_c}{A_p}(ms^2+f_p s+k)X_o(s)-\frac{K_c F(s)}{A_p}-A_p s X_o(s)\right]\frac{A_p}{C_{tp}+\frac{V_e}{4\beta_e}s}-F(s)\right\}\frac{1}{ms^2+f_p s+k} \tag{4.27}$$

对于某一个控制系统，其框图并不是唯一的，可根据研究问题的实际需要，重新构建系统框图。现将式(4.23)代入式(4.24)得

$$P_L(s)=[K_q X_e(s)-K_c P_L(s)-A_p s X_0(s)]\Big/\left(C_{tp}+\frac{V_t}{4\beta_e}s\right)$$

$$\left(1+\frac{K_c}{C_{tp}+\frac{V_t}{4\beta_e}s}\right)P_L(s)=[K_q X_e(s)-A_p s X_0(s)]\Big/\left(C_{tp}+\frac{V_t}{4\beta_e}s\right)$$

$$P_L(s)=[K_q X_e(s)-A_p s X_0(s)]\frac{1}{K_c+C_{tp}+\frac{V_t}{4\beta_e}s} \tag{4.28}$$

由式(4.25)和式(4.28)绘制图 4.12 如下：

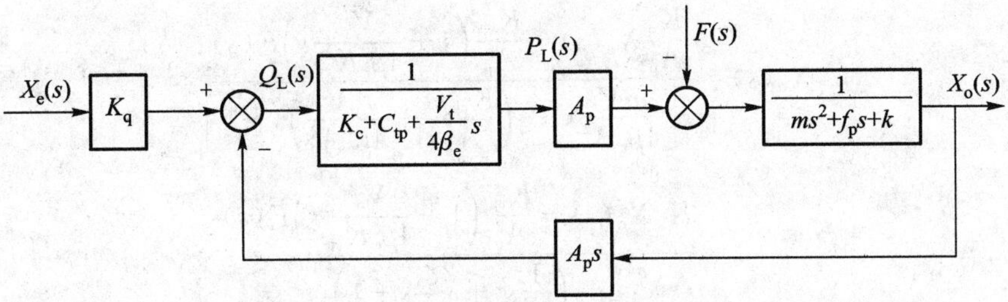

图 4.12　伺服阀至液压缸控制系统框图Ⅱ

由图 4.12 得

$$X_0(s)=\left\{\left[K_qX_e(s)-K_cP_L(s)\right]\frac{A_p}{K_c+C_{tp}+\frac{V_e}{4\beta_e}s}-F(s)\right\}\frac{1}{ms^2+f_p+k} \tag{4.29}$$

由式(4.27)或式(4.22)和式(4.29)均可得

$$A_pK_qX_e(s)-F(s)\left(K_c+C_{tp}+\frac{V_e}{4\beta_e}s\right)=(ms^2+f_p+k)\left(K_c+C_{tp}+\frac{V_e}{4\beta_e}s\right)X_o(s)+A_p^2sX_o(s) \tag{4.30}$$

由式(4.30)得

$$\left[\frac{A_p^2s}{\left(K_c+C_{tp}+\frac{V_t}{4\beta_e}s\right)(ms^2+f_ps+k)}+1\right]X_o(s)$$

$$=\frac{K_qA_pX_e(s)}{\left(K_c+C_{tp}+\frac{V_t}{4\beta_e}s\right)(ms^2+f_ps+k)}-\frac{F(s)}{(ms^2+f_ps+k)} \tag{4.31}$$

由式(4.31)得

$$X_o(s)=\frac{K_qA_pX_e(s)-\left(K_c+C_{tp}+\frac{V_t}{4\beta_e}s\right)F(s)}{A_p^2s+\left(K_c+C_{tp}+\frac{V_t}{4\beta_e}s\right)(ms^2+f_ps+k)} \tag{4.32}$$

由式(4.32)变换得

$$X_o(s)=\frac{\frac{K_q}{A_p}X_e(s)-\frac{K_{cp}}{A_p^2}\left(1+\frac{V_t}{4\beta_eK_{cp}}s\right)F(s)}{\frac{mV_t}{4\beta_eA_p^2}s^3+\left(\frac{f_pV_t}{4\beta_eA_p^2}+\frac{K_{cp}m}{A_p^2}\right)s^2+\left(\frac{kV_t}{4\beta_eA_p^2}+\frac{f_pK_{cp}}{A_p^2}+1\right)s+\frac{K_{cp}k}{A_p^2}} \tag{4.33}$$

式中　K_{cp}——为总流量—压力系数，$K_{cp}=K_c+C_{tp}$。

式(4.33)给出了液压缸位移 x_o 对伺服阀阀芯位移 x_e 输入和负载扰动力 F 的响应特性。该式考虑因素全面，但比较复杂。一般情况下，要根据实际情况进行必要的简化。下边是忽略系统的弹性系数时的简化模型。

当 $k=0$ 时，式(4.33)分母第三项 $\frac{f_pK_{cp}}{A_p^2}$ 可写成 $\frac{f_pK_{cp}}{A_p^2}=\frac{f_p\dot{x}_0}{A_pP_L}\frac{K_{cp}P_L}{A_p\dot{x}_0}$，显然阻尼力 $f_p\dot{x}_0$ 远远小于液压缸的输出力 A_pP_L，泄漏损失流量 $K_{cp}P_L$ 远小于液压缸运动所需的流量 $A_p\dot{x}_0$，故 $\frac{f_pK_{cp}}{A_p^2}\ll 1$，可以忽略。式(4.33)简化后可写成

$$X_o(s)=\frac{\frac{K_q}{A_p}X_e(s)-\frac{K_{cp}}{A_p}\left(1+\frac{V_t}{4\beta_e K_{cp}}s\right)F(s)}{s\left[\frac{mV_t}{4\beta_e A_p^2}s^2+\left(\frac{K_{cp}m}{A_p^2}+\frac{f_p V_t}{4\beta_e A_p^2}\right)s+1\right]}$$

$$=\frac{K_v X_e(s)-\frac{K_{cp}}{A_p^2}\left(1+\frac{V_t}{4\beta_e K_{cp}}s\right)F(s)}{s\left(\frac{1}{\omega_n^2}s^2+\frac{2\zeta_n}{\omega_n}s+1\right)} \tag{4.34}$$

式中 ω_n——无阻尼液压固有频率，$\omega_n=\sqrt{\frac{4\beta_e A_p^2}{mV_t}}$，rad·$s^{-1}$；

ζ_n——液压阻尼比，$\zeta_n=\frac{K_{cp}}{A_p}\sqrt{\frac{\beta_e m}{V_t}}+\frac{f_p}{4A_p}\sqrt{\frac{V_t}{\beta_e m}}$，无量纲；

K_v——速度常数(或称开环放大系数)，$K_v=\frac{K_q}{A_p}$，s^{-1}。

如果式中 f_p小到可以忽略不计，即忽略$\frac{f_p}{4A_p}\sqrt{\frac{V_t}{\beta_e m}}$项，则

$$\frac{2\zeta_n}{\omega_n}=\frac{K_{cp}m}{A_p^2} \tag{4.35}$$

或

$$\zeta_n=\frac{K_{cp}}{A_p}\sqrt{\frac{\beta_e m}{V_t}} \tag{4.36}$$

(1) 只考虑扰动力 F，而不计输入信号 x_e时的传递函数为

$$\frac{X_o(s)}{F(s)}=\frac{-\frac{K_{cp}}{A_p^2}\left(1+\frac{V_t}{4\beta_e K_{cp}}s\right)}{s\left(\frac{1}{\omega_n^2}s^2+\frac{2\zeta_n}{\omega_n}s+1\right)} \tag{4.37}$$

(2) 只考虑伺服阀位移 x_e，而不考虑干扰力 F 时的传递函数为

$$\frac{X_o(s)}{X_e(s)}=\frac{K_q}{A_p s\left(\frac{V_t m}{4\beta_e A_p^2}s^2+\frac{K_c m}{A_p^2}s+1\right)}=\frac{K_v}{s\left(\frac{1}{\omega_n^2}s^2+\frac{2\zeta_n}{\omega_n}s+1\right)} \tag{4.38}$$

3. 液压仿形刀架系统传递函数的建立

建立以样板 x_i为输入，刀架位移 x_o为输出的传递函数。

由式(4.38)知

$$\frac{X_o(s)}{X_e(s)}=\frac{K_v}{s\left(\frac{1}{\omega_n^2}s^2+\frac{2\zeta_n}{\omega_n}s+1\right)} \tag{4.39}$$

建立 x_e、x_o与 x_i的关系，如图 4.13 所示。

$$x_e=x_e'+x_e''-x_o=\frac{l_1}{l_1+l_2}x_i+\frac{l_2}{l_1+l_2}x_o-x_o=\frac{l_1}{l_1+l_2}(x_i-x_o) \tag{4.40}$$

式中 x_e'是 x_i引起的阀芯位移(支点为 1)，x_e''是 x_o引起的阀芯位移(支点为 2)。在液压缸带动刀架运动的同时也使与液压缸固连的阀套移动 x_o，使得伺服阀开口量的减少趋于零。

对式(4.40)进行拉氏变换，并令初始条件为零，则

$$X_e(s)=\frac{l_1}{l_1+l_2}X_i(s)-\frac{l_1}{l_1+l_2}X_o(s) \tag{4.41}$$

由式(4.39)和式(4.41)建立系统框图，如图 4.14 所示。

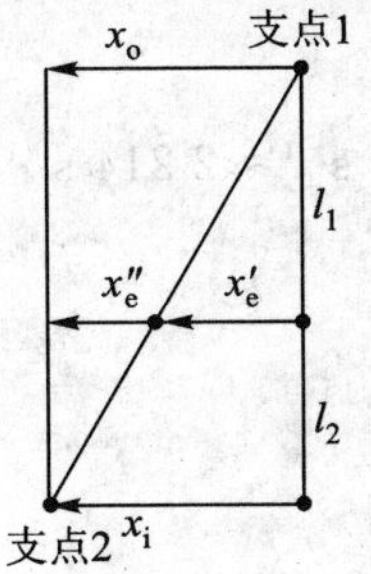

图 4.13 阀芯位移示意图

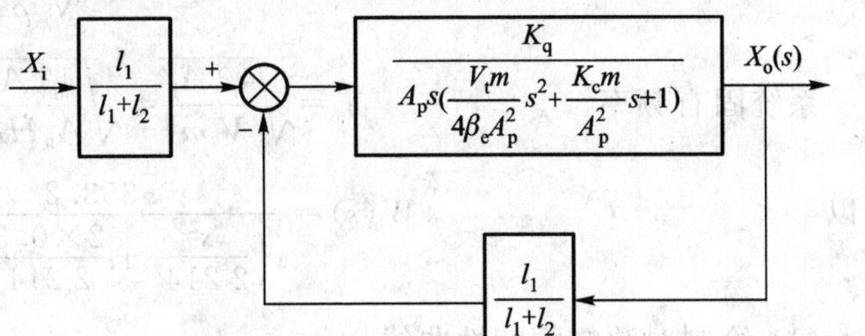

图 4.14 仿形刀架系统框图

系统闭环传递函数为

$$G(s)=\frac{X_o(s)}{\frac{l_1}{l_1+l_2}X_i(s)}=\frac{\dfrac{K_v}{s\left(\dfrac{1}{\omega_n^2}s^2+\dfrac{2\zeta_n}{\omega_n}s+1\right)}}{1+\dfrac{l_1}{l_1+l_2}\cdot\dfrac{K_v}{s\left(\dfrac{1}{\omega_n^2}s^2+\dfrac{2\zeta_n}{\omega_n}s+1\right)}}$$

$$G(s)=\frac{X_o(s)}{X_i(s)}=\frac{\dfrac{l_1}{l_1+l_2}\cdot K_v}{\dfrac{K_v}{s\left(\dfrac{1}{\omega_n^2}s^2+\dfrac{2\zeta_n}{\omega_n}s+1\right)}+\dfrac{l_1}{l_1+l_2}K_v} \tag{4.42}$$

则由式(4.42)得

$$G(s)=\frac{X_o(s)}{X_i(s)}=\frac{K_z}{s\left(\dfrac{s^2}{\omega_n^2}+\dfrac{2\zeta_n}{\omega_n}s+1\right)+K_z} \tag{4.43}$$

式中 K_z——开环增益，$K_z=\frac{l_1}{l_1+l_2}K_v$。

则系统的闭环框图如图 4.15 所示。

其系统的开环传递函数为

$$W(s)=\frac{K_z}{s\left(\dfrac{s^2}{\omega_n^2}+\dfrac{2\zeta}{\omega_n}s+1\right)} \tag{4.44}$$

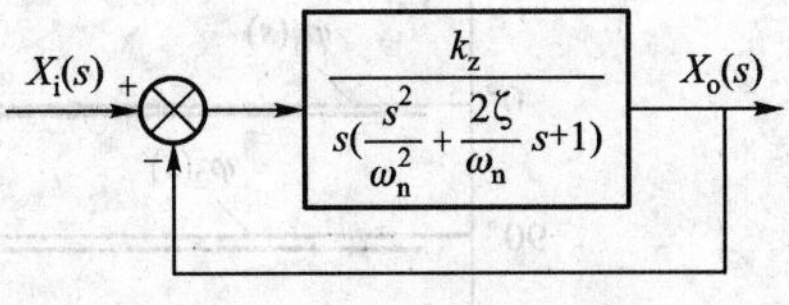

图 4.15 仿形刀架系统框图

4. 绘制系统的波德图

首先给出有关参数的量值。伺服阀面积变化率 $M_Q=9.4\times10^{-2}$ m(即表示滑阀每移动 0.01 m，开口面积变化多少 m^2)；流量系数 $C_d=0.6$；油液密度 $\rho=8.6\times10^2\ N\cdot s^2\cdot m^{-4}$；供油压力 $P_s=2\times10^6\ N\cdot m^{-2}$；液压缸有效容积弹性模数 $\beta_e=7\times10^8\ N\cdot m^{-2}$，杠杆比 $i=l_1/(l_1+l_2)=0.5$；总负载质量 $m=20\ N\cdot s^2\cdot m^{-1}$；液压缸行程 $H=0.11$ m；液压缸有效工作面积 $A_p=3.85\times10^{-3}\ m^2$，阻尼比 $\zeta=0.3$。

开环增益 $$K_z=\frac{l_2K_Q}{(l_1+l_2)A_p}=\frac{iK_Q}{A_p}=\frac{i}{A_p}\cdot C_dM_q\sqrt{\frac{P_s}{\rho}}=353.2$$

式中 K_Q——伺服阀开口面积变化量，$K_Q=C_d M_q\sqrt{\frac{P_s}{\rho}}$。

系统固有频率 $$\omega_n=\sqrt{\frac{4\beta_e A_p^2}{V_t m}}=\sqrt{\frac{4\beta_e A_p^2}{A_p H m}}=2\ 213.59\ s^{-1}\approx 2\ 214\ s^{-1}$$

所以 $$W(s)=\frac{353.2}{s\left(\frac{s^2}{2\ 214^2}+\frac{2\times 0.3}{2\ 214}s+1\right)} \tag{4.45}$$

(1) 绘制对数幅频特性曲线

由式(4.45)知，系统的开环传递函数 $W(s)$ 是由比例、积分和振荡环节组成的。所以应分别画三个环节的对数幅频特性曲线然后再叠加。

① 比例环节 $20\lg K_z=20\lg 353.2\ \mathrm{dB}=50.96\ \mathrm{dB}$

② 积分环节 $\frac{1}{s}$ 的增益交界频率 $\omega_c=1$，幅频曲线以 $-20\mathrm{dB}\cdot\mathrm{dec}^{-1}$ 斜率下降。

③ 振荡环节 转角频率 ω_T 也是固有频率 ω_n（振荡环节的固有频率 ω_n 等于转角频率 ω_T），所以 $\omega_n=\omega_T=2\ 214$，并且幅频特性曲线 ω 大于 ω_T 段是以 $-40\ \mathrm{dB}\cdot\mathrm{dec}^{-1}$ 斜率下降的，如图 4.16 所示。

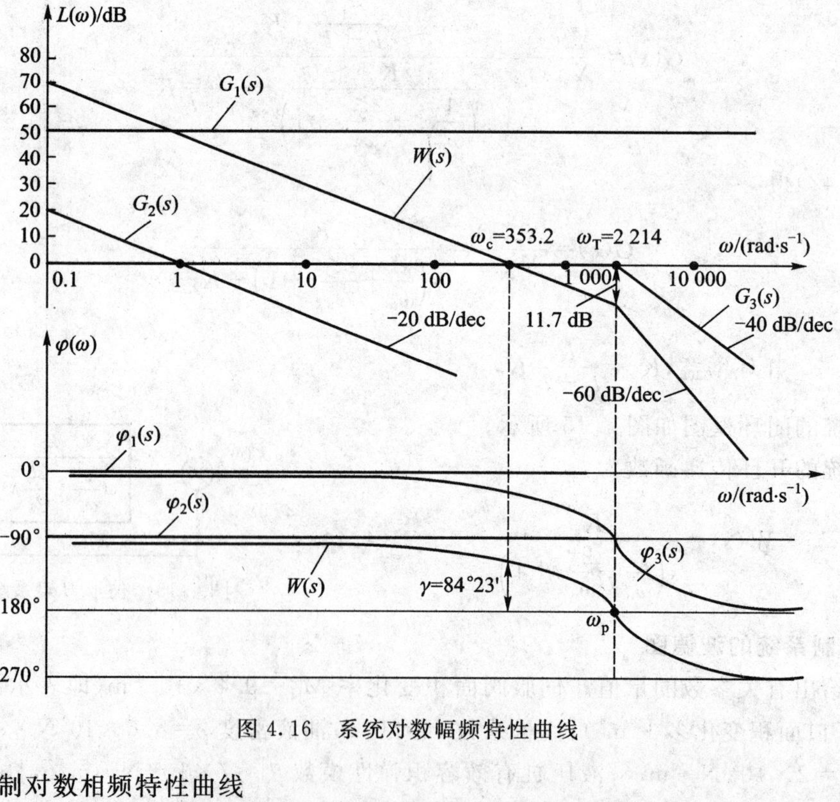

图 4.16 系统对数幅频特性曲线

(2) 绘制对数相频特性曲线

已知比例环节 $\varphi_1(\omega)=0$，积分环节 $\varphi_2(\omega)=-90°$，而振荡环节 $\varphi_3(\omega)$ 在已知 $\omega_n=\omega_T=2\ 214$ 的情况下 $\varphi_3(\omega_T)=-90°$，则所绘制的对数相频特性曲线如图 4.16 所示。

5. 系统稳定性判断

利用对数幅相频率特性的稳定判据进行判断时，首先看开环状态下是否稳定，即开环传递函数的特征方程在 s 平面右半部有无极点，无极点为开环状态下稳定，而有极点为开环状态下不稳定，这时再对两种情况分别进行判断。

由式(4.44)知，开环传递函数的特征方程为

$$s\left(\frac{s^2}{\omega_n^2}+\frac{2\zeta}{\omega^2}s+1\right)=0$$

此式积分环节的零根通常按负实根处理，而振荡环节的根为

$$s_{1,2}=-\zeta\omega_n\pm\sqrt{\zeta^2-1}$$

所以，此系统在开环状态下是稳定的，即 $m=0$，那么闭环稳定的充分和必要条件是对数幅频特性 $L(\omega)\geqslant 0$ 的所有频率 ω 下，相频特性曲线 $\varphi(\omega)$ 在 $-\pi$ 线正负穿越次数之差为 0，由波德图看出确实没有穿越，故该系统稳定。

6. 求系统的相位裕量和增益裕量

(1) 求系统的相位裕量

首先求三个环节叠加后的 $W(s)$ 增益交界频率 ω_c，从图 4.16 中可以得到。如果想获得更为精确的相位裕量就要通过计算的方法。由图 4.16 可见 ω_c 是由比例环节 $G_1(s)$ 和积分环节 $G_2(s)$ 的传递函数决定，即

$$G_{1,2}(s)=\frac{353.2}{s}$$

其频率响应为

$$G_{1,2}(j\omega)=\frac{353.2}{j\omega}=-j\frac{353.2}{\omega}$$

求增益交界频率 ω_c，则

$$20\lg|G_{1,2}(j\omega)|=20\lg\sqrt{R_e^2+I_m^2}=0,\quad 即\quad \sqrt{R_e^2+I_m^2}=\frac{353.2}{\omega_c}=1,$$

则

$$\omega_c=353.2$$

相位裕量 $\gamma=180°+\varphi(\omega_c)$，若求 $\varphi(\omega_c)$ 在已知增益交界频率 $\omega_c=353.2$ 的情况下的相位裕量，可首先通过式(4.45)列写振荡环节 $G_3(s)$ 的相角，则

$$G_3(j\omega_c)=\left.\frac{1}{-\frac{\omega_c^2}{\omega_n^2}+j\frac{2\times0.3\omega_c}{\omega_n}+1}\right|_{\frac{\omega_c}{\omega_n}=u=\frac{353.2}{2\,214}=0.159\,6}$$

$$=\frac{1-u^2}{(1-u^2)^2+0.6u}-j\frac{0.6u}{(1-u^2)^2+0.6u}=0.932\,1-j0.091\,6$$

则

$$\varphi_3(\omega_c)=-\arctan\frac{0.091\,6}{0.932\,1}=-5°37'$$

再通过开环传递函数 $W(s)$ 在 ω_c 处三个环节相角的叠加求得总的相角，则

$$\varphi(\omega_c)=\varphi_1(\omega)+\varphi_2(\omega)+\varphi_3(\omega_c)=0°-90°-5°37'=-95°37'$$

则相位裕量为

$$\gamma=180°-\varphi(\omega_c)=84°23'$$

另外，开环传递函数 $W(s)$ 在 ω_c 处的相角还可以通过式(4.44)求得

$$W(j\omega)=\left.\frac{k_z}{j\omega\left(\frac{-\omega^2}{\omega_n^2}+j\frac{2\zeta\omega}{\omega_n}+1\right)}\right|_{\frac{\omega_c}{\omega_n}=\frac{353.2}{2\,214}=u}$$

$$=\frac{-0.096u}{u[(1-u^2)^2+4^2\zeta^2u^2]}-j\frac{0.16(1-u^2)}{u[(1-u^2)^2+4^2\zeta^2u^2]}\tag{4.46}$$

则 $$\varphi(\omega_c)=\arctan\frac{I_m}{R_e}=\arctan\frac{-0.16(1-u^2)}{-0.096u}\bigg|_{u=\frac{\omega_c}{\omega_n}=0.1596}$$

$$=\arctan 10.176=84°23'$$

因为实部和虚部均为负值，所以相角应在第三象限，则 $\varphi(\omega_c)=-95°37'$

所以 $$\gamma=180°+\varphi(\omega_c)=84°23'$$

(2) 求系统的增益裕量

若求增益裕量，必须先求相位交界频率 ω_p，即对数相频特性曲线与 $-180°$ 线交点的频率 ω_p。为简化计算，因为积分环节是 $\varphi_2(\omega)=-90°$，所以只计算振荡环节与 $-90°$ 线的交点频率 ω' 即可，如图 4.16 所示。但是对于此题 ω' 是振荡环节的转角频率 $\omega_T=\omega_n=\frac{1}{T}$，所以 ω' 应等于系统的固有频率 ω_n，已知 $\omega_n=2214$ 也即 ω_p，通过式(4.44)可求出相位交界频率下的幅值 $L(\omega_p)$，即为增益裕量。

$$W(j\omega)=\frac{K_z}{j\omega\left(\frac{-\omega^2}{\omega_n^2}+\frac{2\zeta}{\omega_n}j\omega+1\right)}\Bigg|_{\omega=\omega_p=\omega_n}=\frac{K_z}{j\omega_p(-1+2\zeta j+1)}=-\frac{K_z}{2\zeta\omega_p}$$

由上式可见频率特性虚部为零，则增益裕量为

$$20\lg|W(j\omega)|=20\lg\sqrt{R_e^2+I_m^2}=20\lg\frac{K_z}{2\zeta\omega_p}=20\lg\frac{353.2}{2\times0.3\times2214}\text{dB}=-11.506\text{ dB} \tag{4.47}$$

所以，系统的增益裕量为 +11.51 dB。

如果按三个环节分别叠加，由波德图 4.16 可见

$$20\lg|W(j\omega_p)|=20|G_1(j\omega_p)|+20\lg|G_2(j\omega_p)|+20\lg|G_3(j\omega_p)|$$
$$=20\lg K_z+20\lg\left(\frac{1}{\omega}\right)+0=20\lg 353.2-20\lg 2214=-15.943\text{ dB} \tag{4.48}$$

由此可见，两种方法所得增益裕量相差 +4.437 dB。其原因是后一种方法 $G_3(j\omega_p)$ 在 $\omega=\omega_p$ 处的对数幅频特性是由渐近线获得，即

$$20\lg|G_3(j\omega_p)|=0$$

将 $\omega=\omega_p$ 代入下式计算，可得 ω_p 处的对数幅频特性值。

$$G_3(j\omega_p)=\frac{1}{-1+0.6j+1}=j\frac{1}{0.6}$$

则 $$20\lg|G_3(j\omega_p)|=20\lg\sqrt{R_e^2+I_m^2}=20\lg\frac{1}{0.6}=+4.437\text{ dB} \tag{4.49}$$

由此可看出两种方法计算所得增益裕量相差 4.437 dB 的原因。

第5章 根轨迹法

本章主要讲述自动控制系统的根轨迹法、根轨迹所遵循的辐角和辐值条件以及根轨迹的绘制方法与步骤。通过本章的学习,读者可掌握根轨迹法的基本概念以及能够运用根轨迹法对控制系统稳定性的判断。

5.1 控制系统的根轨迹

控制系统的稳定性可由闭环极点唯一地确定,而控制系统过渡过程的基本特性是由闭环极点和零点在 s 平面上的位置所共同决定的。因此,在分析研究控制系统的性能时,确定闭环系统极点、零点在 s 平面上的位置显得尤为重要。特别是在设计控制系统时,希望通过调节系统开环极点、零点,使闭环极点、零点处于 s 平面上的合理位置上。若想知道系统闭环极点、零点处于 s 平面上的位置,就要解闭环系统的特征方程,但当特征方程的阶次高时,求解是相当困难的。就是求出极点也只能反映系统的稳定性,而观察不到当系统参数变化时对闭环系统性能的影响。这对分析、设计控制系统极不方便。

W.R. 伊凡思(Evans)提出了一种求闭环系统特征根的简便图解法,该方法已在控制工程中得到广泛应用。这种工程方法称为根轨迹法,它是在已知控制系统开环传递函数极点、零点分布的基础上,研究某种参数的变化对控制系统闭环传递函数极点分布影响的一种图解法。应用根轨迹法,只需简单的计算就可以观察到某参数变化对系统闭环极点的影响趋势。上面所说的参数通常为开环增益,当改变增益值时,设计者可以利用根轨迹法预测闭环极点位置的变化趋势,从而可以有针对性地实现系统性能的改善。

5.1.1 根轨迹的基本概念

图 5.1 为单位负反馈控制系统框图。

其开环传递函数为

$$W(s)=\frac{K}{s(0.5s+1)}=\frac{K}{s(Ts+1)} \tag{5.1}$$

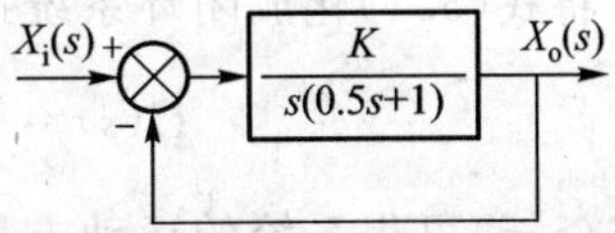

图 5.1 单位负反馈控制系统框图

上式可化为

$$W(s)=\frac{k}{s(s+2)}=\frac{k}{s\left(s+\frac{1}{T}\right)} \tag{5.2}$$

式(5.2)中 $k=2K$,$T=0.5$,此式便是根轨迹法所使用的传递函数形式。

在本章中,当开环传递函数中各环节为典型环节,如用式(5.1)中的$\left(\frac{1}{Ts+1}\right)$形式表示时，其系统的开环放大系数（也称为增益），用 K 表示；当各环节用式（5.2）中的 $\left(\dfrac{1}{s+\dfrac{1}{T}}\right)$ 形式表示时，其放大系数为根轨迹的放大系数，也称可变参数，用 k 表示。

由式（5.2）解得两个开环极点为：$p_1=0$，$p_2=-2$，用"×"表示，画于图 5.2 中。其闭环传递函数为

$$G(s)=\frac{X_o(s)}{X_i(s)}=\frac{k}{s(s+2)+k} \tag{5.3}$$

特征方程为

$$s^2+2s+k=0 \tag{5.4}$$

作出当可变参数 k 从零变到无穷大时的根轨迹，首先用解析法求特征方程的根，其根为

$$s_{1,2}=-1\pm\sqrt{1-k} \tag{5.5}$$

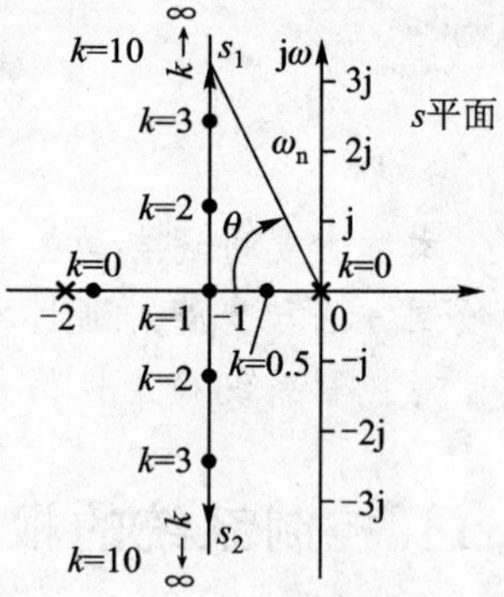

图 5.2　控制系统所有 k 值范围的根轨迹图

下面画闭环极点 $s_{1,2}$ 随所有范围的 $k(0\to\infty)$ 值而变化的线段。

由式（5.5）知，当 $k=0$ 时，$s_{1,2}$ 分别为 0 和 -2，如图 5.2 所示，此时的闭环极点就是开环极点。当 $0<k<1$ 时，$s_{1,2}$ 均为负实数，在负实轴（-2，0）段上。当 $k=1$ 时，$s_{1,2}=-1$，两个负实数闭环极点重合在一起。当 $1<k<\infty$ 时，两个闭环极点变为一对共轭复数极点 $s_{1,2}=-1\pm\mathrm{j}\sqrt{k-1}$，且 $s_{1,2}$ 的实部不随 k 变化，这说明 $s_{1,2}$ 两极点位于过（-1，j0）点且平行于虚轴的直线上。当 $k\to\infty$ 时，$s_{1,2}$ 两极点将趋于无限远。

图 5.2 就是系统可变参数 $k(k=2K)$ 值由零变化到无穷大时的闭环系统特征方程根的轨迹，即为根轨迹，根轨迹的起点就是 $k=0$ 时的开环极点。

所以，根轨迹就是控制系统特征方程的根（闭环极点）随着系统某一参数 k 全部数值变化在 s 平面上运动的轨迹。

5.1.2　控制系统根轨迹的分析

以图 5.1 单位负反馈控制系统为例，用根轨迹法分析开环放大系数 K 对系数性能的影响，并计算 $K=5$ 时系统的动态指标。

将式（5.1）化成闭环系统通式的形式为

$$G(s)=\frac{X_o(s)}{X_i(s)}=\frac{K}{s(0.5s+1)+K}=\frac{K}{s(Ts+1)+K} \tag{5.6}$$

由式（5.6）可得系统的运动方程为

$$T\frac{\mathrm{d}^2x_o(t)}{\mathrm{d}t^2}+\frac{\mathrm{d}x_o(t)}{\mathrm{d}t}+Kx_o(t)=Kx_i(t) \tag{5.7}$$

二阶系统的闭环传递函数标准形式为

$$\frac{X_o(s)}{X_i(s)}=\frac{\omega_n^2}{s^2+2\zeta\omega_n s+\omega_n^2} \tag{5.8}$$

将式（5.6）化成控制系统的闭环传递函数的标准形式为

$$\frac{X_o(s)}{X_i(s)}=\frac{K}{s(Ts+1)+K}=\frac{K/T}{s^2+(1/T)s+K/T}=\frac{\omega_n^2}{s^2+2\zeta\omega_n s+\omega_n^2} \tag{5.9}$$

式中：$\omega_n=\sqrt{\frac{K}{T}}$；$\zeta=\frac{1}{2\sqrt{KT}}$。

由式(5.9)得二阶系统特征方程为

$$s^2+2\zeta\omega_n s+\omega_n^2=0 \tag{5.10}$$

由式(5.10) 得二阶系统的两个根，即闭环极点为

$$s_{1,2}=-\zeta\omega_n\pm\omega_n\sqrt{\zeta^2-1}=-\zeta\omega_n\pm j\omega_n\sqrt{1-\zeta^2} \tag{5.11}$$

由根轨迹图图 5.2 可知：

因根轨迹在 s 平面虚轴的左半面，所以该系统对所有 K 值都是稳定的。当 $0<K<0.5$(即 $0<k<1$)时，系统具有两个相等的负实根，此时系统的动态响应是非振荡的。当 $0.5<K<\infty$ (即 $1<k<\infty$)时，系统具有一对共轭复数极点，则系统的动态响应是振荡的。当 $K=5(k=10)$时，$\omega_n=\sqrt{\frac{K}{T}}=\sqrt{\frac{5}{0.5}}=3.16$；$\zeta=\frac{1}{2\sqrt{KT}}=\frac{1}{2\sqrt{5\times0.5}}=0.316$，则系统的闭环极点为

$$s_{1,2}=-\zeta\omega_n\pm j\omega_n\sqrt{1-\zeta^2}=-1\pm j3$$

也可由闭环极点 $s_{1,2}$ 和图 5.2 求得阻尼比为

$$\zeta=\cos\theta=\frac{1}{\sqrt{1^2+3^2}}=0.316 \tag{5.12}$$

式中 θ——负实轴与 os_1 的夹角，(°)。

则系统的动态性能指标分别为

超调量 $$\sigma_p=\exp\left(-\frac{\pi\zeta}{\sqrt{1-\zeta^2}}\right)=e^{-1.05}=35.15\% \tag{5.13}$$

上升时间 $$t_r=\frac{\pi-\theta}{\omega_n\sqrt{1-\zeta^2}}=\frac{3.14-1.25}{3}\ \text{s}=0.63\ \text{s} \tag{5.14}$$

峰值时间 $$t_p=\frac{\pi}{\omega_n\sqrt{1-\zeta^2}}=1.05\ \text{s} \tag{5.15}$$

过渡过程时间 $$t_s=\frac{3}{\zeta\omega_n}=3\ \text{s}\quad(\text{允许误差带为}\pm5\%) \tag{5.16}$$

振荡次数 $$N=\frac{t_s}{T_d} \tag{5.17}$$

式中 T_d——系统的有阻尼振荡周期(也称为时间常数)，$T_d=\frac{2\pi}{\omega_n\sqrt{1-\zeta^2}}=\frac{2\pi}{\omega_d}$。

现将时间常数 $T=0.5$ 时的系统性能指标随系统开环放大系数 K 的变化值列表 5.1 如下：

表 5.1 系统的性能指标随开环放大系数 K 的变化值

参数 / 参数值 / K	ω_n/(rad/s)	ζ	σ_p/%	t_r/s	t_p/s	t_s/s	N
0.2	0.632	1.582	*	*	*	*	*
0.5	1.0	1.0	*	3	*	*	*
1.0	1.414	0.707	4.3	2.36	3.14	3	0.48

续表

参数值 \ 参数 K	ω_n/(rad/s)	ζ	σ_p/%	t_r/s	t_p/s	t_s/s	N
3.0	2.449	0.414	24.59	0.89	1.40	3	1.07
5.0	3.16	0.316	35.15	0.63	1.05	3	1.44
10	4.472	0.224	48.64	0.41	0.72	3	2.08
20	6.325	0.158	60.59	0.28	0.50	3	2.98

注:表中符号 * 表示不存在。

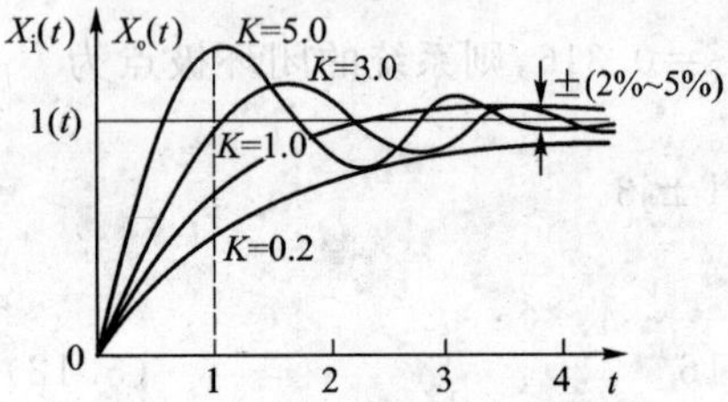

图 5.3 控制系统时间响应曲线

根据表 5.1 绘制控制系统为单位阶跃信号输入时的时间响应曲线如图 5.3 所示。

对所有 k 值范围内的根轨迹进行分析,如图 5.2 所示。当 k 太小时,特征方程的根在原点附近,此时对控制系统的响应快速性不好,使延迟时间加长。当 k 过大时,特征方程根实部一定,只是虚部变大,响应出现高频成分,超调量变大。

上述两种现象从表 5.1 和图 5.3 中也可以明显看出。

5.2 根轨迹所遵循的幅值和幅角条件

控制系统一般结构如图 5.4 所示。

其开环传递函数为 $G(s)H(s)$,其中 $G(s)$ 为控制系统前向通道传递函数,$H(s)$ 是控制系统主反馈通道传递函数,则系统的特征方程为

$$1+G(s)H(s)=0 \tag{5.18}$$

或写成

$$G(s)H(s)=-1 \tag{5.19}$$

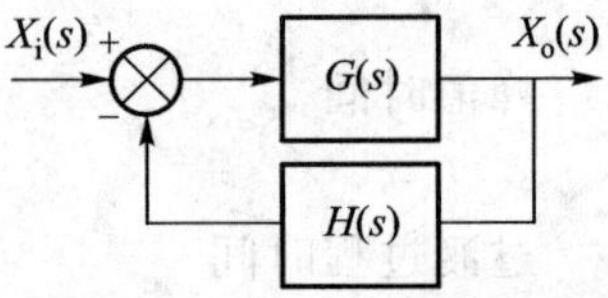

图 5.4 闭环系统框图

式(5.19)是根轨迹的基本方程,因为在 s 平面上满足式(5.19)的一切点都是根轨迹上的点。根据式(5.19)等号两边幅值相等的条件可以得出绘制根轨迹的条件为

幅值条件 $$|G(s)H(s)|=1 \tag{5.20}$$

幅角条件 $$\angle G(s)H(s)=\pm 180^\circ(2l+1) \quad (l=0,1,2,\cdots) \tag{5.21}$$

在 s 平面上凡是满足幅值条件和幅角条件的 s 值,就是对应给定参数的特征根,也就是特征方程的根,即闭环极点,或者说是根轨迹上的点。由于根轨迹包含了某可变参数 k 从 0→∞时的特征方程全部根,所以在 s 平面上只有满足幅角条件的一切点 $s=\sigma+j\omega$ 才能对应 k 从 0→∞时特征方程全部根。也就是说在 s 平面上满足幅角条件的点构成的图形才是根轨迹图。因此绘制根轨迹所依据的仅是幅角条件式(5.21)。而幅值条件式(5.20)只是用来确定某输入点 s_i 所对应的参数 k 的数值。

将开环传递函数化为用极点和零点表示的标准形式为

$$G(s)H(s)=\frac{k(s-z_1)(s-z_2)\cdots(s-z_m)}{(s-p_1)(s-p_2)\cdots(s-p_n)}=k\frac{\prod_{j=1}^{m}(s-z_j)}{\prod_{i=1}^{n}(s-p_i)}\quad(n\geqslant m)\tag{5.22}$$

式中 k——为根轨迹的可变参数；

z_j——为系统的开环零点，$(j=1,2,\cdots,m)$；

p_i——为系统的开环极点，$(i=1,2,\cdots,n)$。

根据式(5.20)和式(5.21)还可分别给出幅值条件和幅角条件的另一种表达形式为

幅值条件
$$|G(s)H(s)|=k\frac{\prod_{j=1}^{m}|(s-z_j)|}{\prod_{i=1}^{n}|(s-p_i)|}=1\tag{5.23}$$

幅角条件

$$\angle G(s)H(s)=\sum_{j=1}^{m}\angle(s-z_j)-\sum_{i=1}^{n}\angle(s-p_i)=\pm180^\circ(2l+1)\quad(l=0,1,2,\cdots)\tag{5.24}$$

需明确指出的是，开环零点和开环极点到试验点 s 的向量幅角$\angle(s-z_j)$和$\angle(s-p_i)$均以逆时针方向为正进行计算。

现以开环传递函数为例，说明如何根据幅角条件绘制系统根轨迹图。

开环传递函数为

$$G(s)H(s)=\frac{K(\tau s+1)}{s(T_1s+1)(T_2^2s^2+2\zeta T_2s+1)}$$

为绘制系统根轨迹，需将上式写成

$$G(s)H(s)=\frac{K\tau}{T_1T_2^2}\frac{(s+1/\tau)}{s(s+1/T_1)(s+\zeta\omega_n+j\omega_d)(s+\zeta\omega_n-j\omega_d)}=k\frac{(s-z_1)}{s(s-p_2)(s-p_3)(s-p_4)}\tag{5.25}$$

式中 k——根轨迹放大系数(也称根轨迹可变参数)，$k=\dfrac{K\tau}{T_1T_2^2}$；

K——系统开环放大系数。

显然，它的极点分别是 $p_1=0$、$p_2=-1/T_1$、$P_{3,4}=-\zeta\omega_n\pm j\omega_d$，可见 $p_{3,4}$ 为一对共轭极点；其零点是 $z_1=-1/\tau$，它们在 s 平面上的分布如图 5.5 所示。

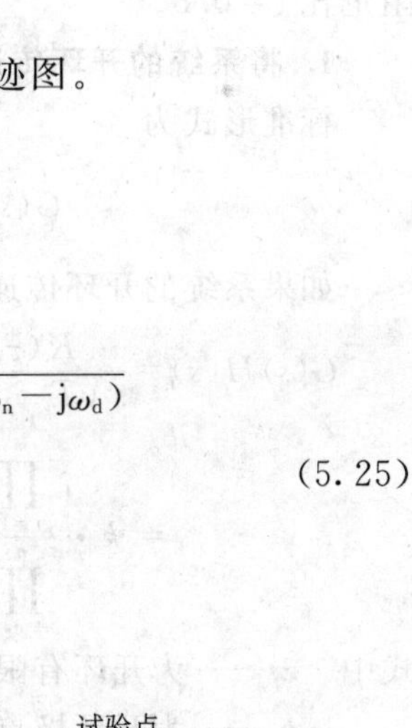

图 5.5 零点和极点分布及试验点下的幅角

若假设取 s 平面上的试验点为 s，从开环极点和开环零点到试验点 s 的向量幅角均以逆时针方向进行计算，如果 s 点满足式(5.24)幅角条件，则 $G(s)H(s)$的幅角为

$$\angle G(s)H(s)=\sum_{j=1}^{m}\angle(s-z_j)-\sum_{i=1}^{n}\angle(s-p_i)=\phi_1-(\theta_1+\theta_2+\theta_3+\theta_4)=\pm180^\circ(2l+1)\quad(l=0,1,2,\cdots)\tag{5.26}$$

式中　　ϕ_1——为由零点到试验点 s，以正向实轴为基准逆时针所作向量的幅角；

θ_1、θ_2、θ_3、θ_4——分别为由极点到试验点 s，以正向实轴为基准逆时针所作向量的幅角。

如果 s 点满足式(5.26)幅角条件，则按式(5.23)幅值条件来计算对应于这一点的 k 值为

$$k=\frac{|s|\cdot|(s+1/T_1)|\cdot|(s+\zeta\omega_n+j\omega_d)|\cdot|(s+\zeta\omega_n-j\omega_d)|}{|(s+1/\tau)|} \tag{5.27}$$

式中的 $|s|$、$|s+1/T_1|$、$|s+\zeta\omega_n+j\omega_d|$、$|s+\zeta\omega_n-j\omega_d|$ 和 $|s+1/\tau|$ 分别是从极点和零点到试验点 s 的向量模，可从图 5.5 中得出。

根据式(5.27)k 的值，可求出对应于试验点 s 的放大系数 K 值为

$$K=\frac{T_1T_2^2}{\tau_1}\cdot k$$

其中式(5.27)中 $|s+\zeta\omega_n\pm j\omega_d|$ 的时间常数为 T_2。

5.3　绘制根轨迹的基本规则及步骤

以图 5.6 单位负反馈系统为例来研究根轨迹的绘制。要求绘制该系统的根轨迹图，并确定 k 的值(k 值为非负数)，从而保证闭环系统中一对共轭复数主导极点的阻尼比 $\zeta=0.5$。

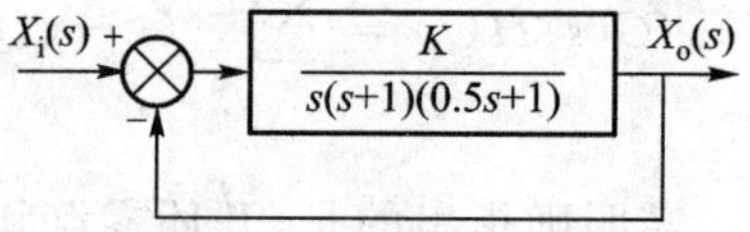

图 5.6　单位负反馈系统框图

1. 将系统的开环传递函数化为用极点和零点表示的标准形式

标准形式为

$$G(s)H(s)=\frac{k(s-z_1)(s-z_2)\cdots(s-z_m)}{(s-p_1)(s-p_2)\cdots(s-p_n)}\quad(n\geqslant m) \tag{5.28}$$

如果系统的开环传递函数为

$$G(s)H(s)=\frac{K(\tau_1s+1)(\tau_2s+1)\cdots(\tau_ms+1)}{s^{\nu}(T_{\nu+1}s+1)(T_{\nu+2}s+1)\cdots(T_ns+1)}$$

$$=k\cdot\frac{\prod_{j=1}^{m}(-z_j)}{\prod_{i=\nu+1}^{n}(-p_i)}\cdot\frac{\left(-\frac{1}{z_1}s+1\right)\left(-\frac{1}{z_2}s+1\right)\cdots\left(-\frac{1}{z_m}s+1\right)}{s^{\nu}\left(-\frac{1}{p_{\nu+1}}s+1\right)\left(-\frac{1}{p_{\nu+1}}s+1\right)\cdots\left(-\frac{1}{p_n}s+1\right)} \tag{5.29}$$

式中　z_j——为开环有限零点，($j=1,2,\cdots,m$)；

p_i——为开环极点，($i=1,2,\cdots,n$)。

由式(5.29)得出系统的开环放大系数 K 与根轨迹的可变参数 k 的关系为

$$K=k\cdot\frac{\prod_{j=1}^{m}(-z_j)}{\prod_{i=1}^{n}(-p_i)} \tag{5.30}$$

注意：当系统没有有限开环零点时，计算根轨迹的可变参数取 $\prod_{j=1}^{m}(-z_j)=1$。

由此可见，在绘制根轨迹时，以 k 为可变参数就是以开环放大系数 K 为可变参数。

将图 5.6 系统的开环传递函数化为用极点和零点表示的标准形式为

$$W(s)=\frac{K}{s(s+1)(0.5s+1)}=\frac{k}{s(s+1)(s+2)}$$

则
$$k=K\frac{\prod_{i=1}^{n}(-p_i)}{\prod_{j=1}^{m}(-z_j)}=K\frac{(-1)\times(-2)}{1}=2K \tag{5.31}$$

2. 确定根轨迹在 s 平面上的分支数

规则 1:根轨迹在 s 平面上的分支数等于控制系统特征方程的阶次,既等于闭环极点数,也等于开环极点数。

如果特征方程的阶次为 n,则必然有 n 个根随参数 k 变化,在 s 平面上形成 n 条曲线。

如果开环传递函数为

$$G(s)H(s)=\frac{k(s+1)}{s(s+2)(s+3)}$$

闭环特征方程为

$$s(s+2)(s+3)+k(s+1)=0 \tag{5.32}$$

闭环特征方程是三阶方程,有 3 个根,即 3 个极点。所以根轨迹有三条分支。

图 5.6 闭环系统的特征方程为

$$s(s+1)(s+2)+k=0 \tag{5.33}$$

由式(5.33)知控制系统特征方程的阶次 $n=3$,所以根轨迹在 s 平面上的分支数也等于 3,所以有三条根轨迹。开环极点分别为 $s=0$、$s=-1$ 和 $s=-2$,此系统中没有开环零点,开环极点的位置用"×"符号表示。系统开环极点的位置配置如图 5.7 所示,根轨迹的绘制均对称于 s 平面的实轴。因为复数极点和复数零点只能以共轭形式存在,此题中不存在零点,也不存在复数极点。

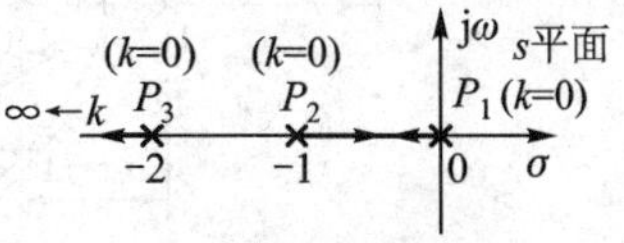

图 5.7 系统开环极点的位置配置

3. 确定实轴上的根轨迹

规则 2:根轨迹是连续且对称于实轴的曲线。

选择开环放大系数 K 为根轨迹的可变参数 k,k 的连续变化必然引起特征方程根的连续变化,则根所描绘的轨迹也一定是连续的。特征方程的根如果虚部不为零,根就以共轭形式出现,所以根轨迹总是以实轴为对称。

该例图 5.7 实轴上的根轨迹是由位于实轴上的极点和零点确定。当试验点 s 在实轴上时,凡是位于实轴上的开环极点和零点对该 s 点构成的幅角不是 0°就是 180°(当实轴上的极点和零点位于 s 点左面时,所构成的幅角是 0°,当实轴上的极点和零点位于 s 点右面时,所构成的幅角是 180°)。

如果试验点 s 选在正实轴上,则

$$\angle s=\angle(s+1)=\angle(s+2)=0°$$

则
$$-\angle s-\angle(s+1)-\angle(s+2)=0°$$

这表明不满足幅角条件,所以,在正实轴上没有根轨迹。

如果试验点 s 选在负实轴 0 与 -1 之间,则

$$\angle s=180°,\quad \angle(s+1)=\angle(s+2)=0°$$

则
$$\angle s+\angle(s+1)+\angle(s+2)=180°$$

这表明满足幅角条件，所以，在负实轴 0 与 -1 之间的一段构成根轨迹的一部分。

如果试验点 s 选在 -1 和 -2 之间，则

$$\angle s=\angle(s+1)=180^\circ,\quad \angle(s+2)=0^\circ$$

则

$$-\angle s-\angle(s+1)-\angle(s+2)=-360^\circ$$

这表明未满足幅角条件，所以，负实轴 -1 与 -2 之间的一段不是根轨迹的一部分。

如果试验点 s 选在负实轴 -2 与 $-\infty$ 之间，则

$$\angle s=\angle(s+1)=\angle(s+2)=180^\circ$$

这样

$$-\angle s-\angle(s+1)-\angle(s+2)=-540^\circ$$

这表明满足了幅角条件，所以，负实轴 -1 与 $-\infty$ 之间的一段，也构成根轨迹的一部分。

所以，实轴上的根轨迹为 $(-\infty,-2)$ 段和 $(-1,0)$ 段，如图 5.7 所示。

4. 确定根轨迹起始点

规则 3：根轨迹起于开环的极点，终止于开环的零点。如果开环零点数 m 小于开环的极点数 n，则有 $(n-m)$ 条根轨迹终止于 s 平面无穷远处。

该例图 5.8 根轨迹的起点，即开环根轨迹放大系数 $k=0$ 时根轨迹点的起始点分别为：$(0,j0)$、$(-1,j0)$ 和 $(-2,j0)$，将有 $(3-0)$ 条根轨迹终止于 s 平面无穷远处。

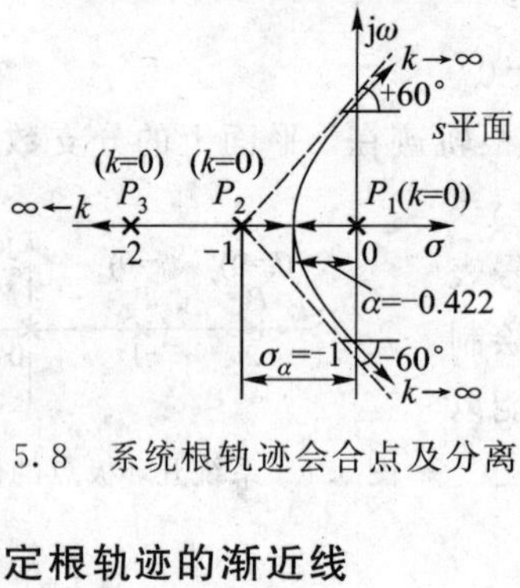

图 5.8 系统根轨迹会合点及分离点

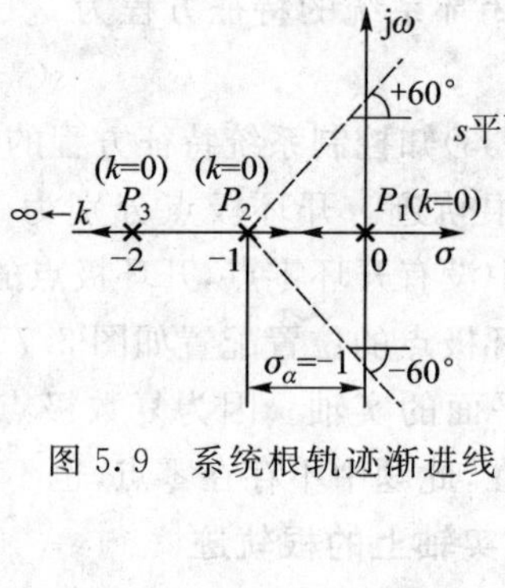

图 5.9 系统根轨迹渐进线

5. 确定根轨迹的渐近线

规则 4：如果控制系统开环零点数 m 小于开环极点数 n，当 $k\to\infty$ 时，伸向无穷远处根轨迹渐近线共有 $(n-m)$ 条。这些渐近线在实轴上交于一点，其坐标是 $\left(\dfrac{\sum_{i=1}^{n}p_i-\sum_{j=1}^{m}z_j}{n-m},j0\right)$，而渐近线与实轴正方向夹角分别是 $\dfrac{(2l+1)\pi}{n-m}$，$(l=0,1,2,\cdots,n-m-1)$。

当控制系统的开环零点数 m 小于开环极点数 n 时，随开环根轨迹放大系数 k 趋向无穷大，将有 $(n-m)$ 条根轨迹趋向于 s 平面的无限远处。于是需要确定表明根轨迹趋于无限远方向的轨迹，即根轨迹的渐近线。渐近线的确定需涉及渐近线与实轴的交点和渐近线与实轴的夹角。

由于该例 $n=3$，$m=0$，所以该系统的根轨迹共有三条渐近线，它们在实轴上的坐标可用下式求取

$$\sigma_a=\frac{\sum_{i=1}^{n}p_i-\sum_{j=1}^{m}z_j}{n-m}=\frac{0-1-2-0}{3}=-1 \tag{5.34}$$

式中 z_j——为系统的开环零点，$(j=1,2,\cdots,m)$；

p_i——为系统的开环极点，$(i=1,2,\cdots,n)$。

渐近线与实轴正方向(逆时针)的夹角可分别求取

$$\frac{(2l+1)\pi}{n-m}=\begin{cases}\dfrac{\pi}{3}=60^\circ, & (l=0)\\ \dfrac{3\pi}{3}=180^\circ, & (l=1)\\ \dfrac{5\pi}{3}=300^\circ=-60^\circ, & (l=2)\end{cases} \tag{5.35}$$

如图 5.9 所示，渐近线与距离原点很远处的根轨迹是近似重合的。

6. 实轴上根轨迹线段的判断

规则 5：实轴上的根轨迹只能是那些在其右侧的开环实极点与开环实零点的总数为奇数的线段，其轭复数开环极点和零点对实轴上根轨迹无影响。

以下列开环传递函数为例：

$$G(s)H(s)=\frac{k(s-z_1)}{(s-p_1)(s-p_2)(s-p_3)}$$

式中 p_1、p_2 为共轭复数极点，极点和零点在 s 平面上的位置如图 5.10 所示。在 s 平面实轴上取试验点，用幅角条件检查该试验点是不是根轨迹上的点。

首先在 z_1 与 p_3 之间选择试验点 s_1，则有

$$\begin{aligned}\angle G(s)H(s)&=\angle(s_1-z_1)-\angle(s_1-p_1)-\\&\quad\angle(s_1-p_2)-\angle(s_1-p_3)\\&=0^\circ-(-\theta)-\theta-180^\circ=-180^\circ\end{aligned}$$

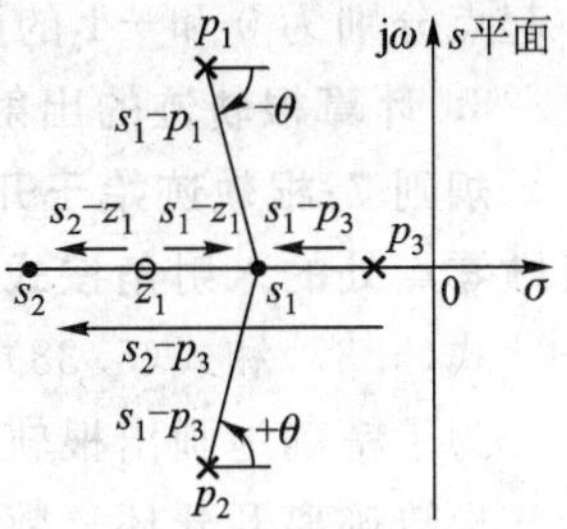

图 5.10 实轴上的根轨迹

说明 s_1 是根轨迹上的点。而 z_1 的右侧只有一个极点，为奇数，也说明 s_1 是根轨迹上的点。

其次在$(-\infty,z_1)$中间取试验点 s_2，则有

$$\begin{aligned}\angle G(s)H(s)&=\angle(s_2-z_1)-\angle(s_2-p_1)-\angle(s_2-p_2)-\angle(s_2-p_3)\\&=\angle(s_2-z_1)-\angle(s_2-p_3)=180^\circ-180^\circ=0^\circ\end{aligned}$$

说明 s_2 不是根轨迹上的点。而 s_2 点右侧各有一个零点和一个极点，为偶数，说明$(-\infty,z)$区间无根轨迹。

开环传递函数的共轭复数极点和零点，对实轴上的根轨迹没有影响，因为一对共轭复数极点和零点在实轴上产生的幅角之和总是等于 0°。实轴上的每一段根轨迹都是在某一极点或零点与另一极点或零点之间。在作实轴上的根轨迹时，可以在实轴上选试验点 s，如果在这个试验点的右边的实数极点和实数零点之和为奇数，则该试验点就位于根轨迹上。这是因为只有为奇数时，该点才满足幅角条件。

如图 5.9 所示，实轴上 0→−1 的一段，以及−2→−∞的一段，因在其右侧的开环极点与开环零点的和都是奇数，分别是 1 和 3，因此这两个线段上的任一点都能满足辐角条件，所以实轴上 0→−1 和−2→−∞两段是该控制系统的根轨迹。

7. 根轨迹与实轴交点(分离点或会合点)坐标的确定

规则 6：根轨迹与实轴交点(分离点或会合点)坐标 α，是方程

$$\frac{\mathrm{d}}{\mathrm{d}s}\left[\frac{\prod_{i=1}^{n}(s-p_i)}{\prod_{j=1}^{m}(s-z_j)}\right]=0 \tag{5.36}$$

的根。

实轴上的根轨迹为$(-\infty,-2)$段和$(-1,0)$段。为了精确地画出根轨迹，需要找出根轨迹与实轴的分离点。由图 5.10 所示，起始于极点 0 和 -1 的两条根轨迹，随着 k 值的增大，将脱离实轴向 s 平面运动。

若要确定根轨迹与实轴交点(即分离点或称会合点)坐标，可用式(5.36)求解。

用式(5.36)解图 5.6 根轨迹与实轴交点坐标值，对开环特征方程求导，则

$$\frac{\mathrm{d}}{\mathrm{d}s}[s(s+1)(s+2)]_{s=\alpha}=0$$

$$(3s^2+6s+2)_{s=\alpha}=0$$

$$3\alpha^2+6\alpha+2=0$$

则

$$\alpha_1=-0.422,\quad \alpha_2=-1.578$$

因为实轴上的根轨迹不在实轴 -1 至 -2 段，所以 α_2 应舍去。根轨迹如图 5.8 所示，图中起点分别为 0 和 -1 的两条根轨迹相会合后又分离，随着 k 值的增加向无限远处延伸。

8. 计算根轨迹的出射角和入射角

规则 7：根轨迹始于开环复数极点处的出射角按式(5.37)计算，而根轨迹止于有限开环复数零点处的入射角按式(5.38)计算。

式(5.37)和式(5.38)的计算推导如下：

为了精确地画出根轨迹，必须找出开环复数极点和复数零点附近的根轨迹的方向。

根轨迹离开开环复数极点处的切线方向与实轴的正方向的夹角称为出射角，如图 5.11 中的 θ_{p_1}、θ_{p_2} 所示。

根轨迹进入开环复数零点处的切线方向与实轴的正方向的夹角称为入射角，如图 5.11 中的 θ_{z_1}、θ_{z_2} 所示。

因为 $\theta_{p_1}=\theta_{p_2}$，$\theta_{z_1}=\theta_{z_2}$，所以只求 θ_{p_1} 和 θ_{z_1} 即可。下面以图 5.12 所示开环极点和开环零点分布为例，说明如何求取出 θ_{p_1}。

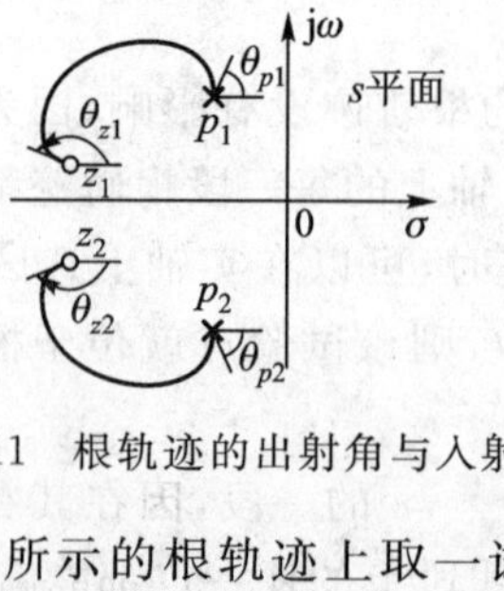

图 5.11 根轨迹的出射角与入射角

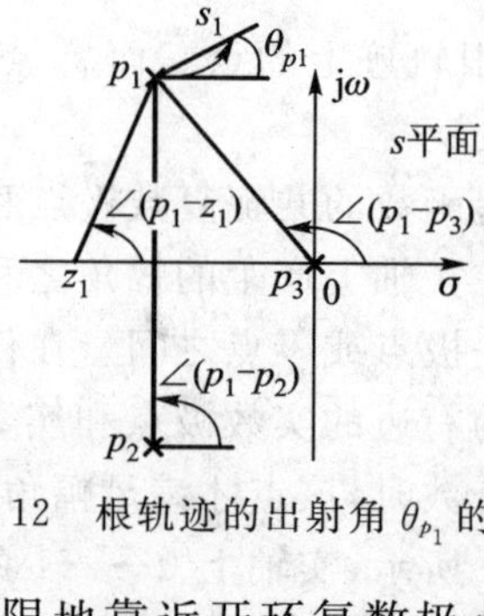

图 5.12 根轨迹的出射角 θ_{p_1} 的求取

在图 5.12 所示的根轨迹上取一试验点 s_1，使 s_1 无限地靠近开环复数极点 p_1，即认为 $s_1=p_1$，这时$\angle(s_1-p_1)=\theta_{p_1}$，依据幅角条件为

$$\angle G(s)H(s)=\angle(p_1-z_1)-\theta_{p_1}-\angle(p_1-p_2)-\angle(p_1-p_3)=\pm180^\circ$$

由上式求得出射角 θ_{p_1} 为

$$\theta_{p_1}=\pm180^\circ+\angle(p_1-z_1)-\angle(p_1-p_2)-\angle(p_1-p_3)$$

由此，根轨迹出射角的一般计算公式为

$$\theta_{p_1}=\pm180^\circ+\sum_{j=1}^{m}\angle(p_1-z_j)-\sum_{i=2}^{n}\angle(p_1-p_i) \tag{5.37}$$

同理可求出根轨迹入射角的一般计算公式为

$$\theta_{z_1}=\pm180^\circ+\sum_{i=1}^{n}\angle(z_1-p_i)-\sum_{j=2}^{m}\angle(z_1-z_i) \tag{5.38}$$

图 5.6 例中无复数极点和复数零点，故不存在出射角和入射角。

9. 确定根轨迹上与虚轴的交点

如果根轨迹与虚轴相交，意味着闭环极点中的一部分位于虚轴上，即控制系统的特征方程含有纯虚根 $s=\pm j\omega$。因此将 $s=j\omega$ 代入闭环特征方程 $1+G(s)H(s)=0$ 中，得到

$$1+G(j\omega)H(j\omega)=0$$

或

$$R_e[1+G(j\omega)H(j\omega)]+jI_m[1+G(j\omega)H(j\omega)]=0 \tag{5.39}$$

将式(5.39)分为实部和虚部两个方程，则

$$\begin{cases}R_e[1+G(j\omega)H(j\omega)]=0\\ I_m[1+G(j\omega)H(j\omega)]=0\end{cases} \tag{5.40}$$

解式(5.40)中两个方程可以求得根轨迹与虚轴交点坐标 ω 值及与交点相对应的参数 k 的临界值。

根据该例闭环传递函数特征方程式(5.32)得

$$(j\omega)^3+3(j\omega)^2+2(j\omega)+k=0$$

$$(k-3\omega^2)+j(2\omega-\omega^3)=0$$

令上述方程的实部和虚部分别等于零，则

$$k-3\omega^2=0,\quad 2\omega-\omega^3=0$$

于是

$$\omega=\pm\sqrt{2},\quad k=6 \quad 或 \quad \omega=0,\quad k=0$$

因此，根轨迹在 $\omega=\pm\sqrt{2}$ 处与虚轴相交，并且其交点参数 k 的临界值 $k=6$，由式(5.31)知 $K=3$，当 $k>6$ 时系统将不稳定。另外，实轴上根轨迹的分支在 $\omega=0$ 处与虚轴相交，如图 5.13 所示。

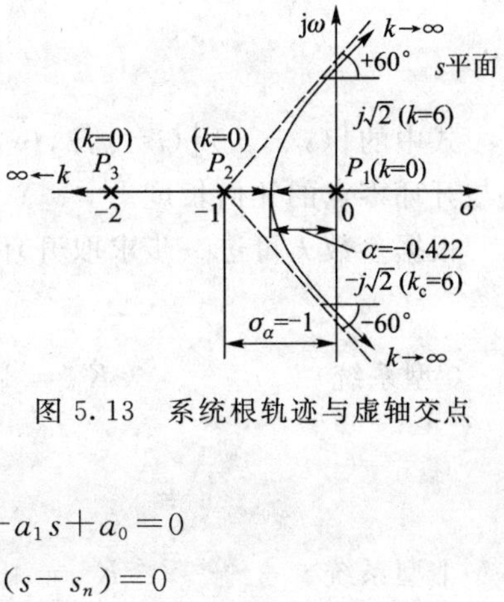

图 5.13 系统根轨迹与虚轴交点

10. 确定闭环极点与积

利用此方法可以在已知某些较简单系统的部分闭环极点的情况下，比较容易地确定其余闭环极点在 s 平面上的分布位置和大小以及 k 值。

若控制系统闭环特征方程为

$$1+G(s)H(s)=s^n+a_{n-1}s^{n-1}+\cdots+a_1s+a_0=0$$

或

$$1+G(s)H(s)=(s-s_1)(s-s_2)\cdots(s-s_n)=0$$

根据代数方程与系数的关系，可写成

$$\sum_{i=1}^{n}s_i=-a_{n-1} \tag{5.41}$$

$$\prod_{i=1}^{n}(-s_i)=a_0 \tag{5.42}$$

对于稳定的控制系统，(5.42)式可写成

$$\prod_{i=1}^{n}|s_i| = a_0 \tag{5.43}$$

根据式(5.41)、(5.42)或(5.43)可以在已知某些较简单系统的部分闭环极点的情况下，比较容易地确定其余闭环极点在 s 平面上的分布位置和大小以及对应的参数 k 值。以图5.6 单位负反馈系统为例，求与之相对应的闭环极点及参考值 k。上述已知系统的根轨迹与虚轴相交时，两个闭环极点为 $s_{1,2}=\pm \mathrm{j}\sqrt{2}$，如图 5.13 所示，其系统特征方程为

$$1+G(s)H(s)=s^3+3s^2+2s+k=0 \tag{5.44}$$

根据式(5.41)有

$$s_1+s_2+s_3=-3$$

则

$$s_3=-3-s_1-s_2=-3-\mathrm{j}\sqrt{2}-(-\mathrm{j}\sqrt{2})=-3$$

根据式(5.43)可求 k 的临界值 k_c 为

$$k_c=|s_1|\cdot|s_2|\cdot|s_3|=6$$

此结果与前面计算所得结果一致。

11. 放大系数的求取

按幅角条件绘出控制系统的根轨迹后，还需标出根轨迹上的点所对应的参数 k 值，这时绘制根轨迹的全部工作才算结束。

求取根轨迹上的点所对应的参数 k 值，要利用式(5.20)给出的幅值条件，则

$$k\frac{|s-z_1|\,|s-z_2|\cdots|s-z_m|}{|s-p_1|\,|s-p_2|\cdots|s-p_n|}=1$$

对应根轨迹上的确定点 s_l 有

$$k_l=\frac{\prod_{i=1}^{n}|(s_l-p_i)|}{\prod_{j=1}^{m}|(s_l-z_j)|} \tag{5.45}$$

式中的 $|(s_l-p_i)|(i=1,2,\cdots,n)$ 和 $|(s_l-z_j)|(j=1,2,\cdots,m)$ 表示点 s_i 到全部开环极点与开环零点的几何长度。

根据参数 k 可进一步求取开环放大倍数，参数 k 与开环放大倍数的关系分别为

0 型系统

$$K_p=\lim_{s\to 0}G(s)H(s)=k\frac{\prod_{j=1}^{m}(-z_j)}{\prod_{i=1}^{n}(-p_i)} \tag{5.46}$$

Ⅰ型系统

$$K_v=\lim_{s\to 0}sG(s)H(s)=k\frac{\prod_{j=1}^{m}(-z_j)}{\prod_{i=2}^{n}(-p_i)} \tag{5.47}$$

Ⅱ型系统

$$K_a=\lim_{s\to 0}s^2G(s)H(s)=k\frac{\prod_{j=1}^{m}(-z_j)}{\prod_{i=3}^{n}(-p_i)} \tag{5.48}$$

以闭环系统的特征方程式(5.33)为例求系统的临界开环放大系数 K_c。系统为Ⅰ型系统，其极点为 $p_1=0,p_2=-1,p_3=-2$，无有限开环零点。前面已经根据式(5.43)求出 k 的临界值 $k_c=6$，根据式(5.47)可得

$$K_{v_c}=k_c\frac{1}{(-p_2)(-p_3)}=6\times\frac{1}{1\times 2}=3$$

若系统无有限开环零点，当应用式(5.46)～式(5.48)计算开环放大倍数时，应取 $\prod_{j=1}^{m}(-z_j)=1$。

12. 求满足阻尼比 ζ 值的主导极点和动态性能指标

(1) 满足阻尼比 ζ 值的主导极点的计算

当极点远离虚轴时，对应的瞬态分量衰减得快，其幅值也小，因此对瞬态响应影响也较小。在一般情况下，若某极点比其他极点距虚轴的距离相差很大时(5倍以上)，那么距虚轴最近的一个极点，对瞬态响应起主导作用，此极点称为主导极点。

确定一对共轭复数闭环主导极点，使得阻尼比 $\zeta=0.5$。$\zeta=0.5$ 的一对闭环极点位于通过原点且与实轴夹角为 $\pm\arccos\zeta=\pm\arccos 0.5=\pm 60^\circ$ 的直线上，由图5.14的 OA 虚线与系统根轨迹交点可测得，当 $\zeta=0.5$ 时，这一闭环极点为

$$s_{1,2}=-0.33\pm \mathrm{j}0.58,$$

与这一对极点相对应的 k 值，可根据幅值条件求得为

$$k=|s(s+1)(s+2)|_{s=-0.33+\mathrm{j}0.58}=1.06$$

在此，复数极点是共轭的，如果其中的一个共轭极点被确定，则另一个极点的 k 值自然也就确定了。所以在计算 k 值时，可采用两者中的任一个极点，其结果相同。

根据式(5.44)和式(5.41)知 $s_1+s_2+s_3=-3$，将 $s_{1,2}$ 代入，可以求得第三个极点为 $s_3=-2.34$。

需对上述闭环极点是否是主导极点进行分析。在根轨迹图的分支上，已求出了对应参数 $k=1.06$ 的第三个闭环极点 $s_3=-2.34$。在这里 $\mathrm{R_e}s_3/\mathrm{R_e}s_4=-2.34/-0.33=7.09$，说明第三个实数闭环极点 s_3 距虚轴的距离达到共轭复数极点 $s_{1,2}$ 距虚轴的距离的7倍，因此，本例中可认为闭环极点 $s_{1,2}$ 是闭环主导极点。

根据闭环极点的和与积即式(5.41)、式(5.42)，可以求得第三个极点为 $s_3=-2.332\,6$。

从图5.14中可以看出，当 $k_c=6$ 时，闭环主导极点位于虚轴上 $s=\pm \mathrm{j}\sqrt{2}$ 处。在这个 k 值的条件下，系统呈现等幅振荡。当 $k>6$ 时，闭环主导极点位于右半 s 平面，因而导致系统不稳定。

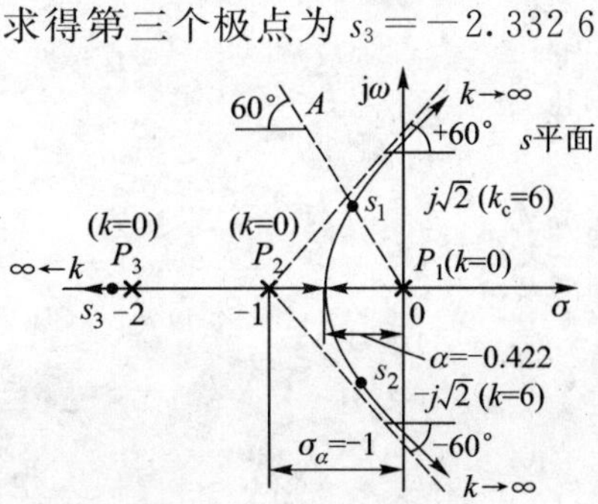

图5.14　系统根轨迹

如果有必要，可以利用幅值条件，将增益 k 标定到根轨迹上。这时只要在根轨迹上选择一点，并测量出三个复数量 s、$s+1$ 和 $s+2$ 的幅值大小，然后使这三个量相乘，它们的乘积就等于该点上的增益 k 值，即

$$|s|\cdot|s+1|\cdot|s+2|=k$$

(2) 系统动态性能指标的计算

已知 $\zeta=0.5$ 时，$k=1.036$；系统的闭环极点 $s_{1,2}$ 为

$$s_{1,2}=\zeta\omega_n\pm \mathrm{j}\omega_d=-0.33\pm \mathrm{j}0.58$$

由上式知
$$\omega_n=\frac{0.33}{\zeta}=0.667$$
应用闭环主导极点的概念，将负实极点 s_3 忽略，将系统近似成二阶系统，则
$$\phi(s)=\frac{\omega_n^2}{s^2+2\zeta\omega_n s+\omega_n^2}=\frac{0.445}{s^2+0.667s+0.445}$$
从而可以求得系统的性能指标为

超调量
$$\sigma_p=e^{-\frac{\pi\zeta}{\sqrt{1-\zeta^2}}}=e^{-\frac{0.5\pi}{\sqrt{1-0.5^2}}}=16.3\%$$
上升时间
$$t_r=\frac{\pi-\theta}{\omega_n\sqrt{1-\zeta^2}}=\frac{3.14-1.05}{0.667\sqrt{1-0.5^2}}\ \mathrm{s}=3.62\ \mathrm{s}$$
式中 θ 由 $\zeta=\cos\theta=0.5$，求得 $\theta=60°=\pi/3=1.05$ 。

峰值时间
$$t_p=\frac{\pi}{\omega_n\sqrt{1-\zeta^2}}=\frac{3.14}{0.667\sqrt{1-0.5^2}}\ \mathrm{s}=5.43\ \mathrm{s}$$
过渡过程时间
$$t_s=\frac{3}{\zeta\omega_n}=\frac{3}{0.5\times0.667\,4}\ \mathrm{s}=9\ \mathrm{s}$$
振荡次数
$$N=\frac{t_s\omega_n\sqrt{1-\zeta^2}}{2\pi}=\frac{9\times0.667\sqrt{1-0.5^2}}{2\pi}=0.83$$
上述计算在单位阶跃信号输入下，其允许误差带为±5%。

经过上述12个步骤的分析、计算及作图已经实现了根轨迹绘制的全过程，并完成了该例的根轨迹绘制。

第 6 章　控制系统稳态误差的分析与计算

本章主要讲述自动控制系统的稳态误差的基本概念、稳态误差中的静态误差和动态误差分析及其计算。读者可掌握用终值定理求稳态误差，分别用静态误差系数表示静态误差和动态误差系数表示动态误差。

线性系统性能的分析，可以用时域分析法和频域分析法。性能的好坏可以引入误差的概念。系统的稳态性能是指系统响应在过渡过程结束之后的性能。其性能的好坏用精度表示，通常是用误差的大小来表示，所以分析中提出了稳态误差的概念。

6.1　控制系统的稳态误差的分析

稳态性能是指系统响应在过渡过程结束之后的性能。其性能的好坏用精度表示。

控制系统的稳态误差就是对于一定的输入信号，当系统达到稳态后所存在的误差。图 6.1 为一闭环系统的误差示意框图。图中 $X_i(s)$ 为给定量，$X_r(s)$ 为希望值，$\mu(s)$ 为变换算子的拉氏变换，则

$$X_r(s)=\mu(s)X_i(s) \tag{6.1}$$

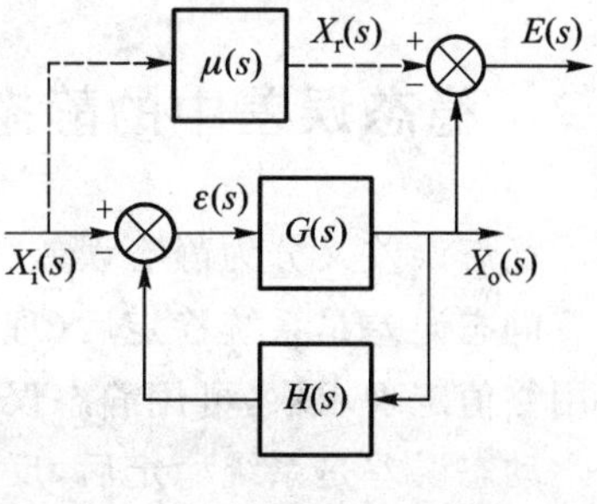

图 6.1　闭环系统的误差示意框图

控制系统的稳态误差一般是指希望的输出量与实际的输出量之差。若系统的希望输出为 $x_r(t)$，实际的输出为 $x_o(t)$，则控制系统的误差 $e(t)$ 定义为

$$e(t)=x_r(t)-x_o(t)$$

或

$$E(s)=X_r(s)-X_o(s) \tag{6.2}$$

由此可知，要计算控制系统的误差，首先要知道或者给出输出量的希望值。

由图 6.1 可知偏差信号为

$$\varepsilon(s)=X_i(s)-X_o(s)H(s) \tag{6.3}$$

必须指出，系统的偏差信号 $\varepsilon(s)$ 与误差信号 $E(s)$ 在一般情况下并不相同。

定义当 $E(s)=0$ 时被控制量等于希望值，则

$$X_o(s)=X_r(s)$$

而且此时 $\varepsilon(s)=0$，即可由式(6.3)得

$$\varepsilon(s)=X_i(s)-X_o(s)H(s)=X_i(s)-X_r(s)H(s)=0$$

则系统的希望输出为

$$X_r(s)=\frac{1}{H(s)}X_i(s) \tag{6.4}$$

由式(6.1)和式(6.4)知 $\mu(s)=\dfrac{1}{H(s)}$，如果是单位负反馈则 $\mu(s)=1$。

当 $H(s)=1$ 时，给定量 $X_i(s)$ 就是输出量的希望值 $X_r(s)$，因此偏差 $\varepsilon(s)$ 就是系统的误差 $E(s)$，即 $E(s)=\varepsilon(s)$。

对于 $H(s)\neq 1$ 时，由式(6.3)得

$$X_i(s)=\varepsilon(s)+X_o(s)H(s) \tag{6.5}$$

由式(6.2)和式(6.4)得

$$X_i(s)=E(s)H(s)+X_o(s)H(s) \tag{6.6}$$

由式(6.5)和式(6.6)得

$$E(s)=\frac{1}{H(s)}\varepsilon(s) \tag{6.7}$$

因为

$$X_o(s)=\frac{G(s)}{1+G(s)H(s)}X_i(s) \tag{6.8}$$

将式(6.4)和式(6.8)代入式(6.2)得

$$E(s)=\frac{1}{H(s)}X_i(s)-\frac{G(s)}{1+G(s)H(s)}X_i(s)=\frac{1}{H(s)}\cdot\frac{1}{1+G(s)H(s)}X_i(s) \tag{6.9}$$

实际上，控制系统的稳态误差就是对于一定的输入信号而言，当系统达到稳定后，即 $t\to\infty$ 时所存在的误差，记作 e_{ss}。

$$e_{ss}=\lim_{t\to\infty}e(t) \tag{6.10}$$

6.2 稳态误差中的静态误差和动态误差计算

稳态误差又分为静态误差(通常仍称为稳态误差)和动态误差。

静态误差是系统稳定后(理论上是 $t\to\infty$，实际 $t\geqslant t_s$)，反映不随时间变化的误差。此误差用终值定理求取，可用静态误差系数来描述。

动态误差是系统稳定后，反映随时间变化的误差。此误差通过泰勒级数求取，可用动态误差系数描述。

6.2.1 静态误差

6.2.1.1 给定输入信号下的稳态误差

1. 终值定理

终值定理是指在原函数 $e(t)$ 和象函数 $sE(s)$ 之间，当 $t\to\infty$ 和当 $s\to 0$ 时，各有极限存在，则下列关系

$$\lim_{t\to\infty}e(t)=\lim_{s\to 0}sE(s) \tag{6.11}$$

存在。所以系统的稳态误差为

$$e_{ss}=\lim_{t\to\infty}e(t)=\lim_{s\to 0}sE(s)=\lim_{s\to 0}s\frac{1}{H(s)}\cdot\frac{1}{1+G(s)H(s)}X_i(s) \tag{6.12}$$

例 6.1 某一单位负反馈控制系统的开环传递函数为

$$G(s)=\frac{20}{(0.5s+1)(0.04s+1)}$$

求控制信号为单位阶跃函数 $x_i(t)=1(t)$ 和单位斜坡函数 $x_i(t)=t$ 时的稳态误差。

由式(6.12)得

$$e_{ss}=\lim_{s\to 0} s\frac{1}{H(s)}\cdot\frac{1}{1+G(s)H(s)}X_i(s)=\lim_{s\to 0} s\frac{1}{1+\dfrac{20}{(0.5s+1)(0.04s+1)}}X_i(s)$$

$$=\lim_{s\to 0} s\frac{(0.5s+1)(0.04s+1)}{(0.5s+1)(0.04s+1)+20}\cdot\begin{cases}\dfrac{1}{s}\\ \dfrac{1}{s^2}\end{cases}=\begin{cases}\dfrac{1}{21}\\ \infty\end{cases}$$

例 6.2 分别求液压仿型系统在控制信号 $x_i(t)$ 为单位阶跃函数 $1(t)$、单位斜坡函数 t 和单位加速度函数 $\frac{1}{2}t^2$ 时的稳态误差。

由式(4.44)和式(4.45)知,系统的开环传递函数为

$$W(s)=\frac{K_z}{s\left(\dfrac{s^2}{\omega_n^2}+\dfrac{2\zeta}{\omega_n}s+1\right)}=\frac{353.2}{s\left(\dfrac{s^2}{2\,214^2}+\dfrac{2\times 0.3}{2\,214}s+1\right)}$$

根据终值定理的稳态误差公式(6.12),其稳态误差为

$$e_{ss}=\lim_{s\to 0} s\frac{1}{1+\dfrac{353.2}{s\left(\dfrac{s^2}{2\,214^2}+\dfrac{2\times 0.3}{2\,214}s+1\right)}}\cdot X_i(s)$$

$$=\lim_{s\to 0} s\frac{s\left(\dfrac{s^2}{2\,214^2}+\dfrac{2\times 0.3}{2\,214}s+1\right)}{s\left(\dfrac{s^2}{2\,214^2}+\dfrac{2\times 0.3}{2\,214}s+1\right)+353.2}\cdot\begin{cases}\dfrac{1}{s}\\ \dfrac{1}{s^2}\\ \dfrac{1}{s^3}\end{cases}$$

$$=\begin{cases}0\\ 0.002\,8\\ \infty\end{cases}$$

由此可见输出不能跟踪加速度信号。需注意的是:此时控制信号为 $x_i(t)=t$ 和 $x_i(t)=\frac{1}{2}t^2$ 时得出的误差均不是速度和加速度误差,实际上是位置误差,此例由图 6.2 可以看出:$x_i(t)$ 和 $x_o(t)$ 的斜率相同,即说明其速度相同,只有位置误差存在。

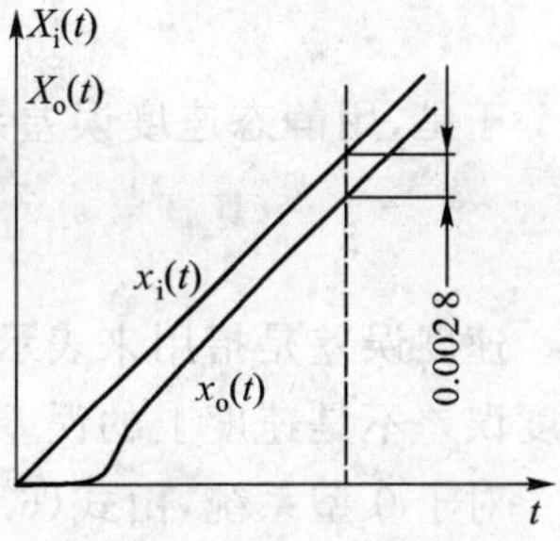

图 6.2 斜坡函数输入时稳态误差

2. 静态误差系数

静态误差系数是控制系统的品质指标,系数越大,稳态误差 e_{ss} 就越小。

下面是用静态误差系数对稳态误差进行描述:

静态误差系数分为静态位置误差系数 K_p,静态速度误差系数 K_v 和静态加速度误差系数 K_a。

(1) 静态位置误差系数 K_p

系统对单位阶跃输入的稳态误差由式(6.12)得

$$e_{ss}=\lim_{s\to 0} sE(s)=\lim_{s\to 0} s\cdot\frac{1}{1+G(s)H(s)}\cdot\frac{1}{s}=\frac{1}{1+G(0)H(0)} \tag{6.13}$$

静态位置误差系数 K_p 的定义是

$$K_p=\lim_{s\to 0} G(s)H(s)=G(0)H(0) \tag{6.14}$$

于是,用静态误差系数 K_p 表示的稳态误差为

$$e_{ss}=\frac{1}{1+K_p} \tag{6.15}$$

对于0型系统,由式(6.14)得

$$K_p=\lim_{s\to 0}\frac{K(\tau_a s+1)(\tau_b s+1)\cdots\cdots}{(T_a s+1)(T_b s+1)\cdots\cdots}=K \tag{6.16}$$

对于Ⅰ型和高于Ⅰ型的系统,由式(6.14)得

$$K_p=\lim_{s\to 0}\frac{K(\tau_a s+1)(\tau_b s+1)\cdots\cdots}{s^v(T_a s+1)(T_b s+1)\cdots\cdots}=\infty \quad (v\geqslant 1) \tag{6.17}$$

对于单位阶跃输入,由式(6.15)得稳态误差 e_{ss} 为

$$e_{ss}=\frac{1}{1+K} \quad (0\text{型系统}) \tag{6.18}$$

$$e_{ss}=0 \quad (\text{Ⅰ型和高于Ⅰ型系统}) \tag{6.19}$$

由此可知,如果单位反馈控制系统的前向通道中没有积分环节,那么它对阶跃输入的响应有稳态误差。若对于阶跃输入微小误差是容许的话,那么只要增益 K 取得足够大,0型系统可以采用,但增益 K 太大,会影响其稳定性。所以,要求阶跃输入下的稳态误差为零,则系统必须是Ⅰ型或高于Ⅰ型的系统。

(2) 静态速度误差系数 K_v

系统单位斜坡输入时系统的稳态误差由式(6.12)得

$$\begin{aligned}e_{ss}&=\lim_{s\to 0} sE(s)=\lim_{s\to 0} s\cdot\frac{1}{1+G(s)H(s)}\cdot\frac{1}{s^2}\\&=\lim_{s\to 0}\frac{1}{sG(s)H(s)}\end{aligned} \tag{6.20}$$

静态速度误差系数 K_v 定义为

$$K_v=\lim_{s\to 0} sG(s)H(s) \tag{6.21}$$

于是,用静态速度误差系数 K_v 所表示的稳态误差为

$$e_{ss}=\frac{1}{K_v} \tag{6.22}$$

速度误差是指用来表示斜坡输入的稳态误差,速度误差的量纲与位置误差的量纲一样,速度误差不是速度上的误差,而是由于斜坡输入而造成的在位置上的误差。

对于0型系统,由式(6.21)得

$$K_v=\lim_{s\to 0}\frac{sK(\tau_a s+1)(\tau_b s+1)\cdots\cdots}{(T_a s+1)(T_b s+1)\cdots\cdots}=0 \tag{6.23}$$

对于Ⅰ型系统,由式(6.21)得

$$K_v=\lim_{s\to 0}\frac{sK(\tau_a s+1)(\tau_b s+1)\cdots\cdots}{s(T_a s+1)(T_b s+1)\cdots\cdots}=K \tag{6.24}$$

对于Ⅱ型或高于Ⅱ型系统，由式(6.21)得

$$K_v=\lim_{s\to 0}\frac{sK(\tau_a s+1)(\tau_b s+1)\cdots\cdots}{s^v(T_a s+1)(T_b s+1)\cdots\cdots}=\infty \quad v\geqslant 2 \tag{6.25}$$

对于单位斜坡输入的稳态误差 e_{ss} 为

$$e_{ss}=\frac{1}{K_v}=\infty \quad (0\text{ 型系统})$$

$$e_{ss}=\frac{1}{K_v}=\frac{1}{K} \quad (\text{Ⅰ型系统})$$

$$e_{ss}=\frac{1}{K_v}=0 \quad (\text{Ⅱ型或高于Ⅱ型系统})$$

由此可知，0 型系统在稳定状态时不能跟踪斜坡输入，具有单位反馈的Ⅰ型系统，能跟踪斜坡输入，但有一定的误差。在稳态工作时，输出速度恰好等于输入速度，但有一定位置误差。此误差正比于输入量的变化率，反比于增益 K。

(3) 静态加速度误差系数 K_a

单位加速度输入信号为

$$x_i(t)=\begin{cases}\dfrac{t^2}{2} & (t\geqslant 0)\\ 0 & (t<0)\end{cases}$$

在这样输入下，系统的稳态误差由式(6.12)得

$$e_{ss}=\lim_{s\to 0}sE(s)=\lim_{s\to 0}s\frac{1}{1+G(s)H(s)}\cdot\frac{1}{s^3}$$

$$=\lim_{s\to 0}\frac{1}{s^2+s^2G(s)H(s)}=\lim_{s\to 0}\frac{1}{s^2G(s)H(s)} \tag{6.26}$$

这样，静态加速度误差系数 K_a 定义为

$$K_a=\lim_{s\to 0}s^2G(s)H(s) \tag{6.27}$$

于是，稳态误差为

$$e_{ss}=\frac{1}{K_a} \tag{6.28}$$

其实，加速度误差也是指的位置上的误差。

对于 0 型系统，由式(6.27)得

$$K_a=\lim_{s\to 0}\frac{s^2K(\tau_a s+1)(\tau_b s+1)\cdots\cdots}{(T_a s+1)(T_b s+1)\cdots\cdots}=0 \tag{6.29}$$

对于Ⅰ型系统，由式(6.27)得

$$K_a=\lim_{s\to 0}\frac{s^2K(\tau_a s+1)(\tau_b s+1)\cdots\cdots}{s(T_a s+1)(T_b s+1)\cdots\cdots}=0 \tag{6.30}$$

对于Ⅱ型系统，由式(6.27)得

$$K_a=\lim_{s\to 0}\frac{s^2K(\tau_a s+1)(\tau_b s+1)\cdots\cdots}{s^2(T_a s+1)(T_b s+1)\cdots\cdots}=K \tag{6.31}$$

对于Ⅲ型或高于Ⅲ型的系统

$$K_a=\lim_{s\to 0}\frac{s^2K(\tau_a s+1)(\tau_b s+1)\cdots\cdots}{s^v(T_a s+1)(T_b s+1)\cdots\cdots}=\infty \quad v\geqslant 3 \tag{6.32}$$

于是，对于单位加速度输入的稳态误差(如图 6.3 所示)为

$$e_{ss}=\frac{1}{K_a}=\infty \quad (0\text{ 型和 I 型})$$

$$e_{ss}=\frac{1}{K_a}=\frac{1}{K} \quad (\text{II 型})$$

$$e_{ss}=\frac{1}{K_a}=0 \quad (\text{III 型或高于 III 型})$$

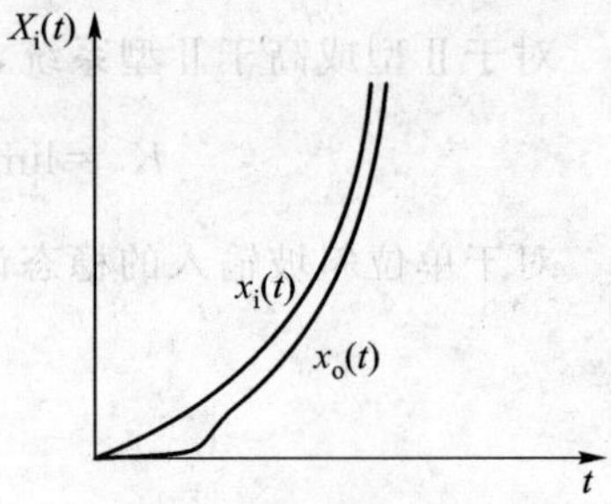

图 6.3　加速度函数输入时稳态误差

总之，0 型和Ⅰ型系统在稳定状态时均不能跟踪加速度输入，只有单位负反馈的Ⅱ型系统在稳态时能跟踪，但有一定误差。图 6.3 是Ⅱ型单位负反馈系统对加速度输入的稳态误差。具有单位负反馈的Ⅲ型和高于Ⅲ型的系统稳定时误差为 0。以增益 K 表示的稳态误差如表 6.1 所示。

表 6.1　单位负反馈系统增益 K 表示的稳态误差表

输入信号 / 稳态误差 e_{ss} / 系统类型	单位阶跃输入 $x_i(t)=1$	单位斜坡输入 $x_i(t)=t$	单位加速度输入 $x_i(t)=\frac{1}{2}t^2$
0 型	$1/(1+K_p)$	∞	∞
Ⅰ型	0	$1/K_v$	∞
Ⅱ型	0	0	$1/K_a$

对用终值定理求稳态误差和用系统开环增益 K 表示的稳态误差表求稳态误差进行比较。给定开环传递函数相同的单位反馈和非单位反馈的两个系统如图 6.4a 和 6.4b 所示，分别用终值定理和开环增益 K 求当斜坡函数输入时的稳态误差 e_{ss}。

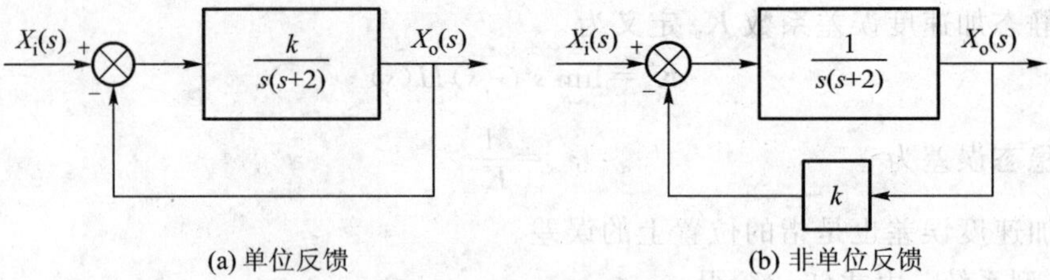

图 6.4　反馈系统框图

(1) 求图 6.4a 的稳态误差：

1) 根据终值定理求稳态误差

$$e_{ss}=\lim_{t\to\infty}e(t)=\lim_{s\to 0}sE(s)=\lim_{s\to 0}s\,\frac{1}{H(s)}\cdot\frac{1}{1+G(s)H(s)}X_i(s)=\lim_{s\to 0}s\,\frac{1}{1+\frac{k}{s(s+2)}}\cdot\frac{1}{s^2}=\frac{2}{k}$$

2) 根据稳态误差表求稳态误差

$$e_{ss}=\frac{1}{k/2}=\frac{2}{k}$$

(2) 求图 6.4b 的稳态误差：

1) 根据终值定理求稳态误差

$$e_{ss}=\lim_{s\to 0}s\frac{1}{k}\cdot\frac{1}{1+\frac{k}{s(s+2)}}\cdot\frac{1}{s^2}=\lim_{s\to 0}s\frac{1}{k}\cdot\frac{s(s+2)}{s(s+2)+k}\cdot\frac{1}{s^2}=\frac{2}{k^2}$$

2）根据稳态误差表求稳态误差

$$e_{ss}=\frac{1}{k/2}=\frac{2}{k}\neq\frac{2}{k^2}$$

由此可见，表 6.1 是针对单位负反馈系统的，如果用此表计算非单位负反馈系统的稳态误差，必须乘以 $\frac{1}{H(s)}=\frac{1}{k}$，通常 $H(s)$ 为常数。

从而有如下结论：

① 同一系统对于不同输入信号，有不同的稳态误差。而同一输入信号对不同系统可引起不同的稳态误差，从而证实了系统的稳态误差取决于系统的结构和参数以及输入信号的性质。

② 系统的稳态误差有限值恰好与系统的开环放大系数 K 有关，K 值越大，稳态误差值越小，反之 K 越小，稳态误差值越大。

③ 在上述三种典型信号输入的情况下，控制系统的稳态误差与开环传递函数分母中所含的 s 因式（即积分环节）的次数 v 以及输入信号拉氏变换 $X_i(s)$ 的 s 因式（如：$\frac{1}{s},\frac{1}{s^2},\frac{1}{s^3}\cdots\frac{1}{s^l}$）的次数 l 有关，若 $l>v$ 有稳态误差（若 $(l-v)=1$，则 $e_{ss}=$ 常值，若 $(l-v)\geqslant 2$，则 $e_{ss}\to\infty$），而 $l\leqslant v$ 无稳态误差。

④ 上述分析得的结论是以典型信号得到的，但是它有普遍的实用意义，这是因为控制信号变化往往比较缓慢，一般称慢变信号。可把输入信号 $x_i(t)$ 在 $t=0$ 点附近展成泰勒级数为

$$\begin{aligned}x_i(t)&=x_i(0)+x'_i(0)t+\frac{1}{2!}x''_i(0)t^2+\cdots+\frac{x_i^{(n)}(0)t^n}{n!}\\&=x_i(0)+x_{i1}t+\frac{1}{2!}x_{i2}t^2+\cdots+\frac{1}{n!}x_{in}t^n\end{aligned}$$

由于 $x_i(t)$ 的变化是缓慢的，它的高阶导数是微量，则泰勒级数收敛很快，一般取到 t 的二次项即可。这样 $x_i(t)=x_i+x_{i1}t+\frac{1}{2}x_{i2}t^2$，就是说把控制信号 $x_i(t)$ 看成是阶跃、斜坡、加速度信号的合成。稳态误差 e_{ss} 可以认为是上述信号作用下产生的误差的总和。这就是上述以阶跃、斜坡和加速度信号来描述稳态误差的依据。

6.2.1.2 扰动信号输入下的稳态误差

控制系统除给定输入信号作用外，还经常有各种扰动信号的作用（主要是外干扰信号，如干扰力等）。因此，系统在扰动作用下的稳态误差的大小，反映了系统的抗干扰能力。由于扰动输入作用于系统的部位不同，其稳态误差的大小也不同。以图 6.5 所示为例，扰动信号处于系统的中间位置。

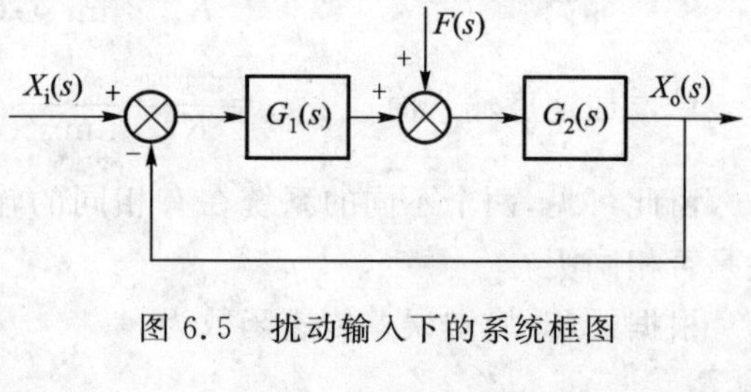

图 6.5 扰动输入下的系统框图

设给定输入信号 $X_i(s)=0$，则系统输出

$X_o(s)$仅由扰动信号 $F(s)$引起。当单位负反馈时系统稳态误差为

$$E(s)=X_i(s)-X_o(s)=0-X_o(s)=-X_o(s) \tag{6.33}$$

此时的 $X_o(s)$为

$$X_o(s)=\frac{G_2(s)F(s)}{1+G_1(s)G_2(s)} \tag{6.34}$$

当 $G_1(s)G_2(s)\gg 1$ 时，

$$E(s)=-\frac{F(s)}{G_1(s)} \tag{6.35}$$

当 $F(s)=\frac{1}{s}$时，根据终值定理扰动引起的稳态误差为

$$e_{ss}=\lim_{s\to 0} sE(s)=-\frac{1}{G_1(s)}$$

如果设

$$G_1(s)=\frac{K(\tau_a s+1)(\tau_b s+1)}{s^{\nu}(T_a s+1)(T_b s+1)}$$

只要 $\nu\gg 1, G_1(s)=\infty$，则 $e_{ss}=0$

如果 $G_1(s)$是一个比例环节，$G_1(s)=K$，提高 K 值，可使稳态误差 e_{ss}下降，但不能完全消除误差。如果想降低或消除扰动引起的稳态误差，常在扰动作用点前加积分环节并提高 K 值。但单纯提高 K 值和引入积分环节会使稳定性下降，甚至不稳定。为了消除扰动引起的稳态误差，又不影响系统的稳定性，可将 $G_2(s)$设计成一个比例加积分环节(又称为 PI 控制)。

由给定输入 $X_i(s)$和扰动输入 $F(s)$引起的总误差为

$$E(s)=\frac{1}{1+G_1(s)G_2(s)}X_i(s)-\frac{G_2(s)}{1+G_1(s)G_2(s)}F(s) \tag{6.36}$$

6.2.2 动态误差

静态误差没有反映误差随时间的变化规律，而且对于一个给定的系统只有一个系数呈有限值。其他系数不是 0 就是∞，如稳态误差 e_{ss}表所示。所以误差随时间的变化规律不能用这种系数求出。本节将介绍的动态误差系数可提供一些关于误差怎样随时间变化的信息，即系统在给定的输入作用下稳态误差 e_{ss}是否会与 t、t^2 等成比例地变化。

两个单位负反馈系统其开环传递函数分别为 $G_1(s)=\frac{10}{s(s+1)}$，$G_2(s)=\frac{10}{s(2s+1)}$，在上述三个典型信号的输入下，根据表 6.1 和式(6.14)、(6.21)、(6.27)所给出的 K_p、K_v 和 K_a 的表达式，可求两系统的静态误差均为

单位阶跃输入时 $$e_{ss}=\frac{1}{1+K_p}=\frac{1}{1+\lim\limits_{s\to 0}G(s)H(s)}=\frac{1}{1+\infty}=0$$

单位斜坡输入时 $$e_{ss}=\frac{1}{K_v}=\frac{1}{\lim\limits_{s\to 0}sG(s)H(s)}=\frac{1}{10}=0.1$$

单位加速度输入时 $$e_{ss}=\frac{1}{K_a}=\frac{1}{\lim\limits_{s\to 0}s^2G(s)H(s)}=\frac{1}{0}=\infty$$

由此可见，两个不同的系统在有相同的输入情况下，有相同的稳态误差，那么其动态误差是否相同呢？

根据式(6.9)知误差传递函数为

$$\phi_e(s)=\frac{E(s)}{X_i(s)}=\frac{1}{H(s)}\cdot\frac{1}{1+G(s)H(s)} \tag{6.37}$$

如若把误差传递函数 $\phi_e(s)$在 $s=0$ 的领域展开成泰勒级数为

$$\phi_e(s)=\phi_e(0)+\phi'_e(0)s+\frac{1}{2!}\phi''_e(0)s^2+\cdots+\frac{\phi_e^n(0)}{n!}s^n \tag{6.38}$$

误差的拉氏变换为

$$E(s)=\phi_e(s)\cdot X_i(s)=\phi_e(0)X_i(s)+\phi'_e(0)sX_i(s)+\frac{1}{2!}\phi''_e(0)s^2X_i(s)+\cdots+\frac{\phi_e^n(0)}{n!}s^nX_i(s) \tag{6.39}$$

对式(6.39)进行拉氏反变换,则

$$e_{ss}(t)=\phi_e(0)x_i(t)+\phi'_e(0)x'_i(t)+\frac{1}{2!}\phi''_e(0)x''_i(t)+\cdots \tag{6.40}$$

将上式中各项系数定义为动态误差系数,并以$\frac{1}{K_i}$表示如下

动态位置误差系数 $$\frac{1}{K_p}=\phi_e(0) \tag{6.41}$$

动态速度误差系数 $$\frac{1}{K_v}=\phi'_e(0) \tag{6.42}$$

动态加速度误差系数 $$\frac{1}{K_a}=\frac{1}{2!}\phi''_e(0) \tag{6.43}$$

将动态误差系数代入泰勒级数展开式(6.38)中,其误差传递函数为

$$\phi_e(s)=\frac{1}{K_p}+\frac{1}{K_v}s+\frac{1}{K_a}s^2+\cdots \tag{6.44}$$

根据式(6.40),则

$$e_{ss}=\frac{1}{K_p}x_i(t)+\frac{1}{K_v}x'_i(t)+\frac{1}{K_a}x''_i(t)+\cdots \tag{6.45}$$

由此可知:引入动态误差系数之后,实际上是把系统稳态误差分解成任意输入信号及其各阶导数所引起的稳态误差分量之和,各分量的大小则依相应的动态误差系数大小而定。

当上述开环传递函数是 $G_1(s)=\frac{10}{s(s+1)}$时,求当输入为 $x_i(t)=a_0+a_1t+a_2t^2\ (a\geqslant 0)$时稳态下的动态误差。

根据框图和式(6.37)可得

$$\phi_e(s)=\frac{E(s)}{X_i(s)}=\frac{1}{1+G_1(s)}=\frac{1}{1+\frac{10}{s(s+1)}}=\frac{s^2+s}{s^2+s+10}$$

$$\phi_e(0)=\left.\frac{s^2+s}{s^2+s+10}\right|_{s=0}=0,\quad K_p=\frac{1}{\phi_e(0)}=\infty$$

$$\phi'_e(0)=\left(\frac{s^2+s}{s^2+s+10}\right)'_{s=0}=0.1,\quad K_v=\frac{1}{\phi'_e(0)}=10$$

$$\phi''_e(0)=\left(\frac{s^2+s}{s^2+s+10}\right)''_{s=0}=0.18,\quad K_a=\frac{2!}{\phi''_e(0)}=11.1$$

因为给定输入为 $x_i(t)=a_0+a_1t+a_2t^2$

所以，
$$x'_i(t)=a_1+2a_2t$$
$$x''_i(t)=2a_2$$

于是动态误差可根据式(6.45)得到

$$e_{ss}=0.1x'_i(t)+0.09x''_i(t)=0.1(a_1+2a_2t)+0.09\times 2a_2=0.1a_1+0.18a_2+0.2a_2t$$

当上述开环单位负反馈传递函数为 $G_2(s)=\dfrac{10}{s(2s+1)}$，求输入仍然是 $x_i(t)=a_0+a_1t+a_2t^2$ 时稳态下的动态误差。

$$\phi_e(s)=\frac{E(s)}{X_i(s)}=\frac{1}{1+G_2(s)}=\frac{1}{1+\dfrac{10}{s(2s+1)}}=\frac{2s^2+s}{2s^2+s+10}$$

$$\phi_e(0)=\left.\frac{2s^2+s}{2s^2+s+10}\right|_{s=0}=0 \quad K_p=\frac{1}{\phi_e(0)}=\infty$$

$$\phi'_e(0)=\left(\frac{2s^2+s}{2s^2+s+10}\right)'_{s=0}=0.1 \quad K_v=\frac{1}{\phi'_e(0)}=10$$

$$\phi''_e(0)=\left(\frac{2s^2+s}{2s^2+s+10}\right)''_{s=0}=0.38 \quad K_a=\frac{2!}{\phi''_e(0)}=\frac{2}{0.38}$$

$$x_i(t)=0$$
$$x'_i(t)=a_1+2a_2t$$
$$x''_i(t)=2a_2$$

动态误差可根据式(6.45)得到

$$e_{ss}=0.1X'_i(t)+\frac{0.38}{2}X''_i(t)=0.1(a_1+2a_2t)+0.19(2a_2)=0.1a_1+0.38a_2+0.2a_2t$$

由此可见，不同的两个传递函数，在相同的输入信号的情况下，稳态误差相同，但动态误差却不相同。

6.3 液压仿形刀架控制系统稳态误差的计算

稳态误差是表征系统控制精度的一种量，稳态误差越小说明控制精度越高。第4章讲的液压仿形刀架控制系统的稳态误差是由输入信号、外扰负载信号引起的。由输入信号引起的稳态误差称为跟随误差 e_{ssi}，它是控制系统的输出信号对输入信号在位置上的误差。而由外扰负载力引起的稳态误差称为负载误差 e_{ssF}，它是在输入信号为零，即 $X_i(s)=0$ 时计算的。由于死区和伺服阀零漂引起的误差很小可忽略不计。故液压仿形刀架控制系统总稳态误差为

$$e_{ss\Sigma}=e_{ssi}+e_{ssF} \tag{6.46}$$

6.3.1 跟随误差 e_{ssi} 的计算

不计外扰负载力时，由式(4.44)知系统的开环传递函数为

$$W(s)=\frac{K_z}{s\left(\dfrac{s^2}{\omega_n^2}+\dfrac{2\zeta}{\omega_n}s+1\right)}$$

根据终值定理的稳态误差公式(6.12)，该系统为单位负反馈，则

$$e_{ss}=\lim_{t\to\infty}e(t)=\lim_{s\to 0}sE(s)=\lim_{s\to 0}s\,\frac{1}{1+W(s)}X_i(s)$$

$$=\lim_{s\to 0}s\,\frac{1}{1+\dfrac{K_z}{s\left(\dfrac{s^2}{\omega_n^2}+\dfrac{2\zeta}{\omega_n}s+1\right)}}X_i(s) \tag{6.47}$$

1. 输入单位阶跃信号 $x_i(t)=1(t)$ 时的跟随误差 e_{ssi} 计算

$$e_{ssi}=\lim_{s\to 0}s\,\frac{1}{1+\dfrac{K_z}{s\left(\dfrac{s^2}{\omega_n^2}+\dfrac{2\zeta}{\omega_n}s+1\right)}}\cdot\frac{1}{s}=0 \tag{6.48}$$

由此可见Ⅰ型系统的位置误差为零。

2. 输入等速度信号 $x_i(t)=vt$ 时的跟随误差 e_{ssi} 计算

$$e_{ssi}=\lim_{s\to 0}s\,\frac{1}{1+\dfrac{K_z}{s\left(\dfrac{s^2}{\omega_n^2}+\dfrac{2\zeta}{\omega_n}s+1\right)}}\cdot\frac{v}{s^2}=\frac{v}{K_z} \tag{6.49}$$

式中 K_z——开环增益或称开环放大系数；

v——输入速度。

由式(6.49)可得结论：液压缸即进给刀架的跟随误差与输入速度 v 成正比，而与开环放大系数 K_z 成反比；开环放大系数 K_z 越大，系统的工作精度越高。

3. 输入等加速度信号 $x_i(t)=\dfrac{1}{2}at^2$ 时的跟随误差 e_{ssi} 计算

$$e_{ssi}=\lim_{s\to 0}s\,\frac{1}{1+\dfrac{K_z}{s\left(\dfrac{s^2}{\omega_n^2}+\dfrac{2\zeta}{\omega_n}s+1\right)}}\cdot\frac{a}{s^3}=\infty \tag{6.50}$$

可见加速度 a 引起的位置误差为无穷大，所以该系统不能跟随加速度信号。

6.3.2 负载误差 e_{ssF} 的计算

负载误差是外干扰力造成的误差，它是干扰误差的一种，是在不考虑输入控制信号情况下计算的。由图 4.12 向服阀至液压缸系统框图Ⅱ和式(6.33)的原理知，在不是单位负反馈的情况下，其稳态误差的计算为

$$\varepsilon(s)=X_e(s)K_q-X_o(s)A_p s \tag{6.51}$$

因为 $E(s)=\dfrac{1}{H(s)}\varepsilon(s)$，所以

$$E(s)=-X_o(s) \tag{6.52}$$

由式(4.32)和式(6.52)得

$$E(s)=\frac{\dfrac{1}{(ms^2+f_p s+k)}F(s)}{1+\dfrac{1}{(ms^2+f_p s+k)}\dfrac{A_p^2 s}{\left(K_e+C_{tp}+\dfrac{V_t}{4\beta_e}s\right)}} \tag{6.53}$$

根据终值定理，稳态误差为

$$e_{\mathrm{ssF}}=\lim_{s\to 0} sE(s)=\lim_{s\to 0} s\frac{\dfrac{1}{(ms^2+f_{\mathrm{p}}s+k)}F(s)}{1+\dfrac{1}{(ms^2+f_{\mathrm{p}}s+k)}\dfrac{A_{\mathrm{p}}^2 s}{\left(K_{\mathrm{e}}+C_{\mathrm{tp}}+\dfrac{V_{\mathrm{t}}}{4\beta_{\mathrm{e}}}s\right)}}=\frac{1}{k}\lim_{s\to 0} sF(s) \tag{6.54}$$

由式(6.54)可见，减小负载扰动力和增大系统弹性系数，即增加系统刚度，会减少干扰力造成的稳态误差。

液压仿形刀架控制系统总稳态误差 $e_{\mathrm{ss}\Sigma}$ 应为系统跟随误差 e_{ssi} 和系统负载误差 e_{ssF} 之和。

第 7 章　自动控制系统的校正设计

本章主要从各设计参数对系统性能的影响入手，重点讲述自动控制系统的超前校正、滞后校正、滞后—超前校正以及 PID 校正。通过本章的学习读者可掌握如何对未能满足性能指标要求的系统进行校正，使得控制系统性能得到改善。

7.1　校正问题的提出

在系统设计时，常常遇到设计出来的系统不能满足性能指标要求，或有时不同性能要求间相互矛盾。如Ⅰ型系统输入斜坡信号时，为了满足稳态精确度的要求，使稳态误差 e_{ss} 减小，可以通过扩大静态误差系数 K 的办法 $\left(e_{ss}=\dfrac{1}{K_v}\right)$，但稳定性有可能变坏。如图 7.1 所示的闭环系统的开环波德图，其中特性曲线 $G(s)$ 是根据给定的稳态误差指标设计的，但相位裕量 $\gamma=0$，处于临界稳定，稍有扰动就会产生振荡而不能正常工作。如果通过减小控制系统的增益 K 可以使相位裕量增加，如图中 $G'(s)$，K 减小，但会引起稳态误差 e_{ss} 的增大。从图中可以看出系统从不稳定到临界稳定再到稳定的过程是通过减小增益来实现的，这种单纯通过改变增益参数来改善系统性能的方法是有局限性的，在某种情况下，甚至是不可取的。所以行之有效的方法是通过改变系统的结构或增加附加装置使系统性能满足指标要求。这种在系统中引入附加装置的方法称为校正或称补偿，其附加装置叫校正装置。

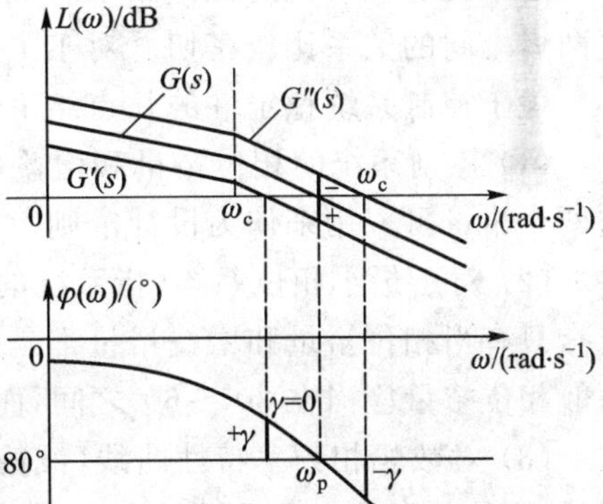

图 7.1　控制系统波德图

7.2　各设计参数对系统性能的影响

在频率域内设计控制系统时，如果希望具有一定的相位裕量和增益裕量，则波德图更为方便。在对数幅频特性与 0 dB 线只有一个交点的情况下，通常用增益交界频率 ω_c 和相位裕量 γ 作为开环特性指标，而 ω_c 与闭环系统的频带宽度有密切关系，如图 7.2 所示。在稳定状态下，$\omega_b>\omega_c$，因为波德图幅值降到 -3 dB 处的频率为截止频率 ω_b，即闭环幅频特性图幅值为 0.707 下的频率，即

$$20\lg 0.707=-3\ \text{dB}$$

所以 ω_c 越大，则 ω_b 也越大，因此 ω_c 反映了系统响应的快速性能，即 ω_c 越大，系统过渡

过程时间 t_s 就越短。而且从惯性环节单位阶跃响应曲线（见图 3.9）也可看出，阶跃响应的快慢可以通过 $t=0$ 时的斜率得到，其斜率 $k=\frac{1}{T}=\omega$，ω 越大，其斜率越大，所以响应就快。

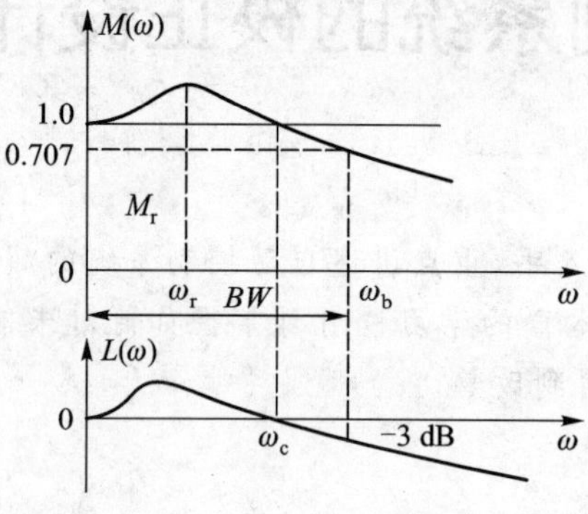

图 7.2　控制系统特性图

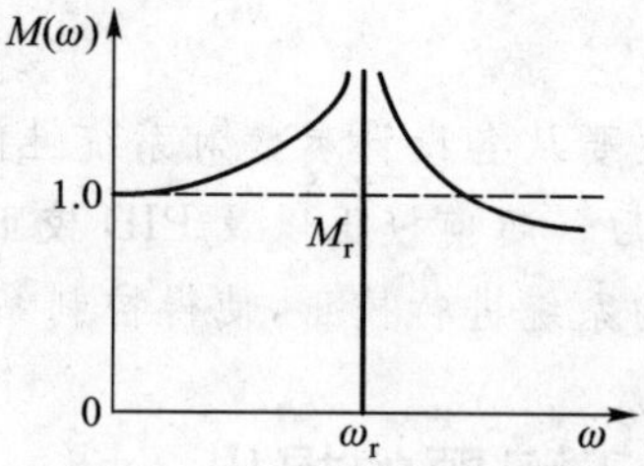

图 7.3　幅频特性曲线

相位裕量 γ 反映系统的相对稳定性，因为它与闭环频率指标 M_r 以及时域指标中的超调量 σ 的关系比较密切，工程上一般取 $\gamma=30°\sim60°$。

频峰 M_r 是闭环幅频特性峰值，M_r 小，则系统不容易振荡；M_r 大，则系统的振荡趋势增大。极限情况下 $M_r\to\infty$，如图 7.3 所示，系统将出现频率为 $\omega=\omega_r$ 的不衰减振荡。因此，M_r 反映了系统的相对稳定性。由于时域指标中的超调量 σ 也反映系统趋向振荡的程度，显然这两者之间的关系比较密切。对于工程上实用的随动系统，频峰 M_r 一般在 1.1～1.6 之间。

关于控制系统稳定性的几点结论性说明：

(1) 控制系统的相位裕量和增益裕量是极坐标图对（−1，j0）点靠近程度的度量。因此，这两个裕量可以用来作为设计准则。

(2) 对于最小相位系统（指系统的开环传递函数在 s 平面的右半部没有极点、零点的系统），只有当相位裕量和增益裕量都是正值时，系统才是稳定的。负的裕量表示系统不稳定。一般相位裕量应当在 30°～60°之间，而增益裕量大于 6 dB。

(3) 对数幅相频率特性曲线（波德图）如图 7.4 所示，它的低频段（低于增益交界频率 ω_c 区域）表征闭环系统的稳态性能（即稳态误差 e_{ss}），这部分增益应充分大，这一频段与稳态性能相关。

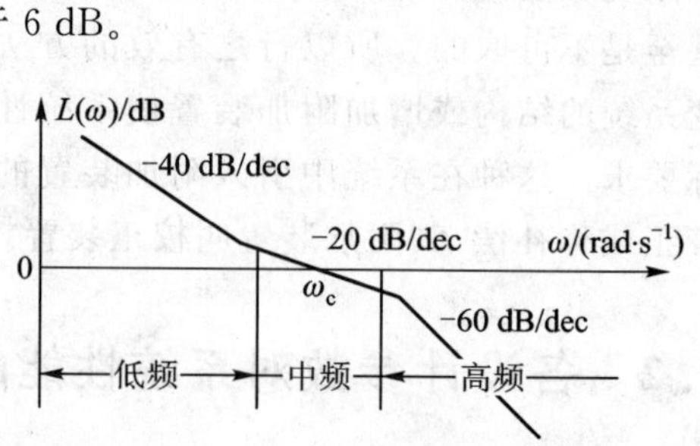

图 7.4　对数幅频特性曲线

(4) 中频段（ω_c 附近区域），波德图上对数幅值曲线斜率应等于 $-20\ \text{dB}\cdot\text{dec}^{-1}$，这一斜率应扩展到充分宽的频带内，以保证系统在充分宽的频带内具有适当的相位裕量 γ。如果增益交界频率上的斜率为 $-40\ \text{dB}\cdot\text{dec}^{-1}$，则系统有可能不稳定，即使稳定，其相位裕量也比较小，如果在增益交界频率上的斜率为 $-60\ \text{dB}\cdot\text{dec}^{-1}$，或者更陡，则系统是不稳定的，此频段与动态性能相关。

(5) 高频段（高于 ω_c 区域），增益应尽快地减小，以便使噪声的影响减到最小。此频段也与动态性能相关。

7.3 系统的校正

7.3.1 超前校正

超前是指在稳定的正弦信号作用下,可以使输出的正弦信号相位超前,而相位超前角是输入信号频率的函数。

超前校正通过其相位超前效应达到增大相位裕量和频带宽度的目的,使瞬态响应得到显著改善,但对提高稳态精度作用不大,它用于稳态精度已满足,噪声信号较小,但瞬态品质不能满足要求的系统。

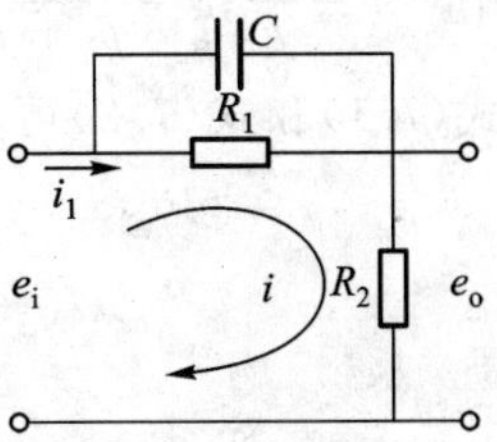

图 7.5 电超前网络物理模型

1. 超前网络的构成

(1) 电超前网络

电超前网络物理模型如图 7.5 所示。

电超前网络数学模型为

$$\begin{cases} e_o = iR_2 \\ e_i - e_o = R_1 i_1 \\ e_i - e_o = \dfrac{1}{C}\displaystyle\int (i - i_1)\,\mathrm{d}t \end{cases}$$

对上式进行拉氏变换,并令初始条件为零

$$\begin{cases} E_o(s) = R_2 I(s) \\ E_i(s) - E_o(s) = R_1 I_1(s) \\ E_i(s) - E_o(s) = \dfrac{1}{Cs}[I(s) - I_1(s)] \end{cases}$$

则
$$E_i(s) - E_o(s) = \frac{1}{Cs}\left[\frac{E_o(s)}{R_2} - \frac{E_i(s) - E_o(s)}{R_1}\right]$$

传递函数为

$$G_c(s) = \frac{E_o(s)}{E_i(s)} = \frac{1 + \dfrac{1}{CR_1 s}}{1 + \dfrac{R_1 + R_2}{CR_1 R_2 s}} = \frac{s + \dfrac{1}{T}}{s + \dfrac{1}{\alpha T}} \tag{7.1}$$

式中 T——时间常数,$T = R_1 C$;

α——衰减系数,$\alpha = \dfrac{R_2}{R_1 + R_2} < 1$。

(2) 机械超前网络

机械超前网络物理模型如图 7.6 所示,其数学模型为

图 7.6 机械超前网络物理模型

$$\begin{cases} (\dot{x}_i - \dot{x}_o) f_2 = (\dot{x}_o - \dot{x}) f_1 \\ (\dot{x}_o - \dot{x}) f_1 = kx \end{cases}$$

对上式进行拉氏变换,并令初始条件为零

$$\begin{cases}[X_i(s)-X_o(s)]f_2 s=[X_o(s)-X(s)]f_1 s\\ [X_o(s)-X(s)]f_1 s=kX(s)\end{cases}$$

传递函数为

$$G_c(s)=\frac{X_o(s)}{X_i(s)}=\frac{f_2(f_1 s+k)}{f_1 f_2 s+k(f_1+f_2)}=\frac{s+\dfrac{1}{T}}{s+\dfrac{1}{\alpha T}} \tag{7.2}$$

式中　$T=\dfrac{f_1}{k}$；$\alpha=\dfrac{f_2}{f_1+f_2}<1$。

由式(7.1)和式(7.2)可知超前网络传递函数的形式为

$$G_c(s)=\frac{s+\dfrac{1}{T}}{s+\dfrac{1}{\alpha T}}=\alpha\frac{Ts+1}{\alpha Ts+1}\quad(\alpha<1) \tag{7.3}$$

它的零点位于 $s=-\dfrac{1}{T}$，而极点位于 $s=-\dfrac{1}{\alpha T}$，因为$\alpha<1$，所以在复平面上零点总是位于极点的右方。

画超前网络的极坐标图如图 7.7 所示。系统的频率响应为

$$G_c(j\omega)=\alpha\frac{j\omega T+1}{j\omega\alpha T+1}\quad(0<\alpha<1)$$

在衰减系数 α 值给定的情况下，得出了最大相位超前角 φ_m。其最大相位超前角所对应的频率为 ω_m，则

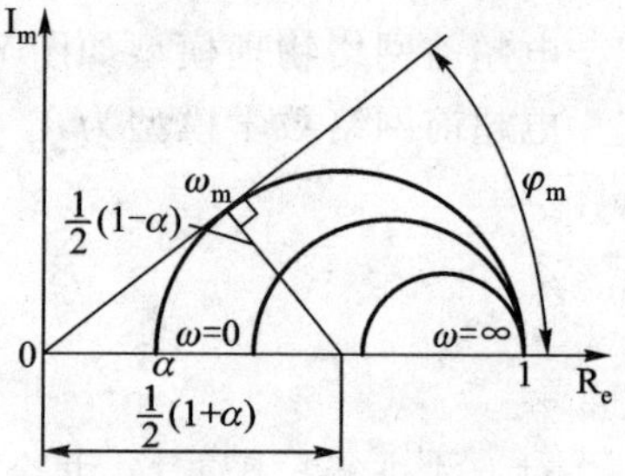

图 7.7　超前网络极坐标图

$$\sin\varphi_m=\frac{\dfrac{1-\alpha}{2}}{\dfrac{1+\alpha}{2}}=\frac{1-\alpha}{1+\alpha}$$

根据式(7.3)绘制波德图，当 $\alpha=0.1$ 时，超前网络的波德图如图 7.8 所示。其转角频率分别为 $\omega=\dfrac{1}{T}$ 和 $\omega=\dfrac{1}{\alpha T}$。这两频率的几何中点即为最大相位超前角的频率 ω_m，则

$$\lg\omega_m=\frac{1}{2}\left[\lg\frac{1}{T}+\lg\frac{1}{\alpha T}\right]=\lg\left(\frac{1}{T}\cdot\frac{1}{\alpha T}\right)^{\frac{1}{2}}=\lg\frac{1}{\sqrt{\alpha}T}$$

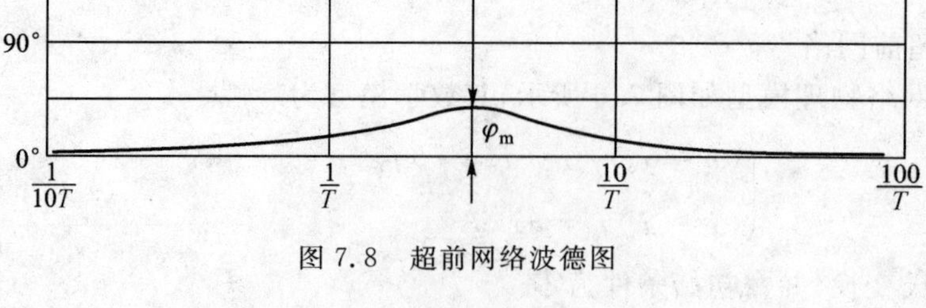

图 7.8　超前网络波德图

所以
$$\omega_m=\frac{1}{\sqrt{\alpha}T}$$

从中可以看出超前网络基本上是一个高通滤波器，高频信号可以通过，而低频信号不能通过。

用频率法校正控制系统，其目的在于改变频率特性曲线的形状，使之具有合适的高频、中频和低频特性以及稳定裕量，以便得到合适的闭环特性。直接采用极坐标图幅相频率特性，进行校正是不方便的，因为除了改变放大系数时，可以从极坐标图上观察到其对性能的影响，而改变其他参数就要重新绘制频率特性曲线。波德图却可以足够准确地反映幅相频率特性的特征。所以，系统初步设计时，通常采用波德图。

2. 超前校正装置的设计

为了使系统满足稳态性能指标，可对系统进行调整，首先要调整增益值。但在大多数情况下，仅仅调整增益并不能使系统性能得到充分改善，而满足性能指标的要求。一般来说，随着增益值的增加，系统的稳态性能得到改善，即稳态误差 e_{ss} 减小（在存在有效值的情况下），但是稳定性却随之变坏，甚至造成系统的不稳定。因此，需要对系统进行设计，即改变系统的结构或在系统中加入附加装置——校正装置。超前校正装置的设计步骤以下述系统为例来进行说明。

如果系统静态速度误差系数 $K_v=20\ \text{s}^{-1}$，要求相位裕量 $\gamma\geqslant 50°$，增益裕量 $\geqslant 10$ dB，试设计如图 7.9 所示系统的校正装置 $G_c(s)$。

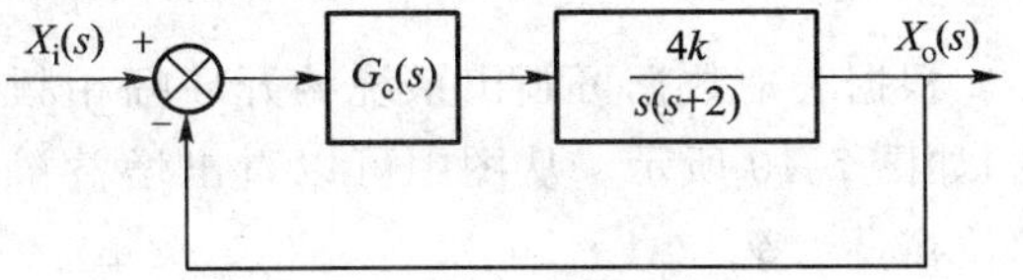

图 7.9　控制系统框图

题目给定静态速度误差系数 K_v，即意味着输入信号为单位斜坡函数，$x_i(t)=t$，则 $X_i(s)=1/s^2$。其校正装置的设计步骤如下：

第 1 步：求未校正系统的开环增益 K 值

根据静态速度误差系数 K_v 确定开环增益 K 值，此系统为 Ⅰ 型系统，其输入为单位斜坡函数，则稳态误差根据式(6.22)为
$$e_{ss}=\frac{1}{K_v}=\frac{1}{20}$$

通过基于终值定理的稳态误差式(6.12)求 K
$$\begin{aligned}e_{ss}=\frac{1}{K_v}&=\lim_{s\to 0}sE(s)=\lim_{s\to 0}s\,\frac{1}{H(s)}\cdot\frac{1}{1+G(s)H(s)}\cdot X_i(s)\\&=\lim_{s\to 0}s\,\frac{1}{1+\dfrac{4k}{s(s+2)}}\cdot\frac{1}{s^2}\\&=\frac{1}{2k}=\frac{1}{20}\end{aligned}$$

则 $K=10$，即可满足稳态性能的要求。系统的开环传递函数为
$$W(s)=\frac{40}{s(s+2)}$$

第 2 步：求取未校正系统的相位裕量 γ 和增益裕量

通过系统对开环传递函数 $\frac{40}{s(s+2)}$ 的计算或者分别画极坐标图和波德图，判断其系统的稳定性及求相位裕量 γ 和增益裕量。

$$W(j\omega)=\frac{40}{j\omega(j\omega+2)}=-\frac{40}{\omega^2+4}-j\frac{80}{\omega(\omega^2+4)} \tag{7.4}$$

幅频特性

$$A(\omega)=|W(j\omega)|=\frac{40}{\omega\sqrt{\omega^2+4}} \tag{7.5}$$

对数幅频特性

$$L(\omega)=20\lg|W(j\omega)|=20\lg\frac{40}{\omega\sqrt{\omega^2+4}} \tag{7.6}$$

相频特性

$$\varphi(\omega)=\angle W(j\omega)=\arctan\frac{2}{\omega} \tag{7.7}$$

(1) 极坐标图的绘制

将不同的 ω 值代入式(7.4)，然后求其虚部和实部并列表如表 7.1 所示：

表 7.1　开环传递函数虚部和实部随 ω 的变化值

ω	0	20	30	40	80	100	∞
I_m	$-\infty$	−0.01	−0.002 9	−0.001 3	−0.000 16	−0.000 1	0
R_e	−10	−0.099	−0.044	−0.024 9	−0.006 2	−0.004	0

根据表中数据可画出系统的开环幅相频率特性(极坐标图)如图 7.10 所示。从图中可以看出增益裕量为无穷大，而相位裕量为 γ。

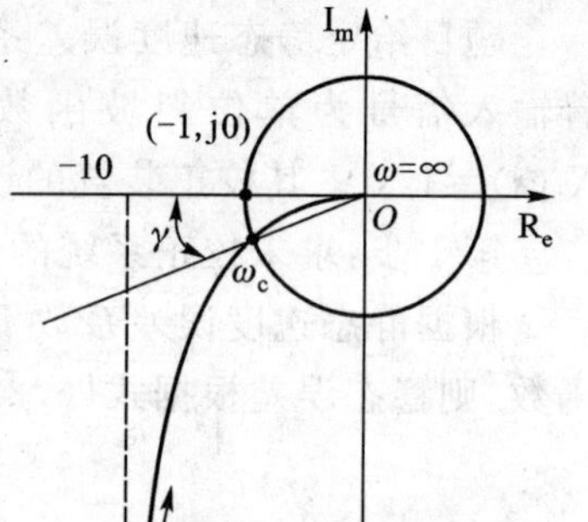

图 7.10　开环系统的极坐标图

(2) 绘制波德图

系统开环传递函数为

$$W(s)=\frac{40}{s(s+2)}=\frac{20}{s(0.5s+1)}$$

分别绘制三个环节的对数幅频特性，而后叠加。

比例环节　　$W_1(s)=20\quad 20\lg 20=26\text{ dB}$　　(7.8)

积分环节　　$W_2(s)=\frac{1}{s},\quad W_2(j\omega)=-j\frac{1}{\omega},\quad 20\lg\frac{1}{\omega}=-20\lg\omega$　　(7.9)

惯性环节　　$W_3(s)=\frac{1}{0.5s+1},\quad W_3(j\omega)=\frac{1}{1+0.25\omega^2}-j\frac{0.5\omega}{1+0.25\omega^2}$　　(7.10)

惯性环节的时间常数 $T=0.5$，则交点频率也称转角频率 $\omega=\frac{1}{T}=2$。

所绘制的波德图如图 7.11 所示。

(3) 求相位裕量和幅值裕量

相位裕量和幅值裕量可从 $W(j\omega)$ 的作图求出，也可通过计算求出。首先求增益交界频率 ω_c，然后求此频率下惯性环节的相位角 $\varphi_3(\omega_c)$，再将此相位角加上积分环节的相位角 $-90°$ 即可。

$W(s)$ 开环传递函数的对数幅频特性曲线在 ω_c 处与 0 dB 线相交，由公式(7.4)得

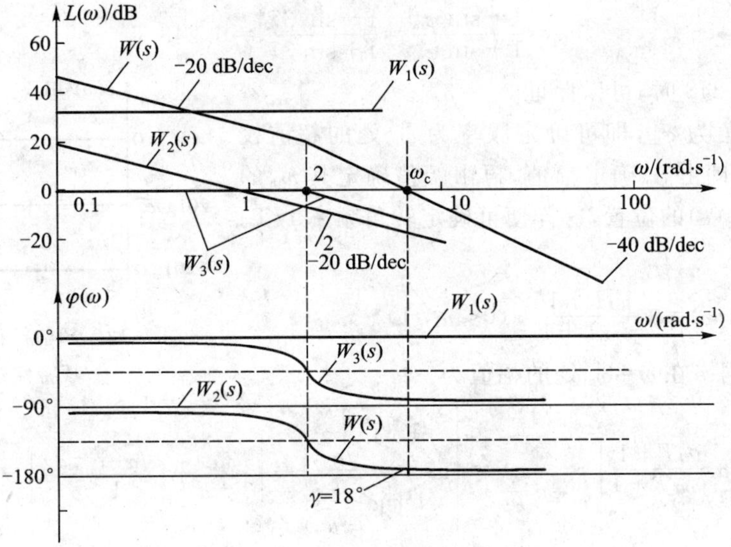

图 7.11 开环系统的波德图

$$20\lg|W(j\omega_c)|=20\lg\sqrt{\left(\frac{80}{\omega_c(\omega_c^2+4)}\right)^2+\left(\frac{40}{\omega_c^2+4}\right)^2}=20\lg\frac{40}{\omega_c\sqrt{\omega_c^2+4}}=0\ \text{dB}=20\lg 1$$

则 $\frac{40}{\omega_c\sqrt{\omega_c^2+4}}=1$ $\omega_c^2=\frac{-4\pm 80.1}{2}$，取正值 $\omega_c^2=\frac{76.1}{2}$，则 $\omega_c=\pm 6.17$，取正值时 $\omega_c=6.17$有效，将 ω_c代入式(7.10)惯性环节 $W_3(j\omega)$中，求 $\varphi_3(\omega_c)$。

$$\varphi_3(\omega_c)=\arctan\frac{-\frac{0.5\omega_c}{1+0.25\omega_c^2}}{\frac{1}{1+0.25\omega_c^2}}=\arctan 0.5\omega_c=\arctan 0.5\times 6.17=-72^\circ$$

则相位裕量 $\gamma=180^\circ+(-0-90^\circ-72^\circ)=18^\circ$

由上述计算以及所作波德图可见，对数相频特性曲线与-180°线无交点（相当于 ω_p 趋近于无穷大），故增益裕量为无穷大。

题目要求 $\gamma\geqslant 50^\circ$，所以要加一个超前环节，使其相角超前，即需要加正相角。

第 3 步：确定在系统上需要增加的相位超前角 φ_m

由计算已知原相位裕量 $\gamma=18^\circ$，而相位裕量要满足题目要求，则需要增加相位超前量为 $50^\circ-18^\circ=32^\circ$，这就是在不减小 K 值的情况下，获得 50°的相位裕量，就必须在系统中加入适当的超前校正装置。

如若增加相位超前校正装置，就要改变波德图中的幅频特性曲线，这样增益交界频率必然要向右方移动，这时还要补偿由于增益交界频率的增加而造成的 $W(j\omega)$的相位滞后增量，则校正装置应提供的最大相位超前角为 $\varphi_m=32^\circ+5^\circ=37^\circ$，其中 5°是用来补偿因增益交界频率右移而造成的相位角的减小量。故设计加入的超前校正环节的相位超前角 $\varphi_m=37^\circ$，而不是 32°。

第 4 步：根据所提供的最大相位超前角 φ_m，确定超前校正网络的衰减系数 α 及其 ω_m 处的幅值

首先求超前校正网络的衰减系数 α，根据 $\sin\varphi_m=\frac{1-\alpha}{1+\alpha}$，可得

$$\alpha=\frac{1-\sin\varphi_m}{1+\sin\varphi_m}=\frac{1-\sin 37^\circ}{1+\sin 37^\circ}=0.248 \tag{7.11}$$

即当 $\alpha=0.248$ 时，可以保证 $\varphi_m=37^\circ$。

确定超前角为 φ_m，即可确定频率为 ω_m 处的超前校正网络的幅值，即由 φ_m 确定幅值，再由幅值确定其 ω_m 的确切值，也即 $G_c(s)$ 的位置，这样便可确定转角频率 1/T。如图 7.12 所示。

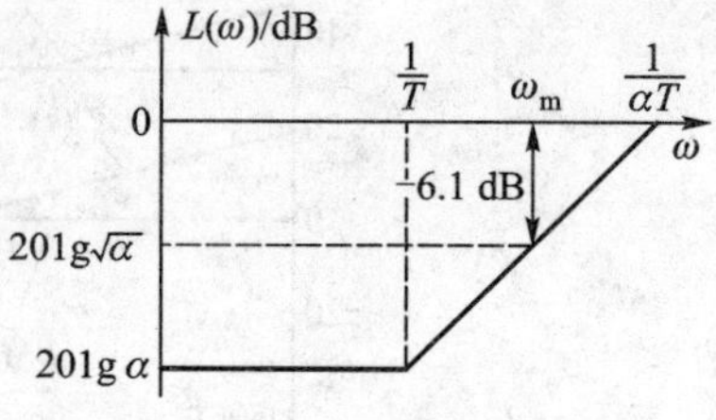

图 7.12 超前校正网络对数幅频特性曲线

$$G_c(j\omega)=\alpha\frac{j\omega T+1}{j\omega\alpha T+1}\quad(0<\alpha<1)$$

超前校正网络在 $\omega=\omega_m$ 处的幅值为

$$|G_c(j\omega)|=\left|\alpha\frac{j\omega T+1}{j\omega\alpha T+1}\right|_{\omega=\omega_m=\frac{1}{\sqrt{\alpha}T}}=\left|\alpha\frac{1+j\frac{1}{\sqrt{\alpha}}}{1+j\alpha\frac{1}{\sqrt{\alpha}}}\right|=\left|\frac{2\alpha}{1+\alpha}+j\frac{\sqrt{\alpha}(1-\alpha)}{1+\alpha}\right|=\sqrt{R_e^2+I_m^2}=\sqrt{\alpha}$$

所以
$$20\lg|G_c(j\omega)|_{\omega=\omega_m}=20\lg\sqrt{\alpha}=20\lg\sqrt{0.248}=-6.1\text{ dB} \tag{7.12}$$

第 5 步：根据超前网络 ω_m 处的幅值，求未补偿前传递函数在此幅值下的频率 ω 值，以此来确定 ω_m 的具体值和补偿后的增益交界频率 ω'_c

根据式(7.12)求未补偿前传递函数 $W(s)$ 的波德图对数幅频特性曲线幅值为 -6.1 dB 时的频率 ω，则

$$20\lg|G_c(j\omega)|_{\omega=\omega_m}=20\lg|W(j\omega)|_{\omega=\omega_m}$$

由式(7.6)知：$20\lg|W(j\omega)|=20\lg\left.\dfrac{40}{\omega\sqrt{\omega^2+4}}\right|_{\omega=\omega_m}=20\lg\sqrt{\alpha}=-6.1\text{ dB}$

由 $\lg\omega\sqrt{\omega^2+4}=1.91$ 通过反对数，可求出 $\omega\sqrt{\omega^2+4}=81.283$

进而可以求得 $\omega=8.9\text{ s}^{-1}$，则可确定 $\omega'_c=8.9\text{ s}^{-1}$。

将此频率 ω_m 作为校正后 $W(s)\cdot G_c(s)$ 的增益交界频率 ω'_c。

第 6 步：根据 ω_m 值，求超前网络的转角频率，即确定超前网络微分环节的时间常数 T 值

前面求出了校正环节 ω_m 处的幅值为 -6.1 dB，同时也求出了 $W(s)$ 幅值为 -6.1 dB 处的频率 $\omega=8.9\text{ s}^{-1}$，若使 $\omega=\omega_m$，则就确定了超前校正环节的位置，在此情况下再求超前校正环节的两个转角频率 ω_{T_1} 和 ω_{T_2}，也就是确定时间常数 T 值的大小，即完成了超前校正环节的设计。

因为
$$\omega_c=\omega_m=\frac{1}{\sqrt{\alpha}T}$$

则
$$\omega_{T_1}=\frac{1}{T}=\sqrt{\alpha}\omega_c=\sqrt{0.248}\times 8.9\text{ s}^{-1}=4.432\text{ s}^{-1}\text{，则 }T=0.223\text{ s}$$

$$\omega_{T_2}=\frac{1}{\alpha T}=\frac{1}{0.248}\times 4.432\text{ s}^{-1}=17.871\text{ s}^{-1}\text{ 则 }\alpha T=0.056\text{ s}$$

因此超前网络可确定为

$$G_c(s)=\alpha\frac{Ts+1}{\alpha Ts+1}=0.248\,\frac{0.223s+1}{0.056s+1}$$

第 7 步：引入增益等于 $\dfrac{1}{\alpha}$ 的放大倍数，补偿超前校正后所造成 $W(s)G_c(s)$ 的幅值衰减

为了补偿超前校正造成的幅值衰减，须将放大器的增益提高$\frac{1}{0.248}=4.03$倍，这就相当于将超前环节的对数幅频曲线上移$20\lg\alpha$。

这样得到校正装置的传递函数为

$$G'_c(s)=0.248\times4.03\,\frac{0.223s+1}{0.056s+1}$$

第 8 步：最终确定校正后的系统

最终确定校正后的系统如图 7.13 所示。

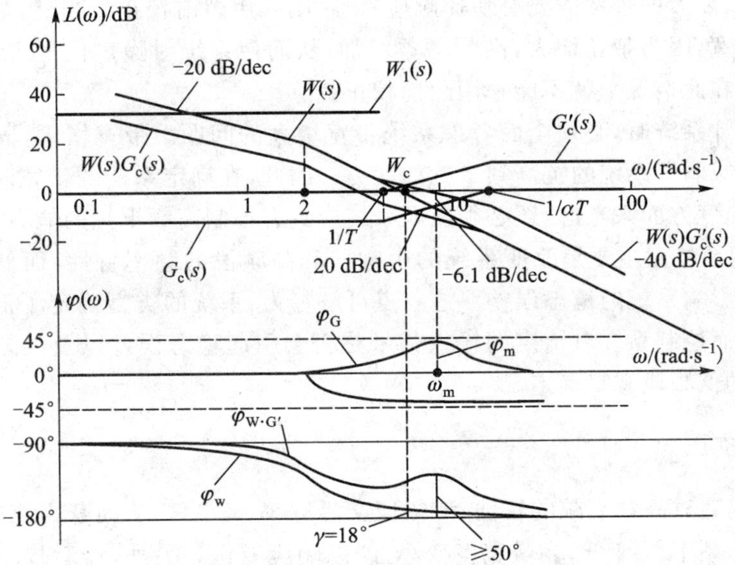

图 7.13　超前校正后的系统波德图

$G_c(j\omega)$的幅频和相频特性如图 7.13 所示，校正后系统开环传递函数为

$$G(s)=G'_c(s)W(s)=\frac{0.223s+1}{0.056s+1}\cdot\frac{40}{s(s+2)} \tag{7.13}$$

从图 7.13 中可以看出：超前校正装置使系统增益交界频率从$\omega_c=6.17\ s^{-1}$增加到$8.9\ s^{-1}$。这意味着增加了系统的频带宽度，从而说明系统的响应速度增大，瞬态响应显著改善。由图可见，相位裕量约等于 50°，提高了系统的稳定性。但由于系统的增益和型次都未改变，所以稳态精度提高较少，即稳态误差e_{ss}并未降低。校正后的系统框图如图 7.14 所示。

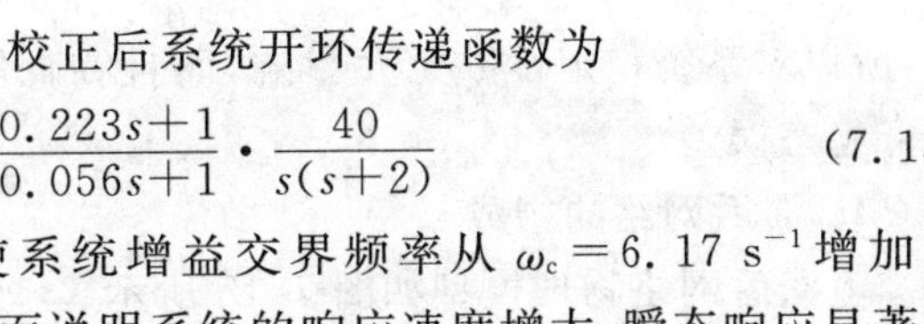

图 7.14　超前校正后控制系统框图

关于相位超前校正的几点说明：

(1) 串联相位超前校正是利用相位超前效应，即提供超前相位去补偿系统的滞后相位，因而可使不稳定的系统经相位超前校正后变为稳定的系统，或将较小的相位裕量提高到较大的相位裕量，以进一步提高系统的相对稳定性。

(2) 超前校正更为主要的是改善系统的动态性能，即系统的瞬态响应性能，相位超前可提高系统的响应速度。相位超前校正的关键在于利用微分环节提供超前角，超前校正可使增益交界频率(剪切频率)ω_c增大,ω_c增大则截止频率ω_b也随之增大,则带宽增加,这意味着调整时间(过渡过程时间)t_s缩短,也就是系统响应速度提高。这一点可解释为:增益交界频率ω_c与过渡过程时间t_s成反比。对于二阶系统有$t_s=\frac{1}{\zeta\omega_n}$,$\omega_c=\omega_n\sqrt{\sqrt{1+4\zeta^2}-2\zeta^2}$,这就说明了为什么$\omega_c$右移系统响应速度加快。

如果开环系统的相频特性曲线在ω_c附近随ω的增加而缓慢变化,为提高系统的动态性能,采用相位超前校正可收到良好的效果。如果相频特性曲线在ω_c附近是有陡峭的负斜率,则采用相位超前校正往往是无效的。

如果系统需要大的带宽或要有快速响应特性,则采用超前校正。当然,如果存在噪音信号,必须限制带宽,因为带宽增大,高频增益增加,从而使系统对噪声信号更加敏感,即具有高通滤波特性,在此情况下就不能采用超前校正。

所以,在设计系统时,必须全面考虑系统带宽增大的问题。带宽增大,固然可提高响应速度,但同时也减弱了系统的抗高频干扰的能力。因此,在确定系统的带宽时就不能仅从提高系统的响应速度方面来考虑,还必须兼顾系统应具有抑制高频干扰的能力。

(3) 相位超前校正主要是改变系统的中频段和高频段的频率特性,而低频段的频率特性不变,因此不影响系统的稳态误差。这一点可解释为:系统的类型确定了低频时对数幅频特性的斜率,因而控制系统对给定的输入信号是否会引起稳态误差以及误差的大小都可由对数幅频特性的低频段观察确定。

7.3.2 滞后校正

滞后校正是通过高频衰减的特性,使幅值交界频率ω_c左移,从而获得充分的相位裕量,由此将造成截止频率ω_b变低,频带宽度变小,瞬态响应变慢。另外,滞后校正环节的转角频率$\frac{1}{\beta T}$和$\frac{1}{T}$是远离幅值交界频率ω_c的,所以相角滞后特性基本在低频段,所以对系统稳定性并无大影响,而且在低频段可以提高系统增益降低稳态误差。

1. 滞后网络的构成

电滞后网络物理模型如图7.15所示。

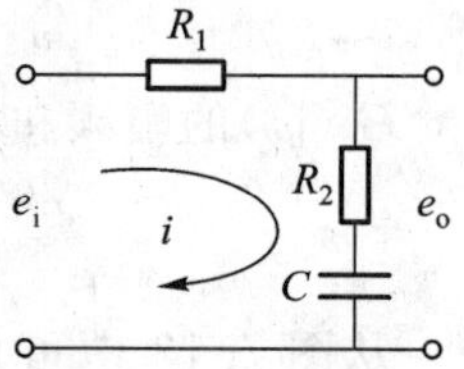

图7.15　电滞后网络物理模型

当输入电压e_i为正弦信号时,输出电压e_o也是正弦信号,但是相位上落后于输入信号一个角度,其角度的大小是输入正弦信号频率的函数。

建立图7.15的数学模型为

$$\begin{cases} e_i = R_1 i + R_2 i + \frac{1}{C}\int i\mathrm{d}t \\ e_o = R_2 i + \frac{1}{C}\int i\mathrm{d}t \end{cases}$$

对上式进行拉氏变换,并令初始条件为零

$$\begin{cases} E_i(s)=\left(R_1+R_2+\frac{1}{Cs}\right)I(s) \\ E_o(s)=\left(R_2+\frac{1}{Cs}\right)I(s) \end{cases}$$

则 $$\frac{E_o(s)}{E_i(s)}=\frac{R_2+\frac{1}{Cs}}{R_1+R_2+\frac{1}{Cs}}=\frac{R_2Cs+1}{\frac{R_1+R_2}{R_2}\cdot R_2Cs+1}$$

电滞后网络系统的传递函数为

$$G_c(s)=\frac{E_o(s)}{E_i(s)}=\frac{Ts+1}{\beta Ts+1}=\frac{1}{\beta}\frac{s+\frac{1}{T}}{s+\frac{1}{\beta T}} \tag{7.14}$$

式中 $T=R_2C;\beta=\frac{R_1+R_2}{R_2}>1$。

机械滞后网络物理模型如图 7.16 所示，建立以位移 x_o 为输出，以位移 x_i 为输入的传递函数，首先建立其数学模型为

$$(\dot{x}_i-\dot{x}_o)f_2+(x_i-x_o)k=\dot{x}_of_1$$

对上式进行拉氏变换，令初始条件为零

$$[X_i(s)-X_o(s)]sf_2+[X_i(s)-X_o(s)]k=X_o(s)sf_1$$

则 $$\frac{X_o(s)}{X_i(s)}=\frac{\frac{f_2}{k}s+1}{\frac{f_1}{k}s+\frac{f_2}{k}s+1}=\frac{f_2}{f_1+f_2}\cdot\frac{\frac{f_2}{k}s+1}{\frac{f_2s}{k}+\frac{f_2}{f_1+f_2}}$$

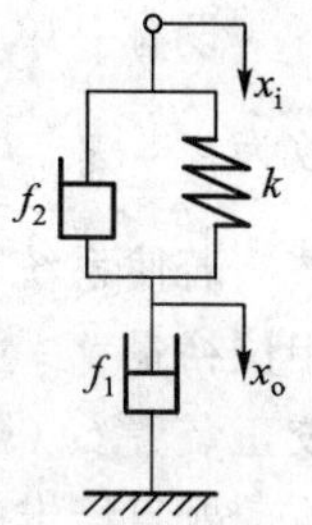

图 7.16 机械滞后网络物理模型

机械滞后网络系统的传递函数为

$$G_c(s)=\frac{X_o(s)}{X_i(s)}=\frac{Ts+1}{\beta Ts+1}=\frac{1}{\beta}\frac{s+\frac{1}{T}}{s+\frac{1}{\beta T}} \tag{7.15}$$

式中 $T=\frac{f_2}{K};\beta=\frac{f_1+f_2}{f_2}>1$。

由式(7.14)和式(7.15)可知滞后网络传递函数的形式为

$$G_c(s)=\frac{Ts+1}{\beta Ts+1}=\frac{1}{\beta}\frac{s+\frac{1}{T}}{s+\frac{1}{\beta T}} \tag{7.16}$$

滞后网络极坐标图如图 7.17 所示，对于任一个 β 值($\beta>1$)，从坐标原点画半圆的切线与正实轴的夹角，就是滞后网络的滞后相角 φ_m；当 β 增大时，则 φ_m 也增大，$\beta_1>\beta_2>\beta_3$。当$\beta=10$ 时，滞后网络的波德图如图 7.18 所示。滞后网络的转角频率分别为 $\omega=1/T$ 和 $\omega=1/\beta T$，由图可以看出，滞后网络基本上是一个低通滤波器。滞后校正与超前校正相比，都是由一阶微分环节和惯性环节构成的，但不同的是两个环节的转角频率不同，滞后环节的一阶微分转角频率高于惯性环节的转角频率，即$\frac{1}{T}>\frac{1}{\beta T}$，而且衰减系数也不一样。超前网络 $\alpha<1$，滞后网络 $\beta>1$。滞后网络的主要作用是使高频段造成衰减，以便使系统获得充分的相位裕量。

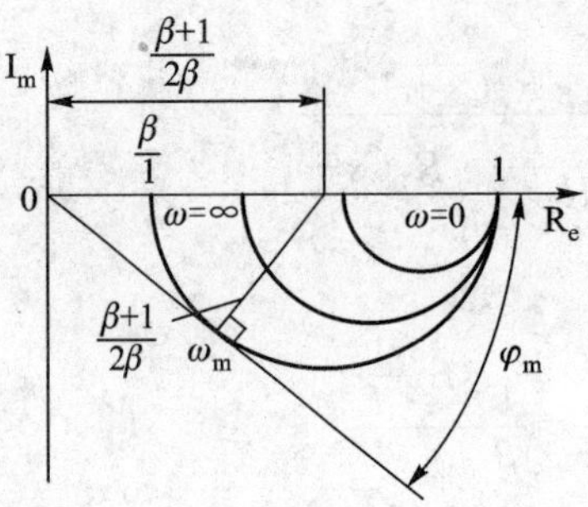

图 7.17 滞后网络极坐标图

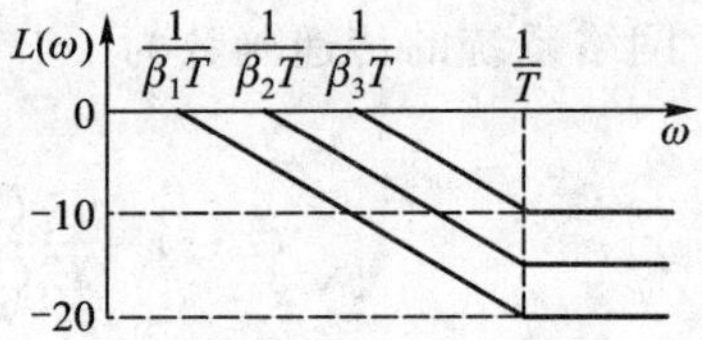

图 7.18 滞后网络波德图

2. 滞后校正装置的设计

设有一单位负反馈系统，如图 7.19 所示。不考虑校正装置 $G_c(s)$ 时，系统的开环传递函数为

$$W(s)=\frac{K}{s(s+1)(0.5s+1)}$$

若使系统静态速度误差系数 $K_v=5\ s^{-1}$，相位裕量 $\gamma \geqslant 40°$，增益裕量 $\geqslant 6$ dB，试求系统的校正装置 $G_c(s)$。

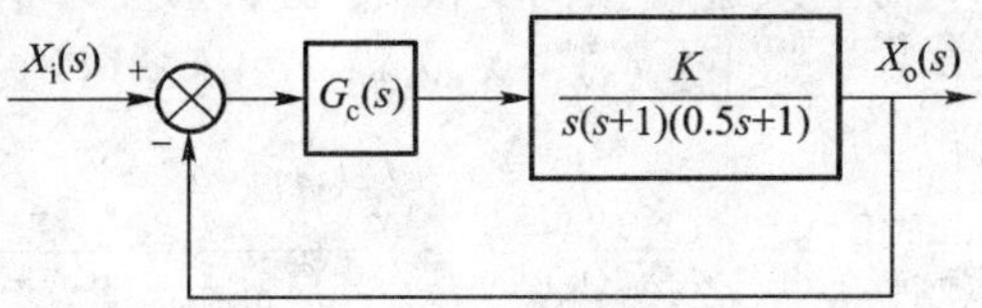

图 7.19 滞后校正控制系统框图

题目给定静态速度误差系数 K_v，即意味着输入信号为单位斜坡函数，$x_i(t)=t$，则 $X_i(s)=\frac{1}{s^2}$。其校正装置的设计步骤如下：

第 1 步：根据给定的速度误差系数 $K_v=5\ s^{-1}$，确定开环增益 K

因为是Ⅰ型系统，输入信号为斜坡函数，所以稳态误差 $e_{ss}=\frac{1}{K_v}=\frac{1}{5}$。

通过终值定理式(6.12)和误差信号式(6.7)求 K 值。

$$e_{ss}=\lim_{s\to 0} sE(s)=\lim_{s\to 0} s\,\frac{1}{H(s)}\cdot\frac{1}{1+W(s)H(s)}\cdot X_i(s)$$

$$=\lim_{s\to 0} s\,\frac{1}{1+\frac{k}{s(s+1)(0.5s+1)}}\cdot\frac{1}{s^2}=\frac{1}{K}=\frac{1}{K_v}=\frac{1}{5}$$

当 $K=5$ 时，可满足稳态性能即稳态误差的要求。

第 2 步：绘制未校正系统的波德图和极坐标图，确定未校正系统的相位裕量 γ 和增益裕量，并作稳定性判断

系统开环传递函数为 $W(s)=\frac{5}{s(s+1)(0.5s+1)}$，由此可见系统由四个典型环节构成。

比例环节 $K=5 \quad 20\lg 5=14$ dB

积分环节 $W_2(s)=\frac{1}{s} \quad W_2(j\omega)=-j\,\frac{1}{\omega} \quad 20\lg|W_2(j\omega)|=20\lg\frac{1}{\omega}=-20\lg\omega$

惯性环节 $W_3(s)=\frac{1}{s+1} \quad W_3(j\omega)=\frac{1}{\omega^2+1}-j\,\frac{\omega}{\omega^2+1}$

则 $T_3=1$，转角频率 $\omega_{T_3}=\frac{1}{T}=1$

惯性环节 $W_4(s)=\dfrac{1}{0.5s+1}$， $W_4(j\omega)=\dfrac{1}{1+0.25\omega^2}-j\dfrac{0.5\omega}{1+0.25\omega^2}$

则 $T_4=0.5$，转角频率 $\omega_{T_4}=\dfrac{1}{T}=2$

可以根据上述四个环节作 $W(j\omega)$ 的波德图如图 7.20 所示。

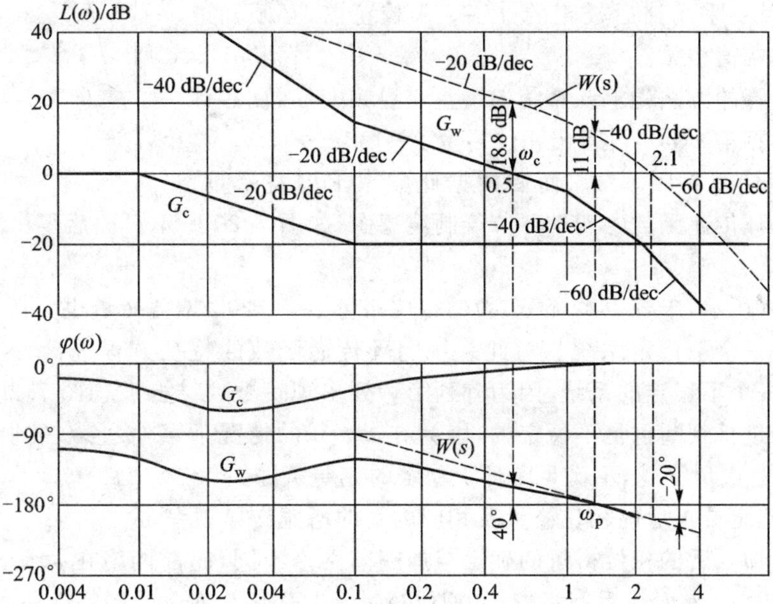

图 7.20 $W(j\omega)$ 的波德图

由图可知，未校正系统 $W(s)$ 的增益交界频率 $\omega_c=2.1$，相位裕量 $\gamma=-20°$，也可以用计算的方法求 γ，先求该系统的增益交界频率 ω_c，而后计算该频率下的相角 $\varphi(\omega_c)$，再得出相位裕量 $\gamma=180°+\varphi(\omega_c)$。然后再求该系统的相位交界频率 ω_p，根据 ω_p 求增益裕量。

系统的频率响应 $W(j\omega)=\dfrac{5}{j\omega(j\omega+1)(0.5j\omega+1)}$

$$=\frac{-7.5}{0.25\omega^4+1.25\omega^2+1}+j\frac{2.5\omega^2-5}{0.25\omega^5+1.25\omega^3+\omega} \tag{7.17}$$

对数幅频特性 $$20\lg|W(j\omega)|=20\lg\frac{\sqrt{6.25\omega^4+31.25\omega^2+25}}{0.25\omega^5+1.25\omega^3+\omega} \tag{7.18}$$

相频特性 $$\varphi(\omega)=\arctan\frac{I_m}{R_e}=-\arctan\frac{2.5\omega^2-5}{7.5\omega} \tag{7.19}$$

根据式(7.17)，给定不同的 ω 列表如下，并根据表 7.2 画极坐标如图 7.21 所示。

表 7.2 开环传递函数虚部和实部随 ω 的变化值

ω	0	1.414	10	20	40	…	100	∞
I_m	$-\infty$	0	0.095	…	…	…	0.009 9	0
R_e	-7.5	-1.67	$-0.002\,9$	…	…	…	-2.8×10^{-7}	0

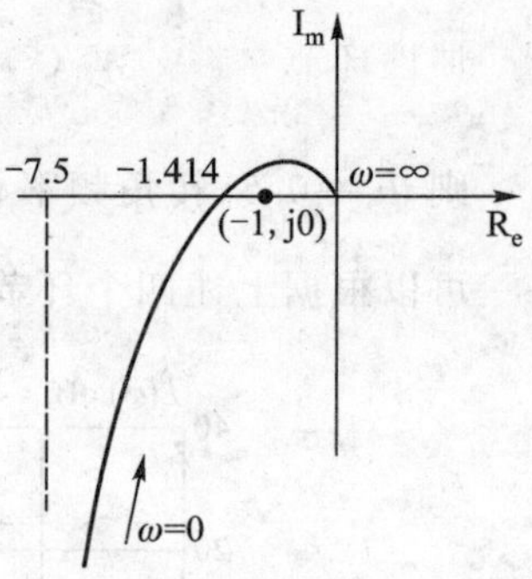

图 7.21 $W(j\omega)$的极坐标图

应用奈氏稳定判据判断系统的稳定性。应用开环传递函数的特征方程 $s(s+1)(0.5s+1)=0$ 来判断，此方程无右根(积分环节按左根处理)，所以 $m=0$，即开环下稳定。但极坐标图包围了$(-1,j0)$点，所以系统闭环下是不稳定的。若使系统稳定，可以通过减小 K 值达到，这样稳态误差 e_{ss} 就要增大，如若不增加误差，就要采用滞后校正的办法。未校正前，必须知道相位裕量 γ 和幅值裕量。

可以用计算的方法先求该系统的增益交界频率 ω_c，而后计算该频率下的相角 $\varphi(\omega)$，再得出相位裕量 $\gamma=180°+\varphi(\omega)$。再求该系统的相位交界频率 ω_p，而后根据此频率求增益裕量。也可以根据开环传递函数的四个环节绘制波德图，如图 7.20 所示。而后得出相位裕量和增益裕量。

由图 7.20 所示，未校正系统 $W(s)$的相位裕量 $\gamma=-20°$，增益裕量也为负值(11 dB)，所以说此系统是一个不稳定系统。对此系统闭环传递函数的特征方程进行劳斯稳定判据判断，结论也是一个不稳定的系统，因为阵列第一列出现负数。结合波德图 7.20，用对数幅相频率稳定判据进行判断也是不稳定的，因为在 $m=0$ 的情况下，$L(\omega)\geqslant 0$ 的所有频率下，对 $-180°$线只有一次负穿越，不满足闭环下稳定的充要条件。

第 3 步：确定校正后的相位裕量及相应的新的增益交界频率 ω'_c

滞后网络加入后的相位裕量的确定与加超前网络不同，超前网络在 ω_c 附近是增加正相角来改变相位裕量 γ，而滞后网络校正，相位裕量 γ 的变化是通过幅频特性曲线的变化，通过 ω_c 左移而实现的。所以相位裕量的确定不用考虑 $W(s)$系统增益交界频率 ω_c 下的 $\gamma=-20°$，而应考虑校正后对数幅相频特性曲线的新的增益交界频率 ω'_c 下的相位裕量 γ 应该等于多少。首先应满足题目所要求的 40°，但由于加入的滞后网络相位曲线均为负相位，所以要考虑增加 5°～12°。这样所需要的相位裕量 $\gamma=40°+12°=52°$。

新的增益交界频率 ω'_c 的确定。$180°-52°=128°$，通过式(7.19)计算 $W(s)$的相位为 $-128°$时，其频率 $\omega=0.5\ s^{-1}$，所以选择 $\omega'_c=0.5\ s^{-1}$，这样就保证了题目所要求的相位裕量 40°。

第 4 步：滞后网络设计中衰减系数 β 的确定

为了在新的增益交界频率 ω'_c 上，使 $W(s)$的幅值曲线下降到 0 dB，滞后网络必须产生必要的衰减量。其衰减量的确定，是根据滞后网络的波德图确定，如图 7.22 所示。因为一阶微分环节的转角频率已确定为 $\frac{1}{T}$，其衰减量 B(负分贝)取决于衰减系数 β，$\beta_1>\beta_2$；β 增加，B 也增大。通过 $W(s)$的波德图可计算出在 ω'_c 处的分贝数，因为 $\omega'_c=0.5$，再将 ω'_c 代入式(7.17)可得

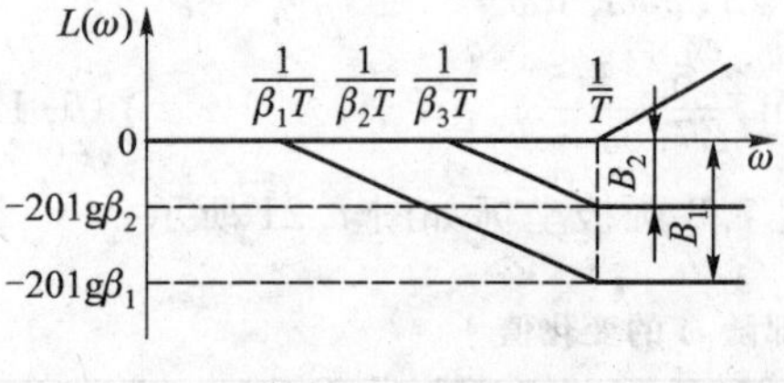

图 7.22 滞后网络对数幅频特性曲线

$$20\lg|W(j\omega'_c)|=20\lg\sqrt{I_m^2+R_e^2}=20\lg\sqrt{32.3+43.9}=18.8\ \text{dB}$$

则由图 7.22 可知 $B=-20\lg\beta=20\lg\frac{1}{\beta}=-18.8$ dB。

即 $\beta=8.8$

第 5 步：滞后网络设计中转角频率的确定

为了防止滞后网络的时间常数过大，可将滞后网络中的转角频率 $\omega=\frac{1}{T}$（它相当于滞后网络的零点，即一阶微分环节的根）选在 $0.1\ s^{-1}$，则 $\omega=\frac{1}{T}=0.1\ s^{-1}$，而另一个转角频率 $\omega=\frac{1}{\beta T}=\frac{0.1}{8.8}=0.011\ s^{-1}$。

第 6 步：确定滞后网络的传递函数并画 $G_c(s)$ 的波德图

$$G_c(s)=\frac{Ts+1}{\beta Ts+1}=\frac{1}{\beta}\left(\frac{s+\frac{1}{T}}{s+\frac{1}{\beta T}}\right)=\frac{1}{8.8}\cdot\frac{s+0.1}{s+0.011}\approx\frac{10s+1}{100s+1}$$

所绘制的滞后校正环节 $G_c(s)$ 的波德图如图 7.20 所示。

第 7 步：确定校正后的系统

校正后的系统框图如图 7.23 所示。

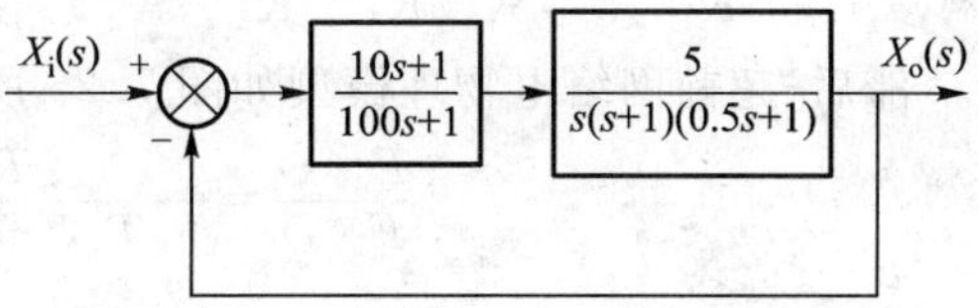

图 7.23 滞后校正后的控制系统框图

$G_c(j\omega)W(j\omega)$ 的幅值和相位特性曲线如图 7.20 所示。在高频段，对网络相位滞后的影响可以忽略。

已校正系统的相位裕量满足 $\gamma\geqslant40°$ 的要求。增益裕量约等于 11 dB，也完全满足要求，静态速度误差系数 $K_v=5\ s^{-1}$，也满足要求。总之，系统满足了设计要求。

应该指出：新的增益交界频率 ω_c 从 $2.1\ s^{-1}$ 降低到 $0.5\ s^{-1}$，说明系统的带宽降低了。因此，已校正系统的瞬态响应速度比原来系统的响应速度低。

关于滞后校正的几点说明：

(1) 滞后校正（也称相位滞后校正）的作用可使具有较高开环放大系数的系统频率特性在中、高频段可实现较大的衰减，以保证系统在高放大系数值的情况下仍有满意的相对稳定性。也可以说，当一个低放大系数值的系统具有合乎要求的增益交界频率 ω_c、相位裕量 γ 和增益裕量时，可通过串联校正的办法，利用校正网络的低通滤波特性，在保持动态性能基本不变的条件下，按精度要求提高放大系数值，以改善系统的稳态性能。

(2) 由于滞后网络的衰减作用，使增益交界频率 ω_c 移到了低频点，该点的相位裕量能够满足要求。因此，滞后网络将使系统带宽降低，从而使系统的瞬态响应变慢。$G_c(j\omega)W(j\omega)$ 的相角特性曲线，在新的增益交界频率 ω'_c 附近和该频率以上，基本上保持不变。

(3) 若原系统在任何频率处相角都不能达到相位裕量的要求值，则不能用滞后校正方法，因为滞后校正是通过特性曲线的下移，来改变 $W(s)$ 的转角频率 ω_c 来实现的，而对数幅相频率特性曲线在 ω_c 附近并未改变，就是有变化，滞后网络也是增加的负相位。

7.3.3 滞后-超前校正

超前校正使带宽增加，改善了系统响应速度，减小了超调量。但是对稳态性能的改善却很微小。

滞后校正可使系统在低频段有较高增益,使稳态特性获得很大的改善,但是由于减小了带宽,所以响应减慢。

如果需要同时改善系统的瞬态特性和稳态特性(即大幅度的增加增益和带宽),则需要同时采用超前网络和滞后网络。与其将超前网络和滞后网络分别作为单个元件同时作用于系统中,还不如将单个的滞后-超前网络直接应用于系统更为经济。滞后-超前网络综合了滞后网络和超前网络的优点。

1. 滞后-超前网络的构成

滞后-超前网络机械物理模型如图 7.24 所示(同图 2.4a)。由式(2.17)知其传递函数为

$$\frac{X_o(s)}{X_i(s)}=\frac{(T_1s+1)(T_2s+1)}{T_1T_2s^2+[T_1(1+\beta)+T_2]s+1}=\frac{\left(s+\frac{1}{T_1}\right)\left(s+\frac{1}{T_2}\right)}{\left(s+\frac{\beta}{T_1}\right)\left(s+\frac{1}{\beta T_2}\right)}=A\cdot B \tag{7.20}$$

式中 $T_1=\frac{f_1}{K_1},T_2=\frac{f_2}{K_2},\frac{f_1}{K_1}+\frac{f_2}{K_2}+\frac{f_1}{K_2}=\frac{T_1}{\beta}+\beta T_2(\beta>1)$。

滞后-超前网络电物理模型如图 7.25 所示(同图 2.4b)。由式(2.28)知其传递函数为

$$\frac{E_o(s)}{E_i(s)}=\frac{(T_1s+1)(T_2s+1)}{T_1T_2s^2+[T_1(1+\beta)+T_2]s+1}=\frac{\left(s+\frac{1}{T_1}\right)\left(s+\frac{1}{T_2}\right)}{\left(s+\frac{\beta}{T_1}\right)\left(s+\frac{1}{\beta T_2}\right)}=A\cdot B \tag{7.21}$$

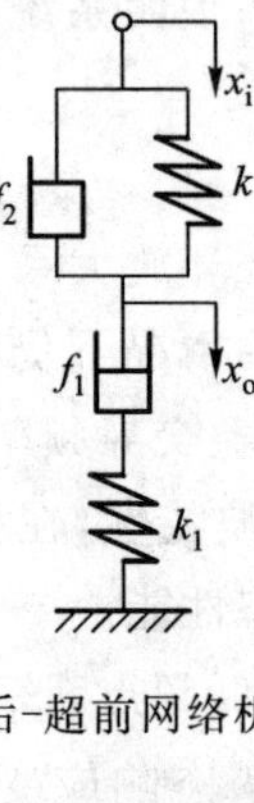

图 7.24 滞后-超前网络机械物理模型

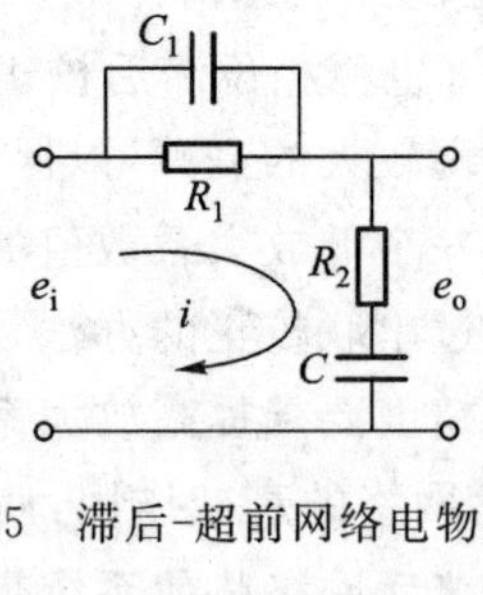

图 7.25 滞后-超前网络电物理模型

式中 $T_1=R_1C_1,T_2=R_2C_2,R_1C_1+R_2C_2+R_1C_2=\frac{T_1}{\beta}+\beta T_2,(\beta>1)$。

滞后-超前网络具有两个极点和两个零点。因此,如果已校正系统中零点和极点没有互相抵消的话,则采用这种校正后,系统的阶次将增大两阶。

由式(7.20)和式(7.21)可知滞后-超前网络传递函数的形式为

$$G_c(s)=A\cdot B \tag{7.22}$$

$$A=\frac{s+\frac{1}{T_1}}{s+\frac{\beta}{T_1}}=\frac{1}{\beta}\left(\frac{T_1s+1}{\frac{T_1}{\beta}s+1}\right) \tag{7.23}$$

式中 $\beta>1$,在此$\frac{1}{\beta}$相当于式(7.3)超前网络的 α,此项起超前网络的作用。

$$B=\frac{s+\frac{1}{T_2}}{s+\frac{1}{\beta T_2}}=\beta\left(\frac{T_2s+1}{\beta T_2s+1}\right) \tag{7.24}$$

式中 $\beta>1$,此项起滞后网络的作用。

如若输入正弦信号,其输出是带有相移的正弦量,输出量的相移是输入信号频率的函数。当输入信号频率从零增加到无穷大时,输出量的相角从滞后变到超前。注意,相位超前和滞后发生在不同的频带上。

按式(7.20)绘制滞后-超前网络的波德图,当 $T_2=10T_1$、$\beta=10$ 时,其网络的传递函数为

$$G_c(s)=\frac{s+\frac{1}{T_1}}{s+\frac{\beta}{T_1}}\cdot\frac{s+\frac{1}{T_2}}{s+\frac{1}{\beta T_2}}=\frac{s+\frac{1}{T_1}}{s+\frac{10}{T_1}}\cdot\frac{s+\frac{1}{10T_1}}{s+\frac{1}{100T_1}} \tag{7.25}$$

滞后-超前网络的波德图如图 7.26 所示。应当指出,在低频段和高频段上,幅值特性曲线都等于零分贝。这是因为滞后-超前网络的传递函数作为一个整体来说,不包含因子 β。

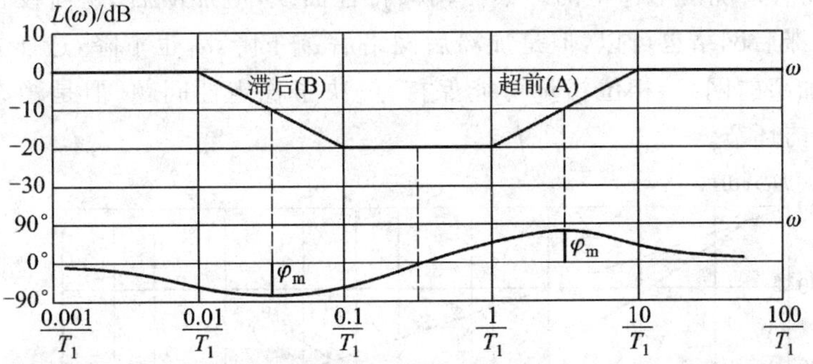

图 7.26 滞后-超前网络波德图

基于频率响应法的滞后-超前校正,是用频率响应法的滞后-超前校正装置,实际上是超前校正和滞后校正设计方法的综合。超前网络中的 α 值,必须等于滞后网络中 β 值的倒数。如果选择 $\alpha=\frac{1}{\beta}$,则可以将单独设计的超前网络和滞后网络简单地组合在一起,构成为单一的滞后-超前校正装置。

滞后-超前的相位超前部分,因增加了相位超前角,并且在增益交界频率点上增大了相位裕量,所以使频率响应曲线发生了变化。

滞后-超前网络的相位滞后部分,在增益交界频率 ω_c 附近和增益交界频率以上,将产生衰减,因此它容许在低频段上增大增益,以改善系统的稳态精度。

2. 滞后-超前校正装置的设计

设有一单位负反馈系统,其开环传递函数为

$$W(s)=\frac{K}{s(s+1)(s+2)}$$

希望静态速度误差系数 $K_v=10\ s^{-1}$,相位裕量等于 50°,增益裕量≥10 dB,试设计滞后-

超前校正装置。

滞后-超前校正装置设计步骤：

第1步：通过求稳态误差 e_{ss} 来确定 K 值

根据对静态速度误差系数的要求，而且已知是斜坡函数输入，又是Ⅰ型系统，则可根据基于终值定理的稳态误差公式(6.12)求稳态误差 e_{ss}，并确定 K 值

$$e_{ss}=\frac{1}{K_v}=\lim_{s\to 0} sE(s)=\lim_{s\to 0} s\,\frac{1}{H(s)}\cdot\frac{1}{1+W(s)H(s)}\cdot X_i(s)$$

$$=\lim_{s\to 0} s\,\frac{1}{1+\dfrac{K}{s(s+1)(s+2)}}\cdot\frac{1}{s^2}=\frac{2}{K}=\frac{1}{K_v}=\frac{1}{10}$$

根据式(6.13)已知 K_v 求增益 K 值。则 $K=2K_v=20\ \text{s}^{-1}$

$$W(s)=\frac{20}{s(s+1)(s+2)}=\frac{10}{s(s+1)(0.5s+1)} \tag{7.26}$$

第2步：绘制上述未校正系统 $W(s)$ 的波德图，并确定其相位裕量和增益裕量

由式(7.26)知，$W(s)$ 系统是由四个典型环节组成，可以分别绘制波德图，然后叠加。在此不再分别绘制，直接给出 $W(s)$ 的波德图如图7.27所示。由图7.27可见，系统的相位裕量等于$-32°$，说明系统是不稳定的。根据幅频特性曲线，应加滞后-超前校正。若从系统稳定性来说，只加滞后网络也可以，但是加滞后网络后 ω_c 下降，ω_b 也下降，这样系统的响应速度下降。如果只加超前网络，相位裕量可能保持，解决了稳定性问题，但是稳态误差加大。所以应加滞后-超前环节。

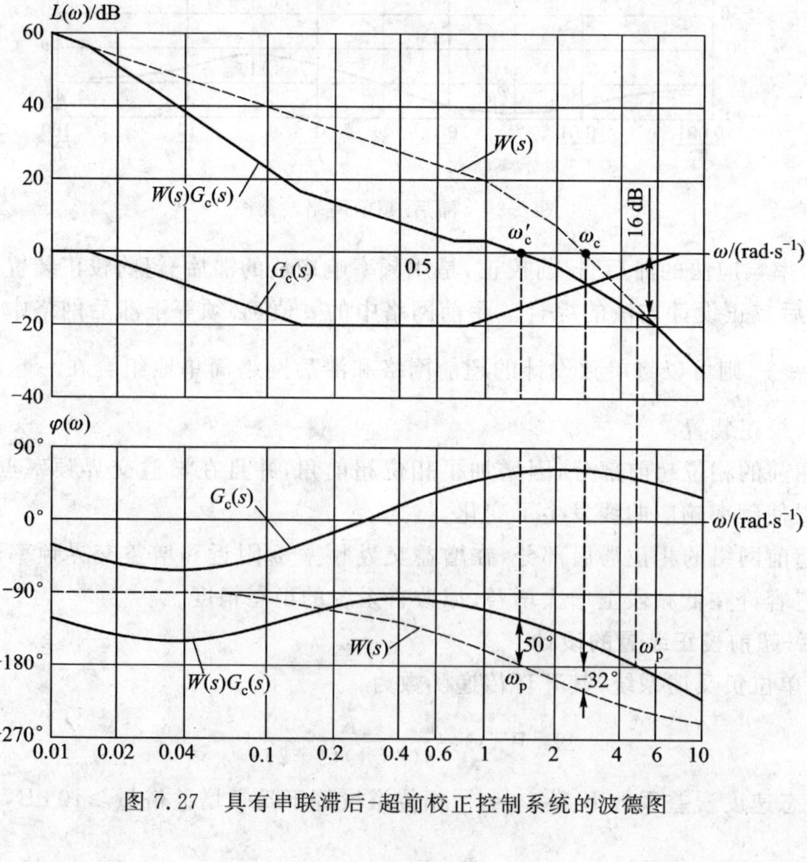

图7.27 具有串联滞后-超前校正控制系统的波德图

第 3 步:选择新的校正后的增益交界频率 ω_c'。

从 $W(j\omega)$ 的相角曲线可以看出,当 $\omega=1.5\ s^{-1}$,即是相位裕量所在频率,这样在此频率下新校正后的相位超前角很容易满足题目给定的相位裕量要求。

第 4 步:确定滞后-超前网络的相位滞后环节 B 的转角频率

由式(7.21)和式(7.22)知:$G_c(s)=AB=\dfrac{s+\dfrac{1}{T_1}}{s+\dfrac{\beta}{T_1}}\dfrac{s+\dfrac{1}{T_2}}{s+\dfrac{1}{\beta T_2}}$,选定 $T_2=10T_1$,$\beta>1$。$\dfrac{1}{T_2}$滞后网络 B 的零点,选在新的增益交界频率左 10 倍频程处,新的增益交界频率 $\omega_c'=1.5\ s^{-1}$,则转角频率 $\omega_T=0.15\ s^{-1}$。

滞后网络必须产生必要的衰减量,衰减系数 $\beta=10$,则另一个转角频率为

$$\omega_T=\frac{1}{\beta T_2}=0.015\ s^{-1}$$

它相当于相位滞后环节的极点,因此,相位滞后环节的传递函数为:

$$B=\frac{s+0.15}{s+0.015}=10\left(\frac{6.67s+1}{66.7s+1}\right)$$

第 5 步:确定滞后-超前网络的相位超前环节 A 的转角频率

因为新的增益交界频率 $\omega_c=1.5\ s^{-1}$,所以可以求得 $W(j,1.5)$时的幅值量,其幅值为 $+13$ dB,那就要对滞后-超前网络在 $\omega=1.5\ s^{-1}$ 处产生一个 -13 dB 的幅值,$W(j,1.5)$和 $G_c(j,1.5)$在此 ω 下的幅值叠加为 0 dB,此频率就是上面所求的增益交界频率。

根据这一要求,通过点(-13 dB,$1.5\ s^{-1}$)可以画一条斜率为$+20\ dB\cdot dec^{-1}$的直线,如图 7.28 所示。该直线与 0 dB 线及 -20 dB 线的交点分别为 c_1 和 c_2,c_1 和 c_2 就是校正网络的超前环节的转角频率。而 c_1 和 c_2 两点间的频率就是 10 倍频程。

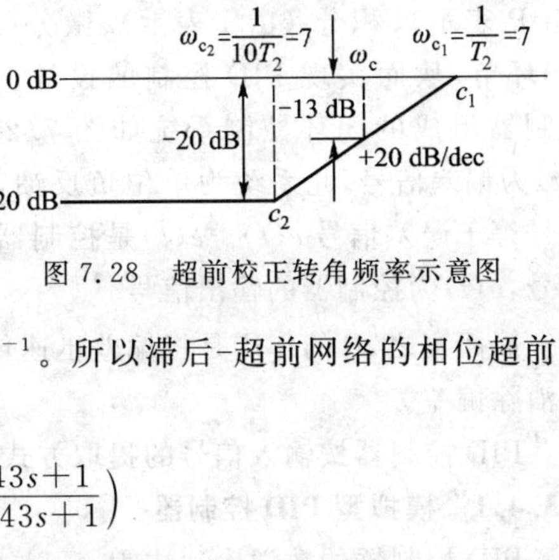

图 7.28 超前校正转角频率示意图

由图 7.28 可以求出 $\omega_{c_1}=\dfrac{1}{T_2}=7\ s^{-1}$,$\omega_{c_2}=0.7\ s^{-1}$。所以滞后-超前网络的相位超前部分的传递函数为:

$$A=\frac{s+0.7}{s+7}=\frac{1}{10}\left(\frac{1.43s+1}{0.143s+1}\right)$$

第 6 步:确定滞后-超前网络的传递函数

将网络中滞后和超前的传递函数组合在一起,就可以得到滞后-超前校正装置的传递函数为

$$G_c(s)=\left(\frac{s+0.7}{s+7}\right)\left(\frac{s+0.15}{s+0.015}\right)=\left(\frac{1.43s+1}{0.143s+1}\right)\left(\frac{6.67s+1}{66.7s+1}\right)$$

该校正装置的幅值和相位特性曲线表示在图 7.27 中。

第 7 步:确定校正后的系统开环传递函数

$$G_c(s)W(s)=AB=\frac{(s+0.7)(s+0.15)}{(s+7)(s+0.015)}\cdot\frac{20}{s(s+1)(s+2)}$$
$$=\frac{10(1.43s+1)(6.67s+1)}{s(s+1)(0.5s+1)(0.143s+1)(66.7s+1)}$$

此传递函数的幅值和相角曲线也表示在图7.27中,校正后的系统相位裕量γ为50°,增益裕量为16 dB,而静态速度系数等于10 s^{-1},所有要求均得到满足,设计完成。

超前、滞后、滞后-超前校正的总结:

(1) 超前校正利用相位超前效应达到校正目的;滞后校正利用高频衰减特性达到校正目的。

(2) 在频率域内,超前校正增大了相位裕量和带宽,带宽增大意味着调整时间缩短。具有超前校正的系统,其带宽总是大于具有滞后校正系统的带宽。因此如果系统需要具有大的带宽或具有快速响应特性,则应采用超前校正。当然,如果存在噪音信号,则不需要大的带宽,因为随着带宽增大,高频增益增加,从而使系统对噪声信号更加敏感,在这种情况下,应当采用滞后校正。

(3) 滞后校正可以改善稳态精度,即稳态误差e_{ss}减少,但是同时使系统的带宽减小,如果带宽过分减小,则校正的系统将呈现出缓慢的响应特性。如果既要保证良好的稳态特性,又要保证瞬态特性,则必须采用滞后-超前校正装置。

(4) 超前校正需要有一个附加的增益增量,以补偿超前网络本身的衰减。这说明超前校正比滞后校正需要更大的增益(在大多数情况下,增益越大,校正装置的体积和质量越大,而且成本也越高)。

7.3.4　PID校正

PID校正也称PID调节,或称PID控制。PID控制就是在原控制系统的某处添加比例(由P表示)、积分(由I表示)、微分(由D表示)环节,从而实现PID控制的设计。由PID控制器组成的闭环控制系统如图7.29所示,$\varepsilon(t)$为偏差信号,此系统为单位负反馈,故偏差信号等于误差信号$e(t)$。$e(t)$是控制器的输入信号,$u(t)$为控制器的输出信号。

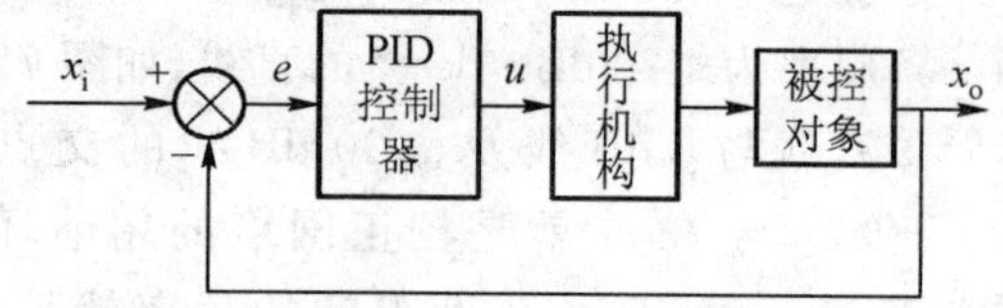

图7.29　典型的PID闭环控制系统框图

简而言之,P的作用是将偏差迅速传到输出端;I的作用是缓慢消除偏差;D的作用是快速消除偏差。

PID控制器按输入信号的提取方式不同分为模拟型和离散型。

7.3.4.1　模拟型PID控制器

PID控制器的数学表达式为

$$u(t)=K_P\left[e(t)+\frac{1}{T_I}\int e(t)\mathrm{d}t+T_D\frac{\mathrm{d}e(t)}{\mathrm{d}t}\right] \tag{7.27}$$

或

$$\begin{aligned}u(t)&=K_Pe(t)+\frac{K_P}{T_I}\int_0^t e(t)\mathrm{d}t+K_PT_D\frac{\mathrm{d}e(t)}{\mathrm{d}t}\\&=K_Pe(t)+K_I\int_0^t e(t)\mathrm{d}t+K_D\frac{\mathrm{d}e(t)}{\mathrm{d}t}\end{aligned} \tag{7.28}$$

上式准确地说应是模拟PID的数学表达式,不同于后面要讲的数字PID的数学表达式。

式中 $u(t)$——控制器的输出量(即控制量);

$e(t)$——控制器的输入量(即偏差信号);

K_P——比例系数;

K_I——积分增益,$K_I=\frac{K_P}{T_I}$;

T_I——积分时间常数;

K_D——微分增益,$K_D=K_P T_D$;

T_D——微分时间常数。

1. 比例控制器(P)

比例控制器的输出信号 $u(t)$与偏差信号 $e(t)$成比例,其表达式为

$$u(t)=K_p e(t) \tag{7.29}$$

式中 K_p——比例增益。

比例控制器的传递函数为

$$G_c(s)=\frac{U(s)}{E(s)}=K_P \tag{7.30}$$

比例控制器具有比例控制规律,在控制中或称校正中是一个可调增益放大器,只改变信号的大小。比例控制器的作用是成比例地反映控制系统的偏差信号,偏差一旦产生,控制器立即产生控制作用,以减少偏差。

比例控制器的作用及特点归纳如下:

比例控制器的作用是按控制偏差的大小,迅速输出一个调节信号,对当前时刻的偏差信号 $e(t)$进行放大或缩小后作为控制信号输出。

比例控制的特点是只要偏差信号一出现,比例控制器就能及时地产生与它成正比的控制作用。比例系数 K_p 越大,控制作用越强,系统的动态特性也越好,动态性能主要表现为起动快,对阶跃设定跟随快。但对于有惯性的系统,K_p 过大会出现较大的超调,甚至引起系统振荡,影响系统的稳定性。另外,比例控制虽然能减小偏差,却不能消除静态偏差。

2. 积分控制器(I)

积分控制器的输出信号 $u(t)$与偏差信号 $e(t)$的积分成比例,积分的作用是把偏差 $e(t)$累积起来得到 $u(t)$。其表达式为

$$u(t) = K_I\int_0^t e\mathrm{d}t \tag{7.31}$$

或

$$\frac{\mathrm{d}u}{\mathrm{d}t}=K_I e \tag{7.32}$$

此式说明积分控制器的输出信号 $u(t)$的变化速度与偏差信号 $e(t)$成比例。在输入量不变时输出量可以无限制地(实际是在系统结构的极限范围内)增长或者一直下降达到极限值。输入量与输出量稳态值之间没有固定关系,但是输入量的变化速度与输出量之间存在着固定函数关系。积分控制器的传递函数为

$$G_c(s)=\frac{U(s)}{E(s)}=\frac{K_I}{s} \tag{7.33}$$

积分控制器在全频段内向系统开环提供 20 dB · dec^{-1} 的斜率和$-90°$的相位角,此控制器对系统的稳定性不利,但可降低系统的稳态误差。积分控制器的作用主要是用于消除静

态误差。积分作用的强弱取决于积分时间常数 T_I，T_I越大，积分作用越弱，反之则越强。

积分控制器作用及特点归纳如下：

积分环节可以累计从零时刻起到当前的输入信号的全部值。积分控制器的作用是累计从零时刻(系统启动时刻)起到当前的偏差信号的过程。

积分控制器的特点是控制器的输出与偏差信号 $e(t)$存在全部时段有关，只要有足够的时间，积分控制将能消除静态偏差。积分控制不足之处是不能及时地克服扰动的影响。

3. 微分控制器(D)

微分控制器的输出信号 $u(t)$与偏差信号 $e(t)$的变化率成比例，其表达式为

$$u(t)=K_D\frac{\mathrm{d}e}{\mathrm{d}t} \tag{7.34}$$

微分控制器的传递函数为

$$G_c(s)=K_Ds \tag{7.35}$$

比例控制器和积分控制器都是根据当时的偏差大小和方向进行调节的，并没有对输出量即被调量的变化速率进行调节。而微分控制器主要作用是针对被调量偏差信号的变化趋势(变化速率)进行调节，而不需要等到被调量已经出现较大的偏差后才开始调整，这就是说微分控制器可以预测作用误差，在系统中引入一个有效的早期修正信号，使修正作用提前发生，从而加快了系统的动作速度，减少调节时间。对被调量的变化趋势进行调节，可及时避免出现大的偏差。但正是基于这个特点，微分控制器不能单独使用，特别是当输出量很小，检测元件难以检测到信号的变化，控制器就不会动作，当经过一段时间的误差累积检测到时，再去调节必定会造成更大的偏差。所以，对于被调量是大变化的小信号，一定要注意不要单独使用微分控制器。

微分控制器作用及特点归纳如下：

微分环节的输出正比于当前输入的变化率。微分控制的作用是通过偏差信号 $e(t)$的当前变化率 $\mathrm{d}e/\mathrm{d}t$ 预见随后的偏差是增大还是缩小，以及增减的幅度如何。也就是说微分控制器作用是，一有偏差出现，立即快速大幅度地起到调节作用，使误差快速消除。

微分控制器的特点是只能对偏差信号 $e(t)$变化的速度起反应，对于一个固定不变的偏差 $e(t)$，不论其数值多大，根本不会有微分作用输出。微分作用能够根据当前偏差变化率预测随后一段时间的偏差变化趋势。微分控制可以加快系统响应速度，减少调整时间，从而改善系统的快速性，并且有助于减小超调，克服振荡，从而提高系统的稳定性，但不能消除静态偏差。

为了使被制对象实现更为有效地控制，可将 P、I、D 基本控制规律进行有效地组合，则出现了 PI、PD、PID 等控制器。

4. 比例—积分控制器(PI)

比例—积分控制器是利用 P 调节快速抵消干扰影响，同时利用 I 调节消除残差，具有比例和积分的功能。其表达式为

$$u(t) = K_Pe(t)+\frac{K_P}{T_I}\int_0^t e(t)\mathrm{d}t = K_Pe(t)+K_I\int_0^t e(t)\mathrm{d}t \tag{7.36}$$

其传递函数为

$$G_c(s)=\frac{U(s)}{E(s)}=K_P\left(1+\frac{1}{T_Is}\right) \tag{7.37}$$

5. 比例—微分控制器(PD)

比例—微分控制器的微分作用,能及时反映偏差信号 $e(t)$ 的变化趋势,其输出 $u(t)$ 与 $e(t)$ 的变化率成正比,所以 PD 控制器在串联校正中,能在 $e(t)$ 出现之前产生早期的误差修正信号,这样有助于提高系统的稳定性和快速性。比例—微分控制器的表达式为

$$u(t)=K_Pe(t)+K_PT_D\frac{\mathrm{d}e(t)}{\mathrm{d}t}=K_Pe(t)+K_D\frac{\mathrm{d}e(t)}{\mathrm{d}t} \tag{7.38}$$

其传递函数为

$$G_c(s)=\frac{U(s)}{E(s)}=K_P(1+T_Ds) \tag{7.39}$$

6. 比例—积分—微分控制器(PID)

比例—积分—微分控制器具有比例、积分、微分三种控制规律的各自特点。表达式如式(7.27)所示,其传递函数为

$$G_c(s)=\frac{U(s)}{E(s)}=K_P\left(1+\frac{1}{T_Is}+T_Ds\right)=K_P+\frac{K_I}{s}+K_Ds \tag{7.40}$$

PID 控制器结构如图 7.30 所示。

PID 控制器的设计是根据实际系统的控制要求,并结合系统的特性、运行状态以及干扰情况来确定或者说是选择 K_P、T_I 和 T_D 的参数。参数选择的正确与否至关重要,将直接影响系统的校正效果。

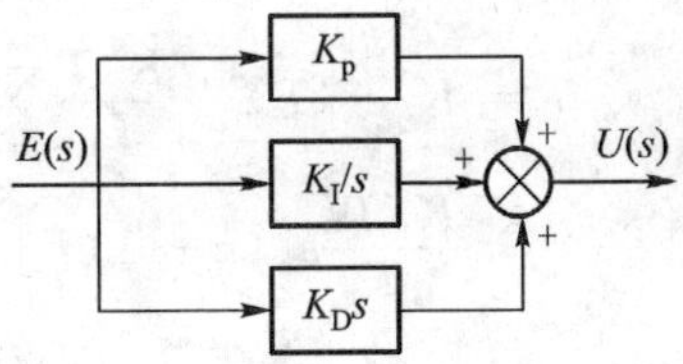

图 7.30　PID 控制器结构图

7.3.4.2　离散型 PID 控制器

由于计算机技术的高速发展,目前的 PID 调节器多是离散型。当控制系统采用计算机控制时,就要对连续控制系统的 PID 控制器进行离散化,也就是描述连续系统的微分方程应由相应的描述离散系统差分方程来代替,它属于采样调节。

计算机控制实质是采样控制,它只能根据采样时刻的偏差值计算控制量。首先需将式(7.28)中的连续时间项、积分项和微分项进行离散处理,则

$$\begin{cases} t\approx kT \quad (k=1,2,\cdots) \\ \displaystyle\int_0^t e(t)\,\mathrm{d}t\approx T\sum_{j=1}^{k}e(jT) \\ \dfrac{\mathrm{d}e(t)}{\mathrm{d}t}\approx\dfrac{e(kT)-e[(k-1)T]}{T} \end{cases} \tag{7.41}$$

式中　T——计算机采样周期(两次采样的间隔时间);

k——采样序号,$(k=1,2,\cdots)$;

$e[(k-1)T]$——第 $k-1$ 个采样时刻的输入偏差值;

$e(kT)$——第 k 个采样时刻的输入偏差值。

在采样周期足够短的情况下,综合式(7.28)和式(7.41)可以得到离散的 PID 表达式为

$$u(kT)=K_Pe(kT)+\frac{K_PT}{T_I}\sum_{j=0}^{k}e(jT)+\frac{K_PT_D}{T}\{e(kT)-e[(k-1)T]\} \tag{7.42}$$

或写成如下形式

$$u(kT)=K_Pe(kT)+K_I\sum_{j=0}^{k}e(jT)+K_D\{e(kT)-[(k-1)T]\} \tag{7.43}$$

式中　K_{I}——积分增益，$K_{\mathrm{I}}=\dfrac{K_{\mathrm{P}}T}{T_{\mathrm{I}}}$；

T_{I}——积分时间常数；

K_{D}——微分增益，$K_{\mathrm{D}}=\dfrac{K_{\mathrm{P}}T_{\mathrm{D}}}{T}$；

T_{D}——微分时间常数。

在计算机控制系统中，常用的数字PID控制算法又可分为位置式PID控制算法和增量式PID控制算法。式(7.42)为位置式。当执行机构(如步进电机)需要的不是控制量的绝对值，而是增量时，可采用增量式PID控制算法，其算法可由式(7.42)推导为

$$
\begin{aligned}
\Delta u(kT) &= u(kT)-u[(k-1)T] \\
&= K_{\mathrm{P}}e(kT)+\frac{K_{\mathrm{P}}T}{T_{\mathrm{I}}}\sum_{j=1}^{k}e(jT)+\frac{K_{\mathrm{P}}T_{\mathrm{D}}}{T}\{e(kT)-e[(k-1)T]\}-K_{\mathrm{P}}e[(k-1)T]- \\
&\quad K_{\mathrm{P}}e[(k-1)T]-\frac{K_{\mathrm{P}}T}{T_{\mathrm{I}}}\sum_{j=1}^{k}e[(j-1)T]-\frac{K_{\mathrm{P}}T_{\mathrm{D}}}{T}\{e[(k-1)T]-e[(k-2)T]\} \\
&= K_{\mathrm{P}}e(kT)+\frac{K_{\mathrm{P}}T}{T_{\mathrm{I}}}\sum_{j=1}^{k}e(jT)+\frac{K_{\mathrm{P}}T_{\mathrm{D}}}{T}\{e(kT)-e[(k-1)T]\}-K_{\mathrm{P}}[e(k-1)T]- \\
&\quad \frac{K_{\mathrm{P}}T_{\mathrm{D}}}{T}e[(k-1)T]-\frac{K_{\mathrm{P}}T_{D}}{T}e[(k-1)T]+\frac{K_{\mathrm{P}}T_{\mathrm{D}}}{T}e[(k-2)T] \\
&= K_{\mathrm{P}}\left(1+\frac{T}{T_{\mathrm{I}}}+\frac{T_{\mathrm{D}}}{T}\right)e(kT)-K_{\mathrm{P}}\left(1+\frac{2T_{\mathrm{D}}}{T}\right)e[(k-1)T]+\frac{K_{\mathrm{P}}K_{\mathrm{D}}}{T}e[(k-2)T]
\end{aligned}
\tag{7.44}
$$

增量算式(7.44)的输出需要累加才能得到全量。由式(7.44)可知，控制增量可通过执行机构的位置偏差求出。采用增量式算法时，计算机输出的控制增量$u(kT)$对应的是本次执行机构位置(如阀门开度)的增量，增量式算法的输出需累加才能得到全量，所以对实际位置的控制量需用积分作用的元件(如步进电机)积分功能来实现。而计算机只能输出控制量的增量$u(kT)$，对应执行机构位置的变化部分，计算机误动作时，对系统影响较小。在控制方式的手动与自动切换时，控制量冲击较小，易于实现较平滑的过渡，即可做到无扰动切换。

式(7.44)每次给出的是控制量u_k的增量，所以又称为增量式PID算法，它的特点是手动与自动切换时带来的冲击最小，而且不需要对偏差进行累加。因为一般计算机控制系统采用恒定的采样周期T，故在确定了K_{P}、K_{I}、K_{D}时，根据前后三次测量值偏差即可由式(7.44)求出控制增量。由于它的控制输出对应每次阀门的增量，故称之为PID控制的增量式算式。

实际上，位置式与增量式控制对整个闭环系统并无本质区别，只是将原来全部由计算机承担的算式分出一部分由其他部件去完成。例如，用步进电机作为系统的输出控制部件时，就能起此作用。它作为一个积分元件，并兼作输出保持器，对计算机的输出增量Δu进行累加，实现了$u=\int\Delta u$的作用，而步进电机转过的角度对应于阀门的位置。

位置式与增量式控制系统框图分别如图7.31和图7.32所示。

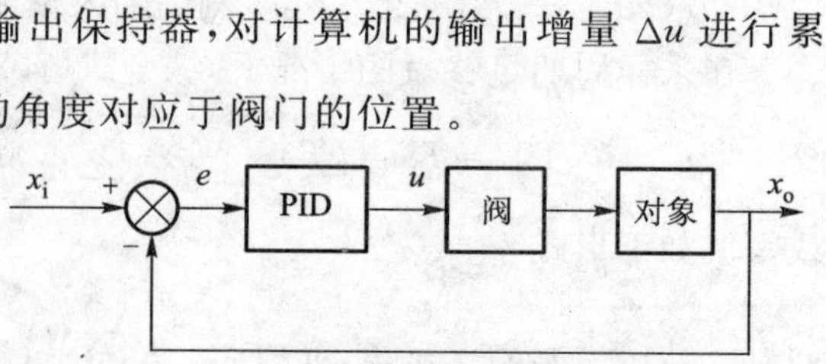

图7.31　PID位置式闭环控制系统框图

增量式控制与位置式控制相比，增量式控制虽需附加积分环节，但它有以下一些特点：

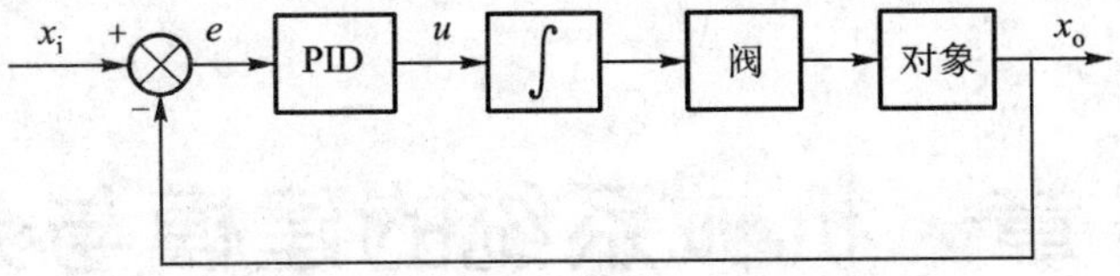

图 7.32 PID 增量式闭环控制系统框图

(1) 当被控对象有故障时,影响范围小。由于计算机每次只输出控制增量(如每次阀位的变化),而控制增量通常较小,故可对其进行限幅,限制或停止机器发生故障时的输出,从而缩小对机器的影响程度。

(2) 手动与自动切换时冲击小。由于输入给阀门的位置信号总是绝对值,不论位置式还是增量式,在手动改为自动时总要事先设定一个与手动输出相对应的 u_{k-1} 值,然后再改为自动,才能做到无冲击切换。增量式控制时阀位与步进电机转角对应,设定时较位置式简单。

(3) 算式中不需要累加。控制增量的确定仅与最近几次的采样值有关,较容易通过加权处理以获得比较好的控制效果。

(4) 在计算机控制中,PID 控制是通过计算机程序实现的,因此它的灵活性很大。一些原来在模拟 PID 控制中无法实现的问题,在引入计算机以后,就可以得到解决,于是就出现了一些改进算法,形成非通常的控制算法,以改善系统的品质,满足不同控制系统的需要。

PID 调节器的参数选择指的是在控制系统中对比例参数 K_P、积分时间常数 T_I 以及微分时间常数 T_D 这三个参数的选择。离散控制系统调节器参数的选择除了对 K_P、T_I 以及 T_D 这三个参数的选择之外,还需要决定控制系统的采样周期 T。

离散型 PID 参数的选择是通过数字设定实现的,而模拟调节器对 PID 参数的选择是通过调整电阻、电容或电感量等的大小来实现的。无论是哪一种类型调节器,其参数的选择直接关系到控制系统的控制品质。因此,控制系统参数的选择是控制系统设计的一个重要环节。

第 8 章　机械系统的建模与分析

本章主要针对工程实例讲述机械系统位置控制、速度控制、质量控制的建模与稳定性分析，稳态误差的求取及系统性能的改善。通过学习读者可运用所学知识对一些较为复杂的机械系统进行建模及综合分析。

8.1　机床工作台的位置控制系统分析

以伺服控制、液压马达驱动的机床工作台为例，应用控制理论对工作台的位置控制进行分析。工作台传动系统如图 8.1 所示。齿轮传动比 $K_1=z_1/z_2=1/2$，丝杠（单头）螺距 $h=1.2\times10^{-2}$ m，工作台运动所需的总负载力 $F=F_1+F_2+F_3=3\,500$ N（式中，F_1 为摩擦力，F_2 为按最大加速度考虑的惯性力，F_3 为最大切削力），油泵供油压力 $p_s=63\times10^5\ \mathrm{N\cdot m^{-2}}$，工作台最高速度 $v_{\max}=8\times10^{-2}\ \mathrm{m\cdot s^{-1}}$。

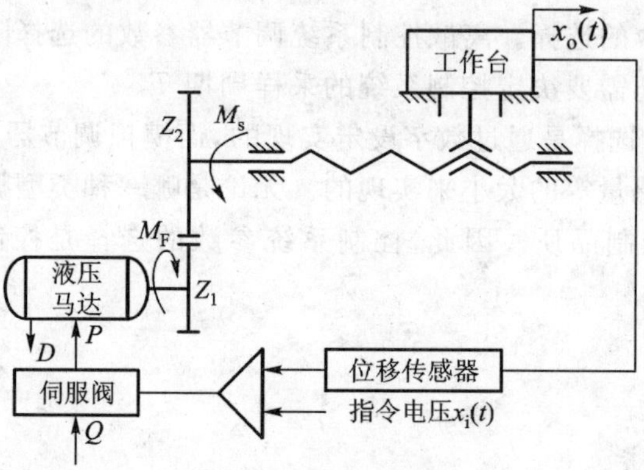

图 8.1　机床工作台位置控制传动系统示意图

要求：绘制以指令电压 $x_i(t)$ 为输入，以工作台位移 $x_o(t)$ 为输出的控制系统传递框图；求系统开环传递函数；绘制系统的波德图；判断系统的稳定性；求稳定裕量；计算系统在单位阶跃输入和单位斜坡输入时的稳态误差。

1. 计算液压马达驱动所需总力矩 M_F 及马达弧度排量 D

液压马达驱动力矩 M_F 与丝杠驱动力矩 M_S 的关系为

$$M_F=K_1M_S=K_1F'R=K_1RF\tan\lambda=K_1RF\,\frac{h}{2\pi R}=K_1\frac{Fh}{2\pi}=3.34\ \mathrm{N\cdot m} \tag{8.1}$$

式中　K_1——齿轮传动比，$K_1=Z_1/Z_2$；

R——丝杠中径的半径；

F'——丝杠扭转驱动力；

F——工作台运动总负载力，丝杠轴向推力；

λ——丝杠螺旋升角。

液压马达驱动力矩 M_F 与马达负载压力 P_L 和马达弧度排量 D 的关系为

$$M_F = P_L D \tag{8.2}$$

马达弧度排量为

$$D = \frac{M_F}{P_L} = \frac{3}{2}\frac{M_F}{P_S} = 8 \times 10^{-7}\ \mathrm{m^3 \cdot rad^{-1}}$$

式中 P_S——油泵供油压力，取 $P_L = \frac{2}{3}P_S$。

液压马达每转排量 $D' = 2\pi D = 5 \times 10^{-6}\ \mathrm{m^3 \cdot rad^{-1}}$

液压马达增益 $K_m = \frac{1}{D'} = 2 \times 10^5\ \mathrm{rad \cdot m^{-3}}$ (8.3)

2. 伺服阀计算流量的确定和额定流量的选定

先求伺服阀计算流量 Q'，然后再按手册或产品介绍选定额定流量 Q。

伺服阀计算流量为

$$Q' = n_{max} D' = \frac{v_{max}}{K_l h} D' = 4 \times 10^{-3}\ \mathrm{m^3 \cdot min^{-1}} = 4\ \mathrm{L \cdot min^{-1}} \tag{8.4}$$

式中 n_{max}——液压马达最高转速，$n_{max} = \frac{v_{max}}{K_l h}$。

按产品介绍选额定流量 $Q = 5.5\ \mathrm{L \cdot min^{-1}}$ 的伺服阀。

3. 建立系统传递框图和传递函数

系统的组成包括：放大器、伺服阀、液压马达、丝杠螺母副驱动的工作台和传感器，其控制系统框图如图 8.2 所示。

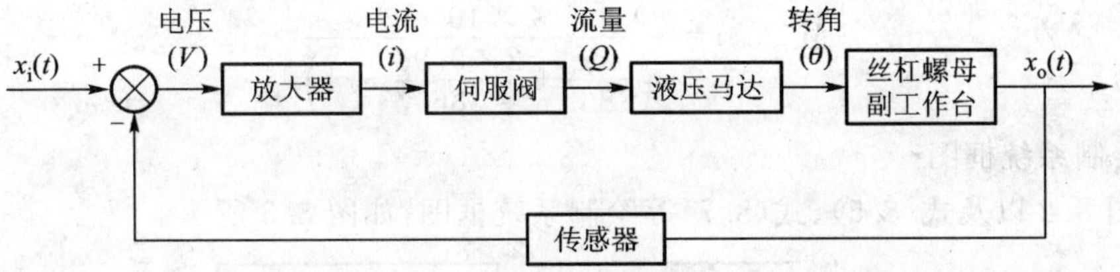

图 8.2 机床工作台位置闭环控制系统框图

确定系统中的各环节的传递函数：

(1) 伺服阀传递函数的确定

伺服阀的传递函数是以伺服阀额定流量 Q 为输出，以伺服阀控制电流 i 为输入。可以通过手册或产品说明书查阅，其传递函数为

$$W_{sv}(s) = \frac{Q(s)}{I(s)} = \frac{K_{sv}}{\frac{s^2}{\omega_{sv}^2} + \frac{2\zeta_{sv}}{\omega_{sv}}s + 1} \tag{8.5}$$

式中 $Q(s)$——伺服阀额定流量 $Q(t)$ 的复数域；

$I(s)$——伺服阀控制电流 $i(t)$ 的复数域；

K_{sv}——伺服阀流量增益，当电流为 30 mA 时，伺服阀按额定流量取值为 $5.5\ \mathrm{L \cdot min^{-1}}$ 时的增益 $K_{sv} = 30.556 \times 10^{-4}\ \mathrm{m^3 \cdot s^{-1} \cdot A^{-1}}$；

ω_{sv}——伺服阀无阻尼自振频率(固有频率),不同型号伺服阀 ω_{sv} 也不一样,此值可查样本或实测。经查样本 $\omega_{sv}=600$ rad/s;

ζ_{sv}——伺服阀阻尼比,$\zeta_{sv}=0.5$。

则
$$W_{sv}(s)=\frac{30.556\times10^{-4}}{\frac{s^2}{600^2}+\frac{2\times0.5}{600}s+1} \tag{8.6}$$

(2) 液压马达传递函数的确定

液压马达的传递函数是以液压马达转角 θ 为输出,以流量 Q 为输入,其传递函数为

$$W_m(s)=\frac{\theta(s)}{Q(s)}=\frac{K_m}{s\left(\frac{s^2}{\omega_m^2}+\frac{2\zeta_m}{\omega_m}s+1\right)} \tag{8.7}$$

式中　$\theta(s)$——液压马达转角 θ 的复数域;

$Q(s)$——液压马达流量,也即伺服阀额定流量 Q 的复数域;

K_m——液压马达增益,由式(8.3)知 $K_m=2\times10^5\ \mathrm{r\cdot m^{-3}}$;

ζ_m——液压马达阻尼比;

ω_m——液压马达固有频率。

为了求 ω_m,特给定马达的容积 $V_t=10\times10^{-6}\ \mathrm{m^3}$,转动惯量 $J=1.2\times10^{-3}\ \mathrm{N\cdot m\cdot s^2}$,有效容积弹性模数 $\beta_m=7\times10^8\ \mathrm{N\cdot m^{-2}}$。

则
$$\omega_m=\sqrt{\frac{4\beta_m D^2}{V_t J}}=386\ \mathrm{rad\cdot s^{-1}}$$

阻尼比
$$\zeta_m=\frac{K_c J\omega_m}{2D^2}=0.93$$

式中　K_c——压力流量系数,$\mathrm{m^5\cdot s^{-1}\cdot N^{-1}}$,取 $K_c=2.58\times10^{-12}\ \mathrm{m^5\cdot s^{-1}\cdot N^{-1}}$。

则
$$W_m(s)=\frac{2\times10^5}{s\left(\frac{s^2}{386^2}+\frac{2\times0.93}{386}s+1\right)} \tag{8.8}$$

(3) 绘制系统框图

根据图 8.2 以及式(8.5)、式(8.7)等绘制系统框图,如图 8.3 所示。

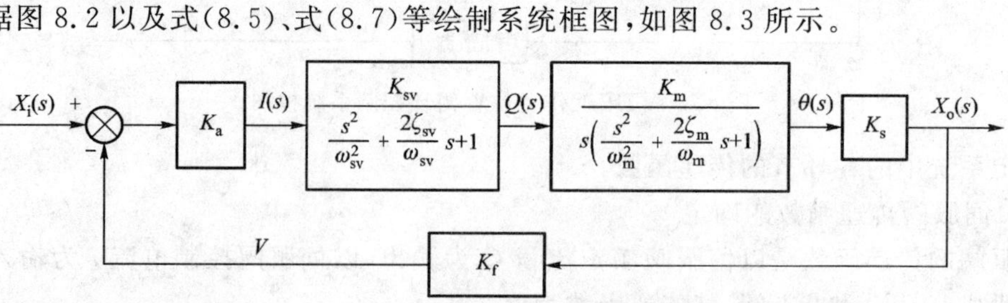

K_a—电放大器增益,$\mathrm{A\cdot V^{-1}}$;K_s—齿轮及丝杠螺母副传动比,$\mathrm{m\cdot rad^{-1}}$;$K_s=K_1h=6\times10^{-3}\ \mathrm{m\cdot rad^{-1}}$;$K_f$—传感器增益,$\mathrm{V\cdot m^{-1}}$,为单位负反馈,则 $K_f=1$

图 8.3　控制系统框图

(4) 确定电放大器增益 K_a

系统环路增益为 K

则
$$K=K_aK_{sv}K_mK_sK_f=3.667K_a \tag{8.9}$$

如果给定 $K=100$ 则

$$K_a=\frac{K}{3.667}=\frac{100}{3.667}=27.27\ \mathrm{A\cdot V^{-1}} \tag{8.10}$$

4. 绘制波德图判断系统的稳定性

开环传递函数的通式(3.14)为

$$G(s)=\frac{\prod_{i=1}^{\lambda}K_i\prod_{i=1}^{\mu}(\tau_i s+1)\prod_{i=1}^{\eta}(\tau_{di}^2 s^2+2\zeta_{di}\tau_{di}s+1)}{s^{\nu}\prod_{i=1}^{\rho}(T_i s+1)\prod_{i=1}^{\sigma}(T_{ni}^2 s^2+2\zeta_{ni}T_{ni}s+1)} \tag{8.11}$$

开环系统对数幅频特性通式为

$$L(\omega)=20\lg K-\nu 20\lg\omega-\sum_{i=1}^{\rho}20\lg\sqrt{1+T_i^2\omega^2}-\sum_{i=1}^{\sigma}20\lg\sqrt{(1-T_{ni}^2\omega^2)^2+(2\zeta_{ni}T_{ni}\omega)^2}+$$
$$\sum_{i=1}^{\mu}20\lg\sqrt{1+\tau_i^2\omega^2}+\sum_{i=1}^{\eta}20\lg\sqrt{(1-\tau_{di}^2\omega^2)^2+(2\zeta_{di}\tau_{di}\omega)^2} \tag{8.12}$$

开环系统对数相频特性通式为

$$\varphi(\omega)=-\nu\cdot\frac{\pi}{2}-\sum_{i=1}^{\rho}\arctan T_i\omega-\sum_{i=1}^{\sigma}\arctan\frac{2\zeta_{ni}T_{ni}\omega}{1-T_{ni}^2\omega^2}+$$
$$\sum_{i=1}^{\mu}\arctan\tau_i\omega+\sum_{i=1}^{n}\arctan\frac{2\zeta_{di}\tau_{di}\omega}{1-\tau_{di}^2\omega^2} \tag{8.13}$$

系统开环传递函数为

$$W(s)=\frac{K_aK_{sv}K_mK_sK_f}{s\left(\frac{s^2}{\omega_{sv}^2}+\frac{2\zeta_{sv}}{\omega_{sv}}+1\right)\left(\frac{s^2}{\omega_m^2}+\frac{2\zeta_m}{\omega_m}s+1\right)}$$
$$=\frac{100}{s\left(\frac{s^2}{600^2}+\frac{2\times0.5}{600}s+1\right)\left(\frac{s^2}{386^2}+\frac{2\times0.93}{386}s+1\right)} \tag{8.14}$$

根据式(8.14)绘制波德图,该开环传递函数由四个典型环节组成,积分环节的幅值交界频率为1,两个振荡环节的转角频率 ω_T 分别为600和386,这三个环节的相角分别为$-90°$和两个$0°\sim-180°$,由此按渐近线可绘制波德图如图8.4所示。

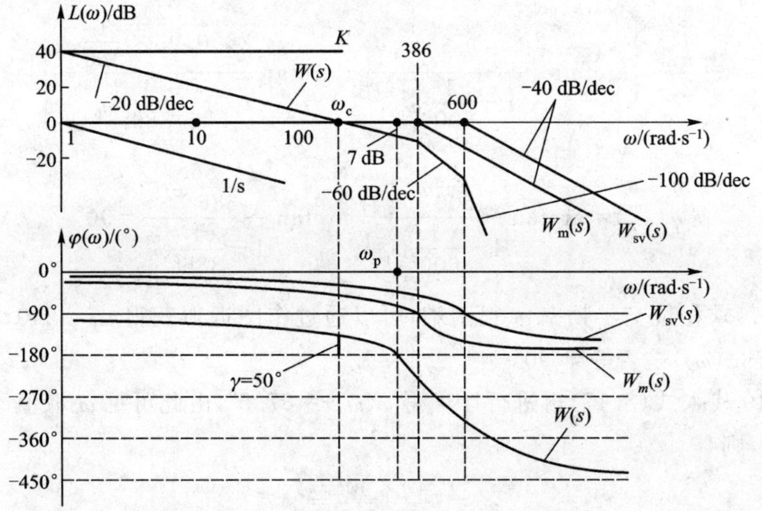

图 8.4 工作台位置控制系波德图

由作图知:系统幅值裕量为+7 dB,相位裕量 $\gamma=+50^\circ$,所以系统是稳定的。

其实,要想得到准确的幅值裕量和相位裕量,就需要通过式(8.12)和式(8.13)进行计算。

系统对数幅频特性由式(8.12)和式(8.14)得

$$L(\omega)=20\lg 100-20\lg\omega-\left(20\lg\sqrt{\left[1-\left(\frac{\omega}{600}\right)^2\right]^2+\left(\frac{2\times0.5}{600}\omega\right)^2}+20\lg\sqrt{\left[1-\left(\frac{\omega}{386}\right)^2\right]^2+\left(\frac{2\times0.93}{386}\omega\right)^2}\right)\tag{8.15}$$

系统相频特性由式(8.13)的第1项和第3项得

$$\varphi(\omega)=-v\frac{\pi}{2}-\sum_{i=1}^{2}\arctan\frac{2\zeta_{ni}T_{ni}\omega}{1-T_{ni}^2\omega^2}$$

$$=-\frac{\pi}{2}-\left(\arctan\frac{2\times0.5\times\frac{1}{600}\omega}{1-\frac{1}{600^2}\omega^2}+\arctan\frac{2\times0.93\times\frac{1}{386}\omega}{1-\frac{1}{386^2}\omega^2}\right)\tag{8.16}$$

由图8.4可知,决定相位裕量的增益交界频率 ω_c 取决于比例和积分两个环节,则根据式(8.15)得

$$20\lg 100-20\lg\omega_c=0 \quad 则 \quad \omega_c=100$$

将 ω_c 代入式(8.16),求 $\varphi(\omega_c)$,则

$$\varphi(\omega_c)=-\frac{\pi}{2}-\left(\arctan\frac{2\times0.5\times\frac{1}{600}\omega_c}{1-\frac{1}{600^2}\omega_c^2}+\arctan\frac{2\times0.93\times\frac{1}{386}\omega_c}{1-\frac{1}{386^2}\omega_c^2}\right)$$

$$=-90^\circ-(9.739^\circ+29.283^\circ)=-129^\circ$$

相位裕量 $\gamma=180^\circ+\varphi(\omega_c)=51^\circ$,此值较作图所得 $\gamma=50^\circ$ 要准确。

再根据式(8.15)求 ω_p,而后将 ω_p 代入式(8.14)求增益裕量

$$\varphi(\omega_p)=-\frac{\pi}{2}-\left(\arctan\frac{2\times0.5\times\frac{1}{600}\omega_p}{1-\frac{1}{600^2}\omega_p^2}+\arctan\frac{2\times0.93\times\frac{1}{386}\omega_p}{1-\frac{1}{386^2}\omega_p^2}\right)=-180^\circ$$

$$\varphi(\omega_p)=\arctan\frac{\frac{1}{600}\omega_p}{1-\frac{1}{600^2}\omega_p^2}+\arctan\frac{\frac{1.86}{386}\omega_p}{1-\frac{1}{386^2}\omega_p^2}=90^\circ\tag{8.17}$$

由式(8.17)求相位交界频率 ω_p 很困难,可以通过作图近似获得 $\omega_p=240$,现将此值代入式(8.17),验证 $\varphi(\omega_p)$ 是否等于 90°。

将 $\omega_p=240$ 代入式(8.17)再进行计算得 $\varphi(\omega_p)=87.5^\circ$,由此可见 ω_p 取值不够准确,故需修正计算此值,则

$$\omega_p=\frac{240\times90^\circ}{87.5^\circ}=247$$

将此值再代入式(8.17)得 $\varphi(\omega_p)=89.96°$

将 $\omega_p=240$ 代入式(8.15)的前两项可以求得增益裕量,即

$$20\lg 100-20\lg \omega_p=-7.85\ \mathrm{dB}$$

由此可见,相位交界频率 $\omega_p=247$ 增益裕量等于 7.85 dB 较为准确。

5. 系统稳态误差的计算

该系统反馈环节 $K_f=1$,所以是一个单位负反馈系统。当输入信号分别为单位阶跃函数和单位斜坡函数输入时的稳态误差,可应用基于终值定理的稳态误差公式计算,则

$$\begin{aligned} e_{ss}&=\lim_{s\to 0} s\frac{1}{H(s)}\cdot\frac{1}{1+G(s)H(s)}X_i(s)\\ &=\lim_{s\to 0} s\frac{1}{K_f}\cdot\frac{1}{1+\dfrac{K_aK_{sv}K_mK_sK_f}{s\left(\dfrac{s^2}{\omega_{sv}^2}+\dfrac{2\zeta_{sv}}{\omega_{sv}}s+1\right)\left(\dfrac{s^2}{\omega_m^2}+\dfrac{2\zeta_m}{\omega_m}s+1\right)}}X_i(s)\\ &=\lim_{s\to 0} s\frac{1}{1+\dfrac{100}{s\left(\dfrac{s^2}{\omega_{sv}^2}+\dfrac{2\zeta_{sv}}{\omega_{sv}}s+1\right)\left(\dfrac{s^2}{\omega_m^2}+\dfrac{2\zeta_m}{\omega_m}s+1\right)}}\cdot\begin{cases}\dfrac{1}{s}\\[2mm]\dfrac{1}{s^2}\end{cases}=\begin{cases}0\\0.01\end{cases}\end{aligned}\tag{8.18}$$

8.2 机床工作台的速度控制系统分析

速度控制系统形成了速度闭环控制,其反馈传感器是检测速度的,通常称之为速度环。而位置控制是形成位置环,其反馈传感器实现位移的检测。

速度环和位置环不同,位置环不加校正也能组成满意的系统,但速度环要加校正环节,否则可能不稳定。其原因是速度环比位置环少一个积分环节。

机床工作台的速度控制传动系统示意图如图 8.5 所示。

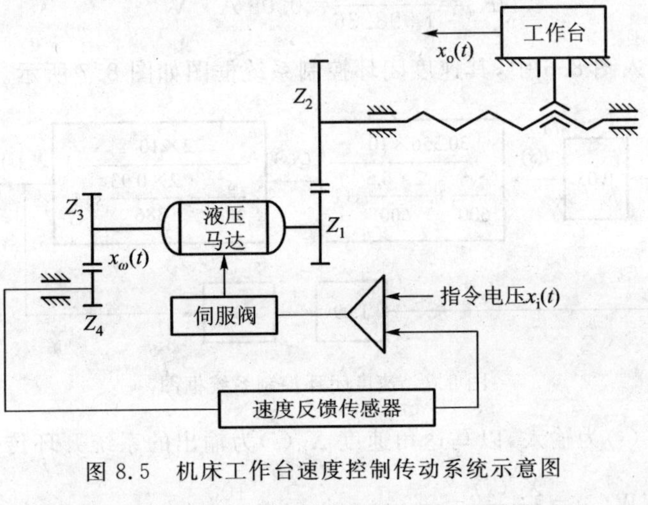

图 8.5 机床工作台速度控制传动系统示意图

设有一个速度环,其系统的组成与图 8.1 相似,但反馈传感器改为测速机,输入测速机的信号为液压马达的角速度,测速机的增益为 $K_f=1.09\ \mathrm{V\cdot s\cdot rad^{-1}}$,马达每转排量 $D'=$

$5\times10^{-6}\ \mathrm{m}\cdot\mathrm{rad}^{-1}$，供油压力为 $63\times10^{5}\ \mathrm{N}\cdot\mathrm{m}^{-2}$ 时，伺服阀额定流量为 5.5 L/min。

要求：绘制系统传递框图，求系统传递函数，绘制波德图，判断系统的稳定性，如若不稳定应采取相应措施使系统稳定，并求稳定裕量以及在单位阶跃输入和单位斜坡输入时的稳态误差。

1. 绘制控制系统框图并确定系统开环传递函数

图 8.6 控制系统框图与图 8.2 相比较，除了反馈信号取自于液压马达输出端以外，液压马达去掉了积分环节。另外反馈回路增加了齿轮传动比 $K_{s_1}=\dfrac{z_3}{z_4}=3$，图中 K_f 为速度反馈增益，$K_f=1.09\ \mathrm{V}\cdot\mathrm{s}\cdot\mathrm{rad}^{-1}$。

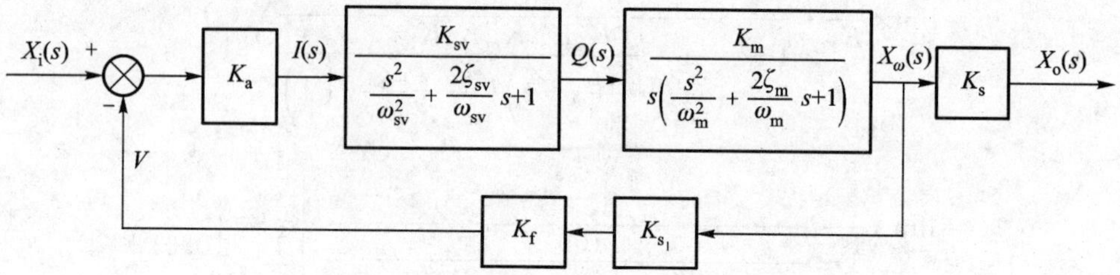

图 8.6　工作台速度闭环控制系统框图

去掉积分环节的原因是因为液压马达的输出不再是角度输出，而是角速度输出，所以少一个积分环节。这种情况与第 3 章图 3.13 液压缸以速度为输出或位移为输出情况相似，一个是油缸活塞的速度为输出，则为比例环节。另一个是以油缸活塞的位移为输出，就是积分环节。

该系统的环路增益为

$$K=K_aK_{sv}K_mK_{s_1}K_f=K_a\times30.556\times10^{-4}\times2\times10^{5}\times3\times1.09=1\,998.36K_a$$

给定 $K=100$，则

$$K_a=\frac{100}{1\,998.36}=0.05\ \mathrm{A}\cdot\mathrm{V}^{-1}$$

将相关数据代入图 8.6 中，其速度闭环控制系统框图如图 8.7 所示。

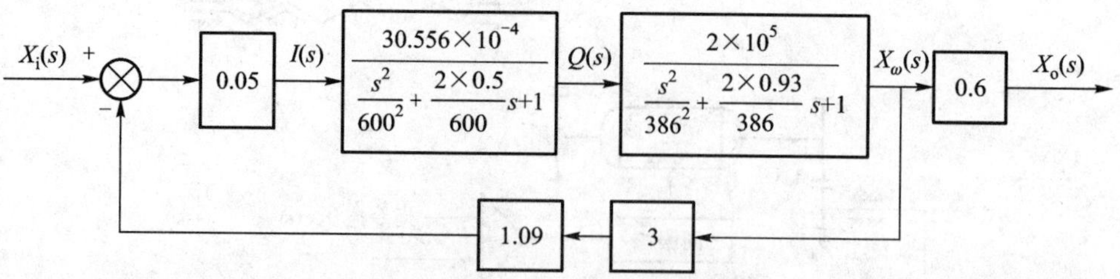

图 8.7　速度闭环控制系统框图

以指令电压 $X_i(s)$ 为输入，以马达角速度 $X_\omega(s)$ 为输出的系统开环传递函数为

$$W(s)=\frac{X_\omega(s)}{X_i(s)}=\frac{100}{\left(\dfrac{s^2}{600^2}+\dfrac{1}{600}s+1\right)\left(\dfrac{s^2}{386}+\dfrac{1.86}{386}s+1\right)}\tag{8.19}$$

2. 绘制开环系统波德图及其频率特性的计算

根据式(8.19)绘制开环系统 $W(s)$的波德图如图 8.8 所示。

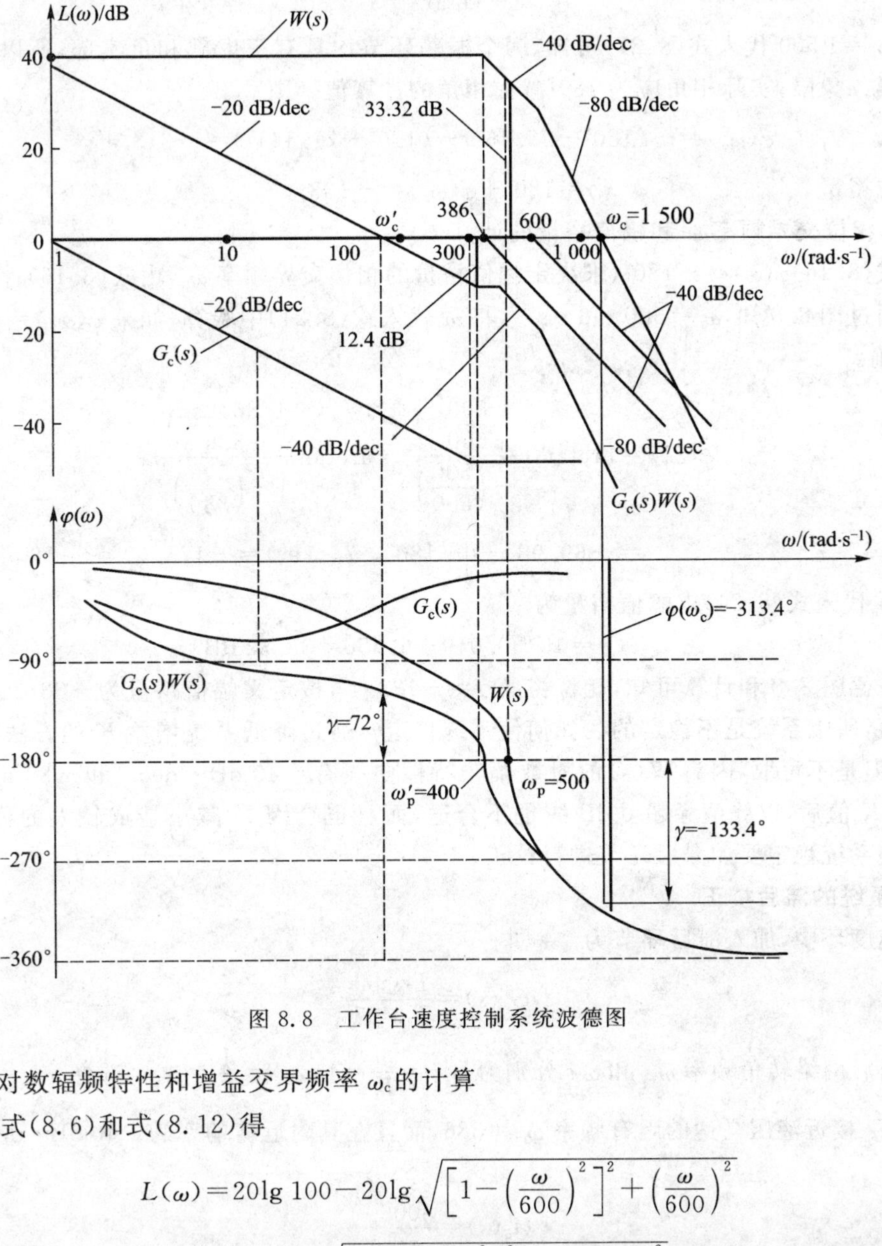

图 8.8 工作台速度控制系统波德图

(1) 对数辐频特性和增益交界频率 ω_c的计算

根据式(8.6)和式(8.12)得

$$L(\omega)=20\lg 100-20\lg\sqrt{\left[1-\left(\frac{\omega}{600}\right)^2\right]^2+\left(\frac{\omega}{600}\right)^2}$$

$$-20\lg\sqrt{\left[1-\left(\frac{\omega}{386}\right)^2\right]^2+\left(\frac{1.86}{386}\omega\right)^2} \quad (8.20)$$

由作图得 $\omega_c=1\,500\ \text{rad}\cdot\text{s}^{-1}$,将 ω_c代入式(8.20)验算,如果 $L(\omega_c)=0$,说明作图得 ω_c准确。

经计算 $L(\omega_c)=0.71$,由此可见,作图得 $\omega_c=1\,500\ \text{rad}\cdot\text{s}^{-1}$基本准确。

(2) 对数相频特性和相位裕量的计算

根据式(8.13)和式(8.17),并将 ω_c代入得

$$\varphi(\omega_c)=-\arctan\frac{\frac{1}{600}\omega_c}{1-\left(\frac{\omega_c}{600}\right)^2}-\arctan\frac{1.86\times\frac{1}{386}\omega_c}{1-\left(\frac{\omega_c}{386}\right)^2} \tag{8.21}$$

将 $\omega_c=1\,500$ 代入式(8.21)可知，两个振荡环节均具有正虚部和负实部，所以计算两相角均在第二象限，实际相角应为180°减去相角的计算值。则

$$\varphi(\omega_c)=-(180°-25.46°)-(180°-21.141°)=-313.4°$$

相位裕量　　　　$\gamma=180°+\varphi(\omega_c)=-133.4°$

(3) 相位交界频率 ω_p 和幅值裕量的计算

令式(8.16) $\varphi(\omega)=-180°$，求决定幅值裕量的相位交界频率 ω_p，由式(8.16)计算比较麻烦。但通过图8.8知，$\omega_p=500\ \mathrm{rad\cdot s^{-1}}$，将 ω_p 代入式(8.21)中验算，如果 $\varphi(\omega_p)=-180°$，说明 ω_p 准确。

$$\varphi(\omega_p)=\arctan\frac{\frac{500}{600}}{1-\left(\frac{500}{600}\right)^2}-\arctan\frac{\frac{1.86\times500}{386}}{1-\left(\frac{500}{386}\right)^2}$$

$$=-69.98°-(-180°-74.29°)=-175.69°\approx-180°$$

将 ω_p 代入式(8.20)求幅值裕量为

$$L(\omega_p)=40-0.019-6.656=33.32\ \mathrm{dB}$$

从波德图8.8和计算可知，相位裕量 $\gamma=-133.4°$，按定义幅值裕量为 -33.32 dB，而且均为负值，所以系统是不稳定的。如何使系统稳定？通过降低系统增益 K 的方法可以使系统稳定，但是不可取，因为 $W(s)$ 的对数幅频特性曲线有 $-40\ \mathrm{dB\cdot dec^{-1}}$ 和 $-80\ \mathrm{dB\cdot dec^{-1}}$ 段，降低 K 值后，以此值穿超0 dB线也不合适，而且也会因 K 减小造成较大的稳态误差。所以若使系统稳定要加滞后环节进行校正。

3. 系统的滞后校正

在速度环中，加入滞后环节为

$$G_c(s)=\frac{T_2s+1}{T_1s+1}$$

设滞后网络转角频率 ω_{T_1} 和 ω_{T_2} 分别为 $\omega_{T_1}=\frac{1}{T_1}=1$，$\omega_{T_2}=\frac{1}{T_2}=300$，选择 $\omega_{T_2}=300$ 原因是因为 ω_{T_2} 接近液压马达的因有频率 $\omega_m=386$，而且在其附近剪切率为 $-40\ \mathrm{dB\cdot dec^{-1}}$，则

$$G_c(s)=\frac{\frac{s}{300}+1}{s+1} \tag{8.22}$$

校正后的系统 $G_c(s)W(s)$ 的增益交界频率 $\omega_c'=100\ \mathrm{rad\cdot s^{-1}}$，从 $\omega=\frac{1}{T_1}=1$ 处衰减 $20\ \mathrm{dB\cdot dec^{-1}}$，则与0 dB线相交的频率为新的增益交界频率 $\omega_c'=100\ \mathrm{rad\cdot s^{-1}}$。

$G_c(s)$ 的幅频和相频特性曲线如图8.8所示。

校正后波德图如图8.8所示。加校正后，$W(s)G(s)$ 的增益交界频率 $\omega_c'=100\ \mathrm{rad\cdot s^{-1}}$，其系统框图如图8.9所示。

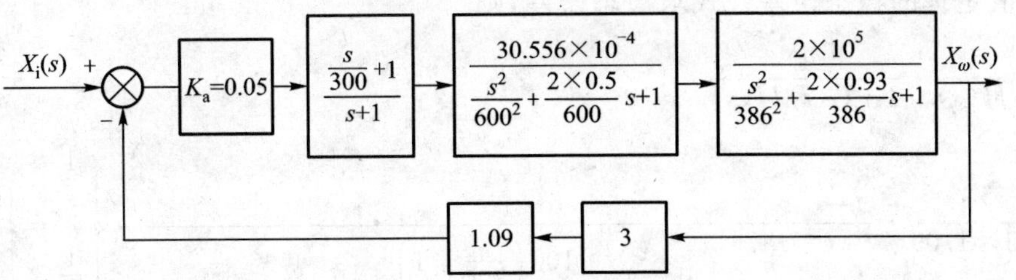

图 8.9 校正后系统框图

4. 滞后校正后开环系统的相位裕量和幅值裕量的计算

(1) 相位裕量的计算

已知 $\omega_c'=100\ \mathrm{rad\cdot s^{-1}}$，根据下式可计算相位裕量 γ。

则

$$\varphi(\omega)=\arctan\frac{1}{300}\omega-\arctan\omega-\arctan\frac{\frac{2\times0.5}{600}\omega}{1-\left(\frac{\omega}{600}\right)^2}-\arctan\frac{2\times0.93\times\frac{1}{386}\omega}{1-\left(\frac{\omega}{386}\right)^2}\quad(8.23)$$

$$\varphi(100)=\arctan\frac{100}{300}-\arctan100-\arctan\frac{0.16}{0.97}-\arctan\frac{0.48}{0.933}$$

$$=\arctan0.3-\arctan100-\arctan0.172-\arctan0.514=-108^\circ$$

则 $$\gamma=180^\circ-108^\circ=72^\circ$$

(2) 相位交界频率 ω_p 和幅值裕量的计算

当 $\varphi(\omega_p)=-180^\circ$ 时的幅值，首先确定相位交界频率 ω_p。

因为 $\varphi(\omega_p)=-180^\circ$，通过校正后作图可知 $\omega_p\approx400\ \mathrm{rad\cdot s^{-1}}$，将 $\omega_p=400\ \mathrm{rad\cdot s^{-1}}$ 代入式(8.23)验算可得

$$\varphi(400)=\arctan\frac{400}{300}-\arctan400-\arctan\frac{\frac{400}{600}}{1-\left(\frac{400}{600}\right)^2}-\arctan\frac{1.86\frac{400}{386}}{1-\left(\frac{400}{386}\right)^2}$$

$$=\arctan1.3-\arctan400-\arctan\frac{0.6}{0.5}-\arctan\frac{1.93}{-0.074}=-179.6^\circ\quad(8.24)$$

由式(8.23)可见 $\varphi(400)\approx180^\circ$，所以 $\omega_p'=400\ \mathrm{rad\cdot s^{-1}}$ 基本准确。

$$L(\omega_p=400)=20\lg100+20\lg\sqrt{1+\left(\frac{1}{300}\right)^2\omega_p^2}-20\lg\sqrt{1+\omega_p^2}-$$

$$20\lg\sqrt{\left[1-\left(\frac{\omega_p}{600}\right)^2\right]^2+\left(\frac{2\times0.5}{600}\omega_p\right)^2}-20\lg\sqrt{\left[1-\left(\frac{\omega_p}{386}\right)^2\right]^2+\left(\frac{2\times0.93}{386}\omega_p\right)^2}$$

$$=40+20\lg1.6-20\lg400.00125-20\lg0.869-20\lg1.9287=-12.444\ \mathrm{dB}\quad(8.25)$$

所以，经校正后系统稳定，其相位裕量 $\gamma=72^\circ$，增益裕量为 $+12.444$ dB。

5. 系统稳态误差的计算

由校正后系统框图 8.9 可知，该系统不是单位负反馈系统，$H(s)=K_{s_1}K_f=3\times1.09$，根

据基于终值定理的稳态误差公式求稳态误差，则

$$e_{ss}=\lim_{s\to 0} s\,\frac{1}{H(s)}\cdot\frac{1}{1+G(s)H(s)}$$

$$=\lim_{s\to 0} s\,\frac{1}{3\times 1.09}\cdot\frac{1}{1+\dfrac{100\left(\dfrac{s}{300}+1\right)}{(s+1)\left(\dfrac{s^2}{600^2}+\dfrac{2\times 0.5}{600}s+1\right)\left(\dfrac{s^2}{386^2}+\dfrac{2\times 0.93}{386}s+1\right)}}\cdot\begin{cases}\dfrac{1}{s}\\ \dfrac{1}{s^2}\end{cases}=\begin{cases}0.003\,03\\ \infty\end{cases} \tag{8.26}$$

由此可见，当输入斜坡函数时，其误差为无穷大，说明系统不能跟踪斜坡函数。

8.3　活塞销孔镗削加工的表面质量分析与控制

1. 问题的提出

某国营机械厂，在一台金刚石镗床上加工直升机发动机活塞的销孔。活塞最大外径为 $\phi 154.7\pm 0.04$ mm，销孔直径为 $\phi 38^{+0.045}_{+0.025}$ mm，孔深为 53 mm，两销孔同轴度不大于 0.05 mm，表面粗糙度为 $R_a=0.16\ \mu$m，活塞结构外形示意图如图 8.10 所示。原机床加工是两个镗头分别镗活塞左右两销孔，镗刀杆直径为 ϕ28 mm，刀杆长度为 70 mm。两孔同轴度取决于机床的 x、y 两个方向的调整精度，质量难以保证。故想改为由一个镗杆加工两销孔，这样镗杆要加长近 140 mm。当改进后进行切削加工时，镗刀杆出现了极其严重的颤振，并伴随刺耳的噪声。销孔表面却出现了深为 0.3～0.5 mm 的振痕，振痕如图 8.11 活塞销孔切剖后加工表面的实物照片所示。其振痕明显是由于加工过程中的振动所引起的，加工过程中的振动可分为自激振动和强迫振动。强迫振动是由外界周期性干扰力的作用引起的。自激振动是由于切削过程中切削力的周期变化而引起的，这种周期变化的切削力反过来又加强和维持了振动，使振动系统不断地补充由于阻尼所消耗的能量。自激振动的特点，其一是一种不衰减的振动，其二振动频率等于或接近系统的固有频率。经分析可确定所产生的振动为自激振动。

图 8.10　活塞结构外形示意图

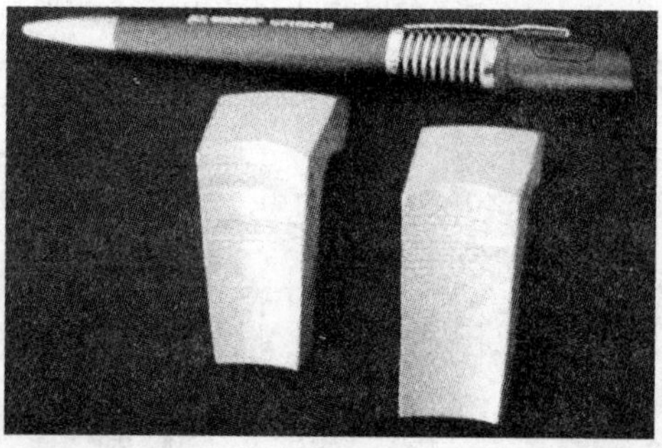

图 8.11　活塞销孔切剖后加工表面的实物照片

如何解释和解决这一质量问题，现试用控制理论分析其原因，并提出改进措施和解决问题的方法。

2. 绘制系统的结构原理简图

与所研究的问题直接相关的就是镗刀杆，镗刀切削系统结构简图如图 8.12 所示，$F(t)$ 为切削力，$x_0(t)$为镗刀刀尖处镗杆在切削力方向上的变形。

3. 建立系统的物理模型

镗刀切削系统的物理模型如图 8.13 所示。m 为镗刀系统运动的质量，f 为镗刀系统粘滞阻尼系数，k 为镗刀杆的刚度。

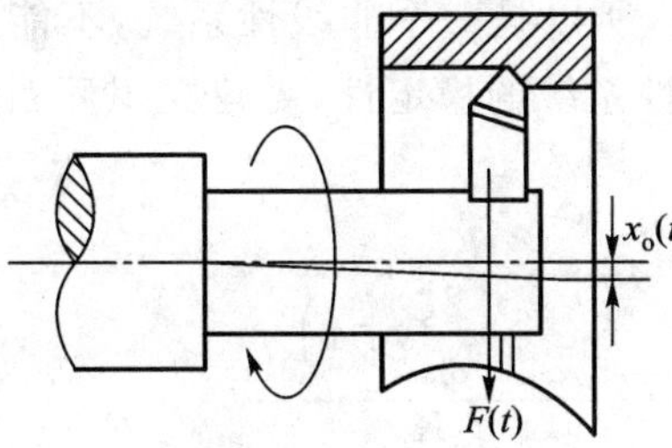

图 8.12 镗刀切削系统简图

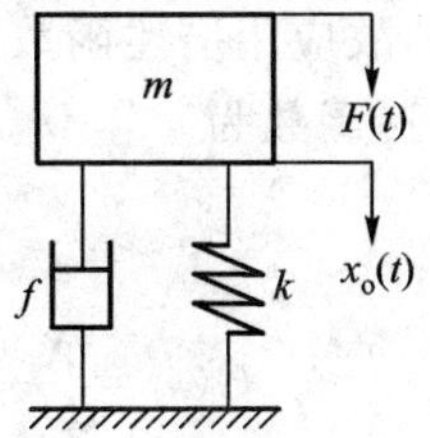

图 8.13 镗刀切削系统物理模型

4. 建立系统的数学模型

根据图 8.13 的物理模型建立其数学模型为

$$F(t)=m\ddot{x}_0(t)+f\dot{x}_0(t)+kx_0(t) \tag{8.27}$$

5. 建立系统的传递函数

对式(8.27)进行拉氏变换，并令初始条件为零，则

$$F(s)=ms^2X_0(s)+fsX_0(s)+kX_0(s)$$

以切削力 $F(t)$为输入，以镗刀在切削力方向上的变形 $x_0(t)$为输出的传递函数为

$$G'(s)=\frac{X_0(s)}{F(s)}=\frac{1}{ms^2+fs+k}=\frac{1}{k\left(\dfrac{s^2}{\omega_n^2}+\dfrac{2\zeta}{\omega_n}s+1\right)} \tag{8.28}$$

式中 ω_n——系统无阻尼自振频率 $\omega_n=\sqrt{\dfrac{k}{m}}$；

ζ——阻尼比，$\zeta=\dfrac{f}{2\sqrt{mk}}$。

若工件名义切除量为 $u_0(t)$，而实际切除量为 $u(t)$，则

$$u(t)=u_0(t)-x_0(t)$$

$$U(s)=U_0(s)-X_0(s) \tag{8.29}$$

在弹性系统中，当进给量很小，而镗杆转速又较高时，若主轴转速为 n，则镗刀每转一转所需时间为 $\tau=\dfrac{1}{n}$，可认为刀具每一转切下金属量为 $u(t)-u(t-\tau)$。

其切削力为

$$F(t)=K_c[u(t)-u(t-\tau)]$$

$$F(s)=K_c(1-e^{-\tau s})U(s) \tag{8.30}$$

式中 K_c——切削系数，表示去除金属的难易程度。

根据式(8.28)、式(8.29)和式(8.30)建立系统以名义去除量为输入，以镗刀杆变形位移为输出的控制系统框图如图 8.14 所示。

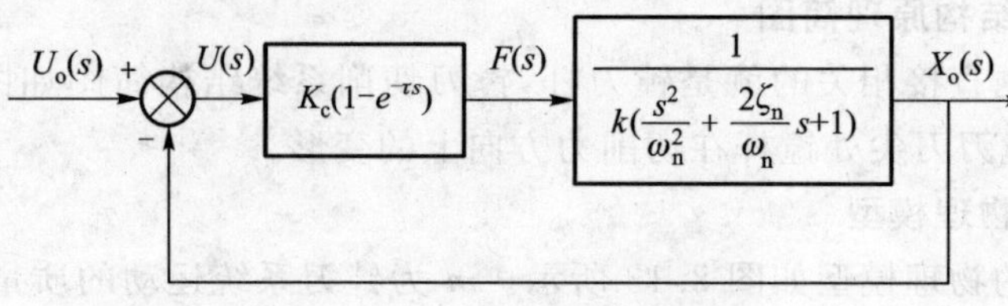

图 8.14　控制系统函数框图

由图 8.14 可见，系统中有超越函数 $e^{-\tau s}$ 存在，所以是一个非线性系统，不能用常规的方法判断其稳定性，故应用描述函数法来分析非线性系统的稳定性，需建立闭环系统的传递函数。闭环系统传递函数为

$$G(s)=\frac{X_0(s)}{U_0(s)}=\frac{(1-e^{-\tau s})\cdot\dfrac{K_c}{k\left(\dfrac{s^2}{\omega_n^2}+\dfrac{2\zeta}{\omega_n}s+1\right)}}{1+(1-e^{-\tau s})\dfrac{K_c}{k\left(\dfrac{s^2}{\omega_n^2}+\dfrac{2\zeta s}{\omega_n}+1\right)}} \tag{8.31}$$

6. 系统稳定性分析

(1) 基于描述函数法的非线性系统稳定性分析

由式(8.31)知，在特征方程中，有超越函数 $e^{-\tau s}$ 存在，是一个非线性方程。在此用描述函数法来分析非线性系统的稳定性，判断系统是否产生了自激振荡，同时可以确定自激振荡的振幅、频率以及如何消除或减小自激振荡。

描述函数法是在频率域内处理分析非线性系统的一种工程近似法，实际上是线性系统中的奈氏判据在非线性系统中的推广。利用描述函数法分析非线性系统稳定性应满足：非线性系统中非线性部分与线性部分是分离的；只有一个非线性部分；线性部分具有低通滤波特性，一般实际系统中，线性元件都带有低通滤波特性。满足上述假设条件才能使其结果的误差足够小到合理的范围以内，这样利用描述函数法得出的结果才能符合实际情况。

当用描述函数法来分析非线性系统时，要把非线性系统简化成一个等效的线性部分 $G_m(s)$ 与等效非线性部分 $G_c(s)$ 在闭环回路中串联的标准形式。则

$$G_m(s)=\frac{1}{\dfrac{s^2}{\omega_n^2}+\dfrac{2\zeta}{\omega_n}s+1} \tag{8.32}$$

$$G_c(s)=\frac{K_c}{k}(1-e^{-\tau s}) \tag{8.33}$$

由式(8.31)及式(8.32)、式(8.33)得闭环回路中串联的标准形式，其控制系统框图如图 8.15 所示。

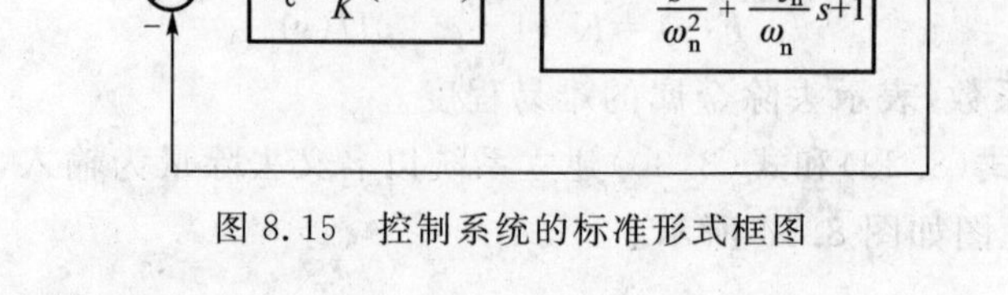

图 8.15　控制系统的标准形式框图

图 8.15 系统的传递函数为

$$\frac{X_0(s)}{U_0(s)}=\frac{G_c(s)G_m(s)}{1+G_c(s)G_m(s)} \tag{8.34}$$

系统的特征方程为

$$1+G_c(s)G_m(s)=0 \tag{8.35}$$

或者写成

$$G_m(s)=-\frac{1}{G_c(s)} \tag{8.36}$$

式中的$-1/G_c(s)$相当于描述函数法中非线性特性的负倒描述函数。在此情况下可以用$G_m(s)$轨迹和$-1/G_c(s)$轨迹之间的相对位置来判断系统的稳定性，即相交、相切或不相交来判断系统不稳定、临界稳定或稳定。

根据上述方法，可由式(8.31)得到系统的特征方程为

$$1+(1-e^{-\tau s})\frac{K_c}{k\left(\frac{s^2}{\omega_n^2}+\frac{2\zeta s}{\omega_n}+1\right)}=0 \tag{8.37}$$

由式(8.37)得

$$\frac{1}{\frac{s^2}{\omega_n^2}+\frac{2\zeta s}{\omega_n}+1}=-\frac{k}{K_c(1-e^{-\tau s})} \tag{8.38}$$

令式(8.38)两部分别等于线性特性部分$G_m(s)$和非线性特性的负倒描述函数$G'_c(s)=-\frac{1}{G_c(s)}$，则

$$G_m(s)=\left.\frac{1}{\frac{s^2}{\omega_n^2}+\frac{2\zeta s}{\omega_n}+1}\right|_{s=j\omega}=\frac{1}{1+\frac{2\zeta\omega j}{\omega_n}-\frac{\omega^2}{\omega_n^2}} \tag{8.39}$$

$$\begin{aligned}G'_c(s)&=-\frac{k}{K_c}\cdot\left.\frac{1}{(1-e^{-\tau s})}\right|_{s=j\omega}=-\frac{k}{K_c}\left[\frac{1}{1-(\cos\omega\tau-j\sin\omega\tau)}\right]\\&=-\frac{k}{2K_c}+j\frac{k}{2K_c}\cot\frac{\omega\tau}{2}\end{aligned} \tag{8.40}$$

(2) 系统极坐标图的绘制

分别绘制$G'_c(s)$和$G_m(s)$的极坐标图（奈氏图），通过观察$G'_c(s)$和$G_m(s)$在极坐标图上是否相交来判断其稳定性。

因为$G'_c(s)$分母有零根存在，即当$s=0$时，$e^{-\tau s}=1$，也就是说特征方程有一个极点处于s平面的原点上，则s的取值必须绕过原点$s=0$处，即以原点为圆心，以无穷小的δ为半径画圆，逆时针方向从右侧绕过原点，组成一个封闭的奈氏轨迹曲线Γ_s，奈氏轨迹包围了整个s平面的右半部，所以也就包围了特征方程中具有正实部的全部零点和极点，如图 8.16 所示。

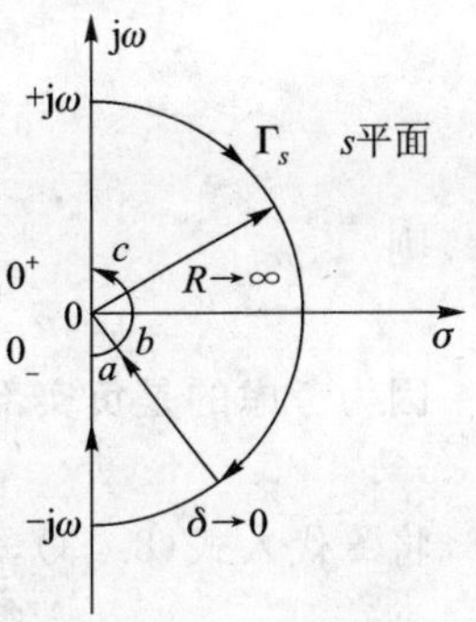

图 8.16 动点 s 的移动路径

动点 s 的移动路径：$-\infty\to 0_-\to\widehat{abc}\to 0_+\to+\infty$，其中 $\widehat{abc}$ $\left(s=\delta e^{j\theta},\delta\to 0,\theta\text{ 逆时针由}-\frac{\pi}{2}\to 0\to+\frac{\pi}{2}\right)$。显然，$s$ 在 s 平面上，ω 由 $-\infty\to 0_-$ 和 $0_+\to+\infty$ 变化时，则 $G_c'(s)$ 在 s 平面上实部为 $-\frac{k}{2K_c}$，其虚部为 $\omega\tau$ 的周期函数；ω 由 $0_-\to 0_+$ 变化是按 $s=\delta e^{j\theta}$ 变化，而在 s 平面上是半径为无穷大的一个圆；当 ω 为 $+\infty$ 和 $-\infty$ 时，在 s 平面上是一个点，如图 8.17 所示。

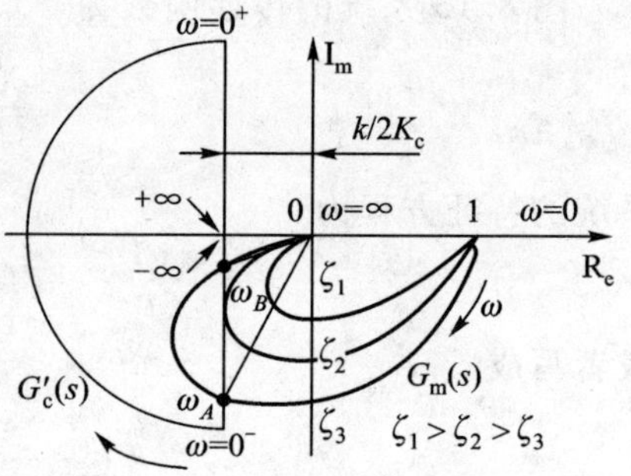

图 8.17　系统的极坐标图

绘制 $G_m(j\omega)$ 的极坐标图如图 8.17 所示。

(3) 系统稳定性的判断

如果 $G_m(j\omega)$ 在 $G_c'(s)$ 之外且不相交，根据非线性描述函数法的倒幅特性，不相交，系统不发生振荡，则系统绝对稳定，即是无条件稳定。

如果 $G_m(j\omega)$ 与 $G_c'(s)$ 相切，系统为临界稳定。如果 $G_m(j\omega)$ 与 $G_c'(s)$ 相交，系统为有条件稳定。

1) 无条件稳定的判断

$G_m(j\omega)$ 的负实部绝对值的最大值 $<\frac{k}{2K_c}$，即

$$|R_e\{G_m(j\omega)\}|_{max}<\frac{k}{2K_c} \tag{8.41}$$

则为无条件稳定。

所以首先根据式(8.39)写出 $G_m(s)$ 的实部，则

$$G_m(j\omega)=\left.\frac{1}{1+\frac{2\zeta}{\omega_n}\omega j-\frac{\omega^2}{\omega_n^2}}\right|_{\frac{\omega}{\omega_n}=r}=\frac{1-r^2}{(1-r^2)^2+4\zeta^2r^2}-j\,\frac{2\zeta r}{(1-r^2)^2+4\zeta^2r^2} \tag{8.42}$$

再根据式(8.42)求 $G_m(s)$ 实部的最大值，则

$$R_e\{G_m(j\omega)\}=\frac{1-r^2}{(1-r^2)^2+4\zeta^2r^2}=\left.\frac{1-r^2}{(1-r^2)^2-4\zeta^2(1-r^2)+4\zeta^2}\right|_{(1-r^2)=z}$$
$$=\frac{z}{z^2-4\zeta^2z+4\zeta^2} \tag{8.43}$$

对式(8.43)求导，并令其导数为零，则

$$\frac{\partial R_e\{G_m(j\omega)\}}{\partial z}=0$$

$$\left(\frac{z}{z^2-4\zeta^2z+4\zeta^2}\right)'=\frac{-z^2+4\zeta^2}{(z^2-4\zeta^2z+4\zeta^2)^2}=0$$

则
$$-z^2+4\zeta^2=0$$
$$z=\pm 2\zeta$$

因为考虑的是负实部，所以取负值

$$z=1-r^2=-2\zeta$$

将 z 代入式(8.43)，求 $R_e\{G_m(j\omega)\}$ 负实部的最大值，为

$$|R_e\{G_m(j\omega)\}|_{max}=\frac{1}{4\zeta(1+\zeta)}$$

所以无条件稳定应满足$\frac{1}{4\zeta(1+\zeta)}<\frac{k}{2K_c}$

因为
$$\zeta=\frac{f}{2\sqrt{mk}}$$

所以
$$\frac{1}{4\frac{f}{2\sqrt{mk}}\left(1+\frac{f}{2\sqrt{mk}}\right)}<\frac{k}{2K_c}$$

$$\frac{m}{f(2\sqrt{mk}+f)}<\frac{1}{2K_c} \tag{8.44}$$

由不等式可以看出，增大镗杆刚度 k 和粘滞阻尼系数 f，或者降低切削系数 K_c 和质量 m 均可更有利于无条件稳定。

2）有条件稳定的判断

如果两曲线相交，如何解决稳定问题，需要求两交点的频率 ω_A 和 ω_B。

在 A、B 交点处，$G_c'(j\omega)=G_m(j\omega)$，因此，$G_m(j\omega)$ 和 $G_c'(s)$ 在交点处的幅值和相角均应相等。由图 8.17 知，$G_c'(s)$ 在 A、B 点实部均为 $-\frac{k}{2K_c}$，则采取幅值的实部相等，需根据式(8.42)和式(8.40)得

$$\frac{1-r^2}{(1-r^2)^2+4\zeta^2r^2}=-\frac{k}{2K_c} \tag{8.45}$$

由式(8.45)可见，r 是 ζ、k 和 K_c 的函数，当阻尼比为 ζ_3 时（见图 8.17），将有两个频率使式(8.45)成立。因为 $r=\frac{\omega}{\omega_n}$，$\omega_n$ 为固有频率；所以可由式(8.45)求出 ω，即 ω_A 和 ω_B。交点处相位相等，即$\angle G_m(j\omega)=\angle G_c'(j\omega)$，根据式(8.42)和式(8.40)的虚部和实部得

$$-\arctan\frac{2\zeta r}{1-r^2}=-\arctan\cot\frac{\omega\tau}{2}$$

则
$$\frac{2\zeta r}{1-r^2}=\cot\frac{\omega\tau}{2}$$

$$\frac{2\zeta\frac{\omega}{\omega_n}}{1-\frac{\omega^2}{\omega_n^2}}=\cot\frac{\omega\tau}{2} \tag{8.46}$$

将 ω_A 和 ω_B 分别代入上式，可分别求 τ_A 和 τ_B，因为 $\tau=\frac{1}{n}$ 即可得知 n_A 和 n_B。

如果保证 $\omega\tau$ 避开 $\omega_A\tau_A\sim\omega_B\tau_B$ 的范围，也就是适当选择 τ，使 $\omega\tau<\omega_A\tau_A$ 或 $\omega\tau>\omega_B\tau_B$ 时，则系统稳定。

7. 系统的改进

根据上述稳定性分析，通过合理选择镗刀杆转速 n 或者增大阻尼比 ζ（见图 8.17）都可以起到稳定系统的作用。但是，当时采用消振镗杆的结构形式，称为消振器，如图 8.18a 所示。图 8.18a 为消振镗杆的结构原理图，b 为消振镗杆物理模型示意图，c 为消振镗杆的物理模型。

根据图 8.18c 列写方程为

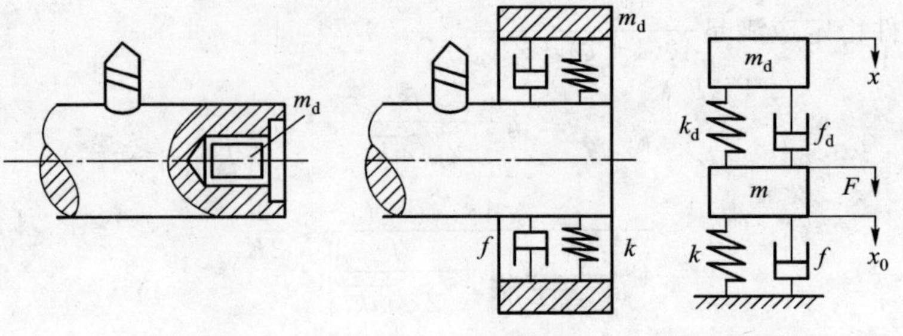

图 8.18 消振镗杆系统的结构及物理模型

$$\begin{cases} F-[k_d(x_0-x)+f_d(\dot{x}_0-\dot{x})+kx_0+f\dot{x}_0]=m\ddot{x}_0 \\ k_d(x_0-x)+f_d(\dot{x}_0-\dot{x})=m_d\ddot{x} \end{cases} \tag{8.47}$$

式中 k_d——镗杆消振器的弹性系数；

f_d——镗杆消振器的粘滞阻尼系数；

m_d——镗杆消振器质量块的质量；

x——镗杆消振器质量块的位移。

对式(8.47)进行拉氏变换，并令初始条件为零，则

$$\begin{cases} F(s)=(k+fs+ms^2)X_0(s)+(k_d+f_ds)[X_0(s)-X(s)] \\ X_0(s)=\dfrac{(k_d+f_ds+m_ds^2)}{k_d+f_ds}X(s) \end{cases} \tag{8.48}$$

因为
$$\omega_n^2=\frac{k}{m},\quad \frac{f}{m}=2\zeta\omega_n,\quad \omega_d^2=\frac{k_d}{m_d},\quad \frac{f_d}{m_d}=2\zeta_d\omega_d$$

则
$$\begin{cases} F(s)=k\left(\dfrac{s^2}{\omega_n^2}+\dfrac{2\zeta}{\omega_n}s+1\right)X_0(s)+k_d\left(\dfrac{2\zeta_d}{\omega_d}s+1\right)[X_0(s)-X(s)] \\ X_0(s)=\dfrac{\dfrac{s^2}{\omega_d^2}+\dfrac{2\zeta_d}{\omega_d}s+1}{\dfrac{2\zeta_d}{\omega_d}s+1}X(s) \end{cases}$$

改进的系统相当于在原系统(图 8.14)上增加局部反馈，如图 8.19 所示。

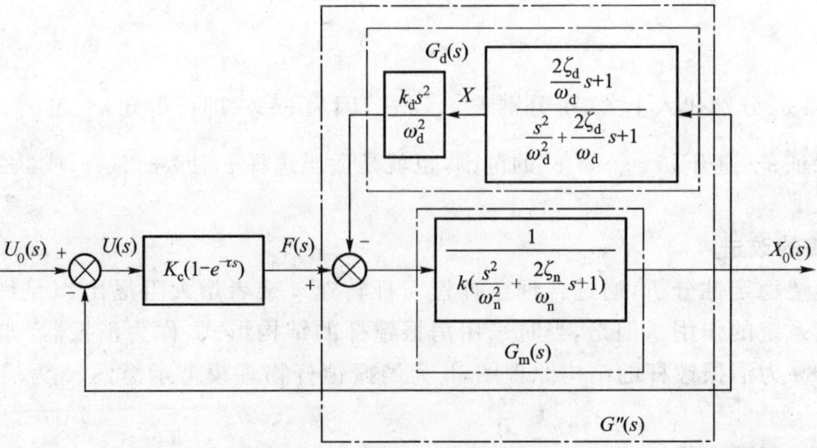

图 8.19 改进后系统框图

$$G_d(s)=\frac{k_d s^2}{\omega_d^2}\cdot\frac{\left(\frac{2\zeta_d}{\omega_d}s+1\right)}{\left(\frac{s^2}{\omega_d^2}+\frac{2\zeta_d}{\omega_d}s+1\right)} \tag{8.49}$$

$$G''(s)=\frac{X_0(s)}{F(s)}=\frac{G_m(s)}{1+G_m(s)G_d(s)} \tag{8.50}$$

由图 8.19 知，改进后的传递函数为

$$G(s)=\frac{X_0(s)}{U_0(s)}=\frac{K_c(1-e^{-\tau s})G''(s)}{1+K_c(1-e^{-\tau s})G''(s)} \tag{8.51}$$

再应用前面讲到的描述函数法判断系统的稳定性，其特征方程为

$$1+K_c(1-e^{-\tau s})G''(s)=0$$

$$G''(s)=-\frac{1}{K_c(1-e^{-\tau s})} \tag{8.52}$$

由式(8.50)和图 8.19 得

$$\begin{aligned}G''(s)&=\frac{X_0(s)}{F(s)}=\frac{G_m(s)}{1+G_m(s)G_d(s)}\\&=\frac{1}{k\left(\frac{s^2}{\omega_n^2}+\frac{2\zeta s}{\omega_n}+1\right)+\frac{k_d s^2}{\omega_d^2}\frac{\left(\frac{2\zeta_d s}{\omega_d}+1\right)}{\left(\frac{s^2}{\omega_d^2}+\frac{2\zeta_d s}{\omega_d}+1\right)}}\end{aligned} \tag{8.53}$$

将式(8.52)代入式(8.53)后，等式两端同乘以 k 得

$$\frac{1}{\left(\frac{s^2}{\omega_n^2}+\frac{2\zeta s}{\omega_n}+1\right)+\frac{k_d s^2}{k\omega_d^2}\frac{\left(\frac{2\zeta_d s}{\omega_d}+1\right)}{\left(\frac{s^2}{\omega_d^2}+\frac{2\zeta_d s}{\omega_d}+1\right)}}=-\frac{k}{K_c(1-e^{-\tau s})} \tag{8.54}$$

式(8.54)右端与式(8.38)右端完全相同，也就是相当于图 8.17 的虚轴左半部，记为 $G_c'(s)$，而式(8.54)左端为 $kG''(s)$，如果 $kG''(s)$ 极坐标图曲线与 $G_c'(s)$ 曲线不相交，则系统仍为绝对稳定。

下面利用 MATLAB 软件进行了仿真研究，根据所编写的仿真分析程序绘制了系统改进前后的奈氏图如图 8.20 所示。从图中可以看出，改进前 $G_m(s)$ 的奈氏图和距离为负实部 $R_e=-k/2K_c$ 的直线相交，这说明系统不稳定。而改进后 $kG''(s)$ 的奈氏图与直线不相交，这说明系统是稳定的。

下面系统地分析消振器各参数对系统稳定性的影响。选择消振器 k_d、ω_d、ζ_d 三个参数进行研究，分别改变三个参数的大小，观察奈氏图 $kG''(s)$ 的变化。

(1) 镗杆消振器的弹性系数 k_d 对系统的影响：取 k_d 分别为 1×10^7、1×10^8、1×10^9，观察 $kG''(s)$ 奈氏图的变化，如图 8.21 所示。从图中可以看出，k_d 越大，奈氏图 $kG''(s)$ 与距离为负实部 $R_e=-k/2K_c$ 的直线距离越远，则系统越稳定。

(2) 镗杆消振器的有阻尼固有频率 ω_d 对系统的影响：分别取 ω_d 为 100、500、1 000，观察 $kG''(s)$ 奈氏图的变化，如图 8.22 所示。从图中可以看出，ω_d 越大，$kG''(s)$ 奈氏图与距离为负实部 $R_e=-k/2K_c$ 的直线距离越远，则系统越稳定。

（3）镗杆消振器的阻尼比 ζ_d 对系统的影响：分别取 ζ_d 为 0.5、1、1.5，观察 $kG''(s)$ 奈氏图的变化如图 8.23 所示。从图中可以看出，ζ_d 越小，$kG''(s)$ 奈氏图与距离为负实部 $R_e = -k/2K_c$ 的直线距离越远，则系统越稳定。这说明阻尼比小，消振效果好。

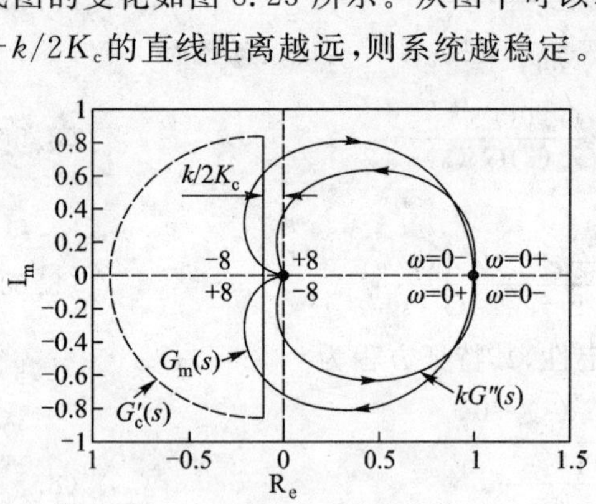

图 8.20　系统改进前后的奈氏图对比

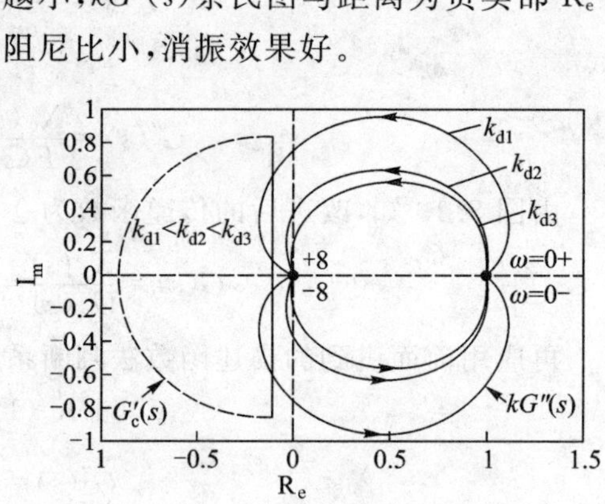

图 8.21　k_d 对系统的影响

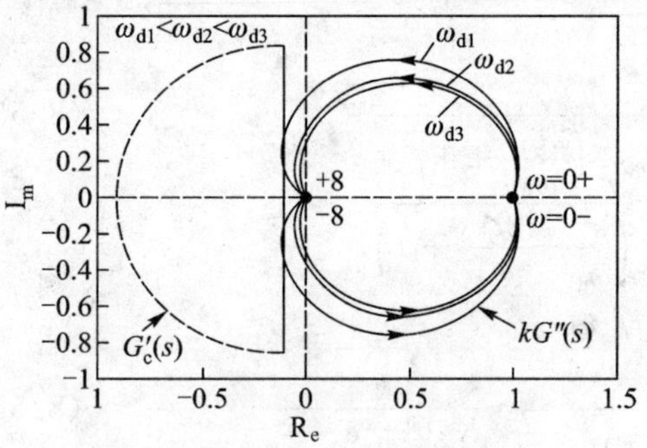

图 8.22　ω_d 对系统的影响图

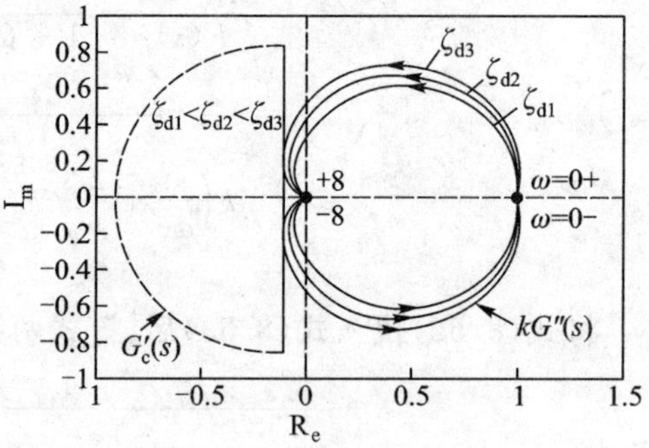

图 8.23　ζ_d 对系统的影响

在切削实验中，在镗杆端部允许的空间内，如图 8.18a 所示，通过不断地试验质量块质量的大小，采用不同密度的材料，以获得合适的 m_d。同时也改变质量块与镗杆端部内孔之间的间隙及中间所填充的介质（油或橡胶），这就意味着改变 k_d 和 f_d。使被加工的活塞销孔表面粗糙度值满足要求。实际上是在调整阻尼比 ζ_d 值的大小，因为 $\zeta_d = \dfrac{f_d}{2\sqrt{m_d k_d}}$，这就意味使 $kG''(s)$ 曲线与 $G'_c(s)$ 曲线不相交，则系统稳定。通过上述切削实验，最终消除了加工表面的振痕，如图 8.11 实物照片的大端，即活塞销孔外端切削表面显示了切削效果。最终满足了表面粗糙度 $R_a = 0.16\ \mu m$ 的要求，解决了活塞销孔的加工质量问题。

第9章 机床进给系统的速度和位置控制及稳定性分析

本章主要讲述机床进给系统的速度、位置控制及稳定性分析，包括直流电动机数学模型的建立、速度控制系统和位置控制系统的建立，以及用劳斯稳定判据和根轨迹方法对系统进行稳定性对比分析。通过学习读者可掌握如何建立速度、位置控制系统，并运用根轨迹的方法实现对系统的性能分析。

9.1 机床进给运动伺服控制系统的组成

机床进给系统运动伺服控制可分为开环控制和闭环控制。

9.1.1 机床进给系统的开环控制

开环控制没有反馈环节，一般采用步进电机驱动，如图9.1所示。步进电机的主要特征是控制电路每变换一次指令脉冲信号，电机就转过一个步距角。进给指令信号通过脉冲分配器提供脉冲来控制驱动电路，使步进电机运动。脉冲分配器通过变换脉冲个数控制位移量，以变换脉冲频率来控制位移速度，以变换脉冲分配顺序来控制位移方向。这种控制方式最大的特点是控制方便、结构简单、价格低廉。因为发出的指令信号流是单向的，所以不存在稳定性问题。其不足之处是因为没有反馈校正，机械传动误差不能被消除，所以位移精度与闭环控制相比不高。

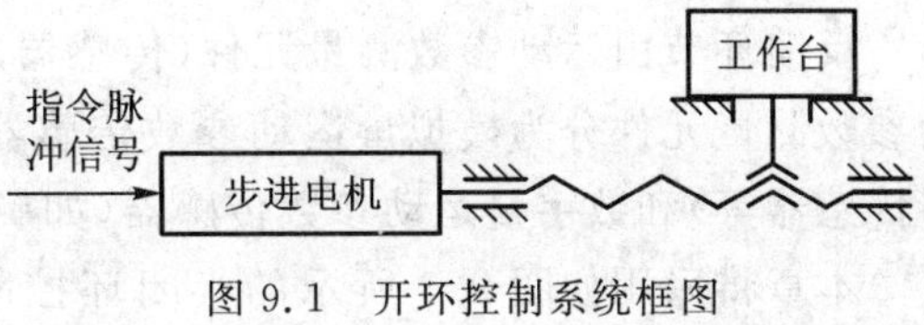

图9.1 开环控制系统框图

9.1.2 机床进给系统的闭环控制

机床伺服进给系统的闭环控制，一般采用直流或交流伺服电动机驱动，并配以位置反馈和速度反馈。按位置反馈检测元件的安装位置不同，又可分为全闭环控制系统和半闭环控制系统。

1. 全闭环控制系统

如图9.2所示，全闭环控制系统的位置反馈采用直线位移检测元件（目前一般采用光栅尺）。检测元件直接反馈工作台位移量，反馈信号与给定值进行比较，以误差值控制伺服机构，来消除或者减小传动系统造成的工作台位置误差。但是由于整体控制系统内机械环节的摩擦特性、刚度、间隙等均为非线性，而且整个机械传动链中的动态响应时间与电气响应时间相差很大，这样给闭环系统的稳定性校正带来很大困难，系统的设计和调整也相当复杂。但是可以通过直接控制输出量的大小，从而保证输出精度，因此全闭环控制方式主要用于进给精度要求较高的数控机床。

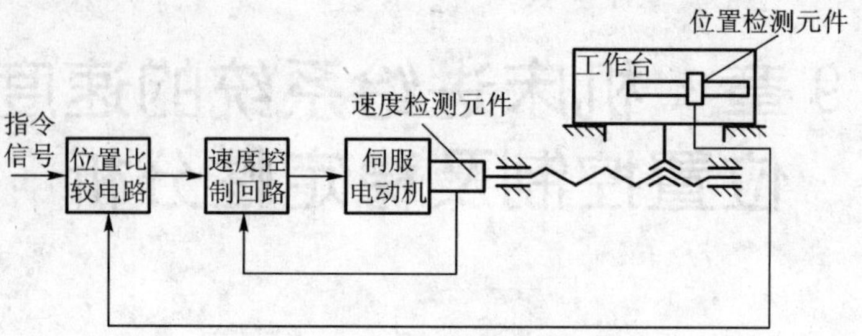

图 9.2 全闭环控制系统框图

2. 半闭环控制系统

如图 9.3 所示，半闭环控制系统的位置反馈采用转角检测元件（如编码器等），可直接安装在伺服电动机或丝杠端部。由于大部分机械传动环节未包括在系统闭环路之内，所以可获得较稳定的控制特性，并具有成本低、易于维修等特点，但是不能直接控制输出量的大小，难以获得更高精度的输出。

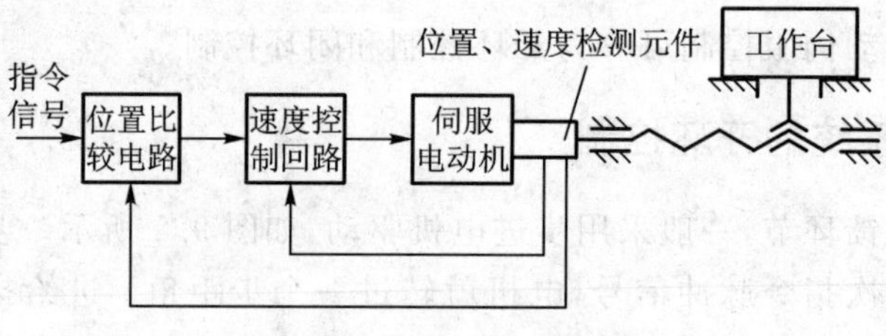

图 9.3 半闭环控制系统框图

3. 闭环控制系统中的反馈环节

反馈环节由运动参数测量元件（传感器）和反馈信号处理电路（反馈接口电路）组成。运动参数测量元件分为模拟量运动参数传感器（如测速发电机、旋转变压器、精密变阻式角位移传感器等）和数字量运动参数传感器（如旋转编码器、感应同步器、圆光栅等）。

本章将采用如图 9.3 所示的半闭环控制系统进行讨论。伺服进给选用直流伺服电动机，速度检测元件选用霍尔直流测速发电机，位置反馈元件选用反映转角变化的旋转变压器。

9.2 直流伺服电动机数学模型的建立

电动机的工作转矩应等于负载转矩与负载惯性系统加、减速转矩之和。其表达式为

$$M(t)=M_{\mathrm{L}}(t)+(J_{\mathrm{a}}+J_{\mathrm{l}})\frac{\mathrm{d}\omega(t)}{\mathrm{d}t} \tag{9.1}$$

式中 $M(t)$——电动机输出转矩，N·m；

$M_{\mathrm{L}}(t)$——负载转矩，N·m；

$\omega(t)$——电动机角速度，$\mathrm{rad \cdot s^{-1}}$；

J_{a}——电动机电枢转动惯量，$J_{\mathrm{a}}=2.2\times10^{-3}\ \mathrm{kg \cdot m^2}$；

J_l——负载的转动惯量，需将移动工作台的惯性转换到电机轴上，取 $J_l=\left(\frac{h}{2\pi}\right)^2\cdot m_z\approx5\times10^{-3}\ \mathrm{kg\cdot m^2}$，$h$ 为丝杠螺距，m_z 为工作台的质量。

电动机电路处于动态过程时，对电枢线圈所施加的电源电压 $u_a(t)$ 和电枢线圈内通过的电流 $i_a(t)$ 的关系为

$$u_a(t)=R_a i_a(t)+L_a\frac{\mathrm{d}i_a(t)}{\mathrm{d}t}+e_b(t) \tag{9.2}$$

式中 R_a——电动机电枢线圈内阻，$R_a=20\ \Omega$；

L_a——电动机电枢线圈的电感，$L_a=2\ \mathrm{H}$；

$e_b(t)$——电动机电枢线圈在定子磁场中运动时产生的反电势。

电动机输出转矩 $M(t)$ 应与通过电枢线圈的电流大小成正比，则

$$M(t)=K_T i_a(t) \tag{9.3}$$

式中 K_T——电动机输出扭矩常数，$K_T=5\ \mathrm{N\cdot m\cdot A^{-1}}$。

电动机电枢线圈产生的反电势 $e_b(t)$ 与电枢的工作角速度 $\omega(t)$ 成正比，则

$$e_b(t)=K_b\omega(t) \tag{9.4}$$

式中 K_b——电动机电枢反电势系数，$K_b=0.049\,8\ \mathrm{V\cdot rad^{-1}}$。

分别对式(9.1)～(9.4)进行拉氏变换，并令初始条件为零，得

$$M(s)=M_L(s)+(J_a+J_l)s\Omega(s) \tag{9.5}$$

$$U_a(s)=(R_a+L_a s)I_a(s)+E_b(s) \tag{9.6}$$

$$M(s)=K_T I_a(s) \tag{9.7}$$

$$E_b(s)=K_b\Omega(s) \tag{9.8}$$

将式(9.5)～(9.8)综合后得

$$\left\{[U_a(s)-K_b\Omega(s)]\frac{K_T}{R_a+L_a s}-M_L(s)\right\}\frac{1}{(J_a+J_l)s}=\Omega(s) \tag{9.9}$$

由式(9.9)得直流伺服电机系统框图，负载转矩 $M_L(s)$ 按外部干扰处理，如图 9.4 所示：

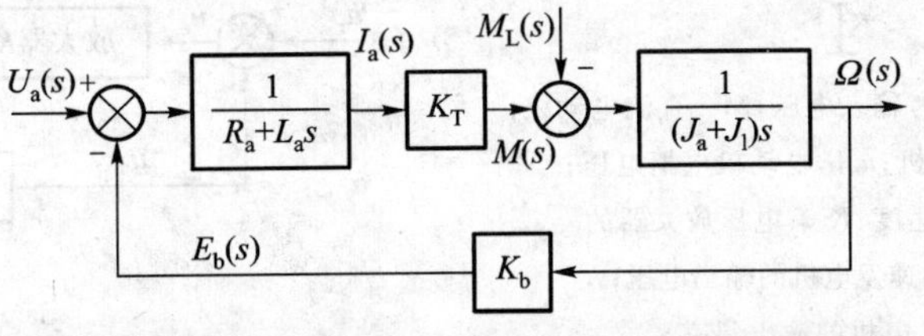

图 9.4 直流伺服电机转速为输出的系统框图

从图 9.4 可看到，系统的电源电压 $U_a(s)$ 减去反电势 $K_b\Omega(s)$ 成为对电枢线圈所施加的实际控制电压。它经过与电枢线圈的总阻抗 $(R_a+L_a s)$ 相关的环节形成电动机驱动电流 $I_a(s)$，再通过电动机输出扭矩常数 K_T 被转换成电机的输出转矩 $M(s)$。该转矩减去以干扰形式出现的电机外负载 $M_L(s)$ 后，便是对电机-负载下与惯性相关的环节 $(J_a+J_l)s$ 进行加速的“净转矩”，最后得到角速度输出 $\Omega(s)$。

不考虑外部干扰负载 $M_L(s)$ 时，直流伺服电机的传递函数为

$$G(s)=\frac{\Omega(s)}{U_a(s)}=\frac{\frac{K_T}{(L_a s+R_a)}\frac{1}{(J_a+J_l)s}}{1+\frac{K_T K_b}{(L_a s+R_a)(J_a+J_l)s}}=\frac{K_T}{(L_a s+R_a)(J_a+J_l)s+K_T K_b}$$

$$=\frac{K_T}{(J_a+J_l)L_a s^2+(J_a+J_l)R_a s+K_T K_b}$$

$$=\frac{\frac{1}{K_b}}{\frac{J_a+J_l}{K_T K_b}L_a s^2+\frac{J_a+J_l}{K_T K_b}R_a s+1}$$

$$=\frac{\frac{1}{K_b}}{T_m L_a s^2+T_m R_a s+1}=\frac{20.08}{0.022s^2+0.22s+1} \tag{9.10}$$

式中 T_m——直流电动机的时间常数，$T_m=\frac{J_a+J_l}{K_T K_b}=\frac{2.7\times10^{-3}}{5\times0.0498}=0.011$。

9.3 速度控制系统的建立及稳定性的对比分析

9.3.1 直流伺服电机的转速控制系统的建立

直流伺服电机的转速控制系统示意图和框图分别如图 9.5 和图 9.6 所示。该系统是由电压放大器(它起前置放大器和功率放大器的作用)、直流电机 M、直流测速发电机 TG 和分压器组成。

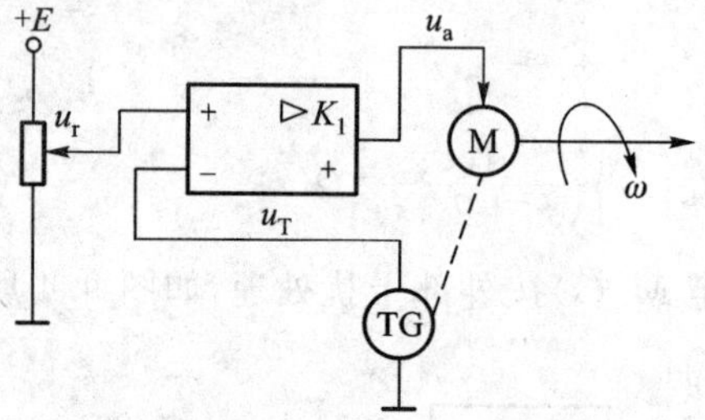

u_r—分压器调节下的参考输入电压；M—直流电动机；TG—直流测速发电机；u_a—电动机电枢电压；ω—电动机输出角速度；K_1—电压放大器的放大倍数；u_T—测速发电机的输出电压；K_H—测速发电机的输出斜率

图 9.5 直流伺服电机的转速控制系统示意图

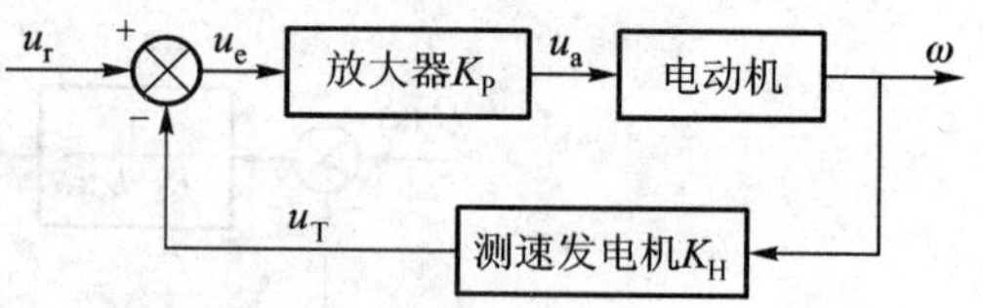

图 9.6 直流伺服电机的转速控制系统框图

直流测速发电机从结构上来说可有多种分类方法，其中有一种是按有刷和无刷来分的。无刷直流测速发电机的种类也较多，这里选择一种霍尔无刷直流测速发电机。该发电机具有输出电压无脉动成分、不存在电刷摩擦和火花噪音、剩余电压小、惯量小、寿命长和易于维修等特点。

图 9.6 中 K_H为霍尔无刷直流测速发电机的输出斜率。霍尔元件直流测速机的输出电压 u_T在一定范围内与转速成正比。其表达式为

$$u_T = K_H \omega \tag{9.11}$$

式中　ω——测速机的角速度，$rad \cdot s^{-1}$；

K_H——测速机输出电压幅值系数，取 $K_H = 0.007\ V \cdot s \cdot rad^{-1}$。

对式(9.11)进行拉氏变换，并令初始条件为零，得

$$U_T(s) = K_H \Omega(s) \tag{9.12}$$

9.3.2　速度控制系统传递函数的建立及稳定性的对比分析

根据式(9.10)和式(9.12)以及图 9.6，在不考虑外部干扰负载时，速度反馈控制系统框图如图 9.7 所示。

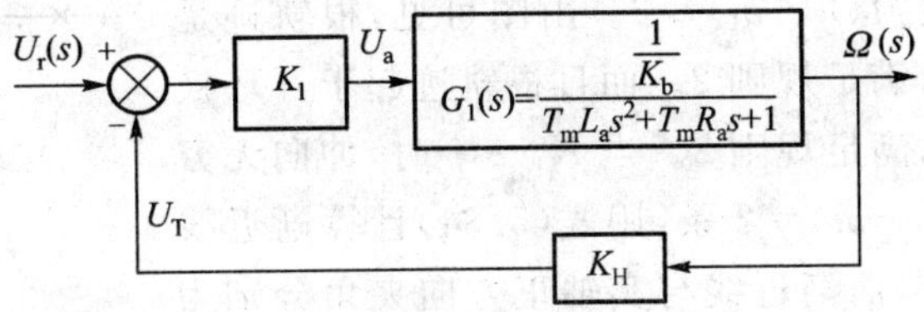

图 9.7　速度反馈控制系统框图

由图 9.7 可知，以电动机角速度为输出，以控制电压为输入的传递函数为

$$\frac{\Omega(s)}{U_r(s)} = \frac{K_1 G_1(s)}{1 + K_1 K_H G_1(s)} = \frac{\dfrac{\frac{K_1}{K_b}}{T_m L_a s^2 + T_m R_a s + 1}}{1 + \dfrac{\frac{K_1 K_H}{K_b}}{T_m L_a s^2 + T_m R_a s + 1}}$$

$$= \frac{\dfrac{K_1}{K_b}}{T_m L_a s^2 + T_m R_a s + 1 + \dfrac{K_1 K_H}{K_b}}$$

$$= \frac{K_1}{T_m L_a K_b s^2 + T_m R_a K_b s + K_b + K_1 K_H} \tag{9.13}$$

式(9.13) 特征方程为

$$T_m L_a K_b s^2 + T_m R_a K_b s + K_b + K_1 K_H = 0$$

$$1.096 \times 10^{-3} s^2 + 0.011 s + 0.049\,8 + 0.007 K_1 = 0$$

$$s^2 + 10.04 s + 45.44 + 6.39 K_1 = 0 \tag{9.14}$$

$$s_{1,2} = -5.48 \pm \frac{1}{2}\sqrt{100.8 - 4 \times (45.44 + 6.39 K_1)} \tag{9.15}$$

由式 (9.15)知，该系统当 K_1 值取等于或大于零的任意数时都稳定。特征方程的根随 K_1 值的变化如表 9.1 所示。

表 9.1　系统特征方程的根随 K_1 值的变化

K_1	0	10	50	100
$s_{1,2}$	$-5.48 \pm j4.5$	$-5.48 \pm j9.17$	$-5.48 \pm j19.1$	$-5.48 \pm j25.68$

9.3.3　速度反馈控制系统根轨迹的绘制

由式(9.13)知，该系统为二阶系统，判断系统的稳定性并不困难，只要特征方程的根均有负实部，该系统就稳定。现用根轨迹法，也即图解法来研究当改变系统的增益值 K_1 时，闭环极点的位置变化趋势。

下面绘制闭环极点 $s_{1,2}$ 随所有范围的 $K_1(0\to\infty)$ 值而变化的线段，如图 9.8 所示。

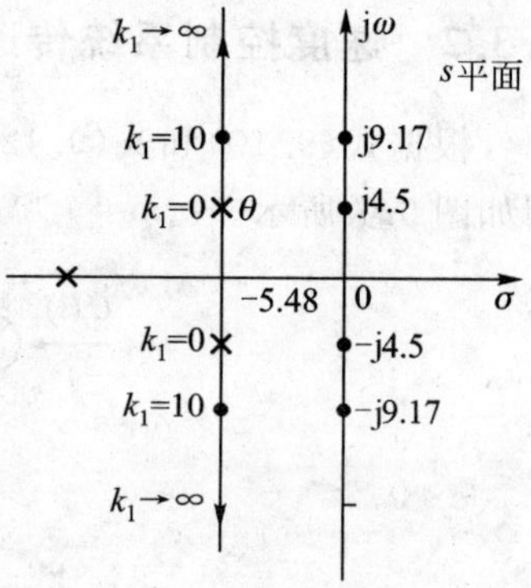

图 9.8　K_1 值范围的速度反馈控制系统根轨迹图

由式(9.15)或表 9.1 知，当 $K_1\geqslant 0$ 时，闭环极点均有负实部，而且是共轭复数极点。根据绘制根轨迹的规则 1 知，根轨迹在 s 平面分支数为 $(n-m)=2$。由图可见，根轨迹是连续的，且对称于实轴，满足规则 2。而且根轨迹起于开环极点，并终止于无穷远处，满足规则 3。当 $K_1\to\infty$ 时，伸向无穷远处根轨迹渐近线有 $(n-m)=2$ 条，用式(5.34)计算渐近线与实轴交点 $\sigma_a=-5.48$，而渐近线与实轴正方向夹角分别为 90°和 270°，满足规则 4。该系统根轨迹渐近线平行于虚轴，其极点永远在 s 平面的左侧，故系统稳定。

9.4　位置控制系统传递函数的建立及稳定性对比分析

下述系统的位置控制分为不考虑速度反馈和考虑速度反馈两种情况。

9.4.1　无速度反馈的位置控制系统传递函数的建立与稳定性分析

1. 无速度反馈的位置控制系统传递函数的建立

在不考虑外部干扰和速度反馈的条件下，建立以电动机转角 φ 为输出，以控制电压 u_r 为输入的系统框图，如图 9.9 所示。

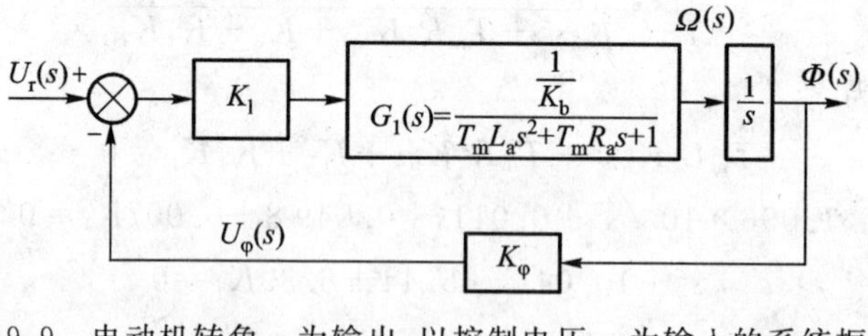

图9.9　电动机转角 φ 为输出，以控制电压 u_r 为输入的系统框图

系统中选用位置反馈元件为旋转变压器，旋转变压器的输出电压 u_φ 在一定范围内与转角成正比，其表达式为

$$u_\varphi=K_\varphi\varphi \tag{9.16}$$

式中　K_φ——旋转变压器输出电压幅值位置系数，取 $K_\varphi=0.005\ \text{V}\cdot\text{rad}^{-1}$；

　　φ——旋转变压器旋转角，rad。

对式(9.16)进行拉氏变换，并令初始条件为零，得

$$U_\varphi(s)=K_\varphi\Phi(s) \tag{9.17}$$

图 9.9 电动机转角 φ 为输出，以控制电压 u_r 为输入的传递的函数为

$$\frac{\Phi(s)}{U_r(s)}=\frac{K_1G_1(s)\frac{1}{s}}{1+K_1K_\varphi G_1(s)\frac{1}{s}}=\frac{\dfrac{\frac{K_1}{K_b}}{s(T_mL_as^2+T_mR_as+1)}}{1+\dfrac{\frac{K_1K_\varphi}{K_b}}{s(T_mL_as^2+T_mR_as+1)}}$$

$$=\frac{K_1}{T_mL_aK_bs^3+T_mR_aK_bs^2+K_bs+K_1K_\varphi} \tag{9.18}$$

此闭环系统特征方程为

$$T_mL_aK_bs^3+T_mR_aK_bs^2+K_bs+K_1K_\varphi=0$$

$$1.096\times10^{-3}s^3+0.011s^2+0.0498s+0.005K_1=0$$

$$s^3+10.04s^2+45.44s+4.56K_1=0 \tag{9.19}$$

2. 用劳斯稳定判据判断系统的稳定性

$$\begin{array}{lll} s^3 & 1 & 45.44 \\ s^2 & 10.04 & 4.56K_1 \\ s^1 & b_1 & \\ s^0 & c_1 & \end{array}$$

$$b_1=-\frac{1}{10.04}\begin{vmatrix}1 & 45.44\\ 10.04 & 4.56K_1\end{vmatrix}=-\frac{4.56K_1-456.22}{10.04}>0 \quad K_1<100.05$$

$$c_1=4.56K_1>0$$

则

$$0<K_1<100.05 \tag{9.20}$$

3. 用 MATLAB 计算闭环系统特征方程的根

根据式(9.19)计算闭环系统特征方程的根，如表 9.2 所示。

表 9.2 系统特征方程的根随 K_1 值的变化

K_1	0	10	50	100.04	100.05	110
s_1	0	−1.3539	−7.9346	−10.0398	−10.0401	−10.3379
s_2	−5.02+j4.5	−4.34+j3.85	−1.05+j5.26	-1.2×10^{-4} +j6.7409	$+0.36\times10^{-4}$ +j6.7412	+0.15+j6.96
s_3	−5.02−j4.5j	−4.34−j3.85	−1.05−j5.26	-1.2×10^{-4} −j6.7409	$+0.36\times10^{-4}$ −j6.7412	+0.15−j6.96

4. 作根轨迹图

系统的开环传递函数由图 9.9 得

$$W(s)=\frac{\frac{K_1K_\varphi}{K_b}}{s(T_mL_as^2+T_mR_as+1)}=\frac{0.005K_1}{s(1.096\times10^{-3}s^2+0.011s+0.0498)}$$

$$=\frac{4.56K_1}{s(s^2+10.04s+45.44)} \tag{9.21}$$

由式(9.21)知特征方程的根为：$s_{1,2}=-5.02\pm j4.5$；$s_3=0$

$$W(s)=\frac{4.56K_1}{s(s+5.02+\mathrm{j}4.5)(s+5.02-\mathrm{j}4.5)} \tag{9.22}$$

由式(9.22)知，系统的最高阶次 $n=3$，则系统的根轨迹具有三个分支。根据根轨迹的连续性和对称性的特点，在 s 平面上根轨迹的三个分支必然是连续且对称于实轴的曲线，如图 9.10 所示。

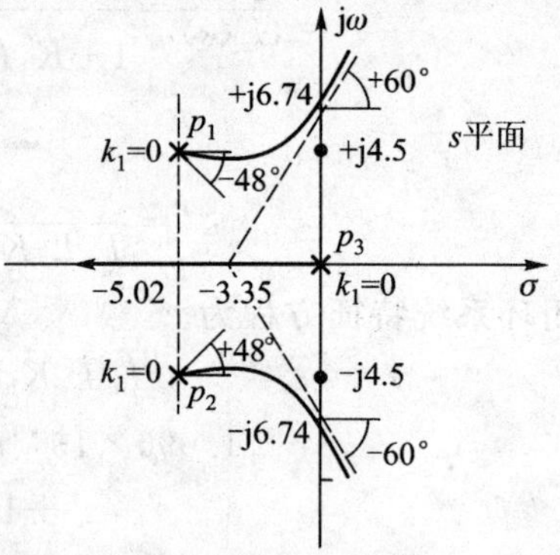

图 9.10　K_1值范围的位置反馈(无速度反馈时)控制系统根轨迹图

根轨迹的三个分支分别起始于三个开环极点：$p_1=0$，$p_2=-5.02+\mathrm{j}4.5$，$p_3=-5.02-\mathrm{j}4.5$。三条根轨迹的起点分别为：(0，j0)，(−5.02，j4.5)，(−5.02+j4.5)。由于系统的开环有限零点数 $m=0$，则当 $K_1\to\infty$时，三条根轨迹终点都将伸向无穷远处。

实轴上的根轨迹，可以在实轴上选择试验点 s 分析。如果在这个试验点 s 的右边的实数极点和实数零点之和为奇数，则该试验点就位于根轨迹上。这是因为只有为奇数时，该点才满足幅角条件。

由表 9.2 可见，当 K_1不断增大时，根 s_1 均为负实部，由 0 趋于−∞，这也可由图 9.10 见到。

由于 $n=3$，$m=0$，所以该系统的根轨迹共有三条渐近线，它们在实轴上的交点坐标为

$$\sigma_{\mathrm{a}}=\frac{\sum_{i=1}^{n}(p_i)-\sum_{j=1}^{m}(z_i)}{n-m}=\frac{0-5.02+\mathrm{j}4.5-5.02-\mathrm{j}4.5}{3}=-3.35 \tag{9.23}$$

渐近线与实轴正方向的夹角分别为

$$l=0,\quad \frac{(2l+1)\pi}{n-m}=\frac{\pi}{3}=60^\circ$$

$$l=1,\quad \frac{3\pi}{3}=180^\circ$$

$$l=2,\quad \frac{5\pi}{3}=300^\circ=-60^\circ$$

由式(9.19)知：系统特征方程为

$$s^3+10.04s^2+45.44s+4.56K_1=0 \tag{9.24}$$

将 $s=\mathrm{j}\omega_{\mathrm{a}}$代入式(9.24)中得

$$(\mathrm{j}\omega_{\mathrm{a}})^3+10.04(\mathrm{j}\omega_{\mathrm{a}})^2+45.44(\mathrm{j}\omega_{\mathrm{a}})+4.56K_1=0$$

$$\mathrm{j}\omega_{\mathrm{a}}(-\omega_{\mathrm{a}}^2+45.44)-(10.04\omega_{\mathrm{a}}^2-4.56K_1)=0 \tag{9.25}$$

根据式(9.25)实部和虚部均应为零，求得根轨迹与虚轴的交点为

$$K_1=100.05\quad \omega_{\mathrm{a}}=\pm 6.741$$

当 $K_1=100.05$ 时，$\omega_{\mathrm{a}}=6.741$，此结果与表 9.2 结果是一致的。

根据式(5.37)求根轨迹的出射角 θ_{p_1}，出射角起始于开环复数极点 $p_1=-5.02+\mathrm{j}4.5$，$p_2=-5.02-\mathrm{j}4.5$ 则

$$\theta_{p_1}=\pm180^\circ-\angle(p_1-p_2)-\angle(p_1-p_3)=\pm180^\circ-90^\circ-\left(180^\circ-\arctan\frac{4.5}{5.02}\right)=-48^\circ$$

而 $\theta_{p_2}=+48°$。

此例无零点，故不存在入射角。由以上数据绘制根轨迹如图 9.10 所示。

9.4.2 有速度反馈的位置控制系统传递函数的建立与稳定性分析

在不考虑外部干扰，但考虑速度反馈和位置反馈的条件下，根据图 9.7 和图 9.9，建立以电动机转角为输出，以控制电压为输入的系统框图如图 9.11 所示。

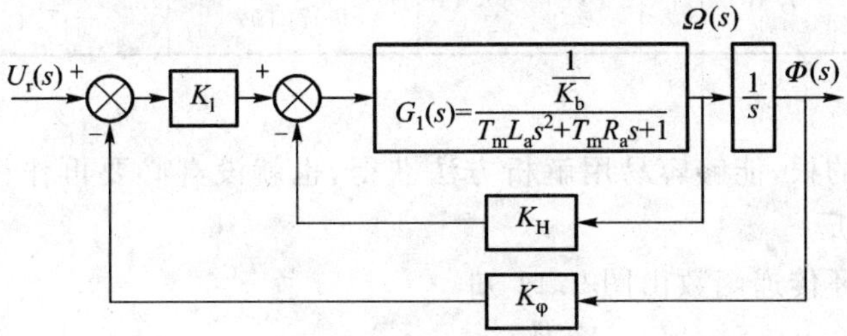

图 9.11 有速度反馈的位置控制系统框图

1. 有速度反馈的位置控制系统闭环传递函数的建立

$$\frac{\Phi(s)}{U_r(s)}=\frac{\dfrac{K_1G_1(s)}{[1+K_HG_1(s)]}\cdot\dfrac{1}{s}}{1+\dfrac{K_1K_\varphi G_1(s)}{s[1+K_HG_1(s)]}}$$

$$=\frac{K_1G_1(s)}{s[1+K_HG_1(s)]+K_1K_\varphi G_1(s)}$$

$$=\frac{K_1}{s(T_mL_aK_bs^2+T_mR_aK_bs+K_b+K_H)+K_1K_\varphi} \tag{9.26}$$

式(9.26)闭环系统特征方程为

$$s(T_mL_aK_bs^2+T_mR_aK_bs+K_b+K_H)+K_1K_\varphi=0$$

$$s(1.096\times10^{-3}s^2+0.011s+0.0498+0.007)+0.005K_1=0$$

$$s^3+10.04s^2+51.82s+4.56K_1=0 \tag{9.27}$$

2. 用劳斯稳定判据判断系统的稳定性

s^3	1	51.82
s^2	10.04	$4.56K_1$
s^1	b_1	
s^0	c_1	

$$b_1=-\frac{4.56K_1-10.04\times51.82}{10.04}>0 \quad K_1<114.1$$

$$c_1=4.56K_1>0$$

则该系统稳定 K_1 的取值范围为

$$0<K_1<114.1$$

3. 用 MATLAB 计算闭环系统特征方程的根

根据式(9.27) 计算闭环系统特征方程的根，如表 9.3 所示。

表 9.3　系统特征方程的根随 K_1 值的变化

K_1	0	10	50	114	114.1	114.2
s_1	0	-1.08	-7.23	-10.037	-10.040	-10.043
s_2	$-5.02+j5.16$	$-4.48+j4.7$	$-1.4+j5.44$	-0.14×10^{-2} $+j7.197$	0.76×10^{-4} $+j7.199$	0.16×10^{-2} $+j7.20$
s_3	$-5.02-j5.16$	$-4.48-j47$	$-1.4-j5.44$	-0.14×10^{-2} $+j7.197$	0.76×10^{-4} $-j7.199$	0.16×10^{-2} $-j7.20$

4. 作根轨迹图

如果特征方程的根,能够容易用解析方法获得,也就没有必要再作根轨迹图了,在此完全是为了作对比分析。

系统的位置开环传递函数由图 9.11 知

$$W(s)=\frac{K_1K_\varphi}{s[1+K_HG_1(S)]}=\frac{K_1K_\varphi}{s(T_mL_aK_bs^2+T_mR_aK_bs+K_b+K_H)}=\frac{4.56K_1}{s(s^2+10.04s+51.82)}\tag{9.28}$$

式(9.28)与式(9.21)相比极其相似,仅是将式中的 45.44 换成了 51.82。

由式(9.28)得

$$W(s)=\frac{4.56K_1}{s(s+5.02+j5.1594)(s+5.02-j5.1594)}\tag{9.29}$$

由式(9.29)知,根轨迹的三个分支分别起始于三个开环极点为:$p_1=0$,$p_2=-5.02+j5.16$,$p_3=-5.02-j5.16$。由于系统的开环有限零点数 $m=0$,则当 $K_1\to\infty$时,三条根轨迹终点都将伸向无穷远处。

由式(9.29)知,系统的最高阶次 $n=3$,则系统的根轨迹具有三个分支。根据根轨迹的连续性和对称性的特点,在 s 平面上根轨迹的三个分支必然是连续且对称于实轴的曲线,如图 9.12 所示。

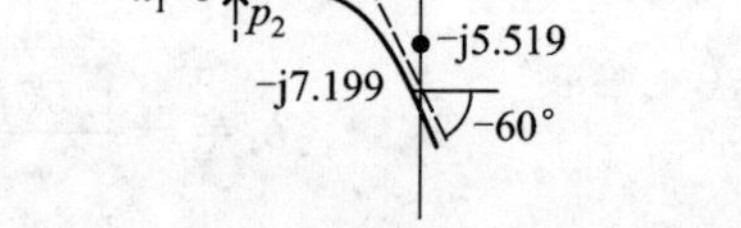

图 9.12　K_1值范围的位置反馈(无速度反馈时)控制系统根轨迹图

实轴上的根轨迹,可以通过在实轴上选择试验点 s 分析。如果在这个试验点 s 的右边的实数极点和实数零点之和为奇数,则该试验点就位于根轨迹上。这是因为只有为奇数时,该点才满足幅角条件。

由表 9.3 可见,当 K_1 不断增大时,根 s_1 均为负实部,由 0 趋于$-\infty$,这也可由图 9.12 见到。

由于 $n=3$,$m=0$,所以该系统的根轨迹共有三条渐近线,它们在实轴上的交点坐标为

$$\sigma_a=\frac{\sum_{i=1}^{n}(p_i)-\sum_{j=1}^{m}(z_i)}{n-m}=\frac{0-5.02+j5.16-5.02-j5.16}{3}=-3.35$$

渐近线与实轴正方向的夹角分别为

$$l=0,\quad \frac{(2l+1)\pi}{n-m}=\frac{\pi}{3}=60°$$

$$l=1,\quad \frac{3\pi}{3}=180°$$

$$l=2,\quad \frac{5\pi}{3}=300°=-60°$$

由式(9.27)知:系统特征方程为

$$s^3+10.04s^2+51.82s+4.56K_1=0 \tag{9.30}$$

将 $s=j\omega_a$ 代入式(9.30)中得

$$(j\omega_a)^3+10.04(j\omega_a)^2+51.82(j\omega_a)+4.56K_1=0$$

$$j\omega_a(-\omega_a^2+51.82)-(10.04\omega_a^2-4.56K_1)=0 \tag{9.31}$$

根据式(9.25)其实部和虚部均应为零,求得根轨迹与虚轴的交点为

$$\omega_a=\pm 7.199 \quad K_1=114.016$$

当 $K_1=114.016$ 时,$\omega_a=7.199$,此结果与表 9.3 结果是一致的。

由式(9.29)特征方程或表 3 知,当 $K_1=0$ 时:

根轨迹的三个分支分别起始于三个开环极点为

$$p_1=-5.02+j5.16;\quad p_2=-5.02-j5.16;\quad p_3=0$$

三条根轨迹的起点分别为

$$(-5.02,j5.16);\quad (-5.02+j5.16);\quad (0,j0)$$

求根轨迹的入射角和出射角,根据式(5.37)求根轨迹的出射角 θ_{p_1},出射角起始于开环复数极点 $p_1=-5.02+j5.16$;$p_2=-5.02-j5.16$,则

$$\theta_{p_1}=\pm 180°-\angle(p_1-p_2)-\angle(p_1-p_3)=\pm 180°-90°-\left(180°-\arctan\frac{5.16}{5.02}\right)=-44.4°$$

而 $\theta_{p_2}=+44.4°$。

此例无零点,故不存在入射角。由以上数据绘制根轨迹如图 9.12 所示。

由于系统的开环有限零点数 $m=0$,则当 $K_1\to\infty$ 时,三条根轨迹终点都将伸向无穷远处。

第10章 控制系统的状态空间描述

本章主要介绍状态空间描述的基本概念，线性定常连续系统、线性时变连续系统、线性离散系统等的状态方程及其输出方程的列写问题，利用 MATLAB 数学模型转换列写系统状态方程和实际控制系统状态方程的列写举例等。本章是现代控制理论的基础，要求熟练掌握各类系统状态方程的列写，特别是由系统框图直接列写系统状态方程的方法，学会利用 MATLIB 数学模型转换列写系统状态方程的方法等。

科学技术的迅速发展相应的对自动控制提出了更高的要求，这其中包括控制的程度、精度、速度以及适应能力的要求，进而推动了自动控制的理论和技术迅速向前发展。特别是 20 世纪 60 年代数字计算机的迅速发展，完善了控制理论和控制技术的基础研究设备，利用数字计算机完成复杂的非线性系统、多输入多输出系统的设计与分析系统成为可能。然而，利用数字计算机进行控制系统的辅助设计与分析，需要有一种适合应用于数字计算机分析与设计的理论基础与数学模型，这种理论基础即是现代控制理论，这个数学模型即是建立在状态空间上的状态方程。

现代控制理论是建立在状态空间上的一种分析方法，它的数学模型主要是状态方程。控制系统的分析与设计是可以精确的。控制对象可以是单输入-单输出控制系统，也可以是多输入-多输出控制系统；可以是线性定常控制系统；也可以是非线性时变控制系统；可以是连续控制系统，也可以是离散和(或)数字控制系统。因此，现代控制理论的应用范围更加广泛。其分析与设计的方法是建立在状态空间上的，主要的控制策略有极点配置，状态反馈、输出反馈等。由于现代控制的分析与设计方法是精确，因此，现代控制可以得到最优控制。但这些控制策略大多是建立在已知系统的基础之上的。严格来说，大部分的控制系统是一个完全未知或部分未知系统，这里包括系统本身参数未知、系统状态未知两个方面，同时被控制对象还受外界干扰、环境变化等的因素影响。

10.1 状态空间描述的基本概念

现代控制理论是建立在状态空间上的控制理论，其数学模型即是状态方程。用状态空间法进行控制系统的分析与综合，比以传递函数为基础的分析设计方法更为直接和方便。为进一步讨论状态空间的描述和控制系统的分析需要，这里先介绍系统状态、状态变量、状态空间、状态方程等几个基本概念。

1. 系统状态

控制系统的状态是描述系统行为的最小一组变量，只要知道在 $t=t_0$ 时刻的这组变量和 $t\geqslant t_0$ 时刻的输入函数，便完全可以确定在任何 $t\geqslant t_0$ 时刻上的系统的行为，这个系统的行为称为系统状态。系统状态完整、确定地描述了系统的动态行为。基于系统状态的概念，控制系统在时刻 t 的行为是由 t_0 时刻的系统行为和 $t \geqslant t_0$ 时刻的输入函数唯一地确定，而与 t_0 时刻前的行为与输入无关。在分析线性定常系统时，通常取初始时刻 t_0 为零。

2. 状态变量

构成控制系统状态的变量称为状态变量。在控制系统中，状态变量并非是唯一的，也并非一定是系统的输出及其各阶导数，也不要求状态变量在物理上一定是能控和能观测的。根据不同的选择方法和从不同的角度选择系统状态变量，所得的系统状态方程及其输出方程，在形式上可以是不同的。但在同一作用函数的作用下，所得的系统输出函数都是相同的。系统状态变量的选择原则是：系统状态应具备在已知初始状态和输入函数的条件下，可以完全确定系统未来的所有运动状态。系统状态变量的选择条件是在系统状态方程中，任何一个状态方程均不包含作用函数的导数项。

3. 状态向量

若完全描述一个给定系统的动态行为需要 n 个状态变量，记为 $x_1(t), x_2(t), \cdots, x_n(t)$，将这些状态变量看成向量 $\boldsymbol{X}(t)$ 的分量，则称向量 $\boldsymbol{X}(t)$ 为系统的状态向量。

4. 状态空间

以状态向量 $\boldsymbol{X}(t)$ 的分量 $x_1(t), x_2(t), \cdots, x_n(t)$ 为坐标轴，构成的 n 维空间称为状态空间，任意的状态 $\boldsymbol{X}(t)$ 都可以用状态空间中的一个点来描述。

5. 状态方程

对于一个连续控制系统，通过向量表示法，可以将描述 n 阶系统动态特性的微分方程表示成一阶矩阵微分方程，若向量分量是选定的状态变量，则上述一阶矩阵微分方程称为连续系统的状态方程。

同样，对于一个离散控制系统，也可以通过向量表示法，将描述 n 阶离散系统动态特性的差分方程表示成一阶矩阵差分方程，这个一阶矩阵差分方程称为离散系统的状态方程。

有了上述几个基本概念，就可以着手研究描述控制系统状态方程的列写方法。列写系统状态方程的方法有很多，主要是根据系统微分方程或系统差分方程、系统传递函数、系统框图直接列写系统状态方程及输出方程。在这里，将详细介绍各类系统包括线性系统、非线性系统、连续系统、离散系统、定常系统、时变系统等的状态方程及输出方程的列写方法。重点介绍由微分方程、差分方程尤其是由系统框图直接列写系统状态方程的方法。由系统框图直接列写的系统状态方程中，由于引进了状态反馈方程、状态传递方程，从而极大地简化了复杂控制系统、多输入-多输出控制系统状态方程的列写过程。

10.2　线性定常连续系统的状态方程及输出方程

10.2.1　由系统微分方程列写状态方程及输出方程

描述线性定常连续系统的动态特性的微分方程中，经常见到作用函数含导数项和作用函数不含导数项两种系统，根据系统状态变量的选择思想与选择原则，这两种系统的状态方程的列写方法是不同的，为此，下面加以分别介绍。

1. 作用函数不含导数项时 n 阶线性定常连续系统的状态方程及其输出方程

设线性定常系统的运动方程可用下述微分方程描述，即

$$y^{(n)}+a_1y^{(n-1)}+a_2y^{(n-2)}+\cdots+a_{n-1}\dot{y}+a_ny=u \tag{10.1}$$

式中　$y,\dot{y},\cdots,y^{(n)}$——分别为系统的输出及其各阶导数；

u——系统的作用函数（即被控对象的控制输入）；

$a_1,a_2,\cdots,a_n$——常系数。

式(10.1)为作用函数 u 不含导数项的 n 阶线性定常连续系统动态特性的微分方程，其中作用函数、输出函数及其各阶导数项 $y^{(i)}(i=1,2,3,\cdots,n)$ 均为时间 t 的函数，为书写的方便，将时间 t 略去。

由式(10.1)可知，对于上述线性定常系统，若已知初始条件 $y(0),y^{(i)}(0),(i=1,2,\cdots,n)$ 及 $t\geqslant 0$ 时刻的作用函数 u，则系统在任何 $t\geqslant 0$ 时刻的行为便可完全确定。因此，可以选取 y 及 $y^{(i)}(i=1,2,3,\cdots,n-1)$ 作为系统状态变量，即选取

$$\begin{aligned} x_1&=y\\ x_2&=\dot{y}\\ x_3&=\ddot{y}\\ &\vdots\\ x_n&=y^{(n-1)} \end{aligned} \tag{10.2}$$

则式(10.1)所示的 n 阶线性定常连续系统的动态特性的微分方程，可以写成 n 个一阶常微分方程组，即

$$\begin{aligned} \dot{x}_1&=x_2\\ \dot{x}_2&=x_3\\ \dot{x}_3&=x_4\\ &\vdots\\ \dot{x}_n&=-a_nx_1-a_{n-1}x_2-a_{n-2}x_3-\cdots-a_1x_n+u \end{aligned} \tag{10.3}$$

或写成一阶矩阵微分方程形式

$$\begin{bmatrix}\dot{x}_1\\ \dot{x}_2\\ \vdots\\ \dot{x}_{n-1}\\ \dot{x}_n\end{bmatrix}=\begin{bmatrix}0&1&0&\cdots&0\\ 0&0&1&\cdots&0\\ \vdots&\vdots&\vdots&\ddots&\vdots\\ 0&0&0&\cdots&1\\ -a_n&-a_{n-1}&-a_{n-2}&\cdots&-a_1\end{bmatrix}\begin{bmatrix}x_1\\ x_2\\ \vdots\\ x_{n-1}\\ x_n\end{bmatrix}+\begin{bmatrix}0\\ 0\\ \vdots\\ 0\\ 1\end{bmatrix}u \tag{10.4}$$

若记

$$\dot{\boldsymbol{X}}=\begin{bmatrix}\dot{x}_1\\ \dot{x}_2\\ \vdots\\ \dot{x}_{n-1}\\ \dot{x}_n\end{bmatrix}\quad \boldsymbol{A}=\begin{bmatrix}0&1&0&\cdots&0\\ 0&0&1&\cdots&0\\ \vdots&\vdots&\vdots&\ddots&\vdots\\ 0&0&0&\cdots&1\\ -a_n&-a_{n-1}&-a_{n-2}&\cdots&-a_1\end{bmatrix}\quad \boldsymbol{X}=\begin{bmatrix}x_1\\ x_2\\ \vdots\\ x_{n-1}\\ x_n\end{bmatrix}\quad \boldsymbol{B}=\begin{bmatrix}0\\ 0\\ \vdots\\ 0\\ 1\end{bmatrix}$$

则式(10.4)可以写成

$$\dot{\boldsymbol{X}}=\boldsymbol{A}\boldsymbol{X}+\boldsymbol{B}u \tag{10.5}$$

式中 $\boldsymbol{X},\dot{\boldsymbol{X}}$——状态向量及其一阶导数，均为 n 维；

$\boldsymbol{A}$——$n\times n$ 阶常系数矩阵；

$\boldsymbol{B}$——$n\times 1$ 阶常系数矩阵。

称式(10.3)或式(10.5)为线性定常连续系统式(10.1)的状态方程。根据系统状态变量的选取，其输出方程可写成

$$y=x_1 \tag{10.6}$$

或写成矩阵方程形式为

$$y=(1\quad 0\quad \cdots\quad 0)\begin{pmatrix}x_1\\x_2\\\vdots\\x_n\end{pmatrix}=\boldsymbol{CX} \tag{10.7}$$

式中 $\boldsymbol{C}=(1\quad 0\quad \cdots\quad 0)$为 $1\times n$ 阶输出矩阵。

式(10.5)及式(10.7)所示的状态方程及其输出方程是应用状态空间法分析与设计线性定常连续系统时，描述系统动态特性的标准状态空间表达式。应当指出，n 阶线性定常连续系统，它的状态变量只有 n 个。下面举例加以说明。

例 10.1 设某控制系统的动态特性可用下述微分方程描述

$$\dddot{y}+9\ddot{y}+5\dot{y}+12y=u$$

试列写其状态方程及其输出方程。

解：根据式(10.2)，因为系统为 3 阶系统，因而可选取 $x_1=y,x_2=\dot{y},x_3=\ddot{y}$ 为系统的状态变量，则通过状态变量的选取及根据系统微分方程，系统的状态方程可写成

$$\dot{x}_1=x_2$$
$$\dot{x}_2=x_3$$
$$\dot{x}_3=-12x_1-5x_2-9x_3+u$$

写成矩阵微分方程形式为

$$\dot{\boldsymbol{X}}=\boldsymbol{AX}+\boldsymbol{B}u$$

式中：

$$\boldsymbol{A}=\begin{pmatrix}0&1&0\\0&0&1\\-12&-5&-9\end{pmatrix},\quad \boldsymbol{B}=\begin{pmatrix}0\\0\\1\end{pmatrix},\quad \dot{\boldsymbol{X}}=\begin{pmatrix}\dot{x}_1\\\dot{x}_2\\\dot{x}_3\end{pmatrix},\quad \boldsymbol{X}=\begin{pmatrix}x_1\\x_2\\x_3\end{pmatrix}。$$

根据上述状态变量的选取，其输出方程为

$$y=x_1=(1\quad 0\quad 0)\begin{pmatrix}x_1\\x_2\\x_3\end{pmatrix}=\boldsymbol{CX}$$

例 10.2 设某控制系统，可用下述系统框图描述

图 10.1 控制系统框图

试列写该系统的状态方程及其输出方程。

解:对于用框图描述的系统,根据微分方程列写状态方程时,首先应根据框图写出系统的闭环传递函数,通过拉普拉斯反变换,写成微分方程的形式,再根据系统微分方程列写系统状态方程。为此由框图可得,系统闭环传递函数为

$$\frac{Y(s)}{U(s)}=\frac{1}{s(s+2)(s+3)+1}=\frac{1}{s^3+5s^2+6s+1}$$

根据闭环传递函数可求得系统运动微分方程为

$$\dddot{y}+5\ddot{y}+6\dot{y}+y=u$$

由于该系统为三阶系统,因此可选择状态变量为 $x_1=y, x_2=\dot{y}, x_3=\ddot{y}$,则可写出系统的状态方程为

$$\dot{x}_1=x_2$$
$$\dot{x}_2=x_3$$
$$\dot{x}_3=-5x_3-6x_2-x_1+u$$

写成矩阵微分方程的形式为

$$\dot{\boldsymbol{X}}=\boldsymbol{AX}+\boldsymbol{B}u$$

式中:

$$\dot{\boldsymbol{X}}=\begin{pmatrix}\dot{x}_1\\\dot{x}_2\\\dot{x}_3\end{pmatrix},\quad \boldsymbol{X}=\begin{pmatrix}x_1\\x_2\\x_3\end{pmatrix},\quad \boldsymbol{A}=\begin{pmatrix}0&1&0\\0&0&1\\-1&-6&-5\end{pmatrix},\quad \boldsymbol{B}=\begin{pmatrix}0\\0\\1\end{pmatrix}。$$

其输出方程为

$$y=x_1=(1\quad 0\quad 0)\begin{pmatrix}x_1\\x_2\\x_3\end{pmatrix}$$

例 10.3　设某控制系统可用下述系统框图描述

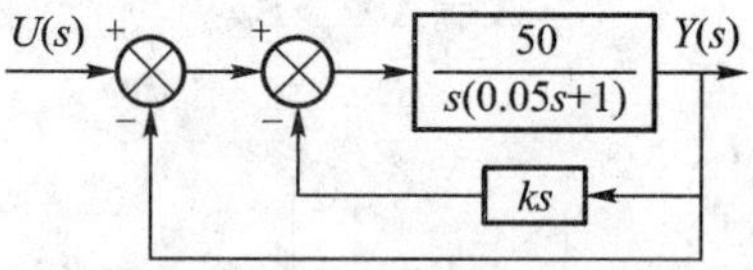

图 10.2　控制系统框图

试列写该系统的状态方程及其输出方程。

解:由图 10.2 可求得该系统的闭环传递函数为

$$\frac{Y(s)}{U(s)}=\frac{1\,000}{s^2+20(1+50k)s+1\,000}$$

其微分方程为

$$\ddot{y}+20(1+50k)\dot{y}+1\,000y=1\,000u$$

选择系统状态变量为 $x_1=y, x_2=\dot{y}$,则系统的状态方程为

$$\dot{x}_1=x_2$$
$$\dot{x}_2=1\,000u-1\,000x_1-20(1+50k)x_2$$

写成矩阵微分方程为

$$\begin{pmatrix}\dot{x}_1\\ \dot{x}_2\end{pmatrix}=\begin{pmatrix}0 & 1\\ -1\,000 & -20(1+50k)\end{pmatrix}\begin{pmatrix}x_1\\ x_2\end{pmatrix}+\begin{pmatrix}0\\ 1\,000\end{pmatrix}u$$

其输出方程为

$$y=x_1$$

写成矩阵方程为

$$y=(1\quad 0)\begin{pmatrix}x_1\\ x_2\end{pmatrix}$$

2. 作用函数含导数项时 *n* 阶线性定常连续系统的状态方程及其输出方程

设 n 阶线性定常连续系统可由下列微分方程描述

$$y^{(n)}+a_1y^{(n-1)}+\cdots+a_{n-1}\dot{y}+a_ny=b_0u^{(n)}+b_1u^{(n-1)}+\cdots b_{n-1}\dot{u}+b_nu \tag{10.8}$$

式(10.8)包含有作用函数 n 阶导数项。如果按照上述作用函数不含导数项 n 阶线性定常连续系统选取状态变量的方法，直接选取系统状态变量，将式(10.8)直接改写成一阶微分方程组，即若选取

$$\begin{gathered}x_1=y\\ \vdots\\ x_n=y^{(n-1)}\end{gathered}$$

作为系统状态变量，则有

$$\begin{aligned}&\dot{x}_1=x_2\\ &\dot{x}_2=x_3\\ &\dot{x}_3=x_4\\ &\cdots\\ &\dot{x}_n=-a_nx_1-a_{n-1}x_2-\cdots-a_1x_n+b_0u^{(n)}+b_1u^{(n-1)}+\cdots+b_{n-1}\dot{u}+b_nu\end{aligned}$$

分析上式可知，上述一阶微分方程组中，包含有作用函数及其各阶导数项。假如作用函数是一个阶跃函数，则其一阶导数项 $\dot{u}$ 便是一个 δ 脉冲函数，而其一阶以上导数项 $u^{(i)}$($i=2,3,\cdots,n$)便是高阶脉冲函数，则由上述方程组表示的系统状态随时间变化的轨迹将产生无穷大的跳跃。因此，即使在已知作用函数 u 的作用下，系统状态也不可能由上述状态向量 $\boldsymbol{X}$ 唯一地确定，即在此时可能得不到唯一的解。所以在 n 阶线性定常连续系统微分方程中，作用函数含有导数项时，不能直接将系统的输出函数 y 及其各阶导数项 $y^{(i)}$ 作为系统的状态变量。因为这组变量不具备在已知系统输入函数和初始状态的条件下，完全可以确定系统未来的运动状态的特性。根据选取系统状态变量的原则，一种可能选取系统状态变量的方法是

$$\begin{aligned}&x_1=y-b_0u\\ &x_2=\dot{x}_1-h_1u\\ &x_3=\dot{x}_2-h_2u\\ &\cdots\\ &x_n=\dot{x}_{n-1}-h_{n-1}u\end{aligned} \tag{10.9}$$

其中：

$$
\begin{aligned}
&h_1=b_1-a_1b_0\\
&h_2=(b_2-a_2b_0)-a_1h_1\\
&h_3=(b_3-a_3b_0)-a_2h_1-a_1h_2\\
&\cdots\\
&h_n=(b_n-a_nb_0)-a_{n-1}h_1-a_{n-2}h_2-\cdots-a_2h_{n-2}-a_1h_{n-1}
\end{aligned}
$$

于是可得系统的状态方程为

$$
\begin{aligned}
&\dot{x}_1=x_2+h_1u\\
&\dot{x}_2=x_3+h_2u\\
&\vdots\\
&\dot{x}_{n-1}=x_n+h_{n-1}u\\
&\dot{x}_n=-a_nx_1-a_{n-1}x_2-a_{n-2}x_3-\cdots-a_1x_n+h_nu
\end{aligned}
\tag{10.10}
$$

写成矩阵形式为

$$\dot{\boldsymbol{X}}=\boldsymbol{AX}+\boldsymbol{B}u \tag{10.11}$$

式中

$$
\dot{\boldsymbol{X}}=\begin{pmatrix}\dot{x}_1\\ \dot{x}_2\\ \vdots\\ \dot{x}_{n-1}\\ \dot{x}_n\end{pmatrix},\quad
\boldsymbol{A}=\begin{pmatrix}0&1&0&\cdots&0\\0&0&1&\cdots&0\\ \vdots&\vdots&\vdots&\vdots&\vdots\\0&0&0&\cdots&1\\-a_n&-a_{n-1}&-a_{n-2}&\cdots&-a_1\end{pmatrix},\quad
\boldsymbol{X}=\begin{pmatrix}x_1\\x_2\\ \vdots\\x_{n-1}\\x_n\end{pmatrix},\quad
\boldsymbol{B}=\begin{pmatrix}h_1\\h_2\\ \vdots\\h_{n-1}\\h_n\end{pmatrix}。
$$

其输出方程为

$$y=x_1+b_0u=\boldsymbol{CX}+\boldsymbol{D}u \tag{10.12}$$

式中 $\boldsymbol{C}=(1\quad 0\quad \cdots\quad 0)$，$\boldsymbol{D}=b_0$。

由上述可知，列写此类系统的状态方程及其输出方程的关键是计算 $n\times1$ 阶控制矩阵 $\boldsymbol{B}$。

例 10.4 设控制系统的运动微分方程为

$$\ddot{y}+8\dot{y}+5y=\dot{u}+2u$$

试列写该系统状态方程及其输出方程。

解：由系统运动微分方程可知，其 $a_1=8,a_2=5,b_0=0,b_1=1,b_2=2$

根据式(10.9)选取状态变量为

$$
\begin{aligned}
&x_1=y-b_0u\\
&x_2=\dot{x}_1-h_1u
\end{aligned}
$$

式中：$h_1=b_1-a_1b_0=b_1=1$

即
$$x_1=y,\quad x_2=\dot{x}_1-u$$

又
$$h_n=h_2=(b_2-a_2b_0)-a_1h_1=(2-0)-8\times1=-6$$

于是根据式(10.10)可得该系统的状态方程为

$$
\begin{aligned}
&\dot{x}_1=x_2+u\\
&\dot{x}_2=-a_2x_1-a_1x_2+h_2u=-5x_1-8x_2-6u
\end{aligned}
$$

或

$$\begin{pmatrix}\dot{x}_1\\ \dot{x}_2\end{pmatrix}=\begin{pmatrix}0 & 1\\ -5 & -8\end{pmatrix}\begin{pmatrix}x_1\\ x_2\end{pmatrix}+\begin{pmatrix}1\\ -6\end{pmatrix}u$$

其输出方程为

$$y=x_1=(1\quad 0)\begin{pmatrix}x_1\\ x_2\end{pmatrix}$$

例 10.5　设控制系统的运动微分方程为

$$\dddot{y}+9\ddot{y}+8\dot{y}=\ddot{u}+4\dot{u}+u$$

试列写该系统的状态方程及其输出方程。

解:由给定系统的微分方程可得

$$a_1=9\quad a_2=8\quad a_3=0$$

$$b_0=0\quad b_1=1\quad b_2=4\quad b_3=1$$

由式(10.9)求得

$$h_1=1\quad h_2=-5\quad h_3=38$$

则系统的状态变量为

$$x_1=y$$

$$x_2=\dot{x}_1-u$$

$$x_3=\dot{x}_2+5u$$

则系统的状态方程为

$$\dot{x}_1=x_2+u$$

$$\dot{x}_2=x_3-5u$$

$$\dot{x}_3=-8x_2-9x_3+38u$$

写成矩阵微分方程的形式为

$$\begin{pmatrix}\dot{x}_1\\ \dot{x}_2\\ \dot{x}_3\end{pmatrix}=\begin{pmatrix}0 & 1 & 0\\ 0 & 0 & 1\\ 0 & -8 & -9\end{pmatrix}\begin{pmatrix}x_1\\ x_2\\ x_3\end{pmatrix}+\begin{pmatrix}1\\ -5\\ 38\end{pmatrix}u$$

系统的输出方程为

$$y=x_1=(1\quad 0\quad 0)\begin{pmatrix}x_1\\ x_2\\ x_3\end{pmatrix}$$

当 n 阶线性定常连续系统运动方程中含有作用函数的导数项时,还可以采用另一种方法求取系统的状态方程和输出方程。

设 n 阶线性系统由下列微分方程描述

$$y^{(n)}+a_1y^{(n-1)}+\cdots+a_{n-1}\dot{y}+a_ny=b_0u^{(n)}+b_1u^{(n-1)}+\cdots+b_{n-1}\dot{u}+b_nu$$

通过拉普拉斯变换,可作出如图 10.3 所示的系统框图,

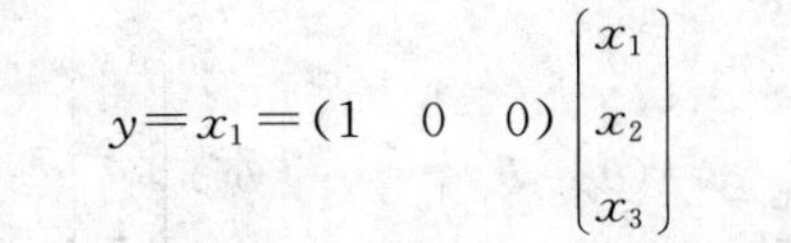

图 10.3　系统框图

经等效变换可得如图 10.4 所示的系统框图。

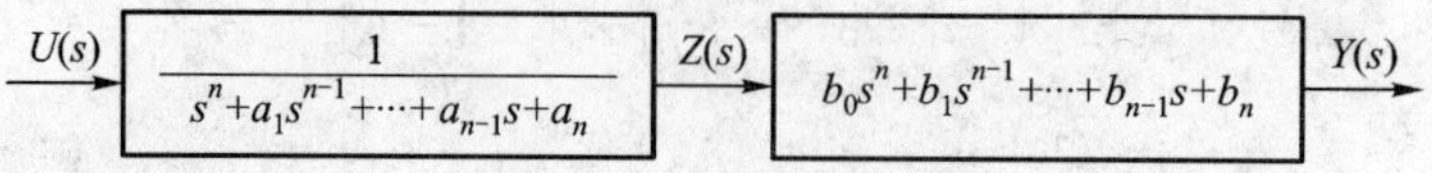

图 10.4 系统等效框图

引进中间变量 z 之后，经拉普拉斯反变换，其微分方程为

$$\begin{aligned} & z^{(n)}+a_1 z^{(n-1)}+\cdots+a_{n-1}\dot{z}+a_n z=u \\ & y=b_0 z^{(n)}+b_1 z^{(n-1)}+\cdots+b_{n-1}\dot{z}+b_n z \end{aligned} \tag{10.13}$$

对于式(10.13)，可以仿照作用函数不含导数项系统的状态变量选取方法选取系统的状态变量，即

$$\begin{aligned} x_1 &= z \\ x_2 &= \dot{z} \\ &\vdots \\ x_{n-1} &= z^{(n-2)} \\ x_n &= z^{(n-1)} \end{aligned}$$

其相应的系统状态方程为

$$\begin{pmatrix} \dot{x}_1 \\ \dot{x}_2 \\ \vdots \\ \dot{x}_{n-1} \\ \dot{x}_n \end{pmatrix}=\begin{pmatrix} 0 & 1 & 0 & \cdots & 0 \\ 0 & 0 & 1 & \cdots & 0 \\ \vdots & \vdots & \vdots & \vdots & \vdots \\ 0 & 0 & 0 & \cdots & 1 \\ -a_n & -a_{n-1} & -a_{n-2} & \cdots & a_1 \end{pmatrix}\begin{pmatrix} x_1 \\ x_2 \\ \vdots \\ x_{n-1} \\ x_n \end{pmatrix}+\begin{pmatrix} 0 \\ 0 \\ \vdots \\ 0 \\ 1 \end{pmatrix} u \tag{10.14}$$

相应的输出方程为

$$y=b_0(-a_n \quad -a_{n-1} \quad \cdots \quad -a_1)\begin{pmatrix} x_1 \\ x_2 \\ \vdots \\ x_n \end{pmatrix}+b_0 u+(b_n \quad b_{n-1} \quad \cdots \quad b_1)\begin{pmatrix} x_1 \\ x_2 \\ \vdots \\ x_n \end{pmatrix} \tag{10.15}$$

若 $b_0=0$，则上述输出方程为

$$y=(b_n \quad b_{n-1} \quad \cdots \quad b_1)\begin{pmatrix} x_1 \\ x_2 \\ \vdots \\ x_n \end{pmatrix} \tag{10.16}$$

下面仍以例 10.4 运动微分方程为例说明利用这种方法列写系统状态方程及其输出方程的步骤。

例 10.6 设控制系统的运动微分方程为

$$\ddot{y}+8\dot{y}+5y=\dot{u}+2u$$

试列写系统状态方程及其输出方程。

解：将系统微分方程进行拉普拉斯变换，可得系统传递函数为

$$\frac{Y(s)}{U(s)}=\frac{s+2}{s^2+8s+5}$$

引进中间变量 z，即

$$\frac{Y(s)}{U(s)}\frac{Z(s)}{Z(s)}=\frac{s+2}{s^2+8s+5}$$

取

$$\frac{Z(s)}{U(s)}=\frac{1}{s^2+8s+5}$$

$$Y(s)=(s+2)Z(s)$$

其微分方程为

$$\ddot{z}+8\dot{z}+5z=u$$

$$y=\dot{z}+2z$$

选取状态变量为 $x_1=z,x_2=\dot{z}$ 则系统状态方程为

$$\begin{pmatrix}\dot{x}_1\\\dot{x}_2\end{pmatrix}=\begin{pmatrix}0&1\\-5&-8\end{pmatrix}\begin{pmatrix}x_1\\x_2\end{pmatrix}+\begin{pmatrix}0\\1\end{pmatrix}u$$

其输出方程为 $$y=2x_1+x_2=(2\quad 1)\begin{pmatrix}x_1\\x_2\end{pmatrix}$$

应当指出，对于含有作用函数导数项的运动方程可分别应用上述两种方法列写系统状态方程及其输出方程，它们在形式上虽有所不同，但当在同一作用函数的作用下，所得的系统输出函数是完全相同的。

3. 多输入与多输出线性定常连续系统的状态方程及输出方程

多输入-多输出线性定常连续系统也是一种常见的系统，由微分方程列写多输入-多输出系统状态方程的方法与单输入-单输出系统状态方程的列写方法基本相同。下面以具体实例介绍多输入-多输出线性系统的状态方程与输出方程的列写方法。

例 10.7 设多输入-多输出控制系统可用下列框图表示

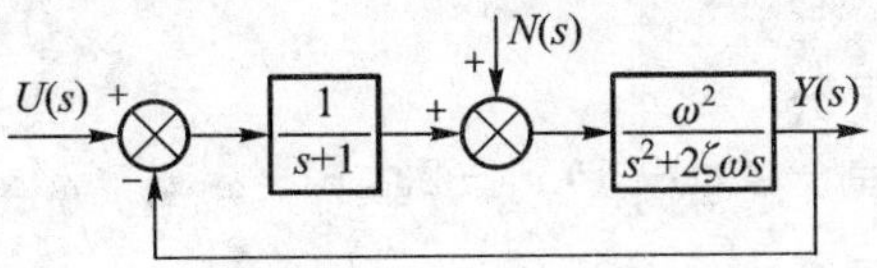

图 10.5 多输入-多输出系统框图

其中被控对象输出信号 y，偏差信号 ε 视为该系统的输出函数，控制输入信号 u 与干扰信号 n 视为该系统的作用函数，试列写该系统的状态方程与输出方程。

解：由系统框图可求得系统的输出函数为

$$Y(s)=\frac{\omega^2}{s^3+(2\zeta\omega+1)s^2+2\zeta\omega s+\omega^2}U(s)+\frac{(s+1)\omega^2}{s^3+(2\zeta\omega+1)s^2+2\zeta\omega s+\omega^2}N(s)$$

$$\varepsilon(s)=\frac{s^3+(2\zeta\omega+1)s^2+2\zeta\omega s}{s^3+(2\zeta\omega+1)s^2+2\zeta\omega s+\omega^2}U(s)-\frac{(s+1)\omega^2}{s^3+(2\zeta\omega+1)s^2+2\zeta\omega s+\omega^2}N(s)$$

记

$$Y_u(s)=\frac{\omega^2}{s^3+(2\zeta\omega+1)s^2+2\zeta\omega s+\omega^2}U(s)$$

$$Y_n(s)=\frac{(s+1)\omega^2}{s^3+(2\zeta\omega+1)s^2+2\zeta\omega s+\omega^2}N(s)$$

$$\varepsilon_u(s)=\frac{s^3+(2\zeta\omega+1)s^2+2\zeta\omega s}{s^3+(2\zeta\omega+1)s^2+2\zeta\omega s+\omega^2}U(s)$$

$$\varepsilon_n=\frac{(s+1)\omega^2}{s^3+(2\zeta\omega+1)s^2+2\zeta\omega s+\omega^2}N(s)$$

则有

$$Y(s)=Y_u(s)+Y_n(s)$$

$$\varepsilon(s)=\varepsilon_u(s)-\varepsilon_n(s)$$

对于 $Y_n(s)$，$\varepsilon_u(s)$，$\varepsilon_n(s)$引进中间变量 $Z_n(s)$，$E_u(s)$，$E_n(s)$并作等效变换可得

$$\frac{Z_n(s)}{N(s)}=\frac{\omega^2}{s^3+(2\zeta\omega+1)s^2+2\zeta\omega s+\omega^2}$$

$$Y_f(s)=(s+1)Z_n(s)$$

$$\frac{E_u(s)}{U(s)}=\frac{1}{s^3+(2\zeta\omega+1)s^2+2\zeta\omega s+\omega^2}$$

$$\varepsilon_u(s)=[s^3+(2\zeta\omega+1)s^2+2\zeta\omega s]E_u(s)$$

$$\frac{E_n(s)}{N(s)}=\frac{\omega^2}{s^3+(2\zeta\omega+1)s^2+2\zeta\omega s+\omega^2}$$

$$\varepsilon_n(s)=(s+1)E_n(s)$$

选择状态变量为

$$x_1=y_u,\quad x_2=\dot{y}_u,\quad x_3=\ddot{y}_u,$$
$$x_4=z_n,\quad x_5=\dot{z}_n,\quad x_6=\ddot{z}_n,$$
$$x_7=E_u,\quad x_8=\dot{E}_u,\quad x_9=\ddot{E}_u,$$
$$x_{10}=E_n,\quad x_{11}=\dot{E}_n,\quad x_{12}=\ddot{E}_n。$$

于是可得系统的状态方程为

$$\dot{x}_1=x_2$$
$$\dot{x}_2=x_3$$
$$\dot{x}_3=-(2\zeta\omega+1)x_3-2\zeta\omega x_2-\omega^2x_1+\omega^2u$$
$$\dot{x}_4=x_5$$
$$\dot{x}_5=x_6$$
$$\dot{x}_6=-(2\zeta\omega+1)x_6-2\zeta\omega x_5-\omega^2x_4+\omega^2n$$
$$\dot{x}_7=x_8$$
$$\dot{x}_8=x_9$$
$$\dot{x}_9=-(2\zeta\omega+1)x_9-2\zeta\omega x_8-\omega^2x_7+u$$
$$\dot{x}_{10}=x_{11}$$
$$\dot{x}_{11}=x_{12}$$
$$\dot{x}_{12}=-(2\zeta\omega+1)x_{12}-2\zeta\omega x_{11}-\omega^2x_{10}+\omega^2n$$

系统输出方程为

$$y = y_u + y_n = y_u + \dot{z}_n + z_n = x_1 + x_5 + x_4$$

$$\begin{aligned}
\varepsilon &= \varepsilon_u - \varepsilon_n = \dddot{E}_u + (2\zeta\omega + 1)\ddot{E}_u + 2\zeta\omega\,\dot{E}_u - \dot{E}_n - E_n \\
&= u - (2\zeta\omega + 1)x_9 - 2\zeta\omega x_8 - \omega^2 x_7 + (2\zeta\omega + 1)x_9 + 2\zeta\omega x_8 - x_{11} - x_{10} \\
&= u - \omega^2 x_7 - x_{11} - x_{10}
\end{aligned}$$

写成矩阵形式

$$\begin{aligned} \dot{\boldsymbol{X}} &= \boldsymbol{AX} + \boldsymbol{BU} \\ y &= \boldsymbol{CX} + \boldsymbol{DU} \end{aligned}$$

式中

$$\boldsymbol{A} = \begin{bmatrix}
0 & 1 & 0 & 0 & 0 & 0 & 0 & 0 & 0 & 0 & 0 & 0 \\
0 & 0 & 1 & 0 & 0 & 0 & 0 & 0 & 0 & 0 & 0 & 0 \\
-\omega^2 & -2\zeta\omega & -2\zeta\omega-1 & 0 & 0 & 0 & 0 & 0 & 0 & 0 & 0 & 0 \\
0 & 0 & 0 & 0 & 1 & 0 & 0 & 0 & 0 & 0 & 0 & 0 \\
0 & 0 & 0 & 0 & 0 & 1 & 0 & 0 & 0 & 0 & 0 & 0 \\
0 & 0 & 0 & -\omega^2 & -2\zeta\omega & -2\zeta\omega-1 & 0 & 0 & 0 & 0 & 0 & 0 \\
0 & 0 & 0 & 0 & 0 & 0 & 0 & 1 & 0 & 0 & 0 & 0 \\
0 & 0 & 0 & 0 & 0 & 0 & 0 & 0 & 1 & 0 & 0 & 0 \\
0 & 0 & 0 & 0 & 0 & 0 & -\omega^2 & -2\zeta\omega & -2\zeta\omega-1 & 0 & 0 & 0 \\
0 & 0 & 0 & 0 & 0 & 0 & 0 & 0 & 0 & 0 & 1 & 0 \\
0 & 0 & 0 & 0 & 0 & 0 & 0 & 0 & 0 & 0 & 0 & 1 \\
0 & 0 & 0 & 0 & 0 & 0 & 0 & 0 & 0 & -\omega^2 & -2\zeta\omega & -2\zeta\omega-1
\end{bmatrix}$$

$$\boldsymbol{X} = \begin{bmatrix} x_1 \\ x_2 \\ x_3 \\ x_4 \\ x_5 \\ x_6 \\ x_7 \\ x_8 \\ x_9 \\ x_{10} \\ x_{11} \\ x_{12} \end{bmatrix} \quad
\boldsymbol{B} = \begin{bmatrix} 0 & 0 \\ 0 & 0 \\ \omega^2 & 0 \\ 0 & 0 \\ 0 & 0 \\ 0 & \omega^2 \\ 0 & 0 \\ 0 & 0 \\ 1 & 0 \\ 0 & 0 \\ 0 & 0 \\ 0 & \omega^2 \end{bmatrix} \quad
\boldsymbol{U} = \begin{bmatrix} u \\ n \end{bmatrix} \quad
\boldsymbol{C}^{\mathrm{T}} = \begin{bmatrix} 1 & 0 \\ 0 & 0 \\ 0 & 0 \\ 1 & 0 \\ 1 & 0 \\ 0 & 0 \\ 0 & \omega^2 \\ 0 & 0 \\ 0 & 0 \\ 0 & 1 \\ 0 & 1 \\ 0 & 0 \end{bmatrix} \quad
\boldsymbol{D} = \begin{bmatrix} 0 & 0 \\ 1 & 0 \end{bmatrix}$$

10.2.2 由系统状态变量图写线性定常系统状态方程及输出方程

线性定常系统的状态变量还可以通过状态变量图来确定。系统的状态变量图可以根据系统的运动微分方程或系统传递函数作出，状态变量图由积分器、放大器和加法器等构成。在状态变量图中，每个积分器的输出定义为一个状态变量。状态变量图直观地描述变量与变量之间的相互关系，并说明状态变量的物理含义。

由状态变量图写系统状态方程及其输出方程主要有下述三种方法，即直接程序法、并接程序法和串接程序法。下面通过具体实例分别加以说明。

1. 直接程序法

直接程序法是直接根据系统微分方程，作出系统的状态变量图，再根据状态变量图写系统状态方程及其输出方程。

例 10.8　设线性定常系统可用下列传递函数描述

$$\frac{Y(s)}{U(s)}=\frac{s^2+4s+3}{s(s^2+6s+8)}$$

试按直接程序法作系统状态变量图，并根据状态变量图写系统状态方程及输出方程。

解：引进中间变量 z，则系统传递函数可等效变换为

$$\frac{Z(s)}{U(s)}=\frac{1}{s(s^2+6s+8)}$$

$$Y(s)=(s^2+4s+3)Z(s)$$

其微分方程为

$$\dddot{z}+6\ddot{z}+8\dot{z}=u$$

$$y=\ddot{z}+4\dot{z}+3z$$

根据逐项积分的办法，可作出系统状态变量图如图 10.6 所示。

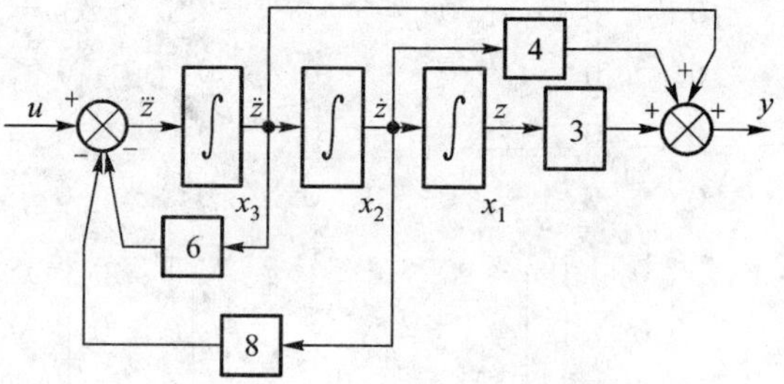

图 10.6　状态变量图（直接程序法）

在状态变量图，每个积分器的输出都定义为一个状态变量，图中 $x_1=z$，$x_2=\dot{z}$，$x_3=\ddot{z}$ 分别为系统状态变量。根据系统状态变量图可直接写出系统状态方程如下

$$\dot{x}_1=x_2$$

$$\dot{x}_2=x_3$$

$$\dot{x}_3=-8x_2-6x_3+u$$

$$\begin{pmatrix}\dot{x}_1\\ \dot{x}_2\\ \dot{x}_3\end{pmatrix}=\begin{pmatrix}0&1&0\\0&0&1\\0&-8&-6\end{pmatrix}\begin{pmatrix}x_1\\x_2\\x_3\end{pmatrix}+\begin{pmatrix}0\\0\\1\end{pmatrix}u$$

其输出方程为

$$y=3x_1+4x_2+x_3=(3\quad 4\quad 1)\begin{pmatrix}x_1\\x_2\\x_3\end{pmatrix}$$

2. 并接程序法

并接程序法的基本方法是，先根据系统传递函数写成最简分式和的形式，分别作出相应

的状态变量图，再根据线性系统叠加原理作出整个系统的状态变量图，由状态变量图可直接写出系统状态方程及其输出方程。

例 10.9 设线性定常系统可用下列传递函数描述

$$\frac{Y(s)}{U(s)}=\frac{s^2+4s+3}{s(s^2+6s+8)}$$

试按并接程序法作系统状态变量图，并根据状态变量图写系统状态方程及其输出方程。

解：根据系统传递函数，按其极点写成最简分式和的形式，即

$$\frac{Y(s)}{U(s)}=\frac{s^2+4s+3}{s(s+4)(s+2)}=\frac{a}{s}+\frac{b}{s+4}+\frac{c}{s+2}$$

式中 a,b,c——待定系数，计算方法为

$$a=\frac{s^2+4s+3}{(s+4)(s+2)}\bigg|_{s=0}=\frac{3}{8},$$

$$b=\frac{s^2+4s+3}{s(s+2)}\bigg|_{s=-4}=\frac{3}{8},$$

$$c=\frac{s^2+4s+3}{s(s+4)}\bigg|_{s=-2}=\frac{1}{4}。$$

即有

$$\frac{Y(s)}{U(s)}=\frac{s^2+4s+3}{s(s+4)(s+2)}=\frac{\frac{3}{8}}{s}+\frac{\frac{3}{8}}{s+4}+\frac{\frac{1}{4}}{s+2}$$

于是可作出系统状态变量图如图 10.7 所示。

图中各积分器的输出 x_1,x_2,x_3 为选定的系统状态变量。由系统状态变量图可得系统状态方程为

$$\dot{x}_1=u$$

$$\dot{x}_2=-4x_2+u$$

$$\dot{x}_3=-2x_3+u$$

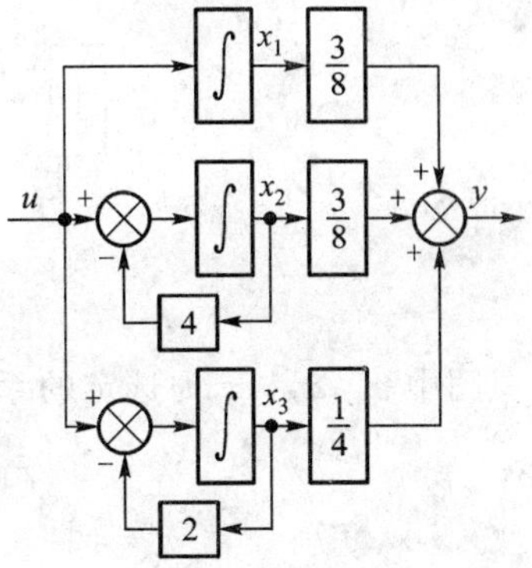

图 10.7 状态变量图(并接程序法)

或写成

$$\begin{pmatrix}\dot{x}_1\\ \dot{x}_2\\ \dot{x}_3\end{pmatrix}=\begin{pmatrix}0&0&0\\0&-4&0\\0&0&-2\end{pmatrix}\begin{pmatrix}x_1\\x_2\\x_3\end{pmatrix}+\begin{pmatrix}1\\1\\1\end{pmatrix}u$$

其输出方程为

$$y=\begin{pmatrix}\frac{3}{8}&\frac{3}{8}&\frac{1}{4}\end{pmatrix}\begin{pmatrix}x_1\\x_2\\x_3\end{pmatrix}$$

3. 串接程序法

串接程序法是将传递函数按其极点的数目与形式写成最简分式乘积的形式，作出系统的状态变量图，再由系统状态变量图写系统状态方程及其输出方程。

例 10.10　设系统传递函数为

$$\frac{Y(s)}{U(s)}=\frac{s^2+4s+3}{s(s^2+6s+8)}$$

试按串接程序法作系统状态变量图，并根据状态变量图写系统状态方程及其输出方程。

解：将系统传递函数按其极点写成典型环节乘积的形式，即

$$\frac{Y(s)}{U(s)}=\frac{X_3(s)X_2'(s)Y(s)}{U(s)X_3(s)X_2'(s)}=\frac{1}{s}\frac{s+1}{s+4}\frac{s+3}{s+2}$$

取

$$\frac{X_3(s)}{U(s)}=\frac{1}{s},\quad \frac{X_2'(s)}{X_3(s)}=\frac{s+1}{s+4},\quad \frac{Y(s)}{X_2'(s)}=\frac{s+3}{s+2}$$

引进中间变量 x_1, x_2，并令

$$\frac{X_2'(s)X_2(s)}{X_3(s)X_2(s)}=\frac{s+1}{s+4},\quad \frac{Y(s)X_1(s)}{X_2'(s)X_1(s)}=\frac{s+3}{s+2}$$

即：

$$\frac{X_2(s)}{X_3(s)}=\frac{1}{s+4};\quad X_2'(s)=(s+1)X_2(s)$$

$$\frac{X_1(s)}{X_2'(s)}=\frac{1}{s+2};\quad Y(s)=(s+3)X_1(s)$$

则可作出串接程序法的状态变量图如图 10.8 所示。

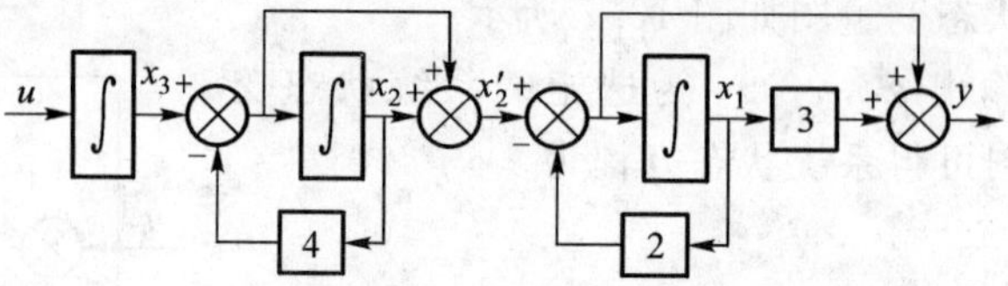

图 10.8　状态变量图（串接程序法）

图中 x_1, x_2, x_3 为选定的系统状态变量，由系统状态变量图可得系统的状态方程为

$$\dot{x}_1=-2x_1+x_2'=-2x_1-3x_2+x_3$$

$$\dot{x}_2=-4x_2+x_3$$

$$\dot{x}_3=u$$

写成矩阵的形式为

$$\begin{pmatrix}\dot{x}_1\\ \dot{x}_2\\ \dot{x}_3\end{pmatrix}=\begin{pmatrix}-2 & -3 & 1\\ 0 & -4 & 1\\ 0 & 0 & 0\end{pmatrix}\begin{pmatrix}x_1\\ x_2\\ x_3\end{pmatrix}+\begin{pmatrix}0\\ 0\\ 1\end{pmatrix}u$$

输出方程为

$$y=3x_1-2x_1-3x_2+x_3=x_1-3x_2+x_3$$

即

$$y=(1\quad -3\quad 1)\begin{pmatrix}x_1\\x_2\\x_3\end{pmatrix}$$

由上可知，根据直接程序法、并接程序法、串接程序法列写系统的状态方程时，由于选择的状态变量不同，即物理含义是不同的，所以，系统的状态方程及其输出方程的形式是不同的。但系统在同一输入函数作用下，所得的输出时域特性是完全相同的。

10.2.3　由系统框图直接列写状态方程及输出方程

上述两种列写系统状态方程及输出方程的方法是以系统微分方程或以系统传递函数为基础的，而在线性控制系统中，它的数学模型常以系统框图的形式给出，其原因是系统框图形象地描述系统信号流向及其各物理量之间的相互关系。当然，根据系统框图求出系统闭环传递函数，进而通过拉普拉斯反变换，同样可求得系统微分方程。根据系统微分方程或系统闭环传递函数列写系统状态方程及其输出方程，这对于简单的控制系统来说是容易做到的，但对于复杂系统或多输入多输出系统来说，求取闭环传递函数并不是一件轻而易举的事，有的甚至很难求得。因而需要研究直接利用系统框图列写系统状态方程及其输出方程的方法。

为了直接利用系统框图列写系统状态方程及其输出方程，需要引进两个方程，称之为状态传递方程及状态反馈方程。引进上述两个方程之后，将使问题得以极大的简化，避免了一些不必要的错误发生。下面以具体实例加以说明。

例 10.11　设某控制系统，其框图如图 10.9 所示

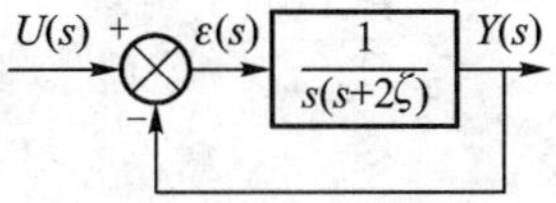

图 10.9　控制系统框图

试直接由系统框图列写系统状态方程及其输出方程。

解：对于这个较为简单的系统来说，求取其闭环传递函数并不是件难事，但为了说明问题，这里采用直接利用系统框图列写系统状态方程及其输出方程的方法。

由系统框图，直接可以得到

$$\frac{Y(s)}{\varepsilon(s)}=\frac{1}{s(s+2\zeta)}$$

其微分方程为

$$\ddot{y}+2\zeta\dot{y}=\varepsilon$$

取系统状态变量 $x_1=y, x_2=\dot{y}$，则系统状态方程可列写为

$$\dot{x}_1=x_2$$

$$\dot{x}_2=\varepsilon-2\zeta x_2$$

式中 $\varepsilon=u-y=u-x_1$，该方程称为状态反馈方程，代入系统状态方程中并写成矩阵状态微分方程形式得

$$\begin{pmatrix}\dot{x}_1\\\dot{x}_2\end{pmatrix}=\begin{pmatrix}0&1\\-1&-2\zeta\end{pmatrix}\begin{pmatrix}x_1\\x_2\end{pmatrix}+\begin{pmatrix}0\\1\end{pmatrix}u$$

其输出方程为

$$y=x_1=(1\quad 0)\begin{pmatrix}x_1\\x_2\end{pmatrix}$$

例 10.12 设直流伺服电动机系统可用下述框图描述

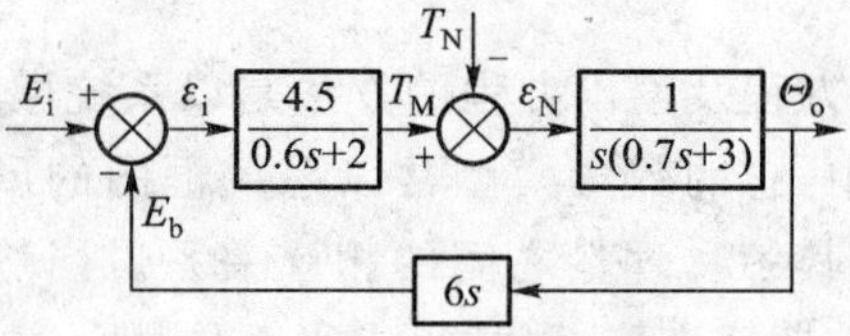

图 10.10 控制系统框图

试根据系统框图直接列写该系统状态方程及其输出方程。

解:为简化状态方程的列写,在图中引进变量 ε_i,T_M,ε_N,E_b(如图所示),则根据系统框图,可得各方块的传递函数为

$$\frac{T_M(s)}{\varepsilon_i(s)}=\frac{4.5}{0.6s+2}$$

$$\frac{\Theta_o(s)}{\varepsilon_N(s)}=\frac{1}{s(0.7s+3)}$$

$$\frac{E_b(s)}{\Theta_o(s)}=6s$$

其微分方程为

$$0.6\dot{T}_M+2T_M=4.5\varepsilon_i$$

$$0.7\ddot{\Theta}_o+3\dot{\Theta}_o=\varepsilon_N$$

$$E_b=6\dot{\Theta}_o$$

选取状态变量 $x_1=T_M$,$x_2=\Theta_o$,$x_3=\dot{\Theta}_o$,则系统状态方程为

$$\dot{x}_1=-\frac{10}{3}x_1+\frac{15}{2}\varepsilon_i$$

$$\dot{x}_2=x_3$$

$$\dot{x}_3=-\frac{30}{7}x_3+\frac{10}{7}\varepsilon_N$$

系统状态反馈方程为

$$\varepsilon_i=E_i-E_b=E_i-6\dot{\Theta}_o=E_i-6x_3$$

系统状态传递方程为

$$\varepsilon_N=T_M-T_N=x_1-T_N$$

将上述系统状态反馈方程及其状态传递方程代入状态方程中并写成矩阵形式为

$$\begin{pmatrix}\dot{x}_1\\ \dot{x}_2\\ \dot{x}_3\end{pmatrix}=\begin{pmatrix}-\frac{10}{3} & 0 & -45\\ 0 & 0 & 1\\ \frac{10}{7} & 0 & -\frac{30}{7}\end{pmatrix}\begin{pmatrix}x_1\\ x_2\\ x_3\end{pmatrix}+\begin{pmatrix}\frac{15}{2} & 0\\ 0 & 0\\ 0 & -\frac{10}{7}\end{pmatrix}\begin{pmatrix}E_i\\ T_N\end{pmatrix}$$

输出方程为

$$\Theta_o=x_2=(0\quad 1\quad 0)\begin{pmatrix}x_1\\ x_2\\ x_3\end{pmatrix}$$

例 10.13 复合控制系统如图 10.11 所示，试直接利用系统框图列写系统状态方程及其输出方程。

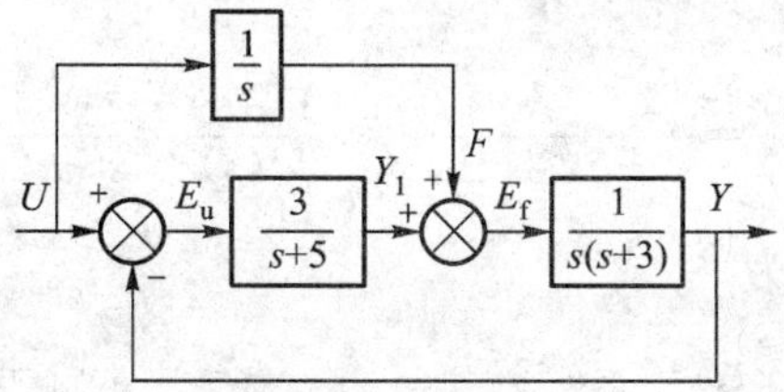

图 10.11 控制系统框图

解:由系统框图可知，该系统由三个基本方块组成，分别写成

$$\frac{F(s)}{U(s)}=\frac{1}{s},\quad \frac{Y_1(s)}{E_u(s)}=\frac{3}{s+5},\quad \frac{Y(s)}{E_f(s)}=\frac{1}{s^2+3s}$$

其微分方程

$$\dot{f}=U,\quad \dot{y}_1+5y_1=3e_u,\quad \ddot{y}+3\dot{y}=e_f$$

选取状态变量 $x_1=f,x_2=y_1,x_3=y,x_4=\dot{y}$，则系统状态方程为

$$\dot{x}_1=u$$
$$\dot{x}_2=-5x_2+3e_u$$
$$\dot{x}_3=x_4$$
$$\dot{x}_4=-3x_4+e_f$$

状态反馈方程为：$e_u=u-x_3$，状态传递方程为：$e_f=x_1+x_2$

代入写成矩阵形式为

$$\dot{\boldsymbol{X}}=\begin{pmatrix}0 & 0 & 0 & 0\\ 0 & -5 & -3 & 0\\ 0 & 0 & 0 & 1\\ 1 & 1 & 0 & -3\end{pmatrix}\boldsymbol{X}+\begin{pmatrix}1\\ 3\\ 0\\ 0\end{pmatrix}u$$

输出方程为

$$y=x_3=(0\quad 0\quad 1\quad 0)\boldsymbol{X}$$

例 10.14 设某控制系统可用下述框图描述

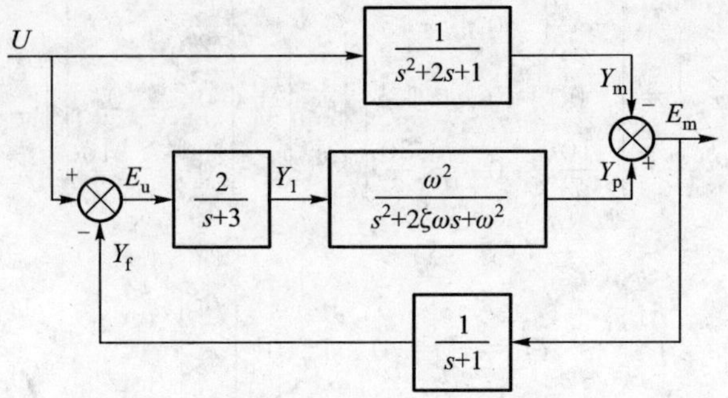

图10.12　控制系统框图

试根据系统框图直接列写系统状态方程及其输出方程。

解：由系统框图直接可得

$$\frac{Y_1(s)}{E_u(s)}=\frac{2}{s+3},\quad \frac{Y_p(s)}{Y_1(s)}=\frac{\omega^2}{s^2+2\zeta\omega s+\omega^2},\quad \frac{Y_m(s)}{U(s)}=\frac{1}{s^2+2s+1},\quad \frac{Y_f(s)}{E_m(s)}=\frac{1}{s+1}$$

其微分方程分别可写成为

$$\dot{y}_1+3y_1=2e_u,\quad \ddot{y}_p+2\zeta\omega\dot{y}_p+\omega^2 y_p=\omega^2 y_1,\quad \ddot{y}_m+2\dot{y}_m+y_m=u,\quad \dot{y}_f+y_f=e_m$$

选取系统状态变量为

$$x_1=y_1,\quad x_2=y_p,\quad x_3=\dot{y}_p,\quad x_4=y_m,\quad x_5=\dot{y}_m,\quad x_6=y_f$$

则系统的状态方程为

$$\begin{aligned}
\dot{x}_1&=-3x_1+2e_u\\
\dot{x}_2&=x_3\\
\dot{x}_3&=\omega^2x_1-\omega^2x_2-2\zeta\omega x_3\\
\dot{x}_4&=x_5\\
\dot{x}_5&=-x_4-2x_5+u\\
\dot{x}_6&=-x_6+e_m
\end{aligned}$$

状态传递方程为

$$e_m=y_p-y_m=x_2-x_4$$

状态反馈方程为

$$e_u=u-y_f=u-x_6$$

代入系统状态方程中并写成矩阵状态微分方程形式为

$$\dot{\boldsymbol{X}}=\boldsymbol{AX}+\boldsymbol{B}u$$

式中

$$\boldsymbol{A}=\begin{pmatrix}-3&0&0&0&0&-2\\0&0&1&0&0&0\\\omega^2&-\omega^2&-2\zeta\omega&0&0&0\\0&0&0&0&1&0\\0&0&0&-1&-2&0\\0&1&0&-1&0&-1\end{pmatrix}\quad \boldsymbol{B}=\begin{pmatrix}2\\0\\0\\0\\1\\0\end{pmatrix}$$

系统输出方程为

$$y_p = x_2$$

$$y_m = x_4$$

$$e_m = x_2 - x_4$$

写成矩阵方程形式为

$$\begin{bmatrix} y_p \\ y_m \\ e_m \end{bmatrix} = \begin{bmatrix} 0 & 1 & 0 & 0 & 0 & 0 \\ 0 & 0 & 0 & 1 & 0 & 0 \\ 0 & 1 & 0 & -1 & 0 & 0 \end{bmatrix} \begin{bmatrix} x_1 \\ x_2 \\ x_3 \\ x_4 \\ x_5 \\ x_6 \end{bmatrix}$$

10.3 非线性连续系统的状态方程及输出方程

非线性系统包括本征非线性系统和典型非线性系统两类，典型非线性系统是指在系统中包含有饱和非线性、滞环非线性等的控制系统。这些非线性特性一般来说，给控制系统的性能带来不利的影响。但根据实际情况，有时为了改善系统性能需人为地加入一些非线性特性，例如一种带有饱和非线性特性的自适应控制系统，它是为了提高自适应控制系统的鲁棒性而加入的。而本征非线性是指控制系统运动微分方程中包含有变量的乘方、开方或以变量为分母等的系统。对于典型非线性系统，在列写系统状态方程时，是将系统分为线性部分和非线性部分加以分别考虑的。对于本征非线性系统状态方程的列写，实际上是一种变量代换的过程。下面以具体实例，介绍非线性系统的状态方程及其输出方程的列写方法。

10.3.1 典型非线性系统的状态方程及输出方程

例 10.15 设含有饱和非线性特性的控制系统，其框图如图 10.13 所示。

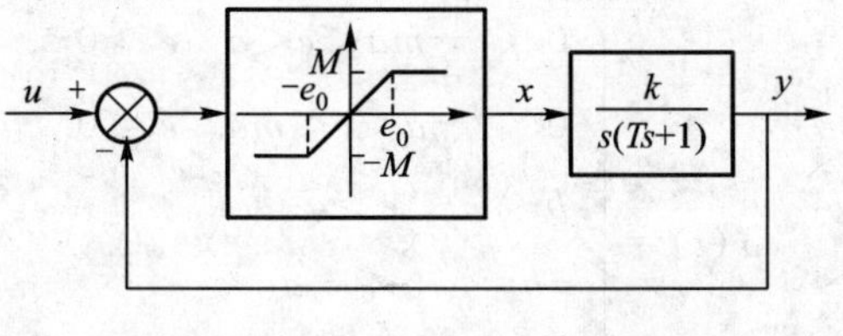

图 10.13 带有饱和非线性特性的控制系统框图

图中饱和非线性特性的数学模型为

$$x = \begin{cases} e & |e| \leqslant e_0 \\ M & e > e_0 \\ -M & e < -e_0 \end{cases}$$

试列写该系统的状态方程及输出方程。

解：由图 10.13 可知，该控制系统包括有线性部分与非线性部分，如前所述，在列写系统状态方程时，可以将线性部分和非线性部分加以分别处理。

对于线性部分,其传递函数为

$$\frac{Y(s)}{X(s)}=\frac{k}{s(Ts+1)}$$

其微分方程为

$$T\ddot{y}+\dot{y}=kx$$

取系统状态变量为 $x_1=y, x_2=\dot{y}$,则系统的状态方程及输出方程分别可写成

$$\dot{x}_1=x_2$$

$$\dot{x}_2=(kx-x_2)\frac{1}{T}$$

$$y=x_1$$

状态方程中的 x 是饱和非线性部分的输出,它的值由系统偏差 e 的大小来决定,即由系统状态反馈方程来决定,其状态反馈方程为

$$e=u-y=u-x_1$$

由饱和非线性特性的数学模型得

$$x=\begin{cases}u-x_1 & |u-x_1|\leqslant e_0\\ M & u-x_1>e_0\\ -M & u-x_1<-e_0\end{cases}$$

例 10.16 设含有继电器非线性特性的控制系统,其框图如图 10.14 所示。

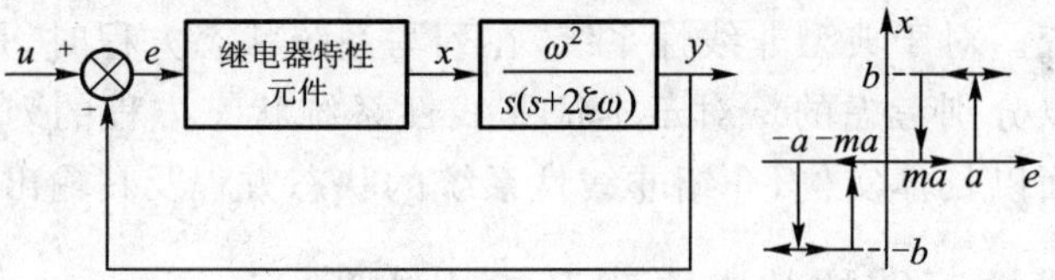

图 10.14 含有继电器特性系统的框图

图中继电器特性的数学模型为

$$x(t)=\begin{cases}0 & -ma<e<a \quad \dot{e}>0\\ 0 & -a<e<ma \quad \dot{e}<0\\ b & e>a\\ -b & e<-a\\ b & e\geqslant ma \quad \dot{e}<0\\ -b & e\leqslant -ma \quad \dot{e}>0\end{cases}$$

试列写其状态方程及其输出方程。

解:根据系统框图,可得系统线性部分的传递函数为

$$\frac{y}{x}=\frac{\omega^2}{s(s+2\zeta\omega)}$$

相应的微分方程为

$$\ddot{y}+2\zeta\omega\dot{y}=\omega^2x$$

选取系统状态变量为 $x_1=y, x_2=\dot{y}$，则系统的状态方程为

$$\dot{x}_1=x_2$$

$$\dot{x}_2=-2\zeta\omega x_2+\omega^2 x$$

其输出方程为　　$y=x_1$

状态方程中的 x 是继电器非线性元件的输出，它的取值由系统偏差 e 及其一阶导数 $\dot{e}$ 决定，即由状态反馈方程决定，其状态反馈方程为

$$e=u-x_1$$

它对时间的一阶导数为

$$\dot{e}=-x_2$$

代入继电器非线性元件的数学模型中得

$$x(t)=\begin{cases}0 & -ma<u-x_1<a \quad x_2<0\\ 0 & -a<u-x_1<ma \quad x_2>0\\ b & u-x_1>a\\ -b & u-x_1<-a\\ b & u-x_1\geqslant ma \quad x_2>0\\ -b & u-x_1\leqslant -ma \quad x_2<0\end{cases}$$

例 10.17　设含有死区非线性特性的控制系统框图如图 10.15a 所示，其特性曲线如图 10.15b 所示。

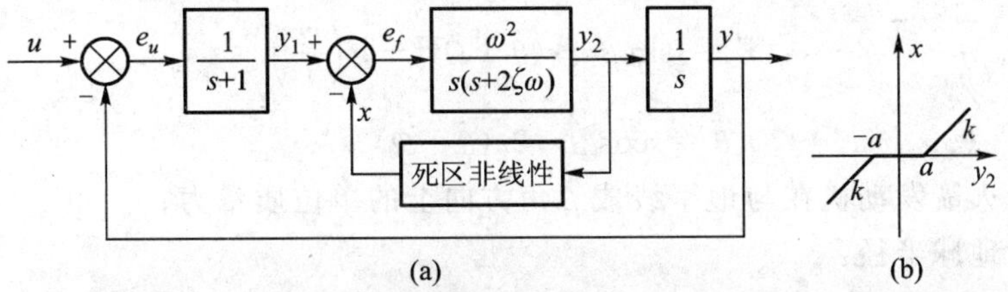

图 10.15　含有死区非线性特性的控制系统框图

死区非线性特性的数学表达式为

$$x(t)=\begin{cases}k(y_2-a) & y_2>a\\ 0 & |y_2|\leqslant a\\ k(y_2+a) & y_2<-a\end{cases}$$

试列写其状态方程及输出方程。

解：根据系统框图，可得线性部分各传递函数为

$$\frac{Y_1(s)}{E_u(s)}=\frac{1}{s+1},\quad \frac{Y_2(s)}{E_f(s)}=\frac{\omega^2}{s^2+2\zeta\omega s},\quad \frac{Y(s)}{Y_2(s)}=\frac{1}{s}$$

其微分方程分别可写成

$$\dot{y}_1+y_1=e_u \quad \ddot{y}_2+2\zeta\omega\dot{y}_2=\omega^2 e_f \quad \dot{y}=y_2$$

选择状态变量为 $x_1=y_1, x_2=y_2, x_3=\dot{y}_2, x_4=y$，则系统状态方程为

$$\dot{x}_1 = e_u - x_1$$
$$\dot{x}_2 = x_3$$
$$\dot{x}_3 = \omega^2 e_f - 2\zeta\omega x_3$$
$$\dot{x}_4 = x_2$$

其状态反馈方程为

$$e_u = u - x_4$$

状态传递方程为

$$e_f = x_1 - x(t)$$

式中 $x(t)$ 为死区非线性的输出，该值由 y_2 的大小决定，即由状态变量 x_2 的大小决定。根据死区特性的数学表达式可得：

$$x(t) = \begin{cases} k(x_2 - a) & x_2 > a \\ 0 & |x_2| \leqslant a \\ k(x_2 + a) & x_2 < -a \end{cases}$$

10.3.2 本征非线性控制系统的状态方程及输出方程

本征非线性系统状态方程的列写方法是根据不同的系统，选择相应的状态变量，用变量代换的方式，列写其状态方程及输出方程。下面根据具体实例加以介绍。

例 10.18 设火箭在地球附近绕轨道运行，当自西向东运动，扫过的一个经度角为 θ，离地球的中心距离为 r 时，服从下述微分方程

$$\ddot{r} = s\sin\beta + r(\dot{\theta} + \Omega)^2 - g\left(\frac{r_0}{r}\right)^2$$

$$r\ddot{\theta} = s\cos\beta - 2\dot{r}(\dot{\theta} + \Omega)$$

式中 s——为火箭发动机在与地平线成 β 角方向上的单位质量力；

r_0——为地球半径；

g——为地面上的重力加速度；

Ω——为地球自转角速度；

r, θ——为火箭运动特征量，即为观测量。

试列写其状态方程及输出方程。

解：该系统为多输出非线性系统，为列写其状态方程及输出方程，选取状态变量为

$$x_1 = r, \quad x_2 = \dot{r}, \quad x_3 = \theta, \quad x_4 = \dot{\theta}$$

则其状态方程为

$$\dot{x}_1 = x_2$$
$$\dot{x}_2 = s\sin\beta + x_1(x_4 + \Omega)^2 - g\left(\frac{r_0}{x_1}\right)^2$$
$$\dot{x}_3 = x_4$$
$$\dot{x}_4 = [s\cos\beta - 2x_2(x_4 + \Omega)]\frac{1}{x_1}$$

其输出方程为

$$r = x_1, \quad \theta = x_3$$

例 10.19 设某空间拦截运动微分方程在三维空间中可用下述微分方程描述

$$\ddot{\rho}-\rho(\omega_1^2+\omega_2^2)=0$$

$$2\dot{\rho}\omega_1+\rho\dot{\omega}_1=u_1$$

$$\rho\dot{\omega}_2-2\dot{\rho}\omega_2=u_2$$

式中 ρ——为目标极坐标；

ω_1——为横向视线角速度；

ω_2——纵向视线角速度；

u_1——导弹输入命令在横向坐标上的投影；

u_2——导弹输入命令在纵向坐标上的投影。

试列写系统状态方程及其输出方程。

解：根据系统方程选择系统状态变量为

$$x_1=\rho,\quad x_2=\dot{\rho},\quad x_3=\omega_1,\quad x_4=\omega_2$$

状态方程可以写成如下形式

$$\dot{x}_1=x_2$$

$$\dot{x}_2=x_1(x_3^2+x_4^2)$$

$$\dot{x}_3=\frac{1}{x_1}(u_1-2x_3x_2)$$

$$\dot{x}_4=\frac{1}{x_1}(u_2+2x_2x_4)$$

其输出方程为

$$\rho=x_1,\quad \omega_1=x_3,\quad \omega_2=x_4$$

10.4 线性时变连续系统的状态方程及输出方程

描述 n 阶线性时变系统微分方程的一般形式为

$$y^{(n)}+a_1(t)y^{(n-1)}+a_2(t)y^{(n-2)}+\cdots+a_{n-1}(t)\dot{y}+a_n(t)y=u \tag{10.17}$$

式(10.17)为 n 阶线性微分方程，它的系数 $a_i(t)(i=1,2\cdots)$ 或部分或全部为时间的函数。若选取 $x_1=y,x_2=\dot{y},x_3=\ddot{y},\cdots,x_n=y^{(n-1)}$ 为系统状态变量，则由方程(10.17)可得如下状态方程

$$\begin{bmatrix}\dot{x}_1\\ \dot{x}_2\\ \vdots\\ \dot{x}_{n-1}\\ \dot{x}_n\end{bmatrix}=\begin{bmatrix}0 & 1 & 0 & \cdots & 0\\ 0 & 0 & 1 & \cdots & 0\\ \vdots & \vdots & \vdots & & \vdots\\ 0 & 0 & 0 & \cdots & 1\\ -a_n(t) & -a_{n-1}(t) & -a_{n-2}(t) & \cdots & a_1(t)\end{bmatrix}\begin{bmatrix}x_1\\ x_2\\ \vdots\\ x_{n-1}\\ x_n\end{bmatrix}+\begin{bmatrix}0\\ 0\\ \vdots\\ 0\\ 1\end{bmatrix}u \tag{10.18}$$

或写成

$$\dot{\boldsymbol{X}}=\boldsymbol{A}(t)\boldsymbol{X}+\boldsymbol{B}u \tag{10.19}$$

式中 $\boldsymbol{A}(t),\boldsymbol{B}$——分别为系数矩阵，即

$$\boldsymbol{A}(t)=\begin{bmatrix}0 & 1 & 0 & \cdots & 0\\ 0 & 0 & 1 & \cdots & 0\\ \vdots & \vdots & \vdots & \vdots & \vdots\\ 0 & 0 & 0 & \cdots & 1\\ -a_n(t) & -a_{n-1}(t) & -a_{n-2}(t) & \cdots & a_1(t)\end{bmatrix};\quad \boldsymbol{B}=\begin{bmatrix}0\\0\\ \vdots\\0\\1\end{bmatrix}。$$

对于线性时变系统，系数矩阵 $\boldsymbol{A}(t)$ 为时间 t 的函数。输出方程为

$$y=x_1$$

例 10.20　设线性时变系统的微分方程为

$$\ddot{y}-t\dot{y}=3u$$

试列写其状态方程与输出方程。

解：选取状态变量为 $x_1=y, x_2=\dot{y}$，则系统状态方程由微分方程写出为

$$\dot{x}_1=x_2$$

$$\dot{x}_2=tx_2+3u$$

其输出方程为

$$y=x_1$$

例 10.21　设线性时变系统的微分方程为

$$\ddot{y}+e^t\dot{y}+t(e^t-1)y=u$$

试列写其状态方程及输出方程。

解：选取 $x_1=y, x_2=\dot{y}$ 为该系统的状态变量，则系统的状态方程为

$$\dot{x}_1=x_2$$

$$\dot{x}_2=-e^tx_2-t(e^t-1)x_1+u$$

根据系统状态变量的选取可得系统输出方程为

$$y=x_1$$

10.5　线性离散系统的状态方程及输出方程

描述线性离散系统运动状态通常用定常差分方程，它的一般数学表达式为

$$\begin{aligned}&y[(k+n)T_0]+a_1y[(k+n-1)T_0]+a_2y[(k+n-2)T_0]+\cdots+a_{n-1}y[(k+1)T_0]+a_ny[kT_0]\\&=b_0u[(k+n)T_0]+b_1u[(k+n-1)T_0]+\cdots+b_{n-1}u[(k+1)T_0]+b_nu[kT_0]\end{aligned}\tag{10.20}$$

式中　T_0——采样周期，秒；

$y(kT_0)$——第 k 个采样时刻上的系统输出；

$u(kT_0)$——第 k 个采样时刻上的作用函数。

为了书写方便，式(10.20)中的采样周期 T_0 通常可以省略，这时改写式(10.20)为

$$\begin{aligned}&y(k+n)+a_1y(k+n-1)+a_2y(k+n-2)+\cdots+a_{n-1}y(k+1)+a_ny(k)\\&=b_0u(k+n)+b_1u(k+n-1)+\cdots+b_{n-1}u(k+1)+b_nu(k)\end{aligned}\tag{10.21}$$

由定常差分方程求取线性离散系统状态方程的过程，与由定常微分方程求取线性连续系统状态方程相似。下面介绍列写线性离散系统状态方程的列写方法。

10.5.1　作用函数不含未来值时线性离散系统的状态方程与输出方程

设描述线性离散系统的定常差分方程为

$$y(k+n)+a_1y(k+n-1)+a_2y(k+n-2)+\cdots+a_ny(k)=u(k) \tag{10.22}$$

选取系统状态变量为

$$\begin{aligned}x_1(k)&=y(k)\\x_2(k)&=y(k+1)\\x_3(k)&=y(k+2)\\&\cdots\\x_n(k)&=y(k+n-1)\end{aligned}$$

则根据线性离散系统差分方程式(10.22)可写出线性离散系统的状态方程为

$$\begin{aligned}&x_1(k+1)=x_2(k)\\&x_2(k+1)=x_3(k)\\&\cdots\\&x_{n-1}(k+1)=x_n(k)\\&x_n(k+1)=-a_nx_1(k)-a_{n-1}x_2(k)-\cdots-a_2x_{n-1}(k)-a_1x_n(k)+u(k)\end{aligned}$$

写成矩阵差分方程形式为

$$\boldsymbol{X}(k+1)=\boldsymbol{A}\boldsymbol{X}(k)+\boldsymbol{B}u(k) \tag{10.23}$$

式中：

$$\boldsymbol{X}(k+1)=\begin{pmatrix}x_1(k+1)\\x_2(k+1)\\\vdots\\x_{n-1}(k+1)\\x_n(k+1)\end{pmatrix}\quad \boldsymbol{A}=\begin{pmatrix}0&1&0&\cdots&0\\0&0&1&\cdots&0\\\vdots&\vdots&\vdots&\vdots&\vdots\\0&0&0&\cdots&1\\-a_n&-a_{n-1}&-a_{n-2}&\cdots&-a_1\end{pmatrix}\quad \boldsymbol{X}(k)=\begin{pmatrix}x_1(k)\\x_2(k)\\\vdots\\x_{n-1}(k)\\x_n(k)\end{pmatrix}\quad \boldsymbol{B}=\begin{pmatrix}0\\0\\\vdots\\0\\1\end{pmatrix}$$

线性离散系统的输出方程由选取的状态变量可得

$$y(k)=\boldsymbol{C}\boldsymbol{X}(k) \tag{10.24}$$

式中 C——$1\times n$ 常系数矩阵，即 $C=(1\quad 0\quad 0\quad \cdots\quad 0)$。

例 10.22 设线性离散系统的运动状态由下述差分方程描述

$$y(k+3)+3y(k+2)+4y(k+1)+7y(k)=u(k)$$

试列写该离散系统的状态方程及其输出方程。

解：选取线性离散系统的状态变量为

$$x_1(k)=y(k)\quad x_2(k)=y(k+1)\quad x_3(k)=y(k+2)$$

则其状态方程为

$$\begin{aligned}&x_1(k+1)=x_2(k)\\&x_2(k+1)=x_3(k)\\&x_3(k+1)=-7x_1(k)-4x_2(k)-3x_3(k)+u(k)\end{aligned}$$

或写成矩阵差分方程为

$$\boldsymbol{X}(k+1)=\boldsymbol{A}\boldsymbol{X}(k)+\boldsymbol{B}u(k)$$

式中：

$$A=\begin{pmatrix}0&1&0\\0&0&1\\-7&-4&-3\end{pmatrix}\quad B=\begin{pmatrix}0\\0\\1\end{pmatrix}$$

其输出方程为

$$y(k)=x_1(k)=(1\quad 0\quad 0)\begin{pmatrix}x_1(k)\\x_2(k)\\x_3(k)\end{pmatrix}=\boldsymbol{CX}(k)$$

10.5.2 作用函数含未来值时线性离散系统的状态方程与输出方程

设线性离散系统的运动状态由式(10.21)差分方程描述，与连续系统一样，系统的变量一种可能的选取方法为

$$\begin{aligned}&x_1(k)=y(k)-b_0u(k)\\&x_2(k)=x_1(k+1)-h_1u(k)\\&x_3(k)=x_2(k+1)-h_2u(k)\\&\vdots\\&x_n(k)=x_{n-1}(k+1)-h_{n-1}u(k)\end{aligned}\tag{10.25}$$

式中：

$$\begin{aligned}&h_1=b_1-a_1b_0\\&h_2=(b_2-a_2b_0)-a_1h_1\\&h_3=(b_3-a_3b_0)-a_2h_1-a_1h_2\\&\cdots\\&h_n=(b_n-a_nb_0)-a_{n-1}h_1-a_{n-2}h_2-\cdots-a_2h_{n-2}-a_1h_{n-1}\end{aligned}\tag{10.26}$$

则系统的状态方程可以写成如下形式

$$\begin{aligned}&x_1(k+1)=x_2(k)+h_1u(k)\\&x_2(k+1)=x_3(k)+h_2u(k)\\&\vdots\\&x_{n-1}(k+1)=x_n(k)+h_{n-1}u(k)\\&x_n(k+1)=-a_nx_1(k)-a_{n-1}x_2(k)-a_{n-2}x_3(k)-\cdots-a_1x_n(k)+h_nu(k)\end{aligned}\tag{10.27}$$

写成矩阵形式为

$$\boldsymbol{X}(k+1)=\boldsymbol{AX}(k)+\boldsymbol{B}u(k)\tag{10.28}$$

输出方程为

$$y(k)=\boldsymbol{CX}(k)+\boldsymbol{D}u(k)\tag{10.29}$$

式中：

$$\boldsymbol{X}(k+1)=\begin{pmatrix}x_1(k+1)\\x_2(k+1)\\\vdots\\x_{n-1}(k+1)\\x_n(k+1)\end{pmatrix}\quad \boldsymbol{A}=\begin{pmatrix}0&1&0&\cdots&0\\0&0&1&\cdots&0\\\vdots&\vdots&\vdots&\vdots&\vdots\\0&0&0&\cdots&1\\-a_n&-a_{n-1}&-a_{n-2}&\cdots&-a_1\end{pmatrix}\quad \boldsymbol{X}(k)=\begin{pmatrix}x_1(k)\\x_2(k)\\\vdots\\x_{n-1}(k)\\x_n(k)\end{pmatrix}\quad \boldsymbol{B}=\begin{pmatrix}h_1\\h_2\\\vdots\\h_{n-1}\\h_n\end{pmatrix}$$

$$\boldsymbol{C}=(1\quad 0\quad 0\quad 0\quad 0)\quad \boldsymbol{D}=b_0$$

例 10.23 某线性离散系统由下述定常差分方程描述，即

$$y(k+2)+y(k+1)+0.5y(k)=u(k+1)+3u(k)$$

试写出系统的状态空间表达式。

解:因为该系统的定常差分方程中含有作用函数的未来值 $u(k+1)$项,因此需按

$$x_1(k)=y(k)-b_0u(k)$$
$$x_2(k)=x_1(k+1)-(b_1-a_1b_0)u(k)$$

选择状态变量,根据系统差分方程可知

$$b_0=0,\quad b_1=1,\quad b_2=3,\quad a_1=1,\quad a_2=0.5$$

则

$$h_1=b_1-a_1b_0=1,\quad h_2=b_2-a_2b_0-a_1h_1=3-1=2$$

由此可得系统的状态方程为

$$x_1(k+1)=x_2(k)+u(k)$$
$$x_2(k+1)=-0.5x_1(k)-x_2(k)+2u(k)$$

写成矩阵差分方程的形式为

$$\begin{pmatrix}x_1(k+1)\\x_2(k+1)\end{pmatrix}=\begin{pmatrix}0 & 1\\-0.5 & -1\end{pmatrix}\begin{pmatrix}x_1(k)\\x_2(k)\end{pmatrix}+\begin{pmatrix}1\\2\end{pmatrix}u(k)$$

输出方程为

$$y(k)=\boldsymbol{CX}(k)=(1\quad 0)\begin{pmatrix}x_1(k)\\x_2(k)\end{pmatrix}$$

当线性离散系统的数学模型是以脉冲传递函数的形式给出时,其状态方程的列写,也可以通过引进中间变量的方法列写,下面以具体实例加以简单说明。

例 10.24 设某线性离散系统可由下述脉冲传递函数描述

$$\frac{Y(z)}{U(z)}=\frac{z+3}{z^2+z+2}$$

解:在线性离散系统的脉冲传递函数上引进中间变量 w 可得

$$\frac{Y(z)W(z)}{U(z)W(z)}=\frac{z+3}{z^2+z+2}$$

取

$$\frac{W(z)}{U(z)}=\frac{1}{z^2+z+2}$$
$$Y(z)=(z+3)W(z)$$

分别可写成差分方程为

$$w(k+2)+w(k+1)+2w(k)=u(k)$$
$$y(k)=w(k+1)+3w(k)$$

选取系统状态变量为 $x_1(k)=w(k)$,$x_2(k)=w(k+1)$,则系统的状态方程为

$$x_1(k+1)=x_2(k)$$
$$x_2(k+1)=-2x_1(k)-x_2(k)+u(k)$$

输出方程为

$$y(k)=3x_1(k)+x_2(k)$$

写成矩阵差分方程的形式为

$$\begin{pmatrix} x_1(k+1) \\ x_2(k+1) \end{pmatrix} = \begin{pmatrix} 0 & 1 \\ -2 & -1 \end{pmatrix} \begin{pmatrix} x_1(k) \\ x_2(k) \end{pmatrix} + \begin{pmatrix} 0 \\ 1 \end{pmatrix} u(k)$$

$$y(k) = (3 \quad 1) \begin{pmatrix} x_1(k) \\ x_2(k) \end{pmatrix}$$

10.6 利用 MATLAB 数学模型转换列写系统状态方程

为了系统分析与综合的需要，MATLAB 工具软件提供了各种系统数学模型相互转换的函数。可以利用 MATLAB 的数学模型转换，列写系统状态方程。这里先介绍系统状态方程与系统传递函数之间的转换，而后通过具体实例，介绍利用 MATLAB 的数学模型转换列写系统状态方程的方法。

在控制系统中，系统的传递函数一般可表示成如下形式

$$\frac{Y(s)}{U(s)} = \frac{num}{den}$$

式中 num——传递函数分子多项式；

den——传递函数分母多项式。

系统状态方程一般可表示为

$$\dot{\boldsymbol{X}} = \boldsymbol{AX} + \boldsymbol{BU}$$
$$\boldsymbol{Y} = \boldsymbol{CX} + \boldsymbol{DU}$$

式中 $\boldsymbol{A},\boldsymbol{B},\boldsymbol{C},\boldsymbol{D}$——系数矩阵。

在 MATLAB 中用 ss 表示系统状态方程，用 tf 表示系统传递函数，其函数命令格式为

1）由系统状态方程转换成系统传递函数

```
[num,den]=ss2tf(A,B,C,D)
```

2）由系统传递函数转换成系统状态方程

```
[A,B,C,D]=tf2ss(num,den)
```

利用系统数学模型的转换命令，可以直接将系统传递函数转化成系统状态方程，也可以将系统状态方程转换成系统传递函数。下面举例加以说明。

例 10.25 设有某控制系统，其传递函数为

$$\frac{Y(s)}{U(s)} = \frac{1}{s^3 + 3s^2 + 2s + 1}$$

试利用 MATLAB 数学模型转换函数转换成系统状态方程。

解：在 MATLAB 工作空间上输入下述 MATLAB 数学模型转换程序，将产生矩阵 $\boldsymbol{A}$，$\boldsymbol{B}$，$\boldsymbol{C}$，$\boldsymbol{D}$。

```
num=[0 0 0 1];
den=[1 3 2 1];
[A B C D]=tf2ss(num,den)
A=
-3 -2 -1
 1  0  0
```

```
 0   1   0
B=
1
0
0
C=
0  0  1
D=
0
```

即该系统状态方程为

$$\dot{\boldsymbol{X}}=\begin{pmatrix}-3 & -2 & -1\\ 1 & 0 & 0\\ 0 & 1 & 0\end{pmatrix}\boldsymbol{X}+\begin{pmatrix}1\\ 0\\ 0\end{pmatrix}u$$

$$y=(0\quad 0\quad 1)\boldsymbol{X}$$

例 10.26 设系统传递函数为

$$\frac{Y(s)}{U(s)}=\frac{s^2+4s+3}{s^3+8s^2+16s}$$

试利用 MATLAB 数学模型转换函数转换成系统状态方程。

解:在 MATLAB 工作空间上输入

```
num=[0 1 4 3];
den=[1 8 16 0];
[A B C D]=tf2ss(num,den)
A=
-8 -16 0
  1    0 0
  0    1 0
B=
1
0
0
C=
1  4  3
D=
0
```

即该系统状态方程为

$$\dot{\boldsymbol{X}}=\begin{pmatrix}-8 & -16 & 0\\ 1 & 0 & 0\\ 0 & 1 & 0\end{pmatrix}\boldsymbol{X}+\begin{pmatrix}1\\ 0\\ 0\end{pmatrix}u$$

$$y=(1\quad 4\quad 3)\boldsymbol{X}$$

例 10.27 系统状态方程为

$$\dot{\boldsymbol{X}}=\begin{pmatrix}-8 & -16 & 0\\ 1 & 0 & 0\\ 0 & 1 & 0\end{pmatrix}\boldsymbol{X}+\begin{pmatrix}1\\ 0\\ 0\end{pmatrix}u$$

$$y=(1\quad 4\quad 3)\boldsymbol{X}$$

试利用 MATLAB 数学模型转换函数转换成系统传递函数。

解:在 MATLAB 工作空间上输入

```
A=[-8 -16 0;1 0 0;0 1 0];
B=[1;0;0];
C=[1 4 3];
D=[0];
[num,den]=ss2tf(A B C D)
num=
0 1 4 3
den=
1 8 16 0
```

即该系统传递函数为

$$\frac{Y(s)}{U(s)}=\frac{s^2+4s+3}{s^3+8s^2+16s}$$

例 10.28 系统状态方程为

$$\dot{\boldsymbol{X}}=\begin{pmatrix}0 & 0 & 1\\ 0 & 1 & 0\\ -6.27 & -30.25 & -6.78\end{pmatrix}\boldsymbol{X}+\begin{pmatrix}0\\ 30.56\\ -130.77\end{pmatrix}u$$

$$y=(1\quad 0\quad 0)\boldsymbol{X}$$

试利用 MATLAB 数学模型转换函数转换成系统传递函数。

解:在 MATLAB 工作空间上输入

```
A=[0 0;0 1 0;-6.27 -30.5 -6.78];
B=[0;30.56;-130.77];
C=[1 0 0];
D=[0];
[num,den]=ss2tf(A,B,C,D)
num=
0 0.0000 30.5600 76.4268
den=
1 6.7800 30.2500 6.2700
```

即该系统传递函数为

$$\frac{Y(s)}{U(s)}=\frac{30.56s+76.4268}{s^3+6.78s^2+30.25s+6.27}$$

10.7 实际控制系统状态方程的列写举例

10.7.1 泵控液压马达位置伺服系统状态方程及输出方程

泵控液压马达位置伺服系统如图 10.16 所示。

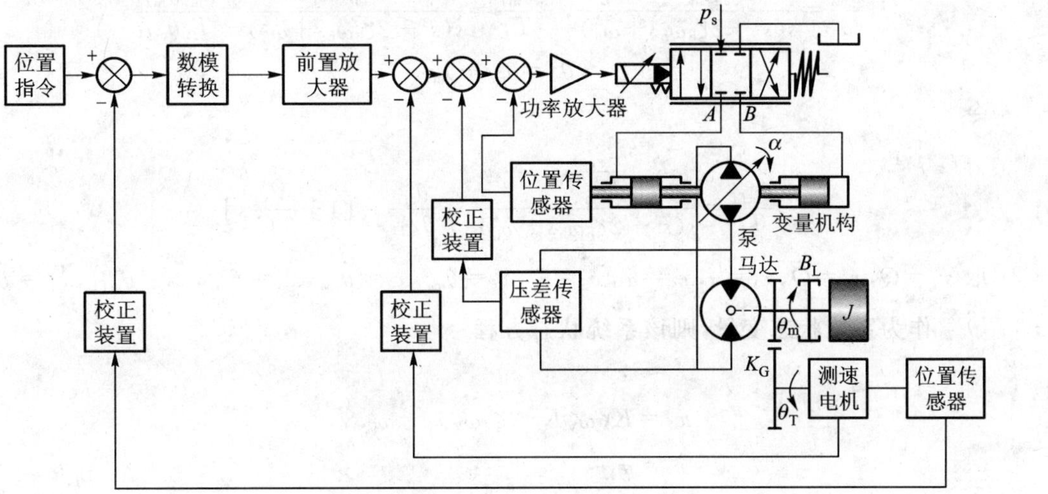

图 10.16 泵控液压马达位置伺服系统原理图

在图 10.16 所示的位置系统中，采用伺服变量泵控制液压马达作为系统动力机构，阀控液压伺服缸是泵控马达系统的前置级，用以控制液压泵的变量机构。图中的压差传感器和测速电机作为可能采用的反馈机构，它可以改善整个系统的动态品质。图中的位置指令和位置传感器可以是电位器、旋转变压器或是同步电机。系统中的反馈信号和指令信号都是数字的，经数字加法器输出数字误差信号，数字误差信号经数模转换器，输出模拟信号，输入到伺服放大器中，控制液压泵的变量机构。如果忽略前置放大器、位置传感器、测速电机、压差传感器等的动态性能，可用图 10.17 所示的框图描述。

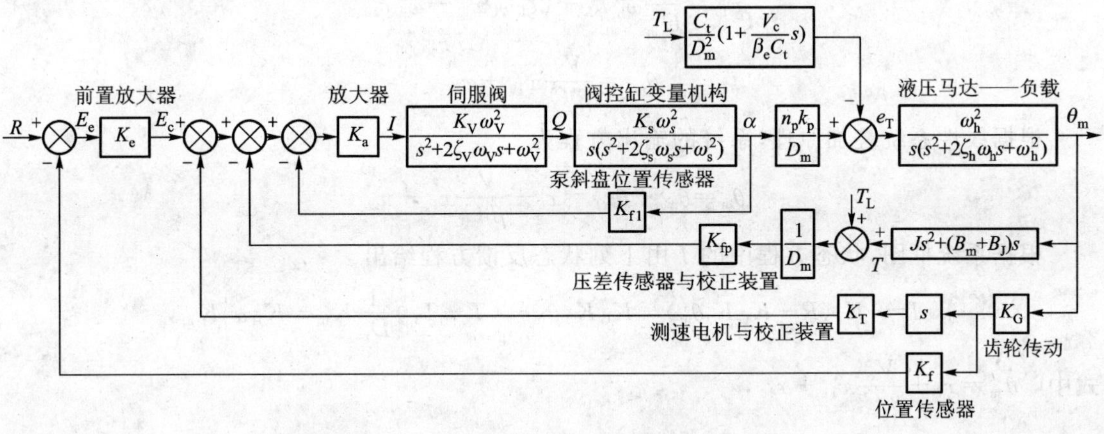

图 10.17 泵控液压马达位置伺服系统框图

对于这样的复杂控制系统，要列写其状态方程及其输出方程，最简便的方法是由系统框图直接列写系统状态方程。

根据系统框图直接可得

$$\frac{Q}{I}=\frac{K_{\mathrm{V}}\omega_{\mathrm{V}}^{2}}{s^{2}+2\zeta_{\mathrm{V}}\omega_{\mathrm{V}}s+\omega_{\mathrm{V}}^{2}},\quad \frac{\alpha}{Q}=\frac{K_{\mathrm{s}}\omega_{\mathrm{s}}^{2}}{s(s^{2}+2\zeta_{\mathrm{s}}\omega_{\mathrm{s}}s+\omega_{\mathrm{s}}^{2})},$$

$$\frac{\theta_{\mathrm{m}\alpha}}{\alpha}=\frac{\frac{n_{\mathrm{p}}K_{\mathrm{p}}}{D_{\mathrm{m}}}\omega_{\mathrm{h}}^{2}}{s(s^{2}+2\zeta_{\mathrm{h}}\omega_{\mathrm{h}}s+\omega_{\mathrm{h}}^{2})},\quad \frac{\theta_{\mathrm{m}T}}{T_{\mathrm{L}}}=\frac{\frac{C_{t}}{D_{\mathrm{m}}^{2}}\left(1+\frac{V_{\mathrm{c}}}{\beta_{\mathrm{e}}C_{\mathrm{t}}}s\right)\omega_{\mathrm{h}}^{2}}{s(s^{2}+2\zeta_{\mathrm{h}}\omega_{\mathrm{h}}s+\omega_{\mathrm{h}}^{2})}=\frac{\theta_{\mathrm{m}T}\theta_{\mathrm{m}T1}}{T_{\mathrm{L}}\theta_{\mathrm{m}T1}}$$

$$\theta_{\mathrm{m}}=\theta_{\mathrm{m}\alpha}+\theta_{\mathrm{m}T}$$

令

$$\frac{\theta_{\mathrm{m}T1}}{T_{\mathrm{L}}}=\frac{\frac{C_{t}}{D_{\mathrm{m}}^{2}}\omega_{\mathrm{h}}^{2}}{s(s^{2}+2\zeta_{\mathrm{h}}\omega_{\mathrm{h}}s+\omega_{\mathrm{h}}^{2})},\quad \frac{\theta_{\mathrm{m}T}}{\theta_{\mathrm{m}T1}}=\left(1+\frac{V_{\mathrm{c}}}{\beta_{\mathrm{e}}C_{\mathrm{t}}}s\right)$$

取 $x_1=Q,x_2=\dot{Q},x_3=\alpha,x_4=\dot{\alpha},x_5=\ddot{\alpha},x_6=\theta_{\mathrm{m}\alpha},x_7=\dot{\theta}_{\mathrm{m}\alpha},x_8=\ddot{\theta}_{\mathrm{m}\alpha},x_9=\theta_{\mathrm{m}T1},x_{10}=\dot{\theta}_{\mathrm{m}T1}$，$x_{11}=\ddot{\theta}_{\mathrm{m}T1}$ 作为系统状态变量，则该系统状态方程

$$\begin{aligned}
\dot{x}_1&=x_2\\
\dot{x}_2&=K_{\mathrm{V}}\omega_{\mathrm{V}}^{2}I-2\zeta_{\mathrm{V}}\omega_{\mathrm{V}}x_2-\omega_{\mathrm{s}}^{2}x_1\\
\dot{x}_3&=x_4\\
\dot{x}_4&=x_5\\
\dot{x}_5&=K_{\mathrm{s}}\omega_{\mathrm{s}}^{2}x_1-2\zeta_{\mathrm{s}}\omega_{\mathrm{s}}x_5-\omega_{\mathrm{V}}^{2}x_4\\
\dot{x}_6&=x_7\\
\dot{x}_7&=x_8\\
\dot{x}_8&=\frac{n_{\mathrm{p}}K_{\mathrm{p}}}{D_{\mathrm{m}}}\omega_{\mathrm{h}}^{2}x_3-2\zeta_{\mathrm{h}}\omega_{\mathrm{h}}x_8-\omega_{\mathrm{h}}^{2}x_7\\
\dot{x}_9&=x_{10}\\
\dot{x}_{10}&=x_{11}\\
\dot{x}_{11}&=\frac{C_{t}}{D_{\mathrm{m}}^{2}}\omega_{\mathrm{h}}^{2}T_{\mathrm{L}}-2\zeta_{\mathrm{h}}\omega_{\mathrm{h}}x_{11}-\omega_{\mathrm{h}}^{2}x_{10}
\end{aligned}$$

$$\theta_{\mathrm{m}T}=\frac{V_{\mathrm{c}}}{\beta_{\mathrm{e}}C_{\mathrm{t}}}x_{10}+x_9$$

根据线性系统叠加原理，系统的输出方程为

$$\theta_{\mathrm{m}}=\theta_{\mathrm{m}\alpha}+\theta_{\mathrm{m}T}=x_6+\frac{V_{\mathrm{c}}}{\beta_{\mathrm{e}}C_{\mathrm{t}}}x_{10}+x_9$$

根据系统框图，状态方程中的 I 由下列状态反馈方程给出

$$I=\left\{K_{\mathrm{e}}(R-K_{\mathrm{G}}K_{\mathrm{f}}\theta_{\mathrm{m}})-K_{\mathrm{G}}K_{\mathrm{T}}\dot{\theta}_{\mathrm{m}}-(T+T_{\mathrm{L}})\frac{1}{D_{\mathrm{m}}}K_{\mathrm{fp}}-K_{\mathrm{f1}}\alpha\right\}K_{\mathrm{a}}$$

式中 $\dot{\theta}_{\mathrm{m}}=x_7+\frac{V_{\mathrm{c}}}{\beta_{\mathrm{e}}C_{\mathrm{t}}}x_{11}+x_{10}$，

$$T=J\left(x_8+\frac{V_{\mathrm{c}}}{\beta_{\mathrm{e}}C_{\mathrm{t}}}\dot{x}_{11}+x_{11}\right)+(B_{\mathrm{m}}+B_{\mathrm{J}})\left(x_7+\frac{V_{\mathrm{c}}}{\beta_{\mathrm{e}}C_{\mathrm{t}}}x_{11}+x_{10}\right)。$$

10.7.2 带有阻尼柱塞导控型两级高压减压阀的状态方程及输出方程

带有阻尼柱塞导控型两级高压减压阀工作原理与一般减压阀的工作原理基本相同，所不同的是该减压阀在导阀前设置了一个阻尼柱塞，从而大大地减小了导阀的振动，提高了减压阀的稳定性和定值输出的精度。从该减压阀的工作原理看，减压阀本身实际上是一个典型的定值输出控制系统，其定值压力的调节过程，就是一个自动调节过程。因此可以将带有阻尼柱塞导控型两级高压减压阀的整体看做一个液压控制系统。导阀弹簧预压缩量 x_0 是这个系统的输入量，而减压阀的进口压力 p_1 和出口流量 Q 的瞬态变化是这个系统的干扰量，减压阀的出口压力 p_2 是这个系统的被控对象。希望这些干扰对减压阀的出口压力的影响越小越好，即希望减压阀的输出压力保持在某一个定值上。因此该液压控制元件是一个恒值调节器。

带有阻尼柱塞导控型两级高压减压阀系统框图如图 10.18 所示。

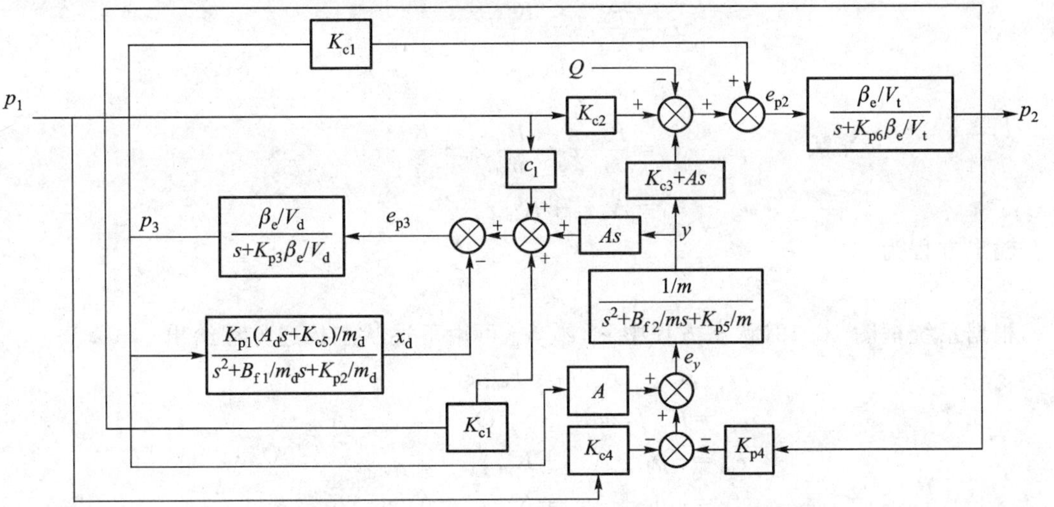

p_1—减压阀进口压力；p_2—减压阀出口压力；Q—减压阀的输出流量；p_3—导阀输入压力；K_{p1}—导阀单位压力引起的液动力；K_{p2}—导阀当量弹性系数；K_{p3}—主阀上腔流量压力系数；K_{p4}—主阀单位压力所引起的液动力；K_{p5}—主阀当量弹性系数；K_{p6}—主阀总流量压力系数；K_{c1}—主阀阻尼孔流量压力系数；K_{c2}—主阀阀口流量压力系数；K_{c3}—主阀流量放大系数；K_{c4}—单位压力 p_1 所产生的液动力；K_{c5}—导阀流量放大系数；m—主阀运动部分质量；m_d—导阀运动部分质量；B_{f1}—导阀当量粘性阻尼系数；B_{f2}—主阀当量粘性阻尼系数；A—主阀阀芯断面面积；A_d—柱塞断面面积；V_t—主阀阀口到负载之间的油路容积；V_d—主阀上腔容积；β_e—液体弹性系数

图 10.18 带有阻尼柱塞导控型两级高压减压阀系统框图

这是一个比较复杂的系统框图，要列写状态方程及其输出方程，最简便的方法仍然是采用系统框图直接列写系统状态方程的方法。由减压阀系统框图可得

$$\frac{p_2}{e_{p2}}=\frac{\dfrac{\beta_e}{V_t}}{s+\dfrac{K_{p6}\beta_e}{V_t}} \quad \frac{y}{e_y}=\frac{\dfrac{1}{m}}{s^2+\dfrac{B_{f2}}{m}s+\dfrac{K_{p5}}{m}}$$

$$\frac{p_3}{e_{p3}}=\frac{\dfrac{\beta_e}{V_d}}{s+\dfrac{K_{p3}\beta_e}{V_d}} \quad \frac{x_d}{p_3}=\frac{\dfrac{K_{p1}}{m_d}(A_ds+K_{c5})}{s^2+\dfrac{B_{f1}}{m_d}s+\dfrac{K_{p2}}{m_d}}=\frac{x_dz}{p_3z}$$

取$\dfrac{z}{p_3}=\dfrac{\dfrac{K_{p1}}{m_d}}{s^2+\dfrac{B_{f1}}{m_d}s+\dfrac{K_{p2}}{m_d}}$，得 $x_d=(A_d s+K_{c5})z$

选择系统状态变量为

$$x_1=p_2,\quad x_2=y,\quad x_3=\dot{y},\quad x_4=p_3,\quad x_5=z,\quad x_6=\dot{z}$$

则由上述系统传递函数直接可得带有阻尼柱塞导控型两级高压减压阀系统状态方程为

$$\begin{aligned}
\dot{x}_1&=\frac{\beta_e}{V_t}e_{p2}-\frac{K_{p6}\beta_e}{V_t}x_1\\
\dot{x}_2&=x_3\\
\dot{x}_3&=\frac{1}{m}e_y-\frac{B_{f2}}{m}x_3-\frac{K_{p5}}{m}x_2\\
\dot{x}_4&=\frac{\beta_e}{V_d}e_{p3}-\frac{K_{p3}\beta_e}{V_d}x_4\\
\dot{x}_5&=x_6\\
\dot{x}_6&=\frac{K_{p1}}{m_d}x_4-\frac{B_{f1}}{m_d}x_6-\frac{K_{p2}}{m_d}x_5\\
x_d&=A_d x_6+K_{c5}x_5
\end{aligned}$$

输出方程为

$$p_2=x_1$$

根据系统框图 10.18，状态方程中 e_y, e_{p2}, e_{p3} 可由下述状态传递方程给出

$$\begin{aligned}
e_y&=Ax_4-K_{c4}p_1-K_{p4}x_1\\
e_{p2}&=K_{c2}p_1+K_{c1}x_4-Q+K_{c3}x_2+Ax_3\\
e_{p3}&=c_l p_1+Ax_3+K_{c1}x_1-x_d\\
&=c_l p_1+Ax_3+K_{c1}x_1-A_d x_6-K_{c5}x_5
\end{aligned}$$

第 11 章　控制系统状态方程的解

本章主要介绍线性定常系统状态方程的解、离散系统状态方程的解、基于 MATLAB 与 SIMULINK 上的控制系统时域特性分析等。要求熟练掌握求解线性定常系统状态方程解的拉普拉斯变换法和求解离散系统状态方程解的 Z 变换法。熟悉基于 MATLAB 与 SIMULINK 上的控制系统时域特性分析等。

求控制系统状态方程的解，即是求控制系统的时域特性。通过系统时域特性，可以进一步完成控制系统的分析与综合，以求较佳的系统特性。求控制系统状态方程的解，通常有解析求解法和数值求解法两种。

在科学研究与工程设计中提出的实际问题，当它能归结为数学模型时，很大一部分是微分方程或状态方程问题。微分方程或状态方程的求解问题，虽然从理论上解决了微分方程或状态方程解的存在性和唯一性问题。但实际上能用解析的方法得到解析解的，只是极少的一部分，对于非线性系统、时变线性系统，都难于获得其初等形式的解析解。这里就需要借助数字计算机，由数值方法获得其解。

11.1　线性定常系统状态方程的解

本节主要讨论线性连续系统的齐次、非齐次状态方程的解，并在此基础上给出矩阵指数及状态转移矩阵的定义，说明它们的性质。

11.1.1　齐次状态方程的解

设线性定常连续系统的状态方程为

$$\dot{\boldsymbol{X}}=\boldsymbol{A}\boldsymbol{X} \tag{11.1}$$

式中：

$$\boldsymbol{X}=\begin{bmatrix}x_1\\x_2\\\vdots\\x_n\end{bmatrix}\quad \boldsymbol{A}=\begin{bmatrix}a_{11}&a_{12}&\cdots&a_{1n}\\a_{21}&a_{22}&\cdots&a_{2n}\\\vdots&\vdots&&\vdots\\a_{n1}&a_{n2}&\cdots&a_{nn}\end{bmatrix}$$

齐次状态方程是线性定常系统状态方程作用函数等于零时的特殊情况，在讨论线性定常系统状态方程的解之前，首先讨论齐次状态方程的解问题。求解齐次状态方程的解，常用的方法有矩阵指数法和拉普拉斯变换法两种，下面分别加以详细讨论。

1. 矩阵指数法

设齐次状态方程式(11.1)的解 $\boldsymbol{X}(t)$ 具有如下形式，即

$$\boldsymbol{X}(t)=b_0+b_1t+b_2t^2+\cdots+b_kt^k+\cdots \tag{11.2}$$

将上式代入式(11.1)中得

$$b_1+2b_2t+\cdots+kb_kt^{k-1}+\cdots=\boldsymbol{A}(b_0+b_1t+b_2t^2+\cdots+b_kt^k+\cdots)$$

比较等号两边同次幂系数可得

$$b_1=\boldsymbol{A}b_0$$

$$b_2=\frac{1}{2}\boldsymbol{A}b_1=\frac{1}{2}\boldsymbol{A}^2b_0$$

$$b_3=\frac{1}{3}\boldsymbol{A}b_2=\frac{1}{2\times 3}\boldsymbol{A}^3b_0$$

$$\cdots$$

$$b_k=\frac{1}{k!}\boldsymbol{A}^kb_0$$

$$\cdots$$

由此可得

$$\boldsymbol{X}(t)=b_0+\boldsymbol{A}b_0t+\frac{1}{2!}\boldsymbol{A}^2b_0t^2+\frac{1}{3!}\boldsymbol{A}^3b_0t^3+\cdots+\frac{1}{k!}\boldsymbol{A}^kb_0t^k+\cdots$$

或

$$\boldsymbol{X}(t)=\left(\boldsymbol{I}+\boldsymbol{A}t+\frac{1}{2!}\boldsymbol{A}^2t^2+\frac{1}{3!}\boldsymbol{A}^3t^3+\cdots+\frac{1}{k!}\boldsymbol{A}^kt^k+\cdots\right)b_0 \tag{11.3}$$

式中 $\boldsymbol{I}$ 为单位矩阵。

令式(11.2)中的 $t=0$ 得 $b_0=\boldsymbol{X}(0)$，$\boldsymbol{X}(0)$ 为状态向量 $\boldsymbol{X}(t)$ 的初值，它表征线性定常系统的初始状态。最后得线性定常系统齐次状态方程的解为

$$\boldsymbol{X}(t)=\left(\boldsymbol{I}+\boldsymbol{A}t+\frac{1}{2!}\boldsymbol{A}^2t^2+\frac{1}{3!}\boldsymbol{A}^3t^3+\cdots+\frac{1}{k!}\boldsymbol{A}^kt^k+\cdots\right)\boldsymbol{X}(0) \tag{11.4}$$

注意，式(11.4)中无穷项矩阵和为 $n\times n$ 阶矩阵。该 $n\times n$ 阶矩阵的展开式从形式上类似指数函数 e^x 的无穷级数，因此，称式(11.4)中无穷项矩阵和为矩阵指数，并记为

$$\boldsymbol{I}+\boldsymbol{A}t+\frac{1}{2!}\boldsymbol{A}^2t^2+\frac{1}{3!}\boldsymbol{A}^3t^3+\cdots+\frac{1}{k!}\boldsymbol{A}^kt^k+\cdots=e^{\boldsymbol{A}t} \tag{11.5}$$

这样通过矩阵指数，可将线性定常系统齐次状态方程的解写成

$$\boldsymbol{X}(t)=e^{\boldsymbol{A}t}\boldsymbol{X}(0) \tag{11.6}$$

由上述可知，线性定常系统齐次状态方程的解，表示状态向量 $\boldsymbol{X}(t)$ 由初始时刻 $t=0$ 的状态 $\boldsymbol{X}(0)$ 向任意时刻 t 的状态 $\boldsymbol{X}(t)$ 转移的内在特性，该特性通过矩阵指数 $e^{\boldsymbol{A}t}$ 来描述，因此，按矩阵指数法求解的齐次状态方程时，在已知初始状态 $\boldsymbol{X}(0)$ 的基础上，需要求解矩阵指数 $e^{\boldsymbol{A}t}$，这给人工计算带来不便。

2. 拉普拉斯变换法

设线性定常系统齐次状态方程为

$$\dot{\boldsymbol{X}}=\boldsymbol{A}\boldsymbol{X}$$

对该方程两边取拉普拉斯变换得

$$s\boldsymbol{X}(s)-\boldsymbol{X}(0)=\boldsymbol{A}\boldsymbol{X}(s)$$

式中 $\boldsymbol{X}(s)$——状态向量的拉普拉斯变换 $\boldsymbol{X}(s)=L[\boldsymbol{X}(t)]$；

$\boldsymbol{X}(0)$——状态向量的初值。

整理得

$$(s\boldsymbol{I}-\boldsymbol{A})\boldsymbol{X}(s)=\boldsymbol{X}(0)$$

等号两边同时左乘$(s\boldsymbol{I}-\boldsymbol{A})^{-1}$得

$$\boldsymbol{X}(s)=(s\boldsymbol{I}-\boldsymbol{A})^{-1}\boldsymbol{X}(0) \tag{11.7}$$

对方程(11.7)两边取拉普拉斯反变换，得线性定常系统齐次状态方程的解为

$$\boldsymbol{X}(t)=\boldsymbol{L}^{-1}[(s\boldsymbol{I}-\boldsymbol{A})^{-1}]\boldsymbol{X}(0) \tag{11.8}$$

由此可知，应用拉普拉斯变换法求解线性定常系统齐次状态方程的解，只需求取 $n\times n$ 阶矩阵$(s\boldsymbol{I}-\boldsymbol{A})^{-1}$的拉普拉斯反变换即可，因此很适合人工计算。

由于

$$(s\boldsymbol{I}-\boldsymbol{A})\left(\frac{\boldsymbol{I}}{s}+\frac{\boldsymbol{A}}{s^2}+\frac{\boldsymbol{A}^2}{s^3}+\cdots\right)=\boldsymbol{I}$$

因此有

$$(s\boldsymbol{I}-\boldsymbol{A})^{-1}=\frac{\boldsymbol{I}}{s}+\frac{\boldsymbol{A}}{s^2}+\frac{\boldsymbol{A}^2}{s^3}+\cdots$$

取拉普拉斯反变换得

$$\boldsymbol{L}^{-1}[(s\boldsymbol{I}-\boldsymbol{A})^{-1}]=\boldsymbol{I}+\boldsymbol{A}t+\frac{1}{2!}\boldsymbol{A}^2t^2+\frac{1}{3!}\boldsymbol{A}^3t^3+\cdots+\frac{1}{k!}\boldsymbol{A}^kt^k+\cdots$$

即有

$$\boldsymbol{L}^{-1}[(s\boldsymbol{I}-\boldsymbol{A})^{-1}]=e^{\boldsymbol{A}t}$$

最后得

$$\boldsymbol{X}(t)=e^{\boldsymbol{A}t}\boldsymbol{X}(0) \tag{11.9}$$

例 11.1　设线性连续系统齐次状态方程为

$$\dot{\boldsymbol{X}}=\boldsymbol{A}\boldsymbol{X}$$

式中

$$\boldsymbol{A}=\begin{pmatrix}0 & 1\\ -3 & -4\end{pmatrix}$$

试应用拉普拉斯变换法求解。

解：(1) 求矩阵$(s\boldsymbol{I}-\boldsymbol{A})$

$$(s\boldsymbol{I}-\boldsymbol{A})=\begin{pmatrix}s & 0\\ 0 & s\end{pmatrix}-\begin{pmatrix}0 & 1\\ -3 & -4\end{pmatrix}=\begin{pmatrix}s & -1\\ 3 & s+4\end{pmatrix}$$

(2) 求矩阵$(s\boldsymbol{I}-\boldsymbol{A})$的逆矩阵

$$(s\boldsymbol{I}-\boldsymbol{A})^{-1}=\frac{1}{\begin{vmatrix}s & -1\\ 3 & s+4\end{vmatrix}}\begin{pmatrix}s+4 & 1\\ -3 & s\end{pmatrix}=\frac{1}{(s+1)(s+3)}\begin{pmatrix}s+4 & 1\\ -3 & s\end{pmatrix}$$

$$=\begin{bmatrix}\frac{s+4}{(s+1)(s+3)} & \frac{1}{(s+1)(s+3)}\\ \frac{-3}{(s+1)(s+3)} & \frac{s}{(s+1)(s+3)}\end{bmatrix}=\begin{bmatrix}\frac{\frac{3}{2}}{s+1}-\frac{\frac{1}{2}}{s+3} & \frac{\frac{1}{2}}{s+1}-\frac{\frac{1}{2}}{s+3}\\ \frac{-\frac{3}{2}}{s+1}+\frac{\frac{3}{2}}{s+3} & \frac{-\frac{1}{2}}{s+1}+\frac{\frac{3}{2}}{s+3}\end{bmatrix}$$

(3) 求$(s\boldsymbol{I}-\boldsymbol{A})^{-1}$的拉普拉斯反变换

$$L^{-1}[(s\boldsymbol{I}-\boldsymbol{A})^{-1}]=L^{-1}\left[\begin{bmatrix}\frac{\frac{3}{2}}{s+1}-\frac{\frac{1}{2}}{s+3} & \frac{\frac{1}{2}}{s+1}-\frac{\frac{1}{2}}{s+3}\\ \frac{-\frac{3}{2}}{s+1}+\frac{\frac{3}{2}}{s+3} & \frac{-\frac{1}{2}}{s+1}+\frac{\frac{3}{2}}{s+3}\end{bmatrix}\right]$$

$$=\begin{bmatrix}\frac{3}{2}e^{-t}-\frac{1}{2}e^{-3t} & \frac{1}{2}e^{-t}-\frac{1}{2}e^{-3t}\\ -\frac{3}{2}e^{-t}+\frac{3}{2}e^{-3t} & -\frac{1}{2}e^{-t}+\frac{3}{2}e^{-3t}\end{bmatrix}$$

最后得该齐次状态方程的解为

$$\boldsymbol{X}(t)=\begin{bmatrix}\frac{3}{2}e^{-t}-\frac{1}{2}e^{-3t} & \frac{1}{2}e^{-t}-\frac{1}{2}e^{-3t}\\ -\frac{3}{2}e^{-t}+\frac{3}{2}e^{-3t} & -\frac{1}{2}e^{-t}+\frac{3}{2}e^{-3t}\end{bmatrix}\boldsymbol{X}(0)$$

例 11.2 设线性连续系统的齐次状态方程为

$$\dot{\boldsymbol{X}}=\boldsymbol{A}\boldsymbol{X}$$

式中：

$$\boldsymbol{A}=\begin{bmatrix}0 & 1 & 0\\ 0 & 0 & 1\\ 0 & -2 & -3\end{bmatrix}$$

试应用拉普拉斯变换法求解。

解:为了利用拉普拉斯变换法求解该系统齐次状态方程的解，先求$(s\boldsymbol{I}-\boldsymbol{A})$矩阵，即

$$(s\boldsymbol{I}-\boldsymbol{A})=\begin{bmatrix}s & 0 & 0\\ 0 & s & 0\\ 0 & 0 & s\end{bmatrix}-\begin{bmatrix}0 & 1 & 0\\ 0 & 0 & 1\\ 0 & -2 & -3\end{bmatrix}=\begin{bmatrix}s & -1 & 0\\ 0 & s & -1\\ 0 & 2 & s+3\end{bmatrix}$$

接着求$(s\boldsymbol{I}-\boldsymbol{A})$的逆矩阵，即

$$(s\boldsymbol{I}-\boldsymbol{A})^{-1}=\frac{1}{s^2(s+3)+2s}\begin{bmatrix}\begin{vmatrix}s & -1\\ 2 & s+3\end{vmatrix} & -\begin{vmatrix}-1 & 0\\ 2 & s+3\end{vmatrix} & \begin{vmatrix}-1 & 0\\ s & -1\end{vmatrix}\\ -\begin{vmatrix}0 & -1\\ 0 & s+3\end{vmatrix} & \begin{vmatrix}s & 0\\ 0 & s+3\end{vmatrix} & -\begin{vmatrix}s & 0\\ 0 & -1\end{vmatrix}\\ \begin{vmatrix}0 & s\\ 0 & 2\end{vmatrix} & -\begin{vmatrix}s & -1\\ 0 & 2\end{vmatrix} & \begin{vmatrix}s & -1\\ 0 & s\end{vmatrix}\end{bmatrix}$$

$$=\frac{1}{s(s+1)(s+2)}\begin{pmatrix}(s+1)(s+2) & s+3 & 1\\ 0 & s(s+3) & s\\ 0 & -2s & s^2\end{pmatrix}$$

$$=\begin{pmatrix}\frac{1}{s} & \frac{s+3}{s(s+1)(s+2)} & \frac{1}{s(s+1)(s+2)}\\ 0 & \frac{s+3}{(s+1)(s+2)} & \frac{1}{(s+1)(s+2)}\\ 0 & \frac{-2}{(s+1)(s+2)} & \frac{s}{(s+1)(s+2)}\end{pmatrix}$$

然后求逆矩阵$(s\boldsymbol{I}-\boldsymbol{A})^{-1}$的拉普拉斯反变换，即

$$L^{-1}[(s\boldsymbol{I}-\boldsymbol{A})^{-1}]=L^{-1}\begin{pmatrix}\frac{1}{s} & \frac{s+3}{s(s+1)(s+2)} & \frac{1}{s(s+1)(s+2)}\\ 0 & \frac{s+3}{(s+1)(s+2)} & \frac{1}{(s+1)(s+2)}\\ 0 & \frac{-2}{(s+1)(s+2)} & \frac{s}{(s+1)(s+2)}\end{pmatrix}$$

$$=\begin{pmatrix}1 & \frac{3}{2}-2e^{-t}+\frac{1}{2}e^{-2t} & \frac{1}{2}-e^{-t}+\frac{1}{2}e^{-2t}\\ 0 & 2e^{-t}-e^{-2t} & e^{-t}-e^{-2t}\\ 0 & -2e^{-t}+2e^{-2t} & -e^{-t}+2e^{-2t}\end{pmatrix}$$

最后求得该系统齐次状态方程的解为

$$\boldsymbol{X}(t)=\begin{pmatrix}1 & \frac{3}{2}-2e^{-t}+\frac{1}{2}e^{-2t} & \frac{1}{2}-e^{-t}+\frac{1}{2}e^{-2t}\\ 0 & 2e^{-t}-e^{-2t} & e^{-t}-e^{-2t}\\ 0 & -2e^{-t}+2e^{-2t} & -e^{-t}+2e^{-2t}\end{pmatrix}\boldsymbol{X}(0)$$

11.1.2 矩阵指数与状态转移矩阵

当求解线性定常系统齐次状态方程

$$\dot{\boldsymbol{X}}=\boldsymbol{A}\boldsymbol{X}$$

时，已得到

$$\boldsymbol{X}(t)=e^{\boldsymbol{A}t}\boldsymbol{X}(0)$$

式中

$$e^{\boldsymbol{A}t}=\sum_{k=0}^{\infty}\frac{\boldsymbol{A}^k}{k!}t^k$$

称为矩阵指数。该矩阵指数 $e^{\boldsymbol{A}t}$ 是一个无穷级数，可以证明该级数是一个收敛级数。矩阵指数 $e^{\boldsymbol{A}t}$ 除了上述收敛性外，也可以证明它还具有如下一些性质：

1）$\frac{\mathrm{d}}{\mathrm{d}t}e^{\boldsymbol{A}t}=Ae^{\boldsymbol{A}t}$

2）$e^{\boldsymbol{A}(\tau+t)}=e^{\boldsymbol{A}\tau}e^{\boldsymbol{A}t}$

3）若矩阵 $\boldsymbol{A}$ 与 $\boldsymbol{B}$ 可交换，即 $\boldsymbol{AB}=\boldsymbol{BA}$，则 $e^{(\boldsymbol{A}+\boldsymbol{B})t}=e^{\boldsymbol{A}t}e^{\boldsymbol{B}t}$，若矩阵 $\boldsymbol{A}$ 与 $\boldsymbol{B}$ 不可交换，即 $\boldsymbol{AB}\neq\boldsymbol{BA}$，则 $e^{(\boldsymbol{A}+\boldsymbol{B})t}\neq e^{\boldsymbol{A}t}e^{\boldsymbol{B}t}$。

在应用拉普拉斯变换法求线性定常系统齐次状态方程的解时，已经得到其解为

$$\boldsymbol{X}(t)=L^{-1}[(s\boldsymbol{I}-\boldsymbol{A})^{-1}]\boldsymbol{X}(0)$$

式中 $n\times n$ 阶矩阵 $L^{-1}[(s\boldsymbol{I}-\boldsymbol{A})^{-1}]$ 和矩阵指数 $e^{\boldsymbol{A}t}$ 相同，是用以描述状态向量 $\boldsymbol{X}(t)$ 由时间 $t=0$ 时刻开始向任意时刻 t 转移特性的矩阵，因此这里称为状态转移矩阵。状态转移矩阵每个元素都是时间 t 的实函数，通常用 $\boldsymbol{\Phi}(t)$ 表示。若系数矩阵 $\boldsymbol{A}$ 具有 n 个不同的特征值 $(s_1, s_2,\cdots,s_n)$，则在状态转移矩阵 $\boldsymbol{\Phi}(t)$ 中含有 $(e^{s_1t},e^{s_2t},\cdots,e^{s_nt})$ 等相应项，如果矩阵 $\boldsymbol{A}$ 为对角线矩阵，即

$$\boldsymbol{A}=\begin{bmatrix} s_1 & & & 0 \\ & s_2 & & \\ & & \ddots & \\ 0 & & & s_n \end{bmatrix}$$

则该系统状态转移矩阵 $\boldsymbol{\Phi}(t)$ 具有最简单的对角线矩阵形式，即

$$\boldsymbol{\Phi}(t)=\begin{bmatrix} e^{s_1t} & & & 0 \\ & e^{s_2t} & & \\ & & \ddots & \\ 0 & & & e^{s_nt} \end{bmatrix}$$

可以证明，状态转移矩阵具有如下性质；

1) $\boldsymbol{\Phi}(t)\big|_{t=0}=\boldsymbol{\Phi}(0)=\boldsymbol{I}$

2) $\boldsymbol{\Phi}^{-1}(t)=\boldsymbol{\Phi}(-t),\boldsymbol{\Phi}^{-1}(-t)=\boldsymbol{\Phi}(t)$

3) $\boldsymbol{\Phi}(t_1+t_2)=\boldsymbol{\Phi}(t_1)\boldsymbol{\Phi}(t_2)=\boldsymbol{\Phi}(t_2)\boldsymbol{\Phi}(t_1)$

4) $\boldsymbol{\Phi}(t_2-t_1)\boldsymbol{\Phi}(t_1-t_0)=\boldsymbol{\Phi}(t_2-t_0)$

5) $[\boldsymbol{\Phi}(t)]^n=\boldsymbol{\Phi}(nt)$

利用上述状态转移矩阵的性质，可以方便地计算例如 $\boldsymbol{\Phi}^{-1}(t)$ 等。

例 11.3 求状态转移矩阵

$$\boldsymbol{\Phi}(t)=\begin{bmatrix} 3e^{-t}-2e^{-2t} & e^{-t}-e^{-2t} \\ -2e^{-t}+2e^{-2t} & -2e^{-t}+3e^{-2t} \end{bmatrix}$$

的逆矩阵 $\boldsymbol{\Phi}^{-1}(t)$。

解：由状态转移矩阵 $\boldsymbol{\Phi}(t)$ 的性质 2

$$\boldsymbol{\Phi}^{-1}(t)=\boldsymbol{\Phi}(-t)$$

得

$$\boldsymbol{\Phi}^{-1}(t)=\boldsymbol{\Phi}(-t)=\boldsymbol{\Phi}(t)\big|_{t=-t}=\begin{bmatrix} 3e^{t}-2e^{2t} & e^{t}-e^{2t} \\ -2e^{t}+2e^{2t} & -2e^{t}+3e^{2t} \end{bmatrix}$$

当然，求解状态转移矩阵的逆矩阵时，可以采用一般的方法求解，但其计算量要大为增加。

11.1.3 非齐次状态方程的解

设线性定常系统的非齐次状态方程为

$$\dot{\boldsymbol{X}}=\boldsymbol{A}\boldsymbol{X}+\boldsymbol{B}\boldsymbol{u} \tag{11.10}$$

式中 $\boldsymbol{X}$——n 维状态向量；

u——r 维输入或控制向量；

$\boldsymbol{A}$——$n\times n$ 阶常系数矩阵；

$\boldsymbol{B}$——$n\times r$ 阶常系数矩阵。

求解非齐次状态方程一般有两种方法，即一般法和拉普拉斯变换法。

1. 一般法

将非齐次状态方程改写成如下形式

$$\dot{\boldsymbol{X}}-\boldsymbol{AX}=\boldsymbol{Bu}(t) \tag{11.11}$$

式(11.11)两边同时左乘 $e^{-\boldsymbol{A}t}$ 得

$$e^{-\boldsymbol{A}t}(\dot{\boldsymbol{X}}-\boldsymbol{AX})=e^{-\boldsymbol{A}t}\boldsymbol{Bu}(t) \tag{11.12}$$

考虑到

$$\frac{\mathrm{d}}{\mathrm{d}t}[e^{-\boldsymbol{A}t}\boldsymbol{X}(t)]=e^{-\boldsymbol{A}t}(\dot{\boldsymbol{X}}-\boldsymbol{AX})$$

式(11.12)可写成

$$\frac{\mathrm{d}}{\mathrm{d}t}[e^{-\boldsymbol{A}t}\boldsymbol{X}(t)]=e^{-\boldsymbol{A}t}\boldsymbol{Bu}(t)$$

积分上式可得

$$\int_0^t\frac{\mathrm{d}}{\mathrm{d}\tau}[e^{-\boldsymbol{A}\tau}\boldsymbol{X}(\tau)]\mathrm{d}\tau=\int_0^t e^{-\boldsymbol{A}\tau}\boldsymbol{Bu}(\tau)\mathrm{d}\tau$$

式中

$$\int_0^t\frac{\mathrm{d}}{\mathrm{d}\tau}[e^{-\boldsymbol{A}\tau}\boldsymbol{X}(\tau)]\mathrm{d}\tau=e^{-\boldsymbol{A}\tau}\boldsymbol{X}(\tau)\Big|_0^t=e^{-\boldsymbol{A}t}\boldsymbol{X}(t)-\boldsymbol{X}(0)$$

则

$$e^{-\boldsymbol{A}t}\boldsymbol{X}(t)-\boldsymbol{X}(0)=\int_0^t e^{-\boldsymbol{A}\tau}\boldsymbol{Bu}(\tau)\mathrm{d}\tau$$

或

$$e^{-\boldsymbol{A}t}\boldsymbol{X}(t)=\boldsymbol{X}(0)+\int_0^t e^{-\boldsymbol{A}\tau}\boldsymbol{Bu}(\tau)\mathrm{d}\tau \tag{11.13}$$

两边同时左乘 $e^{\boldsymbol{A}t}$ 可得

$$\boldsymbol{X}(t)=e^{\boldsymbol{A}t}\boldsymbol{X}(0)+e^{\boldsymbol{A}t}\int_0^t e^{-\boldsymbol{A}\tau}\boldsymbol{Bu}(\tau)\mathrm{d}\tau$$

即

$$\boldsymbol{X}(t)=e^{\boldsymbol{A}t}\boldsymbol{X}(0)+\int_0^t e^{\boldsymbol{A}(t-\tau)}\boldsymbol{Bu}(\tau)\mathrm{d}\tau \tag{11.14}$$

通过系统的状态转移矩阵 $\boldsymbol{\Phi}(t)$，非齐次状态方程的解还可以写成如下形式

$$\boldsymbol{X}(t)=\boldsymbol{\Phi}(t)\boldsymbol{X}(0)+\int_0^t\boldsymbol{\Phi}(t-\tau)\boldsymbol{Bu}(\tau)\mathrm{d}\tau \tag{11.15}$$

式(11.15)表明，非齐次状态方程的解包括两部分，即：①与初始状态 $\boldsymbol{X}(0)$ 有关的状态转移分量 $\boldsymbol{\Phi}(t)\boldsymbol{X}(0)$，②与控制向量 $\boldsymbol{u}(t)$ 有关的受控分量 $\int_0^t\boldsymbol{\Phi}(t-\tau)\boldsymbol{Bu}(\tau)\mathrm{d}\tau$。

如果初始时间不为零，而是 t_0 时，则非齐次状态方程的解具有如下形式：

$$\boldsymbol{X}(t)=\boldsymbol{\Phi}(t-t_0)\boldsymbol{X}(t_0)+\int_0^t\boldsymbol{\Phi}(t-\tau)\boldsymbol{B}\boldsymbol{u}(\tau)\mathrm{d}\tau \tag{11.16}$$

例 11.4 线性定常系统的非齐次状态方程为

$$\begin{bmatrix}\dot{x}_1\\ \dot{x}_2\end{bmatrix}=\begin{bmatrix}0 & 1\\ -3 & -4\end{bmatrix}\begin{bmatrix}x_1\\ x_2\end{bmatrix}+\begin{bmatrix}0\\ 1\end{bmatrix}u$$

试求当作用函数 $u(t)=1(t)$ 时非齐次状态方程的解。

解:由例 11.1 可知,该系统的状态转移矩阵 $\boldsymbol{\Phi}(t)=L^{-1}[(s\boldsymbol{I}-\boldsymbol{A})^{-1}]$ 为

$$\boldsymbol{\Phi}(t)=\begin{bmatrix}\frac{3}{2}e^{-t}-\frac{1}{2}e^{-3t} & \frac{1}{2}e^{-t}-\frac{1}{2}e^{-3t}\\ -\frac{3}{2}e^{-t}+\frac{3}{2}e^{-3t} & -\frac{1}{2}e^{-t}+\frac{3}{2}e^{-3t}\end{bmatrix}$$

根据式(11.15)可得非齐次状态方程解的初态转移分量为

$$\begin{aligned}\boldsymbol{\Phi}(t)\boldsymbol{X}(0)&=\begin{bmatrix}\frac{3}{2}e^{-t}-\frac{1}{2}e^{-3t} & \frac{1}{2}e^{-t}-\frac{1}{2}e^{-3t}\\ -\frac{3}{2}e^{-t}+\frac{3}{2}e^{-3t} & -\frac{1}{2}e^{-t}+\frac{3}{2}e^{-3t}\end{bmatrix}\boldsymbol{X}(0)\\ &=\begin{bmatrix}\left(\frac{3}{2}e^{-t}-\frac{1}{2}e^{-3t}\right)x_1(0)+\left(\frac{1}{2}e^{-t}-\frac{1}{2}e^{-3t}\right)x_2(0)\\ \left(-\frac{3}{2}e^{-t}+\frac{3}{2}e^{-3t}\right)x_1(0)+\left(-\frac{1}{2}e^{-t}+\frac{3}{2}e^{-3t}\right)x_2(0)\end{bmatrix}\end{aligned}$$

非齐次状态方程解的受控分量为

$$\begin{aligned}\int_0^t\boldsymbol{\Phi}(t-\tau)\boldsymbol{B}\boldsymbol{u}(\tau)\mathrm{d}\tau&=\int_0^t\begin{bmatrix}\frac{3}{2}e^{-(t-\tau)}-\frac{1}{2}e^{-3(t-\tau)} & \frac{1}{2}e^{-(t-\tau)}-\frac{1}{2}e^{-3(t-\tau)}\\ -\frac{3}{2}e^{-(t-\tau)}+\frac{3}{2}e^{-3(t-\tau)} & -\frac{1}{2}e^{-(t-\tau)}+\frac{3}{2}e^{-3(t-\tau)}\end{bmatrix}\begin{bmatrix}0\\ 1\end{bmatrix}\cdot 1\cdot\mathrm{d}\tau\\ &=\int_0^t\begin{bmatrix}\frac{1}{2}e^{-(t-\tau)}-\frac{1}{2}e^{-3(t-\tau)}\\ -\frac{1}{2}e^{-(t-\tau)}+\frac{3}{2}e^{-3(t-\tau)}\end{bmatrix}\mathrm{d}\tau\\ &=\begin{bmatrix}\frac{1}{2}e^{-t}\int_0^t e^{\tau}\mathrm{d}\tau-\frac{1}{2}e^{-3t}\int_0^t e^{3\tau}\mathrm{d}\tau\\ -\frac{1}{2}e^{-t}\int_0^t e^{\tau}\mathrm{d}\tau+\frac{3}{2}e^{-3t}\int_0^t e^{3\tau}\mathrm{d}\tau\end{bmatrix}\\ &=\begin{bmatrix}\frac{1}{3}-\frac{1}{2}e^{-t}+\frac{1}{6}e^{-3t}\\ \frac{1}{2}e^{-t}-\frac{1}{2}e^{-3t}\end{bmatrix}\end{aligned}$$

最后得非齐次状态方程的解为

$$\begin{bmatrix}x_1(t)\\ x_2(t)\end{bmatrix}=\begin{bmatrix}\left(\frac{3}{2}e^{-t}-\frac{1}{2}e^{-3t}\right)x_1(0)+\left(\frac{1}{2}e^{-t}-\frac{1}{2}e^{-3t}\right)x_2(0)\\ \left(-\frac{3}{2}e^{-t}+\frac{3}{2}e^{-3t}\right)x_1(0)+\left(-\frac{1}{2}e^{-t}+\frac{3}{2}e^{-3t}\right)x_2(0)\end{bmatrix}+\begin{bmatrix}\frac{1}{3}-\frac{1}{2}e^{-t}+\frac{1}{6}e^{-3t}\\ \frac{1}{2}e^{-t}-\frac{1}{2}e^{-3t}\end{bmatrix}$$

当初始状态为零,即

$$\boldsymbol{X}(0)=\begin{bmatrix}x_1(0)\\x_2(0)\end{bmatrix}=\begin{bmatrix}0\\0\end{bmatrix}$$

时,该系统非齐次状态方程的解为

$$\begin{bmatrix}x_1(t)\\x_2(t)\end{bmatrix}=\begin{bmatrix}\frac{1}{3}-\frac{1}{2}e^{-t}+\frac{1}{6}e^{-3t}\\\frac{1}{2}e^{-t}-\frac{1}{2}e^{-3t}\end{bmatrix}$$

2. 拉普拉斯变换法

设非齐次状态方程为

$$\dot{\boldsymbol{X}}=\boldsymbol{AX}+\boldsymbol{Bu} \tag{11.17}$$

将上式两边同时取拉普拉斯变换得

$$s\boldsymbol{X}(s)-\boldsymbol{X}(0)=\boldsymbol{AX}(s)+\boldsymbol{Bu}(s)$$

或

$$(s\boldsymbol{I}-\boldsymbol{A})\boldsymbol{X}(s)=\boldsymbol{X}(0)+\boldsymbol{Bu}(s)$$

两边同时左乘$(s\boldsymbol{I}-\boldsymbol{A})^{-1}$得

$$X(s)=(s\boldsymbol{I}-\boldsymbol{A})^{-1}\boldsymbol{X}(0)+(s\boldsymbol{I}-\boldsymbol{A})^{-1}\boldsymbol{Bu}(s)$$

对上式逐项进行拉普拉斯反变换得非齐次状态方程的解为

$$\boldsymbol{X}(t)=L^{-1}[(s\boldsymbol{I}-\boldsymbol{A})^{-1}]\boldsymbol{X}(0)+L^{-1}[(s\boldsymbol{I}-\boldsymbol{A})^{-1}\boldsymbol{Bu}(s)] \tag{11.18}$$

例 11.5 应用拉普拉斯变换法,重新求解例 11.4 线性定常系统的非齐次状态方程的解。

解:由例 11.4 可知,该系统的非齐次状态方程解的转移分量为

$$\boldsymbol{\Phi}(t)\boldsymbol{X}(0)=L^{-1}[(s\boldsymbol{I}-\boldsymbol{A})^{-1}]\boldsymbol{X}(0)=\begin{bmatrix}\left(\frac{3}{2}e^{-t}-\frac{1}{2}e^{-3t}\right)x_1(0)+\left(\frac{1}{2}e^{-t}-\frac{1}{2}e^{-3t}\right)x_2(0)\\\left(-\frac{3}{2}e^{-t}+\frac{3}{2}e^{-3t}\right)x_1(0)+\left(-\frac{1}{2}e^{-t}+\frac{3}{2}e^{-3t}\right)x_2(0)\end{bmatrix}$$

由例 11.1 可知,该系统的特征矩阵$(s\boldsymbol{I}-\boldsymbol{A})$的逆矩阵为

$$(s\boldsymbol{I}-\boldsymbol{A})^{-1}=\begin{bmatrix}\frac{s+4}{(s+1)(s+3)}&\frac{1}{(s+1)(s+3)}\\\frac{-3}{(s+1)(s+3)}&\frac{s}{(s+1)(s+3)}\end{bmatrix}$$

从系统状态方程中求得系数矩阵

$$\boldsymbol{B}=\begin{bmatrix}0\\1\end{bmatrix}$$

根据式(11.18)得,该系统非齐次状态方程解的受控分量为

$$L^{-1}[(s\boldsymbol{I}-\boldsymbol{A})^{-1}\boldsymbol{Bu}(s)]=L^{-1}\left[\begin{pmatrix}\frac{s+4}{(s+1)(s+3)}&\frac{1}{(s+1)(s+3)}\\\frac{-3}{(s+1)(s+3)}&\frac{s}{(s+1)(s+3)}\end{pmatrix}\begin{bmatrix}0\\1\end{bmatrix}\frac{1}{s}\right]$$

$$=L^{-1}\left[\begin{bmatrix}\dfrac{1}{s(s+1)(s+3)}\\ \dfrac{1}{(s+1)(s+3)}\end{bmatrix}\right]=\begin{bmatrix}\dfrac{1}{3}-\dfrac{1}{2}e^{-t}+\dfrac{1}{6}e^{-3t}\\ \dfrac{1}{2}e^{-t}-\dfrac{1}{2}e^{-3t}\end{bmatrix}$$

最后得该系统的非齐次状态方程的解为

$$\begin{bmatrix}x_1(t)\\x_2(t)\end{bmatrix}=\begin{bmatrix}\left(\dfrac{3}{2}e^{-t}-\dfrac{1}{2}e^{-3t}\right)x_1(0)+\left(\dfrac{1}{2}e^{-t}-\dfrac{1}{2}e^{-3t}\right)x_2(0)\\ \left(-\dfrac{3}{2}e^{-t}+\dfrac{3}{2}e^{-3t}\right)x_1(0)+\left(-\dfrac{1}{2}e^{-t}+\dfrac{3}{2}e^{-3t}\right)x_2(0)\end{bmatrix}+\begin{bmatrix}\dfrac{1}{3}-\dfrac{1}{2}e^{-t}+\dfrac{1}{6}e^{-3t}\\ \dfrac{1}{2}e^{-t}-\dfrac{1}{2}e^{-3t}\end{bmatrix}$$

与例 11.4 所得的结果是一致的。

例 11.6　应用拉普拉斯变换法求线性定常系统非齐次状态方程

$$\dot{\boldsymbol{X}}=\boldsymbol{AX}+\boldsymbol{Bu}$$

式中：

$$A=\begin{bmatrix}0&1&0\\0&0&1\\0&-2&-3\end{bmatrix}\quad B=\begin{bmatrix}0\\0\\1\end{bmatrix}$$

当作用函数 $u(t)=1(t)$时的解

解：由例 11.2 知该系统特征矩阵的逆矩阵为

$$(s\boldsymbol{I}-\boldsymbol{A})^{-1}=\begin{bmatrix}\dfrac{1}{s}&\dfrac{s+3}{s(s+1)(s+2)}&\dfrac{1}{s(s+1)(s+2)}\\ 0&\dfrac{s+3}{(s+1)(s+2)}&\dfrac{1}{(s+1)(s+2)}\\ 0&\dfrac{-2}{(s+1)(s+2)}&\dfrac{s}{(s+1)(s+2)}\end{bmatrix}$$

以及相应的状态转移矩阵

$$\boldsymbol{\Phi}(t)=L^{-1}[(s\boldsymbol{I}-\boldsymbol{A})^{-1}]=\begin{bmatrix}1&\dfrac{3}{2}-2e^{-t}+\dfrac{1}{2}e^{-2t}&\dfrac{1}{2}-e^{-t}+\dfrac{1}{2}e^{-2t}\\ 0&2e^{-t}-e^{-2t}&e^{-t}-e^{-2t}\\ 0&-2e^{-t}+2e^{-2t}&-e^{-t}+2e^{-2t}\end{bmatrix}$$

计算矩阵

$$(s\boldsymbol{I}-\boldsymbol{A})^{-1}\boldsymbol{Bu}(s)=\begin{bmatrix}\dfrac{1}{s}&\dfrac{s+3}{s(s+1)(s+2)}&\dfrac{1}{s(s+1)(s+2)}\\ 0&\dfrac{s+3}{(s+1)(s+2)}&\dfrac{1}{(s+1)(s+2)}\\ 0&\dfrac{-2}{(s+1)(s+2)}&\dfrac{s}{(s+1)(s+2)}\end{bmatrix}\begin{bmatrix}0\\0\\1\end{bmatrix}\frac{1}{s}=\begin{bmatrix}\dfrac{1}{s^2(s+1)(s+2)}\\ \dfrac{1}{s(s+1)(s+2)}\\ \dfrac{1}{(s+1)(s+2)}\end{bmatrix}$$

拉普拉斯反变换得

$$L^{-1}[(s\boldsymbol{I}-\boldsymbol{A})^{-1}\boldsymbol{B}\boldsymbol{u}(s)]=L^{-1}\left[\begin{pmatrix}\dfrac{1}{s^2(s+1)(s+2)}\\ \dfrac{1}{s(s+1)(s+2)}\\ \dfrac{1}{(s+1)(s+2)}\end{pmatrix}\right]=\begin{pmatrix}\dfrac{1}{2}t-\dfrac{3}{4}+e^{-t}-\dfrac{1}{4}e^{-2t}\\ \dfrac{1}{2}-e^{-t}+\dfrac{1}{2}e^{-2t}\\ e^{-t}-e^{-2t}\end{pmatrix}$$

最后根据式(11.18)得该系统非齐次状态方程的解为

$$\boldsymbol{X}(t)=\begin{pmatrix}1 & \dfrac{3}{2}-2e^{-t}+\dfrac{1}{2}e^{-2t} & \dfrac{1}{2}-e^{-t}+\dfrac{1}{2}e^{-2t}\\ 0 & 2e^{-t}-e^{-2t} & e^{-t}-e^{-2t}\\ 0 & -2e^{-t}+2e^{-2t} & -e^{-t}+2e^{-2t}\end{pmatrix}\boldsymbol{X}(0)+\begin{pmatrix}\dfrac{1}{2}t-\dfrac{3}{4}+e^{-t}-\dfrac{1}{4}e^{-2t}\\ \dfrac{1}{2}-e^{-t}+\dfrac{1}{2}e^{-2t}\\ e^{-t}-e^{-2t}\end{pmatrix}$$

11.1.4 线性时变系统状态方程的解

设线性时变系统状态方程为

$$\dot{\boldsymbol{X}}=\boldsymbol{A}(t)\boldsymbol{X}+\boldsymbol{B}(t)\boldsymbol{u} \tag{11.19}$$

式中 $\boldsymbol{A}(t)$,$\boldsymbol{B}(t)$均为时间 t 的函数。

1. 齐次状态方程的解

与线性定常系统一样,线性时变系统的齐次状态方程具有如下形式

$$\dot{\boldsymbol{X}}=\boldsymbol{A}(t)\boldsymbol{X} \tag{11.20}$$

如果 $n\times n$ 阶矩阵 $\boldsymbol{\Phi}(t,t_0)$是满足下列微分方程

$$\begin{gathered}\dot{\boldsymbol{\Phi}}(t,t_0)=\boldsymbol{A}(t)\boldsymbol{\Phi}(t,t_0)\\ \boldsymbol{\Phi}(t_0,t_0)=\boldsymbol{I}\end{gathered} \tag{11.21}$$

的非奇异矩阵,则

$$\boldsymbol{X}(t)=\boldsymbol{\Phi}(t,t_0)\boldsymbol{X}(t_0) \tag{11.22}$$

即为齐次状态方程(11.20)的解。

事实上,由于

$$\dot{\boldsymbol{X}}(t)=\frac{\mathrm{d}}{\mathrm{d}t}[\boldsymbol{\Phi}(t,t_0)\boldsymbol{X}(t_0)]=\dot{\boldsymbol{\Phi}}(t,t_0)\boldsymbol{X}(t_0)=\boldsymbol{A}(t)\boldsymbol{\Phi}(t,t_0)\boldsymbol{X}(t_0)=\boldsymbol{A}(t)\boldsymbol{X}(t)$$

即 $\boldsymbol{X}(t)=\boldsymbol{\Phi}(t,t_0)\boldsymbol{X}(t_0)$满足齐次状态方程式(11.20),并且

$$\boldsymbol{X}(t_0)=\boldsymbol{\Phi}(t_0,t_0)\boldsymbol{X}(t_0)$$

即 $\boldsymbol{\Phi}(t_0,t_0)=\boldsymbol{I}$,所以当矩阵 $\boldsymbol{\Phi}(t,t_0)$满足条件(11.21)时,式(11.22)即是齐次状态方程(11.20)的解,由于式(11.22)描述初始状态 $\boldsymbol{X}(t_0)$的转移特性,因此称 $\boldsymbol{\Phi}(t,t_0)$为线性时变系统的状态转移矩阵。

2. 线性时变系统的状态转移矩阵及其性质

如前所述,线性定常系统的状态转移矩阵 $\boldsymbol{\Phi}(t)$按矩阵指数定义可表示为

$$\boldsymbol{\Phi}(t)=e^{\boldsymbol{A}t}=\boldsymbol{I}+\boldsymbol{A}t+\frac{1}{2!}(\boldsymbol{A}t)^2+\frac{1}{3!}(\boldsymbol{A}t)^3+\cdots$$

或

$$\boldsymbol{\Phi}(t)=e^{\int_0^t\boldsymbol{A}\mathrm{d}\tau}=\boldsymbol{I}+\int_0^t\boldsymbol{A}\mathrm{d}\tau+\frac{1}{2!}\left(\int_0^t\boldsymbol{A}\mathrm{d}\tau\right)^2+\frac{1}{3!}\left(\int_0^t\boldsymbol{A}\mathrm{d}\tau\right)^3+\cdots$$

式中 $\boldsymbol{A}$ 为常系数矩阵。

如果将线性时变系统的状态转移矩阵写成上述类似形式，则有

$$\boldsymbol{\Phi}(t,t_0)=e^{\int_{t_0}^{t}\boldsymbol{A}(\tau)\mathrm{d}\tau}=\boldsymbol{I}+\int_{t_0}^{t}\boldsymbol{A}(\tau)\mathrm{d}\tau+\frac{1}{2!}\left(\int_{t_0}^{t}\boldsymbol{A}(\tau)\mathrm{d}\tau\right)^2+\frac{1}{3!}\left(\int_{t_0}^{t}\boldsymbol{A}(\tau)\mathrm{d}\tau\right)^3+\cdots \tag{11.23}$$

但需附有条件，这是因为直接将

$$\boldsymbol{X}(t)=\boldsymbol{\Phi}(t,t_0)X(t_0)=\left(I+\int_{t_0}^{t}A(\tau)\mathrm{d}\tau+\frac{1}{2!}\left(\int_{t_0}^{t}A(\tau)\mathrm{d}\tau\right)^2+\frac{1}{3!}\left(\int_{t_0}^{t}A(\tau)\mathrm{d}\tau\right)^3+\cdots\right)X(t_0)$$

两边微分所得等式

$$\begin{aligned}\dot{\boldsymbol{X}}(t)&=\frac{\mathrm{d}}{\mathrm{d}t}(\boldsymbol{\Phi}(t,t_0))\boldsymbol{X}(t_0)\\&=\left\{\boldsymbol{A}(t)+\frac{1}{2!}\left[\boldsymbol{A}(t)\int_{t_0}^{t}\boldsymbol{A}(\tau)\mathrm{d}\tau+\int_{t_0}^{t}\boldsymbol{A}(\tau)\mathrm{d}\tau\boldsymbol{A}(t)\right]+\right.\\&\quad\left.\frac{1}{3!}\left[\boldsymbol{A}(t)\left(\int_{t_0}^{t}\boldsymbol{A}(\tau)\mathrm{d}\tau\right)^2+\int_{t_0}^{t}\boldsymbol{A}(\tau)\mathrm{d}\tau\boldsymbol{A}(t)\int_{t_0}^{t}\boldsymbol{A}(\tau)\mathrm{d}\tau+\int_{t_0}^{t}\boldsymbol{A}(\tau)\mathrm{d}\tau\boldsymbol{A}(t)\right]+\cdots\right\}\boldsymbol{X}(t_0)\end{aligned}$$

代入式(11.20)，一般是不成立的，为使该等式成立，需要有

$$\boldsymbol{A}(t)\int_{t_0}^{t}\boldsymbol{A}(\tau)\mathrm{d}\tau=\int_{t_0}^{t}\boldsymbol{A}(\tau)\mathrm{d}\tau\boldsymbol{A}(t)$$

即要求矩阵 $\boldsymbol{A}(t)$ 与矩阵 $\int_{t_0}^{t}\boldsymbol{A}(\tau)\mathrm{d}\tau$ 为可交换的。要使矩阵 $\boldsymbol{A}(t)$ 与矩阵 $\int_{t_0}^{t}\boldsymbol{A}(\tau)\mathrm{d}\tau$ 为可交换的，需满足

$$\boldsymbol{A}(t)\int_{t_0}^{t}\boldsymbol{A}(\tau)\mathrm{d}\tau-\int_{t_0}^{t}\boldsymbol{A}(\tau)\mathrm{d}\tau\boldsymbol{A}(t)=\int_{t_0}^{t}[\boldsymbol{A}(t)\boldsymbol{A}(\tau)-\boldsymbol{A}(\tau)\boldsymbol{A}(t)]\mathrm{d}\tau=0$$

也就是说，任意时刻 t_1、t_2，下式均成立

$$\boldsymbol{A}(t_1)\boldsymbol{A}(t_2)=\boldsymbol{A}(t_2)\boldsymbol{A}(t_1) \tag{11.24}$$

式(11.24)是线性时变系统的状态转移矩阵能按矩阵指数形式(11.23)定义的充分而必要条件。容易看出，当系数矩阵 $\boldsymbol{A}(t)$ 为对角线矩阵或常系数矩阵，则条件式(11.24)恒成立，在这种情况下，式(11.23)为计算线性时变系统状态转移矩阵 $\boldsymbol{\Phi}(t,t_0)$ 提供了一种极为方便的方法。

例 11.7 设线性时变系统齐次状态方程为

$$\dot{\boldsymbol{X}}(t)=\boldsymbol{A}(t)\boldsymbol{X}(t)$$

式中：

$$\boldsymbol{A}(t)=\begin{bmatrix}0 & \sin\omega t\\0 & 0\end{bmatrix}$$

试求该系统的状态转移矩阵 $\boldsymbol{\Phi}(t,t_0)$。

解：在求解线性时变系统的状态转移矩阵时，需先检验系数矩阵 $\boldsymbol{A}(t)$ 是否满足可交换条件(11.24)，即

$$\boldsymbol{A}(t_1)\boldsymbol{A}(t_2)=\begin{bmatrix}0 & \sin\omega t_1\\0 & 0\end{bmatrix}\begin{bmatrix}0 & \sin\omega t_2\\0 & 0\end{bmatrix}=0$$

$$\boldsymbol{A}(t_2)\boldsymbol{A}(t_1)=\begin{bmatrix}0 & \sin\omega t_2\\0 & 0\end{bmatrix}\begin{bmatrix}0 & \sin\omega t_1\\0 & 0\end{bmatrix}=0$$

满足可交换条件，因此该系统的状态转移矩阵可按式(11.23)计算，即

$$\boldsymbol{\Phi}(t,t_0)=\boldsymbol{I}+\int_{t_0}^{t}\begin{bmatrix}0 & \sin\omega\tau\\ 0 & 0\end{bmatrix}\mathrm{d}\tau+\frac{1}{2!}\left[\int_{t_0}^{t}\begin{bmatrix}0 & \sin\omega\tau\\ 0 & 0\end{bmatrix}\mathrm{d}\tau\right]^2+\frac{1}{3!}\left[\int_{t_0}^{t}\begin{bmatrix}0 & \sin\omega\tau\\ 0 & 0\end{bmatrix}\mathrm{d}\tau\right]^3+\cdots$$

式中：

$$\int_{t_0}^{t}\begin{bmatrix}0 & \sin\omega\tau\\ 0 & 0\end{bmatrix}\mathrm{d}\tau=\begin{bmatrix}0 & \dfrac{1}{\omega}[\cos\omega t_0-\cos\omega t]\\ 0 & 0\end{bmatrix}$$

$$\left[\int_{t_0}^{t}\begin{bmatrix}0 & \sin\omega\tau\\ 0 & 0\end{bmatrix}\mathrm{d}\tau\right]^i=\begin{bmatrix}0 & \dfrac{1}{\omega}[\cos\omega t_0-\cos\omega t]\\ 0 & 0\end{bmatrix}^i=0\quad(i=2,3,\cdots)$$

因此得

$$\boldsymbol{\Phi}(t,t_0)=\boldsymbol{I}+\begin{bmatrix}0 & \dfrac{1}{\omega}[\cos\omega t_0-\cos\omega t]\\ 0 & 0\end{bmatrix}=\begin{bmatrix}1 & \dfrac{1}{\omega}[\cos\omega t_0-\cos\omega t]\\ 0 & 1\end{bmatrix}$$

假如矩阵 $\boldsymbol{A}(t)$ 与矩阵 $\int_{t_0}^{t}\boldsymbol{A}(\tau)\mathrm{d}\tau$ 不可交换，则不能按式(11.23)计算线性时变系统的状态转移矩阵 $\boldsymbol{\Phi}(t,t_0)$，在这种情况下，可按下述方法求状态转移矩阵 $\boldsymbol{\Phi}(t,t_0)$。

当给定初始状态 $\boldsymbol{X}(t_0)$ 时，对式 $\dot{\boldsymbol{X}}=\boldsymbol{A}(t)\boldsymbol{X}$ 两边取积分得

$$\boldsymbol{X}(t)=\boldsymbol{X}(t_0)+\int_{t_0}^{t}\boldsymbol{A}(\tau)\boldsymbol{X}(\tau)\mathrm{d}\tau \tag{11.25}$$

用式(11.25)所表示的 $\boldsymbol{X}(t)$ 代入式(11.25)等号右边的 $\boldsymbol{X}(\tau)$ 中去，逐次逼近求解该矩阵积分方程。当第一次代入后，式(11.25)变为

$$\boldsymbol{X}(t)=\boldsymbol{X}(t_0)+\int_{t_0}^{t}\boldsymbol{A}(\tau_1)\left[\boldsymbol{X}(t_0)+\int_{t_0}^{\tau_1}\boldsymbol{A}(\tau_2)\boldsymbol{X}(\tau_2)\mathrm{d}\tau_2\right]\mathrm{d}\tau_1$$

第二代入后，式(11.25)变为

$$\boldsymbol{X}(t)=\boldsymbol{X}(t_0)+\int_{t_0}^{t}\boldsymbol{A}(\tau_1)\mathrm{d}\tau_1\boldsymbol{X}(t_0)+\int_{t_0}^{t}\boldsymbol{A}(\tau_1)\int_{t_0}^{t}\boldsymbol{A}(\tau_2)\mathrm{d}\tau_2\mathrm{d}\tau_1\boldsymbol{X}(t_0)+$$

$$\int_{t_0}^{t}\boldsymbol{A}(\tau_1)\int_{t_0}^{\tau_1}\boldsymbol{A}(\tau_2)\int_{t_0}^{\tau_2}\boldsymbol{A}(\tau_3)\boldsymbol{X}(\tau_3)\mathrm{d}\tau_3\mathrm{d}\tau_2\mathrm{d}\tau_1$$

反复运用逐次逼近法，式(11.25)可表示为

$$\boldsymbol{X}(t)=\left[\boldsymbol{I}+\int_{t_0}^{t}\boldsymbol{A}(\tau_1)\mathrm{d}\tau_1+\int_{t_0}^{t}\boldsymbol{A}(\tau_1)\int_{t_0}^{\tau_1}\boldsymbol{A}(\tau_2)\mathrm{d}\tau_2\mathrm{d}\tau_1+\cdots\right]\boldsymbol{X}(t_0) \tag{11.26}$$

将式(11.26)中的无穷级数记为 $\boldsymbol{\Phi}(t,t_0)$，即

$$\boldsymbol{\Phi}(t,t_0)=\boldsymbol{I}+\int_{t_0}^{t}\boldsymbol{A}(\tau_1)\mathrm{d}\tau_1+\int_{t_0}^{t}\boldsymbol{A}(\tau_1)\int_{t_0}^{\tau_1}\boldsymbol{A}(\tau_2)\mathrm{d}\tau_2\mathrm{d}\tau_1+\int_{t_0}^{t}\boldsymbol{A}(\tau_1)\int_{t_0}^{\tau_1}\boldsymbol{A}(\tau_2)\int_{t_0}^{\tau_2}\boldsymbol{A}(\tau_3)\mathrm{d}\tau_3\mathrm{d}\tau_2\mathrm{d}\tau_1+\cdots \tag{11.27}$$

如果矩阵 $\boldsymbol{A}(t)$ 在积分区间内有界，则无穷级数式(11.27)绝对收敛。在这种情况下，假定无穷级数式(11.27)对时间可导，两边分别对时间求导得

$$\begin{aligned}\dot{\boldsymbol{\Phi}}(t,t_0) &= \boldsymbol{A}(t)+\boldsymbol{A}(t)\int_{t_0}^{t}\boldsymbol{A}(\tau_2)\mathrm{d}\tau_2+\boldsymbol{A}(t)\int_{t_0}^{t}\boldsymbol{A}(\tau_2)\int_{t_0}^{\tau_2}\boldsymbol{A}(\tau_3)\mathrm{d}\tau_3\mathrm{d}\tau_2+\cdots \\ &= \boldsymbol{A}(t)\left[\boldsymbol{I}+\int_{t_0}^{t}\boldsymbol{A}(\tau_2)\mathrm{d}\tau_2+\int_{t_0}^{t}\boldsymbol{A}(\tau_2)\int_{t_0}^{\tau_2}\boldsymbol{A}(\tau_3)\mathrm{d}\tau_3\mathrm{d}\tau_2+\cdots\right] \\ &= \boldsymbol{A}(t)\boldsymbol{\Phi}(t,t_0)\end{aligned} \tag{11.28}$$

由于无穷级数式(11.27)绝对收敛,所以式(11.28)也绝对收敛,另外,由式(11.27)还可以得到

$$\boldsymbol{\Phi}(t_0,t_0)=\boldsymbol{I} \tag{11.29}$$

将式(11.27)、(11.28)与式(11.21)比较,可知,式(11.26)是线性时变系统齐次状态方程(11.20)的解。式(11.27)是线性时变系统齐次状态方程的状态转移矩阵,根据式(11.27)可以求出当$\boldsymbol{A}(t)$与$\int_{t_0}^{t}\boldsymbol{A}(\tau)\mathrm{d}\tau$不可交换时的线性时变系统的状态转移矩阵。

应该指出,对于线性时变系统,状态转移矩阵$\boldsymbol{\Phi}(t,t_0)$既与时间t有关,也与初始时刻t_0有关,但与t和t_0之差无关,因此,在通常情况下,不能总取初始时刻$t_0=0$。

例 11.8 求线性时变系统

$$\begin{bmatrix}\dot{x}_1\\ \dot{x}_2\end{bmatrix}=\begin{bmatrix}0 & 1\\ 0 & e^t\end{bmatrix}\begin{bmatrix}x_1\\ x_2\end{bmatrix}$$

的状态转移矩阵$\boldsymbol{\Phi}(t,0)$,并求解该系统齐次状态方程的解。

解:与例 11.7 类似,在求解线性时变系统的状态转移矩阵时,需先检验系数矩阵$\boldsymbol{A}(t)$是否满足式(11.24)可交换条件,即

$$\boldsymbol{A}(t_1)\boldsymbol{A}(t_2)=\begin{bmatrix}0 & 1\\ 0 & e^{t_1}\end{bmatrix}\begin{bmatrix}0 & 1\\ 0 & e^{t_2}\end{bmatrix}=\begin{bmatrix}0 & e^{t_2}\\ 0 & e^{t_1}e^{t_2}\end{bmatrix}$$

$$\boldsymbol{A}(t_2)\boldsymbol{A}(t_1)=\begin{bmatrix}0 & 1\\ 0 & e^{t_2}\end{bmatrix}\begin{bmatrix}0 & 1\\ 0 & e^{t_1}\end{bmatrix}=\begin{bmatrix}0 & e^{t_1}\\ 0 & e^{t_1}e^{t_2}\end{bmatrix}\neq\boldsymbol{A}(t_1)\boldsymbol{A}(t_2)$$

可知该线性时变系统的系数矩阵$\boldsymbol{A}(t)$不满足式(11.24)可交换条件,需按式(11.27)求取该系统的状态转移矩阵$\boldsymbol{\Phi}(t,0)$,即

$$\int_0^t\boldsymbol{A}(\tau)\mathrm{d}\tau=\int_0^t\begin{bmatrix}0 & 1\\ 0 & e^{\tau}\end{bmatrix}\mathrm{d}\tau=\begin{bmatrix}0 & t\\ 0 & e^t\end{bmatrix}$$

$$\int_0^t\boldsymbol{A}(\tau_1)\int_0^{\tau_1}\boldsymbol{A}(\tau_2)\mathrm{d}\tau_2\mathrm{d}\tau_1=\int_0^t\begin{bmatrix}0 & 1\\ 0 & e^{\tau_1}\end{bmatrix}\int_0^{\tau_1}\begin{bmatrix}0 & 1\\ 0 & e^{\tau_2}\end{bmatrix}\mathrm{d}\tau_2\mathrm{d}\tau_1=\begin{bmatrix}0 & e^t\\ 0 & \frac{1}{2}e^{2t}\end{bmatrix}$$

……………………

最后得该线性时变系统的状态转移矩阵为

$$\boldsymbol{\Phi}(t,0)=\boldsymbol{I}+\begin{bmatrix}0 & t\\ 0 & e^t\end{bmatrix}+\begin{bmatrix}0 & e^t\\ 0 & \frac{1}{2}e^{2t}\end{bmatrix}+\cdots$$

根据式(11.25)可求得该线性时变系统齐次状态方程的解为

$$\boldsymbol{X}(t)=\boldsymbol{\Phi}(t,0)\boldsymbol{X}(t_0)=\begin{bmatrix}1 & t+e^t+\cdots \\ 0 & 1+e^t+\dfrac{1}{2}e^{2t}+\cdots\end{bmatrix}\boldsymbol{X}(t_0)$$

线性时变系统的状态转移矩阵具有如下性质：

1) $\boldsymbol{\Phi}(t_0,t_0)=\boldsymbol{I}$

2) $\boldsymbol{\Phi}(t_2,t_1)\boldsymbol{\Phi}(t_1,t_0)=\boldsymbol{\Phi}(t_2,t_0)$

3) $\boldsymbol{\Phi}(t_1,t_0)=\boldsymbol{\Phi}^{-1}(t_0,t_1)$

3. 线性时变系统非齐次状态方程的解

设线性时变系统非齐次状态方程为

$$\dot{\boldsymbol{X}}(t)=\boldsymbol{A}(t)\boldsymbol{X}(t)+\boldsymbol{B}(t)\boldsymbol{u}(t) \tag{11.30}$$

为求解非齐次状态方程,先假设该方程的解为

$$\boldsymbol{X}(t)=\boldsymbol{\Phi}(t,t_0)\boldsymbol{\zeta}(t) \tag{11.31}$$

式中状态转移矩阵 $\boldsymbol{\Phi}(t,t_0)$满足条件(11.21)的 $n\times n$ 阶非奇异矩阵。将假设的非齐次状态方程的解代入非齐次状态方程(11.30)中,求得

$$\dot{\boldsymbol{\Phi}}(t,t_0)\boldsymbol{\zeta}(t)+\boldsymbol{\Phi}(t,t_0)\dot{\boldsymbol{\zeta}}(t)=\boldsymbol{A}(t)\boldsymbol{\Phi}(t,t_0)\boldsymbol{\zeta}(t)+\boldsymbol{B}(t)\boldsymbol{u}(t)$$

由于

$$\dot{\boldsymbol{\Phi}}(t,t_0)\boldsymbol{\zeta}(t)=\boldsymbol{A}(t)\boldsymbol{\Phi}(t,t_0)\boldsymbol{\zeta}(t)$$

所以得

$$\boldsymbol{\Phi}(t,t_0)\dot{\boldsymbol{\zeta}}(t)=\boldsymbol{B}(t)\boldsymbol{u}(t)$$

或

$$\dot{\boldsymbol{\zeta}}(t)=\boldsymbol{\Phi}^{-1}(t,t_0)\boldsymbol{B}(t)\boldsymbol{u}(t)$$

对上式两边在时间 t_0 至 t 之间积分,得

$$\int_{t_0}^{t}\dot{\boldsymbol{\zeta}}(\tau)\mathrm{d}\tau=\int_{t_0}^{t}\boldsymbol{\Phi}^{-1}(\tau,t_0)\boldsymbol{B}(\tau)\boldsymbol{u}(\tau)\mathrm{d}\tau$$

其中

$$\int_{t_0}^{t}\dot{\boldsymbol{\zeta}}(\tau)\mathrm{d}\tau=\boldsymbol{\zeta}(t)-\boldsymbol{\zeta}(t_0)$$

因此

$$\boldsymbol{\zeta}(t)=\boldsymbol{\zeta}(t_0)+\int_{t_0}^{t}\boldsymbol{\Phi}^{-1}(\tau,t_0)\boldsymbol{B}(\tau)\boldsymbol{u}(\tau)\mathrm{d}\tau$$

因为

$$\boldsymbol{\zeta}(t_0)=\boldsymbol{\Phi}^{-1}(t,t_0)\boldsymbol{X}(t)\big|_{t=t_0}=\boldsymbol{X}(t_0)$$

所以

$$\boldsymbol{\zeta}(t)=\boldsymbol{X}(t_0)+\int_{t_0}^{t}\boldsymbol{\Phi}^{-1}(\tau,t_0)\boldsymbol{B}(\tau)\boldsymbol{u}(\tau)\mathrm{d}\tau$$

两边同时左乘 $\boldsymbol{\Phi}(t,t_0)$得

$$\boldsymbol{\Phi}(t,t_0)\boldsymbol{\zeta}(t)=\boldsymbol{X}(t)=\boldsymbol{\Phi}(t,t_0)\boldsymbol{X}(t_0)+\boldsymbol{\Phi}(t,t_0)\int_{t_0}^{t}\boldsymbol{\Phi}^{-1}(\tau,t_0)\boldsymbol{B}(\tau)\boldsymbol{u}(\tau)\mathrm{d}\tau$$

因为

$$\boldsymbol{\Phi}(t,t_0)\boldsymbol{\Phi}^{-1}(\tau,t_0)=\boldsymbol{\Phi}(t,t_0)\boldsymbol{\Phi}(t_0,\tau)=\boldsymbol{\Phi}(t,\tau)$$

所以

$$\boldsymbol{X}(t)=\boldsymbol{\Phi}(t,t_0)\boldsymbol{X}(t_0)+\int_{t_0}^{t}\boldsymbol{\Phi}(t,\tau)\boldsymbol{B}(\tau)\boldsymbol{u}(\tau)\mathrm{d}\tau \tag{11.32}$$

需要指出，式(11.32)所示的线性时变系统非齐次状态方程的解，除一些简单情况外，一般是很难写成封闭形式的。因此，需要通过数字计算机求解。

例 11.9　试求线性时变系统

$$\begin{bmatrix}\dot{x}_1(t)\\ \dot{x}_2(t)\end{bmatrix}=\begin{bmatrix}0 & \sin\omega t\\ 0 & 0\end{bmatrix}\begin{bmatrix}x_1(t)\\ x_2(t)\end{bmatrix}+\begin{bmatrix}1\\ 1\end{bmatrix}u(t-t_0)$$

的非齐次状态方程的解，其中 $u(t-t_0)$ 是从 t_0 时刻开始的单位阶跃函数。

解:在例 11.7 中，已经求得该系统的状态转移矩阵为

$$\boldsymbol{\Phi}(t,t_0)=\begin{bmatrix}1 & \dfrac{1}{\omega}(\cos\omega t_0-\cos\omega t)\\ 0 & 1\end{bmatrix}$$

根据方程(11.32)，得非齐次状态方程的解为

$$\begin{aligned}\boldsymbol{X}(t)&=\begin{bmatrix}1 & \dfrac{1}{\omega}(\cos\omega t_0-\cos\omega t)\\ 0 & 1\end{bmatrix}\begin{bmatrix}x_1(t_0)\\ x_2(t_0)\end{bmatrix}+\int_{t_0}^{t}\begin{bmatrix}1 & \dfrac{1}{\omega}(\cos\omega\tau-\cos\omega t)\\ 0 & 1\end{bmatrix}\begin{bmatrix}1\\ 1\end{bmatrix}\cdot 1\cdot\mathrm{d}\tau\\ &=\begin{bmatrix}x_1(t_0)+\dfrac{1}{\omega}(\cos\omega t_0-\cos\omega t)x_2(t_0)\\ x_2(t_0)\end{bmatrix}+\begin{bmatrix}t-t_0+\dfrac{1}{\omega^2}(\sin\omega t-\sin\omega t_0)-\dfrac{1}{\omega}(t\cos\omega t-t_0\cos\omega t_0)\\ t-t_0\end{bmatrix}\end{aligned}$$

11.2　离散系统状态方程的解

11.2.1　线性定常离散系统状态方程的解

设线性离散系统状态方程及其输出方程为

$$\begin{aligned}\boldsymbol{X}(k+1)&=\boldsymbol{AX}(k)+\boldsymbol{Bu}(k)\\ \boldsymbol{Y}(k)&=\boldsymbol{CX}(k)+\boldsymbol{Du}(k)\end{aligned} \tag{11.33}$$

式中　$\boldsymbol{X}$——系统状态向量，n 维列向量；

$\boldsymbol{u}$——系统作用函数，r 维列向量；

$\boldsymbol{Y}$——系统输出函数向量，m 维列向量；

$\boldsymbol{A}$——$n\times n$ 阶常系数矩阵；

$\boldsymbol{B}$——$n\times r$ 阶常系数矩阵；

$\boldsymbol{C}$——$m\times n$ 阶常系数矩阵；

$\boldsymbol{D}$——$m\times r$ 阶常系数矩阵。

一般线性离散系统状态方程的解法有：递推法和 Z 变换法两种，下面分别加以介绍。

1. 递推法

递推法通常也称为迭代法，应用递推法求解线性离散系统状态方程时，需要在状态方程

$$\boldsymbol{X}(k+1)=\boldsymbol{AX}(k)+\boldsymbol{Bu}(k) \tag{11.34}$$

中依次令 $k=0,1,2,\cdots$得到

$$\boldsymbol{X}(1)=\boldsymbol{AX}(0)+\boldsymbol{Bu}(0) \tag{11.35}$$

$$\boldsymbol{X}(2)=\boldsymbol{AX}(1)+\boldsymbol{Bu}(1) \tag{11.36}$$

$$\boldsymbol{X}(3)=\boldsymbol{AX}(2)+\boldsymbol{Bu}(2) \tag{11.37}$$

$$\cdots\cdots$$

$$\boldsymbol{X}(k)=\boldsymbol{AX}(k-1)+\boldsymbol{Bu}(k-1) \tag{11.38}$$

将式(11.35)代入式(11.36)中，得

$$\boldsymbol{X}(2)=\boldsymbol{A}^2\boldsymbol{X}(0)+\boldsymbol{ABu}(0)+\boldsymbol{Bu}(1) \tag{11.39}$$

将式(11.39)代入式(11.37)中，得

$$\boldsymbol{X}(3)=\boldsymbol{A}^3\boldsymbol{X}(0)+\boldsymbol{A}^2\boldsymbol{Bu}(0)+\boldsymbol{ABu}(1)+\boldsymbol{Bu}(2) \tag{11.40}$$

如此迭代下去，最后可得

$$\boldsymbol{X}(k)=\boldsymbol{A}^k\boldsymbol{X}(0)+\boldsymbol{A}^{k-1}\boldsymbol{Bu}(0)+\boldsymbol{A}^{k-2}\boldsymbol{Bu}(1)+\cdots+\boldsymbol{ABu}(k-2)+\boldsymbol{Bu}(k-1) \tag{11.41}$$

或

$$\boldsymbol{X}(k)=\boldsymbol{A}^k\boldsymbol{X}(0)+\sum_{j=0}^{k-1}\boldsymbol{A}^{k-j-1}\boldsymbol{Bu}(j) \quad (k=1,2,3\cdots) \tag{11.42}$$

式(11.42)即是线性离散系统状态方程(11.34)的通解。

由式(11.42)可知线性离散系统状态方程的解分为两部分，即状态转移部分和受控部分。若将式(11.42)中 $\boldsymbol{A}^k$ 记为

$$\boldsymbol{\Phi}(k)=\boldsymbol{A}^k \tag{11.43}$$

则 $\boldsymbol{\Phi}(k)$即是矩阵差分方程

$$\boldsymbol{\Phi}(k+1)=\boldsymbol{A\Phi}(k),\quad \boldsymbol{\Phi}(0)=\boldsymbol{I}$$

的唯一解。它描述离散系统由 $t=0$ 的初始状态 $\boldsymbol{X}(0)$向任意时刻 $t=kT_0$ 的状态 $\boldsymbol{X}(k)$转移的特性。因此称 $\boldsymbol{\Phi}(k)$为线性离散系统的状态转移矩阵。第二项 $\sum\limits_{j=0}^{k-1}\boldsymbol{A}^{k-j-1}\boldsymbol{Bu}(j)$ 是与作用函数 $\boldsymbol{u}$ 有关的项，称为受控项。

通过状态转移矩阵 $\boldsymbol{\Phi}(k)$线性离散系统状态方程的解(11.42)还可以表示为

$$\boldsymbol{X}(k)=\boldsymbol{\Phi}(k)\boldsymbol{X}(0)+\sum_{j=0}^{k-1}\boldsymbol{\Phi}(k-j-1)\boldsymbol{Bu}(j) \quad (k=1,2,3\cdots) \tag{11.44}$$

若记 $i=k-j-1$，则上式还可以写成

$$\boldsymbol{X}(k)=\boldsymbol{\Phi}(k)\boldsymbol{X}(0)+\sum_{i=0}^{k-1}\boldsymbol{\Phi}(i)\boldsymbol{Bu}(k-i-1) \quad (k=1,2,3\cdots) \tag{11.45}$$

将状态方程解 $\boldsymbol{X}(k)$代入线性离散系统输出方程中，得系统的输出为

$$\boldsymbol{Y}(k)=\boldsymbol{C\Phi}(k)\boldsymbol{X}(0)+\boldsymbol{C}\sum_{j=0}^{k-1}\boldsymbol{\Phi}(k-j-1)\boldsymbol{Bu}(j)+\boldsymbol{Du}(k) \quad (k=1,2,3,\cdots) \tag{11.46}$$

或

$$\boldsymbol{Y}(k)=\boldsymbol{C\Phi}(k)\boldsymbol{X}(0)+\boldsymbol{C}\sum_{i=0}^{k-1}\boldsymbol{\Phi}(i)\boldsymbol{Bu}(k-i-1)+\boldsymbol{Du}(k)\quad(k=1,2,3,\cdots)\tag{11.47}$$

例 11.10 线性离散系统的状态方程为

$$\boldsymbol{X}(k+1)=\boldsymbol{AX}(k)+\boldsymbol{Bu}(k)$$

$$\boldsymbol{A}=\begin{bmatrix}0 & 1\\ -0.21 & -1\end{bmatrix},\quad \boldsymbol{B}=\begin{bmatrix}1\\ 1\end{bmatrix}$$

试应用递推法求取当

$$\boldsymbol{X}(0)=\begin{bmatrix}1\\ -1\end{bmatrix},\quad u(k)=1\quad(k\geqslant 0)$$

时状态方程的解。

解:根据递推法,在状态方程中令 $k=0$ 得

$$\boldsymbol{X}(1)=\boldsymbol{AX}(0)+\boldsymbol{Bu}(0)=\begin{bmatrix}0 & 1\\ -0.21 & -1\end{bmatrix}\begin{bmatrix}1\\ -1\end{bmatrix}+\begin{bmatrix}1\\ 1\end{bmatrix}\times 1=\begin{bmatrix}0\\ 1.79\end{bmatrix}$$

令 $k=1$ 时得

$$\boldsymbol{X}(2)=\boldsymbol{AX}(1)+\boldsymbol{Bu}(1)=\begin{bmatrix}0 & 1\\ -0.21 & -1\end{bmatrix}\begin{bmatrix}0\\ 1.79\end{bmatrix}+\begin{bmatrix}1\\ 1\end{bmatrix}\times 1=\begin{bmatrix}2.79\\ -0.79\end{bmatrix}$$

$k=2$ 时

$$\boldsymbol{X}(3)=\boldsymbol{AX}(2)+\boldsymbol{Bu}(2)=\begin{bmatrix}0 & 1\\ -0.21 & -1\end{bmatrix}\begin{bmatrix}2.79\\ -0.79\end{bmatrix}+\begin{bmatrix}1\\ 1\end{bmatrix}\times 1=\begin{bmatrix}0.21\\ 1.2041\end{bmatrix}$$

$k=3$ 时

$$\boldsymbol{X}(4)=\boldsymbol{AX}(3)+\boldsymbol{Bu}(3)=\begin{bmatrix}0 & 1\\ -0.21 & -1\end{bmatrix}\begin{bmatrix}0.21\\ 1.2041\end{bmatrix}+\begin{bmatrix}1\\ 1\end{bmatrix}\times 1=\begin{bmatrix}2.1836\\ -0.2482\end{bmatrix}$$

…………………………

如此迭代下去,可求得任意采样周期 $t=kT_0(k=1,2,3,\cdots)$ 上状态方程的解。需要指出,根据递推法求得线性离散系统状态方程的解,不能写出一般的闭合形式,但通过状态转移矩阵,按式(11.44)或式(11.45)求解,可以写成闭合形式。

例 11.11 试求例 11.9 所示线性离散系统的状态转移矩阵,并求出该系统状态方程解的一般闭式形式。

由于系数矩阵 $\boldsymbol{A}=\begin{bmatrix}0 & 1\\ -0.21 & -1\end{bmatrix}$,所以该系统的状态转移矩阵为

$$\boldsymbol{\Phi}(k)=\begin{bmatrix}0 & 1\\ -0.21 & -1\end{bmatrix}^k$$

在一般情况下，直接求解 $\boldsymbol{\Phi}(k)=\boldsymbol{A}^k$ 是很困难的，这里介绍一种根据相似对角线矩阵法，求解线性离散系统状态转移矩阵 $\boldsymbol{\Phi}(k)=\boldsymbol{A}^k$。其方法为

(1) 根据系数矩阵 $\boldsymbol{A}$ 的特征根 $s_1=-0.3, s_2=-0.7$，计算模态矩阵 $\boldsymbol{P}$

$$\boldsymbol{P}=\begin{bmatrix}1 & 1\\ s_1 & s_2\end{bmatrix}=\begin{bmatrix}1 & 1\\ -0.3 & -0.7\end{bmatrix}$$

(2) 计算模态矩阵 $\boldsymbol{P}$ 的逆矩阵 $\boldsymbol{P}^{-1}$

$$\boldsymbol{P}^{-1}=\begin{bmatrix}1 & 1\\ -0.3 & -0.7\end{bmatrix}^{-1}=\frac{1}{4}\begin{bmatrix}7 & 10\\ -3 & -10\end{bmatrix}$$

(3) 求系数矩阵 $\boldsymbol{A}$ 的相似对角线矩阵 $\boldsymbol{P}^{-1}\boldsymbol{A}\boldsymbol{P}$

$$\boldsymbol{P}^{-1}\boldsymbol{A}\boldsymbol{P}=\frac{1}{4}\begin{bmatrix}7 & 10\\ -3 & -10\end{bmatrix}\begin{bmatrix}0 & 1\\ -0.21 & -1\end{bmatrix}\begin{bmatrix}1 & 1\\ -0.3 & -0.7\end{bmatrix}=\begin{bmatrix}-0.3 & 0\\ 0 & -0.7\end{bmatrix}$$

(4) 根据 $\boldsymbol{A}^k=\boldsymbol{P}(\boldsymbol{P}^{-1}\boldsymbol{A}\boldsymbol{P})^k\boldsymbol{P}^{-1}$ 求状态转移矩阵 $\boldsymbol{\Phi}(k)=\boldsymbol{A}^k$

$$\boldsymbol{A}^k=\frac{1}{4}\begin{bmatrix}1 & 1\\ -0.3 & -0.7\end{bmatrix}\begin{bmatrix}-0.3 & 0\\ 0 & -0.7\end{bmatrix}^k\begin{bmatrix}7 & 10\\ -3 & -10\end{bmatrix}$$

$$=\frac{1}{4}\begin{bmatrix}1 & 1\\ -0.3 & -0.7\end{bmatrix}\begin{bmatrix}(-0.3)^k & 0\\ 0 & (-0.7)^k\end{bmatrix}\begin{bmatrix}7 & 10\\ -3 & -10\end{bmatrix}$$

$$=\frac{1}{4}\begin{bmatrix}7(-0.3)^k-3(-0.7)^k & 10[(-0.3)^k-(-0.7)^k]\\ -2.1[(-0.3)^k-(-0.7)^k] & -3(-0.3)^k+7(-0.7)^k\end{bmatrix}$$

上式即是该系统的状态转移矩阵 $\boldsymbol{\Phi}(k)$。由式(11.45)可得

$$\boldsymbol{A}^k\boldsymbol{X}(0)=\frac{1}{4}\begin{bmatrix}7(-0.3)^k-3(-0.7)^k & 10[(-0.3)^k-(-0.7)^k]\\ -2.1[(-0.3)^k-(-0.7)^k] & -3(-0.3)^k+7(-0.7)^k\end{bmatrix}\begin{bmatrix}1\\ -1\end{bmatrix}$$

$$=\frac{1}{4}\begin{bmatrix}-3(-0.3)^k+7(-0.7)^k\\ 0.9(-0.3)^k-4.9(-0.7)^k\end{bmatrix}$$

$$\sum_{i=0}^{k-1}\boldsymbol{\Phi}(i)\boldsymbol{B}u(k-i-1)=\sum_{i=0}^{k-1}\boldsymbol{A}^i\boldsymbol{B}u(k-i-1)=\sum_{i=0}^{k-1}\boldsymbol{P}\begin{bmatrix}(-0.3)^i & 0\\ 0 & (-0.7)^i\end{bmatrix}\boldsymbol{P}^{-1}\boldsymbol{B}\times 1$$

$$=\boldsymbol{P}\left[\begin{bmatrix}1 & 0\\ 0 & 1\end{bmatrix}+\begin{bmatrix}-0.3 & 0\\ 0 & -0.7\end{bmatrix}+\begin{bmatrix}(-0.3)^2 & 0\\ 0 & (-0.7)^2\end{bmatrix}+\cdots+\begin{bmatrix}(-0.3)^{k-1} & 0\\ 0 & (-0.7)^{k-1}\end{bmatrix}\right]\boldsymbol{P}^{-1}\boldsymbol{B}$$

$$=\boldsymbol{P}\begin{bmatrix}1+(-0.3)+(-0.3)^2+\cdots+(-0.3)^{k-1} & 0\\ 0 & 1+(-0.7)+(-0.7)^2+\cdots(-0.7)^{k-1}\end{bmatrix}\boldsymbol{P}^{-1}\boldsymbol{B}$$

$$=\frac{1}{4}\begin{bmatrix}1 & 1\\ -0.3 & -0.7\end{bmatrix}\begin{bmatrix}\frac{1-(-0.3)^k}{1.3} & 0\\ 0 & \frac{1-(-0.7)^k}{1.7}\end{bmatrix}\begin{bmatrix}7 & 10\\ -3 & -10\end{bmatrix}\begin{bmatrix}1\\ 1\end{bmatrix}$$

$$=\begin{bmatrix}-\frac{85}{26}(-0.3)^k+\frac{65}{34}(-0.7)^k+\frac{300}{221}\\ \frac{51}{52}(-0.3)^k-\frac{91}{68}(-0.7)^k+\frac{79}{221}\end{bmatrix}$$

最后求得状态方程的解为

$$\boldsymbol{X}(k)=\boldsymbol{A}^k\boldsymbol{X}(0)+\sum_{i=0}^{k-1}\boldsymbol{A}^i\boldsymbol{B}\boldsymbol{m}(k-i-1)$$

$$=\begin{bmatrix}-\frac{209}{52}(-0.3)^k+\frac{249}{68}(-0.7)^k+\frac{300}{221}\\ \frac{627}{520}(-0.3)^k-\frac{1\,743}{680}(-0.7)^k+\frac{79}{221}\end{bmatrix}\quad(k=1,2,3\cdots)$$

如果在上式中，依次令 $k=1,2,3,\cdots$，则可得与例 11.9 完全相同的结果。

2. Z 变换法

将线性离散系统的状态方程

$$\boldsymbol{X}(k+1)=\boldsymbol{A}\boldsymbol{X}(k)+\boldsymbol{B}\boldsymbol{u}(k) \tag{11.48}$$

的两边同时进行 Z 变换，得

$$z\boldsymbol{X}(z)-z\boldsymbol{X}(0)=\boldsymbol{A}\boldsymbol{X}(z)+\boldsymbol{B}\boldsymbol{u}(z)$$

或

$$(z\boldsymbol{I}-\boldsymbol{A})\boldsymbol{X}(z)=z\boldsymbol{X}(0)+\boldsymbol{B}\boldsymbol{u}(z) \tag{11.49}$$

式中 $\boldsymbol{X}(z)=\boldsymbol{Z}[X(k)]$，$\boldsymbol{u}(z)=\boldsymbol{Z}[\boldsymbol{u}(k)]$。

方程(11.49)两边同时左乘 $(z\boldsymbol{I}-\boldsymbol{A})^{-1}$，得

$$\boldsymbol{X}(z)=(z\boldsymbol{I}-\boldsymbol{A})^{-1}z\boldsymbol{X}(0)+(z\boldsymbol{I}+\boldsymbol{A})^{-1}\boldsymbol{B}\boldsymbol{u}(z)$$

求 Z 反变换得

$$\boldsymbol{X}(k)=Z^{-1}[(z\boldsymbol{I}-\boldsymbol{A})^{-1}z\boldsymbol{X}(0)]+Z^{-1}[(z\boldsymbol{I}-\boldsymbol{A})^{-1}\boldsymbol{B}\boldsymbol{u}(z)] \tag{11.50}$$

与式(11.42)比较得

$$\boldsymbol{\Phi}(k)=Z^{-1}[(z\boldsymbol{I}-\boldsymbol{A})^{-1}z]=\boldsymbol{A}^k \tag{11.51}$$

$$Z^{-1}[(z\boldsymbol{I}-\boldsymbol{A})^{-1}\boldsymbol{B}\boldsymbol{u}(z)]=\sum_{j=0}^{k-1}\boldsymbol{A}^{k-j-1}\boldsymbol{B}\boldsymbol{u}(j) \tag{11.52}$$

由上式可知，应用 Z 变换法求得的线性离散系统状态方程的解与应用递推法求得的线性离散系统状态方程的解具有完全相同的结果。

例 11.12 应用 Z 变换法求取例 11.9 所示的线性离散系统的状态转移矩阵，并根据 $\boldsymbol{X}(k+1)=\boldsymbol{A}\boldsymbol{X}(k)+\boldsymbol{B}\boldsymbol{u}(k)$

$$\boldsymbol{A}=\begin{bmatrix}0 & 1\\ -0.21 & -1\end{bmatrix}\quad \boldsymbol{B}=\begin{bmatrix}1\\ 1\end{bmatrix}$$

$$\boldsymbol{X}(0)=\begin{bmatrix}1\\ -1\end{bmatrix}\quad 及\quad \boldsymbol{u}(k)=1\quad(k>0)$$

求该系统状态方程的解。

解：根据式(11.51)，可求得该离散系统的状态转移矩阵，即

$$\boldsymbol{A}^k=\boldsymbol{\Phi}(k)=Z^{-1}[(z\boldsymbol{I}-\boldsymbol{A})^{-1}z]$$

$$=Z^{-1}\left[\begin{pmatrix} z & -1 \\ 0.21 & z+1 \end{pmatrix}^{-1}z\right]$$

$$=Z^{-1}\left[\begin{pmatrix} \dfrac{z+1}{(z+0.3)(z+0.7)} & \dfrac{1}{(z+0.3)(z+0.7)} \\ \dfrac{-0.21}{(z+0.3)(z+0.7)} & \dfrac{z}{(z+0.3)(z+0.7)} \end{pmatrix}z\right]$$

$$=\frac{1}{4}Z^{-1}\begin{pmatrix} \dfrac{7z}{z+0.3}-\dfrac{3z}{z+0.7} & \dfrac{10z}{z+0.3}-\dfrac{10z}{z+0.7} \\ -\dfrac{2.1z}{z+0.3}+\dfrac{2.1z}{z+0.7} & -\dfrac{3z}{z+0.3}+\dfrac{7z}{z+0.7} \end{pmatrix}$$

$$=\frac{1}{4}\begin{pmatrix} 7(-0.3)^k-3(-0.7)^k & 10(-0.3)^k-10(-0.7)^k \\ -2.1(-0.3)^k+2.1(-0.7)^k & -3(-0.3)^k+7(-0.3)^k \end{pmatrix}$$

计算

$$Z^{-1}[(z\boldsymbol{I}-\boldsymbol{A})^{-1}z]\boldsymbol{X}(0)=\frac{1}{4}\begin{pmatrix} 7(-0.3)^k-3(-0.7)^k & 10(-0.3)^k-10(-0.7)^k \\ -2.1(-0.3)^k+2.1(-0.7)^k & -3(-0.3)^k+7(-0.3)^k \end{pmatrix}\begin{pmatrix} 1 \\ -1 \end{pmatrix}$$

$$=\begin{pmatrix} -\dfrac{3}{4}(-0.3)^k+\dfrac{7}{4}(-0.7)^k \\ \dfrac{9}{40}(-0.2)^k-\dfrac{49}{40}(-0.7)^k \end{pmatrix}$$

$$Z^{-1}[(z\boldsymbol{I}-\boldsymbol{A})^{-1}\boldsymbol{Bu}(z)]=Z^{-1}\left[\begin{pmatrix} \dfrac{z+1}{(z+0.3)(z+0.7)} & \dfrac{1}{(z+0.3)(z+0.7)} \\ \dfrac{-0.21}{(z+0.3)(z+0.7)} & \dfrac{z}{(z+0.3)(z+0.7)} \end{pmatrix}\begin{pmatrix} 1 \\ 1 \end{pmatrix}\frac{z}{z-1}\right]$$

$$=Z^{-1}\left[\begin{pmatrix} \dfrac{z+2}{(z+0.3)(z+0.7)(z-1)} \\ \dfrac{z-0.21}{(z+0.3)(z+0.7)(z-1)} \end{pmatrix}z\right]$$

$$=Z^{-1}\left[\begin{pmatrix} \dfrac{-\frac{85}{26}z}{z+0.3}+\dfrac{\frac{65}{34}z}{z+0.7}+\dfrac{\frac{300}{221}z}{z-1} \\ \dfrac{\frac{51}{52}z}{z+0.3}-\dfrac{\frac{91}{68}z}{z+0.7}+\dfrac{\frac{79}{221}z}{z-1} \end{pmatrix}\right]$$

$$=\begin{pmatrix} -\dfrac{85}{26}(-0.3)^k+\dfrac{65}{34}(-0.7)^k+\dfrac{300}{221} \\ \dfrac{51}{52}(-0.3)^k-\dfrac{91}{68}(-0.7)^k+\dfrac{79}{221} \end{pmatrix}$$

最后得该系统状态方程的解为

$$=\begin{bmatrix}-\frac{209}{52}(-0.3)^k+\frac{249}{68}(-0.7)^k+\frac{300}{221}\\ \frac{627}{520}(-0.3)^k-\frac{1\,743}{680}(-0.7)^k+\frac{79}{221}\end{bmatrix}\quad(k=1,2,3\cdots)$$

11.2.2 线性时变离散系统状态方程的解

设线性时变离散系统状态方程为

$$\boldsymbol{X}(k+1)=\boldsymbol{A}(k)\boldsymbol{X}(k)+\boldsymbol{B}(k)\boldsymbol{u}(k)\tag{11.53}$$

式中 $\boldsymbol{X}(k)$——线性时变离散系统状态向量 $\boldsymbol{X}(kT_0)$的缩写，T_0 为采样周期；

$\boldsymbol{u}(k)$——作用函数向量 $\boldsymbol{u}(kT_0)$的缩写；

$\boldsymbol{A}(k),\boldsymbol{B}(k)$——时变系数矩阵 $\boldsymbol{A}(kT_0),\boldsymbol{B}(kT_0)$的缩写。

应用迭代法可以求得线性时变离散系统的状态向量 $\boldsymbol{X}(k)$在各个采样时刻 kT_0上的离散值，即在式(11.53)中代入$(k=k_0)$得

$$\boldsymbol{X}(k_0+1)=\boldsymbol{A}(k_0)\boldsymbol{X}(k_0)+\boldsymbol{B}(k_0)\boldsymbol{u}(k_0)\tag{11.54}$$

式中 $X(k_0),u(k_0)$分别为状态向量与作用函数向量的初值。

在式(11.53)中代入$(k=k_0+1)$并考虑到式(11.54)得

$$\begin{aligned}\boldsymbol{X}(k_0+2)&=\boldsymbol{A}(k_0+1)\boldsymbol{X}(k_0+1)+\boldsymbol{B}(k_0+1)\boldsymbol{u}(k_0+1)\\&=\boldsymbol{A}(k_0+1)\boldsymbol{A}(k_0)\boldsymbol{X}(k_0)+\boldsymbol{A}(k_0+1)\boldsymbol{B}(k_0)\boldsymbol{u}(k_0)+\boldsymbol{B}(k_0+1)\boldsymbol{u}(k_0+1)\end{aligned}\tag{11.55}$$

在(11.53)式中代入$(k=k_0+2)$并考虑到(11.55)得

$$\begin{aligned}\boldsymbol{X}(k_0+3)&=\boldsymbol{A}(k_0+2)\boldsymbol{X}(k_0+2)+\boldsymbol{B}(k_0+2)\boldsymbol{u}(k_0+2)\\&=\boldsymbol{A}(k_0+2)\boldsymbol{A}(k_0+1)\boldsymbol{A}(k_0)\boldsymbol{X}(k_0)+\boldsymbol{A}(k_0+2)\boldsymbol{A}(k_0+1)\boldsymbol{B}(k_0)\boldsymbol{u}(k_0)+\\&\quad\boldsymbol{A}(k_0+2)\boldsymbol{B}(k_0+1)\boldsymbol{u}(k_0+1)+\boldsymbol{B}(k_0+2)\boldsymbol{u}(k_0+2)\end{aligned}\tag{11.56}$$

基于以上所述，应用数学归纳法可求得线性离散系统状态方程的解 $\boldsymbol{X}(k)$为

$$\begin{aligned}\boldsymbol{X}(k)=&\boldsymbol{A}(k-1)\boldsymbol{A}(k-2)\cdots\boldsymbol{A}(k_0+1)\boldsymbol{A}(k_0)\boldsymbol{X}(k_0)+\\&\sum_{j=k_0}^{k-1}\boldsymbol{A}(k-1)\boldsymbol{A}(k-2)\cdots\boldsymbol{A}(j+1)\boldsymbol{B}(j)\boldsymbol{u}(j)\quad(k>k_0,k=k_0+1,k_0+2,\cdots)\end{aligned}\tag{11.57}$$

式(11.57)中的第一项是描述状态向量 $X(k)$由初始状态 $X(k_0)$向任意时刻 $k=kT_0(k=k_0+1,k_0+2,\cdots)$的状态转移特性的转移项，它是表征线性时变离散系统内在特性的齐次方程

$$\boldsymbol{X}(k+1)=\boldsymbol{A}(k)\boldsymbol{X}(k)$$

的解，其中

$$\boldsymbol{A}(k-1)\boldsymbol{A}(k-2)\cdots\boldsymbol{A}(k_0+1)\boldsymbol{A}(k_0)=\boldsymbol{\Phi}(k,k_0)\tag{11.58}$$

称为线性时变离散系统的状态转移矩阵，状态转移矩阵是下列矩阵方程

$$\boldsymbol{\Phi}(k+1,k_0)=\boldsymbol{A}(k)\boldsymbol{\Phi}(k,k_0)\tag{11.59}$$

当初始条件 $\boldsymbol{\Phi}(k_0,k_0)=\boldsymbol{I}$ 时的解。通过状态转移矩阵式(11.58)还可以写成如下形式

$$\boldsymbol{X}(k)=\boldsymbol{\Phi}(k,k_0)\boldsymbol{X}(k_0)+\sum_{j=k_0}^{k-1}\boldsymbol{\Phi}(k,j+1)\boldsymbol{B}(j)\boldsymbol{u}(j)\quad(k=k_0+1,k_0+2,\cdots)\tag{11.60}$$

上述式(11.58)或(11.60)即是线性时变离散系统状态方程的解。

例 11.13 线性时变离散系统状态方程为

$$\boldsymbol{X}(k+1)=\boldsymbol{A}(k)\boldsymbol{X}(k)+\boldsymbol{B}(k)\boldsymbol{m}(k)$$

$$\boldsymbol{A}(k)=\begin{pmatrix}1 & e^{-2k}\\0 & e^{-k}\end{pmatrix},\quad \boldsymbol{B}(k)=\begin{pmatrix}e^{-k}\\1\end{pmatrix}$$

试求当

$$\boldsymbol{u}(k)=1,\quad \boldsymbol{X}(0)=\begin{pmatrix}0\\0\end{pmatrix}$$

时的系统状态方程的解。已知 $T_0=0.1$ s。

解:在式(11.60)中,令 $k_0=0$,并依次令 $k=1,2,3,\cdots$,求得线性时变离散系统状态方程的解为

当 $k=0$ $\boldsymbol{X}(1)=\boldsymbol{A}(0)\boldsymbol{X}(0)+\boldsymbol{B}(0)\boldsymbol{u}(0)=\begin{pmatrix}1 & 1\\0 & 1\end{pmatrix}\begin{pmatrix}0\\0\end{pmatrix}+\begin{pmatrix}1\\1\end{pmatrix}1=\begin{pmatrix}1\\1\end{pmatrix}$

当 $k=1$ $\boldsymbol{X}(2)=\boldsymbol{A}(1)\boldsymbol{A}(0)\boldsymbol{X}(0)+\boldsymbol{A}(1)\boldsymbol{B}(0)\boldsymbol{u}(0)+\boldsymbol{B}(1)\boldsymbol{u}(1)$

$$=\begin{pmatrix}1 & 0.135\\0 & 0.368\end{pmatrix}\begin{pmatrix}1 & 1\\0 & 1\end{pmatrix}\begin{pmatrix}0\\0\end{pmatrix}+\begin{pmatrix}1 & 0.135\\0 & 0.368\end{pmatrix}\begin{pmatrix}1\\1\end{pmatrix}1+\begin{pmatrix}0.368\\1\end{pmatrix}1=\begin{pmatrix}1.503\\1.368\end{pmatrix}$$

当 $k=2$ $\boldsymbol{X}(3)=\boldsymbol{A}(2)\boldsymbol{A}(1)\boldsymbol{A}(0)\boldsymbol{X}(0)+\boldsymbol{A}(2)\boldsymbol{A}(1)\boldsymbol{B}(0)\boldsymbol{u}(0)+\boldsymbol{A}(2)\boldsymbol{B}(1)\boldsymbol{u}(1)+\boldsymbol{B}(2)\boldsymbol{u}(2)$

$$=\begin{pmatrix}1 & 0.0183\\0 & 0.135\end{pmatrix}\begin{pmatrix}1 & 0.135\\0 & 0.368\end{pmatrix}\begin{pmatrix}1 & 1\\0 & 1\end{pmatrix}\begin{pmatrix}0\\0\end{pmatrix}+\begin{pmatrix}1 & 0.0183\\0 & 0.135\end{pmatrix}\begin{pmatrix}1 & 0.135\\0 & 0.368\end{pmatrix}\begin{pmatrix}1\\1\end{pmatrix}1+$$

$$\begin{pmatrix}1 & 0.0183\\0 & 0.135\end{pmatrix}\begin{pmatrix}0.368\\1\end{pmatrix}1+\begin{pmatrix}0.135\\1\end{pmatrix}1=\begin{pmatrix}1.6636\\1.18468\end{pmatrix}$$

……………………………

考虑到采样周期 $T_0=0.1$s,得

$$\begin{pmatrix}x_1(0.1)\\x_2(0.1)\end{pmatrix}=\begin{pmatrix}1\\1\end{pmatrix},\quad \begin{pmatrix}x_1(0.2)\\x_2(0.2)\end{pmatrix}=\begin{pmatrix}1.503\\1.368\end{pmatrix},\quad \begin{pmatrix}x_1(0.3)\\x_2(0.3)\end{pmatrix}=\begin{pmatrix}1.6636\\1.18468\end{pmatrix}$$

11.2.3 连续系统状态方程的离散化

为计算上的方便,可以将连续系统状态方程化为离散状态方程,即将连续的矩阵微分方程离散化成离散的矩阵差分方程。由于差分方程本身具有数值积分的性质,一旦将矩阵微分方程化成矩阵差分方程,就相当于得到一个递推公式,从初始值开始,可以递推求出各离散时刻的状态变量值。因此在一定条件下,将连续系统的矩阵微分方程化为矩阵差分方程,就可以达到不必采用数值积分方法求取系统状态变量值的目的。

在连续系统矩阵微分方程的离散化过程中,假定作用函数向量仅在等间隔采样时刻 $t=kT_0(k=1,2,\cdots)$上发生变化,而在其他时刻上保持某一定值。离散化的目的是找出在采样

时刻 $t=kT_0(k=1,2,\cdots)$上能给出与连续系统状态 $\boldsymbol{X}(t)=\boldsymbol{X}(kT_0)$等值的离散状态方程。注意这里离散化的采样作用是虚构的。下面介绍线性定常系统状态方程及线性时变系统状态方程的离散化方法。

1. 线性定常系统状态方程的离散化

设线性定常系统状态方程为

$$\dot{\boldsymbol{X}}=\boldsymbol{AX}+\boldsymbol{Bu} \tag{11.61}$$

它的解为

$$\boldsymbol{X}(t)=e^{\boldsymbol{A}(t-t_0)}\boldsymbol{X}(t_0)+\int_{t_0}^{t}e^{\boldsymbol{A}(t-\tau)}\boldsymbol{Bu}(\tau)\mathrm{d}\tau \tag{11.62}$$

在上式中取 $t_0=kT_0,t=(k+1)T_0$,得

$$\boldsymbol{X}[(k+1)T_0]=e^{\boldsymbol{A}T_0}\boldsymbol{X}(kT_0)+\int_{kT_0}^{(k+1)T_0}e^{\boldsymbol{A}[(k+1)T_0-\tau]}\boldsymbol{Bu}(\tau)\mathrm{d}\tau \tag{11.63}$$

式中 T_0——虚构的采样周期。

在上式中作如下变量代换,即 $\tau=kT_0+\zeta(0\leqslant\zeta\leqslant T_0)$得

$$\boldsymbol{X}[(k+1)T_0]=e^{\boldsymbol{A}T_0}\boldsymbol{X}(kT_0)+\int_{0}^{T_0}e^{\boldsymbol{A}(T_0-\zeta)}\boldsymbol{Bu}(kT_0+\zeta)\mathrm{d}\zeta \tag{11.64}$$

因为前面已经假设,作用函数 $\boldsymbol{u}(t)$仅在采样时刻 $t=kT_0(k=1,2,\cdots)$上发生变化,而在相邻的两个采样时刻之间不发生变化,即

$$\boldsymbol{u}(kT_0+\zeta)=\boldsymbol{u}(kT_0)\quad(k=1,2,\cdots)$$

所以式(11.64)可以写成

$$\boldsymbol{X}[(k+1)T_0]=e^{\boldsymbol{A}T_0}\boldsymbol{X}(kT_0)+\int_{0}^{T_0}e^{\boldsymbol{A}(T_0-\zeta)}\boldsymbol{B}\mathrm{d}\zeta\boldsymbol{u}(kT_0) \tag{11.65}$$

当虚构的采样周期 T_0取定时,则式(11.65)中 $e^{\boldsymbol{A}T_0}$ 及 $\int_{0}^{T_0}e^{\boldsymbol{A}(T_0-\zeta)}\boldsymbol{B}\mathrm{d}\zeta$ 为常值,记为

$$\boldsymbol{A}^*(T_0)=e^{\boldsymbol{A}T_0} \tag{11.66}$$

$$\boldsymbol{B}^*(T_0)=\int_{0}^{T_0}e^{\boldsymbol{A}(T_0-\zeta)}\boldsymbol{B}\mathrm{d}\zeta=-\int_{T_0}^{0}e^{\boldsymbol{A}t}\boldsymbol{B}\mathrm{d}t=\int_{0}^{T_0}e^{\boldsymbol{A}t}\boldsymbol{B}\mathrm{d}t \tag{11.67}$$

则式(11.66)可以写成

$$\boldsymbol{X}[(k+1)T_0]=\boldsymbol{A}^*(T_0)\boldsymbol{X}(kT_0)+\boldsymbol{B}^*(T_0)\boldsymbol{u}(kT_0) \tag{11.68}$$

例 11.14 试求线性定常系统状态方程

$$\begin{bmatrix}\dot{x}_1\\\dot{x}_2\end{bmatrix}=\begin{bmatrix}0&1\\-2&-3\end{bmatrix}\begin{bmatrix}x_1\\x_2\end{bmatrix}+\begin{bmatrix}0\\1\end{bmatrix}u$$

的离散化状态方程。

解:根据式(11.66)及(11.67)分别求

$$\boldsymbol{A}^*(T_0)=e^{\boldsymbol{A}T_0}=e^{\boldsymbol{A}t}\big|_{t=T_0}=L^{-1}[(s\boldsymbol{I}-\boldsymbol{A})^{-1}]_{t=T_0}=\begin{bmatrix}2e^{-T_0}-e^{2T_0}&e^{-T_0}-e^{-2T_0}\\-2e^{-T_0}+2e^{-2T_0}&-e^{-T_0}+2e^{-2T_0}\end{bmatrix}$$

$$\boldsymbol{B}^*(T_0)=\int_{0}^{T_0}e^{\boldsymbol{A}t}\boldsymbol{B}\mathrm{d}t=\int_{0}^{T_0}\begin{bmatrix}2e^{-t}-e^{-2t}&e^{-t}-e^{-2t}\\-2e^{-t}+2e^{-2t}&-e^{-t}+2e^{-2t}\end{bmatrix}\begin{bmatrix}0\\1\end{bmatrix}\mathrm{d}t=\begin{bmatrix}-e^{-T_0}+\dfrac{1}{2}e^{-2T_0}+\dfrac{1}{2}\\e^{-T_0}-e^{-2T_0}\end{bmatrix}$$

由式(11.68)得线性定常系统的离散化状态方程为

$$X[(k+1)T_0]=\begin{bmatrix} 2e^{-T_0}-e^{-2T_0} & e^{-T_0}-e^{-2T_0} \\ -2e^{-T_0}+2e^{-2T_0} & -e^{-T_0}+2e^{-2T_0} \end{bmatrix}X(kT_0)+\begin{bmatrix} -e^{-T_0}+\frac{1}{2}e^{-2T_0}+\frac{1}{2} \\ e^{-T_0}-e^{-2T_0} \end{bmatrix}u(kT_0)$$

例 11.15　试求线性定常系统状态方程

$$\dot{X}(t)=\begin{pmatrix} 0 & 1 \\ 0 & -3 \end{pmatrix}X(t)+\begin{pmatrix} 0 \\ 1 \end{pmatrix}u$$

的离散化状态方程。

解：

$$A^*(T_0)=e^{AT_0}=\begin{pmatrix} 1 & \frac{1}{3}-\frac{1}{3}e^{-3T_0} \\ 0 & e^{-3T_0} \end{pmatrix}$$

$$B^*(T_0)=\int_0^{T_0}e^{At}B\,dt=\int_0^{T_0}\begin{pmatrix} 1 & \frac{1}{3}-\frac{1}{3}e^{-3t} \\ 0 & e^{-3t} \end{pmatrix}\begin{pmatrix} 0 \\ 1 \end{pmatrix}dt=\begin{pmatrix} \frac{T_0}{3}+\frac{1}{9}e^{-3T_0}-\frac{1}{9} \\ \frac{1}{3}(1-e^{-3T_0}) \end{pmatrix}$$

则该线性定常系统状态方程的离散化方程为

$$X[(k+1)T_0]=A^*(T_0)X(kT_0)+B^*(T_0)u(kT_0)$$

$$=\begin{pmatrix} 1 & \frac{1}{3}-\frac{1}{3}e^{-3T_0} \\ 0 & e^{-3T_0} \end{pmatrix}X(kT_0)+\begin{pmatrix} \frac{T_0}{3}+\frac{1}{9}e^{-3T_0}-\frac{1}{9} \\ \frac{1}{3}(1-e^{-3T_0}) \end{pmatrix}u(kT_0)$$

2. 线性时变系统状态方程的离散化

设线性时变系统的状态方程为

$$\dot{X}(t)=A(t)X(t)+B(t)u(t) \tag{11.69}$$

该线性时变系统状态方程的解为

$$X(t)=\Phi(t,t_0)X(t_0)+\int_{t_0}^{t}\Phi(t,\tau)B(\tau)u(\tau)d\tau \tag{11.70}$$

对于 $t=t_k$ 及 $t=t_{k+1}$ 式(11.70)分别写成

$$X(t_k)=\Phi(t_k,t_0)X(t_0)+\int_{t_0}^{t}\Phi(t_k,\tau)B(\tau)u(\tau)d\tau \tag{11.71}$$

$$X(t_{k+1})=\Phi(t_{k+1},t_0)X(t_0)+\int_{t_0}^{t_{k+1}}\Phi(t_{k+1},\tau)B(\tau)u(\tau)d\tau \tag{11.72}$$

用矩阵 $\Phi(t_{k+1},t_k)$ 左乘式(11.71)得

$$\Phi(t_{k+1},t_k)X(t_k)=\Phi(t_{k+1},t_0)X(t_0)+\int_{t_0}^{t_k}\Phi(t_{k+1},\tau)B(\tau)u(\tau)d\tau \tag{11.73}$$

式(11.72)减去式(11.73)得

$$X(t_{k+1})=\Phi(t_{k+1},t_k)X(t_k)+\int_{t_k}^{t_{k+1}}\Phi(t_{k+1},\tau)B(\tau)u(\tau)d\tau \tag{11.74}$$

离散化式(11.74)，令其中 $t_k=kT_0$，$t_{k+1}=(k+1)T_0$ 得

$$X[(k+1)T_0]=\Phi((k+1)T_0,kT_0)X(kT_0)+\int_{kT_0}^{(k+1)T_0}\Phi((k+1)T_0,\tau)B(\tau)u(\tau)d\tau$$

式中 $\tau=kT_0+\zeta(0\leqslant\zeta\leqslant T_0)$,考虑到

$\boldsymbol{u}(\tau)=\boldsymbol{u}(kT_0+\zeta)=\boldsymbol{u}(kT_0)(k=0,1,2,\cdots)$则得

$$\boldsymbol{X}[(k+1)T_0]=\boldsymbol{\Phi}((k+1)T_0,kT_0)\boldsymbol{X}(kT_0)+\int_{kT_0}^{(k+1)T_0}\boldsymbol{\Phi}((k+1)T_0,\tau)\boldsymbol{B}(\tau)\mathrm{d}\tau\boldsymbol{u}(kT_0) \tag{11.75}$$

记 $\boldsymbol{A}^*(kT_0)=\boldsymbol{\Phi}((k+1)T_0,kT_0)$,$\boldsymbol{B}^*(kT_0)=\int_{kT_0}^{(k+1)T_0}\boldsymbol{\Phi}((k+1)T_0,\tau)\boldsymbol{B}(\tau)\mathrm{d}\tau$,则线性时变系统状态方程的离散化状态方程为

$$\boldsymbol{X}[(k+1)T_0]=\boldsymbol{A}^*(kT_0)\boldsymbol{X}(kT_0)+\boldsymbol{B}^*(kT_0)\boldsymbol{u}(kT_0) \tag{11.76}$$

由于线性时变系统状态方程的状态转移矩阵 $\boldsymbol{\Phi}(t,t_0)$在一般情况下,很难写成解析的形式,因此也不能直接应用上述方法求得线性时变系统状态方程的离散化状态方程。为了解决这个问题,这里介绍一种近似的离散化方法。

根据数学的导数定义,近似取

$$\dot{\boldsymbol{X}}(kT_0)\approx\frac{1}{T_0}\{\boldsymbol{X}[(k+1)T_0]-\boldsymbol{X}(kT_0)\} \tag{11.77}$$

式中:T_0——虚构的采样周期。

将式(11.77)作为等式代入线性时变系统状态方程,其中 $t=kT_0$

$$\dot{\boldsymbol{X}}(t)=\boldsymbol{A}(t)\boldsymbol{X}(t)+\boldsymbol{B}(t)\boldsymbol{u}(t)$$

中得

$$\frac{1}{T_0}\{\boldsymbol{X}[(k+1)T_0]-\boldsymbol{X}(kT_0)\}=\boldsymbol{A}(kT_0)\boldsymbol{X}(kT_0)+\boldsymbol{B}(kT_0)\boldsymbol{u}(kT_0)$$

或

$$\boldsymbol{X}[(k+1)T_0]=[\boldsymbol{I}+T_0\boldsymbol{A}(kT_0)]\boldsymbol{X}(kT_0)+T_0\boldsymbol{B}(kT_0)\boldsymbol{u}(kT_0)$$

记

$$\boldsymbol{A}^*(kT_0)=\boldsymbol{I}+T_0\boldsymbol{A}(kT_0) \tag{11.78}$$

$$\boldsymbol{B}^*(kT_0)=T_0\boldsymbol{B}(kT_0) \tag{11.79}$$

则得线性时变系统状态方程式(11.69)近似离散化状态方程为

$$\boldsymbol{X}[(k+1)T_0]=\boldsymbol{A}^*(kT_0)\boldsymbol{X}(kT_0)+\boldsymbol{B}^*(kT_0)\boldsymbol{u}(kT_0) \tag{11.80}$$

不难看出当虚构采样周期 T_0取的越小,则其近似程度就越高。

例 11.16 设线性时变系统状态方程为

$$\dot{\boldsymbol{X}}(t)=\begin{bmatrix}0 & \dfrac{1}{(t+1)^2}\\ 0 & 0\end{bmatrix}\boldsymbol{X}(t)+\begin{bmatrix}1\\1\end{bmatrix}\boldsymbol{u}$$

试求其离散化方程。

解:根据式(11.78)及(11.79)分别求取

$$\boldsymbol{A}^*(kT_0)=\boldsymbol{I}+T_0\begin{bmatrix}0 & \dfrac{1}{(kT_0+1)^2}\\ 0 & 0\end{bmatrix}=\begin{bmatrix}1 & \dfrac{T_0}{(kT_0+1)^2}\\ 0 & 1\end{bmatrix}$$

$$\boldsymbol{B}^*(kT_0)=T_0\boldsymbol{B}(kT_0)=\begin{bmatrix}T_0\\T_0\end{bmatrix}$$

由式(11.80)可得该线性时变系统状态方程的近似离散化状态方程为

$$X[(k+1)T_0]=\begin{bmatrix}1 & \dfrac{T_0}{(kT_0+1)^2}\\ 0 & 1\end{bmatrix}X(kT_0)+\begin{bmatrix}T_0\\ T_0\end{bmatrix}u(kT_0)$$

当取定采样周期 T_0，考虑到该系统的初始状态 $X(0)$ 及作用函数 $u(kT_0)$，应用递推法即可求得该系统状态方程的近似解。

11.3 基于 MATLAB 与 SIMULINK 上的控制系统时域特性分析

11.3.1 基于 MATLAB 上的控制系统时域特性分析

1. 基于系统传递函数的时域特性分析

在 MATLAB 上，控制系统的传递函数是用两个数组描述，即用数组 num 和数组 den 描述，数组 num 和数组 den 是由相应多项式系数组成，它们分别描述传递函数分子多项式和分母多项式，并且它们是以 s 的降幂排列，例如某控制系统的闭环传递函数为

$$\frac{y(s)}{u(s)}=\frac{15}{s^2+5s+15}$$

则在 MATLAB 上，可以表示成

```
num=[0 0 15]
den=[1 5 15]
```

注意需要时必须补加数字 0。又例如系统传递函数为

$$\frac{s^2+s+1}{s^4+3s^2+25}$$

则在 MATLAB 上，可以表示成

```
num=[0 0 1 1 1]
den=[1 0 3 0 25]
```

如果已知控制系统的传递函数，可以应用下述命令产生单位阶跃响应和单位脉冲响应。

```
step(num,den),step(num,den,t)
impulse(num. den),impulse(num,den,t)
```

在命令中的 t 为指定时间。

例 11.17 设有控制系统，可用图 11.1 描述。

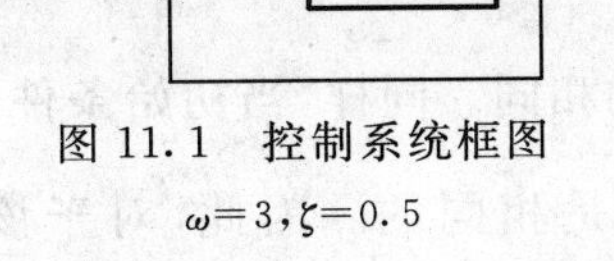

图 11.1 控制系统框图

$\omega=3, \zeta=0.5$

试根据系统传递函数，应用 MATLIB 求取该系统的单位阶跃响应、单位脉冲响应和单位斜坡响应。

根据系统框图，可求得该系统的闭环传递函数为

$$\frac{y(s)}{u(s)}=\frac{\omega^2}{s^2+2\zeta\omega s+\omega^2}=\frac{9}{s^2+3s+9}$$

则该系统的分子、分母多项式数组分别为

```
num=[0 0 9]
den=[1 3 9]
```

在 MATLAB 仿真平台上，其单位阶跃响应计算程序为

```
num=[0 0 9];
den=[1 3 9];
step(num,den)
grid
```

图 11.2 为该系统的单位阶跃响应曲线。

在 MATLAB 仿真平台上，其单位脉冲响应计算程序为

```
num=[0 0 9];
den=[1 3 9];
impulse(num,den)
grid
```

图 11.3 为该系统的单位脉冲响应曲线。应当指出，当初始条件为零时，传递函数 $\boldsymbol{\Phi}(s)$ 的单位脉冲响应与 $s\boldsymbol{\Phi}(s)$ 的单位阶跃响应是相同的。因此，对于该系统的单位脉冲响应，还可以在 MATLIAB 上给出如下计算程序

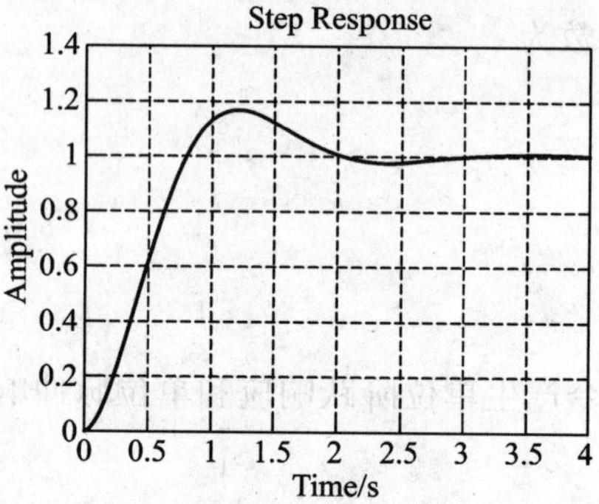

图 11.2　系统的单位阶跃响应曲线

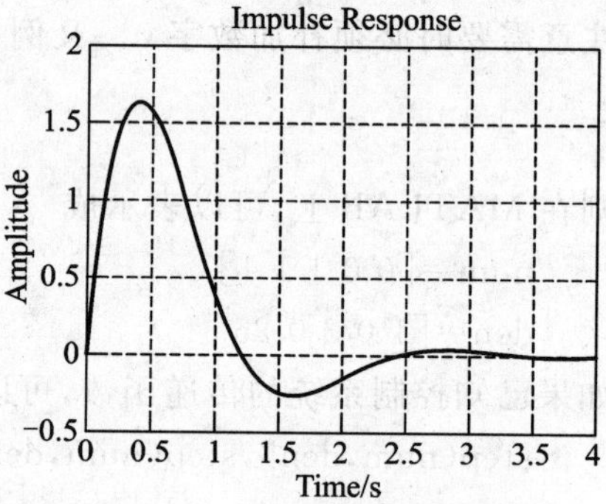

图 11.3　系统的脉冲响应曲线

```
num=[0 9 0];
den=[1 3 9];
step(num,den)
grid
```

其计算结果与图 11.3 所示的相同。同样，当初始条件为零时，传递函数 $\boldsymbol{\Phi}(s)$ 的单位斜坡响应与 $\frac{\boldsymbol{\Phi}(s)}{s}$ 的单位阶跃响应是相同的。因此，对于该系统的单位斜坡响应，可以在 MATLIAB 上给出如下计算程序

```
num=[0 0 0 9];
den=[1 3 9 0];
```

```
step(num,den)
grid
```

其计算结果如图 11.4 所示。

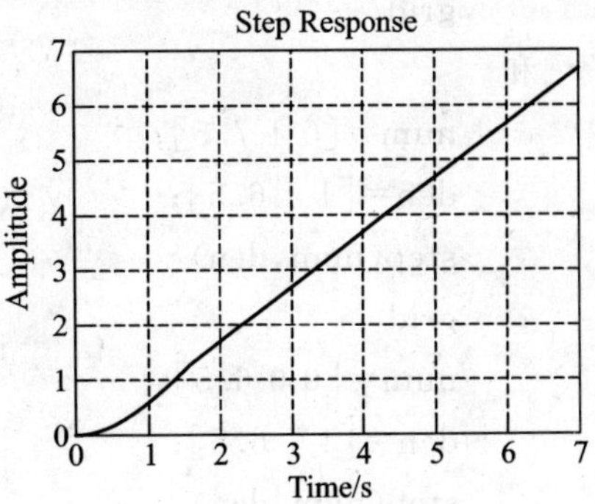

图 11.4 系统的斜坡响应曲线

例 11.18 设有控制系统可用下列数学模型描述

$$\begin{pmatrix}\dot{x}_1\\ \dot{x}_2\end{pmatrix}=\begin{pmatrix}-1 & -1\\ 6.5 & 0\end{pmatrix}\begin{pmatrix}x_1\\ x_2\end{pmatrix}+\begin{pmatrix}1 & 1\\ 1 & 0\end{pmatrix}\begin{pmatrix}u_1\\ u_2\end{pmatrix}$$

$$\begin{pmatrix}y_1\\ y_2\end{pmatrix}=\begin{pmatrix}1 & 0\\ 0 & 1\end{pmatrix}\begin{pmatrix}x_1\\ x_2\end{pmatrix}+\begin{pmatrix}0 & 0\\ 0 & 0\end{pmatrix}\begin{pmatrix}u_1\\ u_2\end{pmatrix}$$

试根据系统传递函数，应用 MATLIB 求取该系统的单位阶跃响应。

解：将系统状态方程及其输出方程写成矩阵方程的形式为

$$\dot{\boldsymbol{X}}=\boldsymbol{AX}+\boldsymbol{Bu}$$
$$y=\boldsymbol{CX}+\boldsymbol{Du}$$

则该系统的闭环传递函数为

$$\boldsymbol{\Phi}(s)=\boldsymbol{C}(s\boldsymbol{I}-\boldsymbol{A})^{-1}\boldsymbol{B}+\boldsymbol{D}$$
$$=\begin{pmatrix}1 & 0\\ 0 & 1\end{pmatrix}\begin{pmatrix}s+1 & 1\\ -6.5 & s\end{pmatrix}^{-1}\begin{pmatrix}1 & 1\\ 1 & 0\end{pmatrix}$$
$$=\frac{1}{s^2+s+6.5}\begin{pmatrix}s-1 & s\\ s+7.5 & 6.5\end{pmatrix}$$

或写成

$$\begin{pmatrix}y_1\\ y_2\end{pmatrix}=\frac{1}{s^2+s+6.5}\begin{pmatrix}s-1 & s\\ s+7.5 & 6.5\end{pmatrix}\begin{pmatrix}u_1\\ u_2\end{pmatrix}$$

因为该系统为两个输入和两个输出，根据不同的输入与输出，可以得到四个传递函数为

$$\frac{y_1}{u_1}=\frac{s-1}{s^2+s+6.5}\quad \frac{y_1}{u_2}=\frac{s}{s^2+s+6.5}$$

$$\frac{y_2}{u_1}=\frac{s+7.5}{s^2+s+6.5}\quad \frac{y_2}{u_2}=\frac{6.5}{s^2+s+6.5}$$

在 MATLAB 仿真平台上，其单位阶跃响应计算程序分别为：

```
num=[0 1 -1];
den=[1 1 6.5];
step(num,den)
grid
num=[0 1 0];
den=[1 1 6.5];
step(num,den)
```

```
    grid
和
    num=[0 1 7.5];
    den=[1 1 6.5];
    step(num,den)
    grid
    num=[0 0 6.5];
    den=[1 1 6.5];
    step(num,den)
    grid
```

它们的单位阶跃响应曲线如图 11.5 所示。

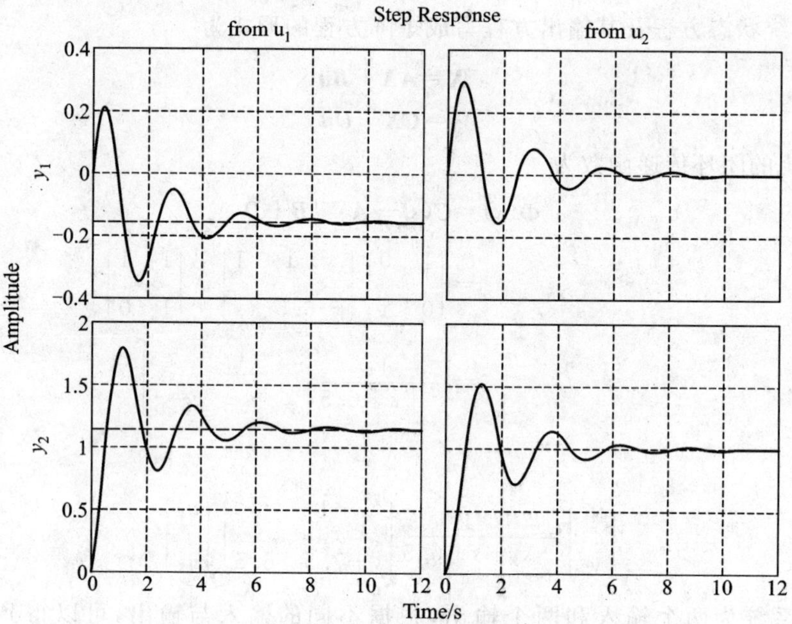

图 11.5 控制系统单位阶跃响应曲线

例 11.19 双自由度舵机控制系统原理图如图 11.6 所示。

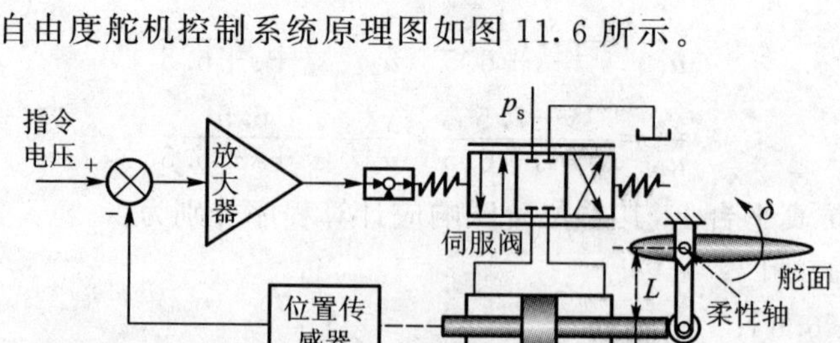

图 11.6 双自由度舵机伺服系统原理图

由于结构柔度的影响，该系统的动力机构可以简化成如下图 11.7 所示双自由度系统。系统框图如 11.8 所示。

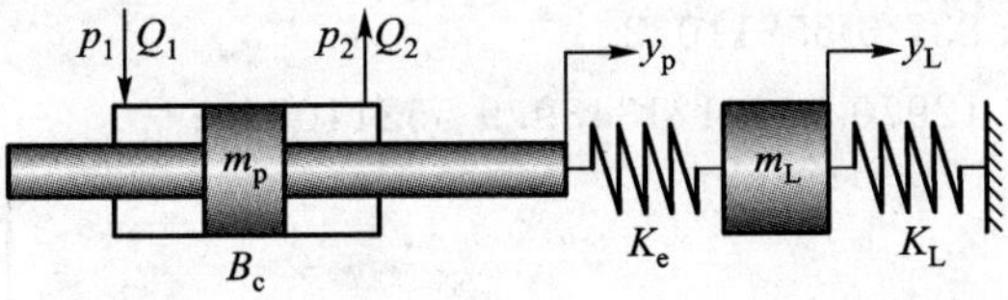

图 11.7 双自由度舵机动力机构数学模型

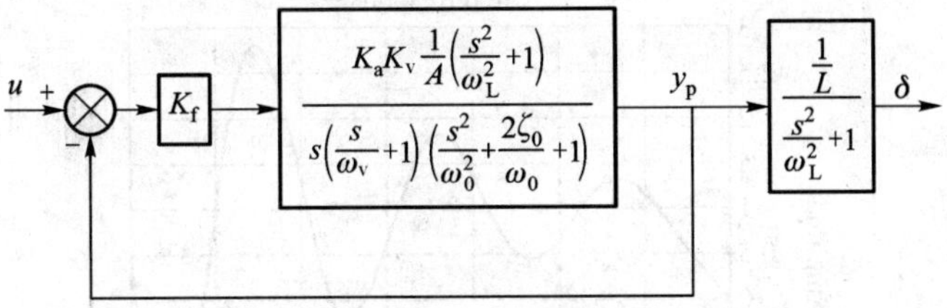

图 11.8 双自由度舵机系统框图

已知舵机控制系统参数为

$$m_L=1\ 052.3\ \text{kg} \qquad K_e=6\ 314\ 000\ \text{N/m}$$

$$K_c=2\times10^{-13}(\text{m}^3/\text{s})/\text{Pa} \quad K_aK_v=8.2\times10^{-6}(\text{m}^3/\text{s})/\text{V}$$

$$m_p=97\ \text{kg} \qquad V_t=1.638\ 7\times10^{-4}\ \text{m}^3$$

$$1/\omega_v=T_v=0.002\ 6\ \text{s} \qquad \beta_e=6\ 896\times10^3\ \text{Pa}$$

$$A=6.45\times10^{-4}\ \text{m}^2 \qquad B_c=0 \quad 或 \quad 8\ 750\ \text{N/(m/s)}$$

要求系统频宽为 50 red/s，根据上述给定系统参数，可求得

$$\omega_h=\sqrt{\frac{4\beta_eA^2}{mV_t}}=81.58\ \text{red/s},\quad \omega_L=\sqrt{\frac{K_e}{m_L}}=77.46\ \text{red/s},\quad \omega_0=\frac{\omega_h\omega_L}{\sqrt{\omega_h^2+\omega_L^2}}=56.17\ \text{red/s}$$

$$\zeta_0=\frac{K_em_L\omega_0}{2A^2}+\frac{B_c}{2m_L\omega_0}=0.014\ 2(B_c=0) \quad 或 \quad 0.088(B_c=8\ 750\ \text{N/m/s})$$

根据系统频宽要求，应使 $K_v\approx\omega_c\approx50$ red/s，若取 $K_f=3\ 576$ V/m，则 $K_v=45.5$ red/s。代入上述参数，并根据系统框图可求得舵机控制系统开环传递函数为

$$W(s)=\frac{45.5\left(\dfrac{s^2}{77.46^2}+1\right)}{s\left(\dfrac{s}{384.6}+1\right)\left(\dfrac{s^2}{56.17^2}+\dfrac{2\times0.014\ 2}{56.17}s+1\right)}=\frac{9\ 201.837(s^2+6\ 000)}{s(s+384.6)(s^2+1.595\ 23s+3\ 155.07)}$$

$$=\frac{9\ 201.837(s^2+6\ 000)}{s^4+386.2s^3+3\ 768.6s^2+1\ 213\ 439.9s}$$

其闭环传递函数为

$$\frac{y_p(s)}{u(s)}=\frac{9\ 201.837s^2+55\ 211\ 022}{s^4+386.2s^3+12\ 970.437s^2+1\ 213\ 439.9s+55\ 211\ 022}$$

则该系统的分子、分母多项式数组分别为

```
num=[0 9201.837 0 55211022];
den=[1 386.2 12970.437 1213439.9 55211022];
```

在 MATLAB 仿真平台上，其单位阶跃响应计算程序为

```
num=[0 9201.837 0 55211022];
den=[1 386.2 12970.437 1213439.9 55211022];
step(num,den)
grid
```

图 11.9 为该系统的单位阶跃响应曲线。

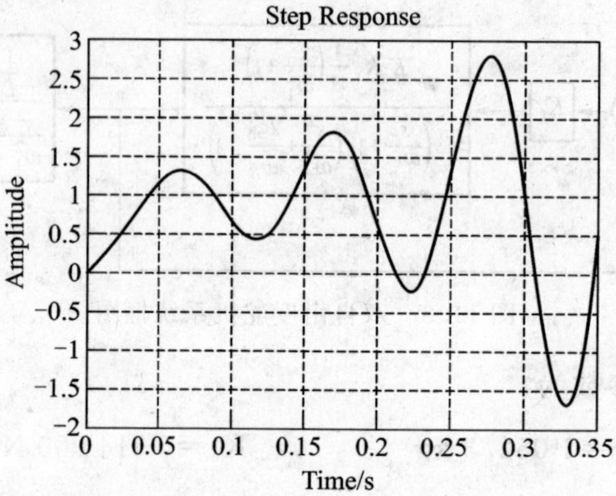

图 11.9　舵机控制系统单位阶跃响应曲线

单位脉冲响应计算程序为

```
num=[0 9201.837 0 55211022 0];
den=[1 386.2 12970.437 1213439.9 55211022];
step(num,den)
grid
```

单位斜坡响应计算程序为

```
num=[0 9201.837 0 55211022];
den=[1 386.2 12970.437 1213439.9 55211022 0];
step(num,den)
grid
```

图 11.10、图 11.11 分别为该系统的单位脉冲响应曲线和单位斜坡响应曲线。

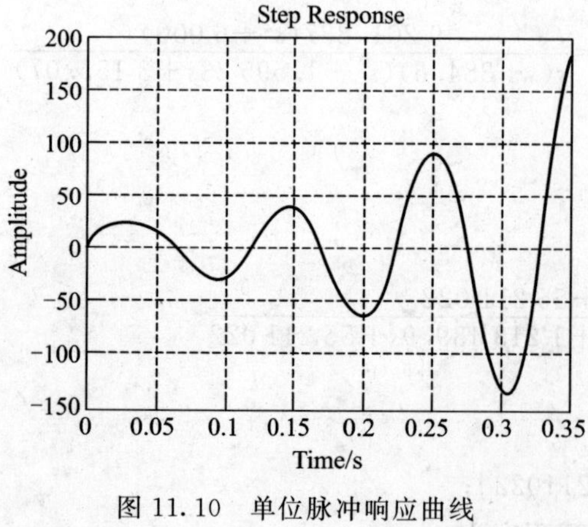

图 11.10　单位脉冲响应曲线

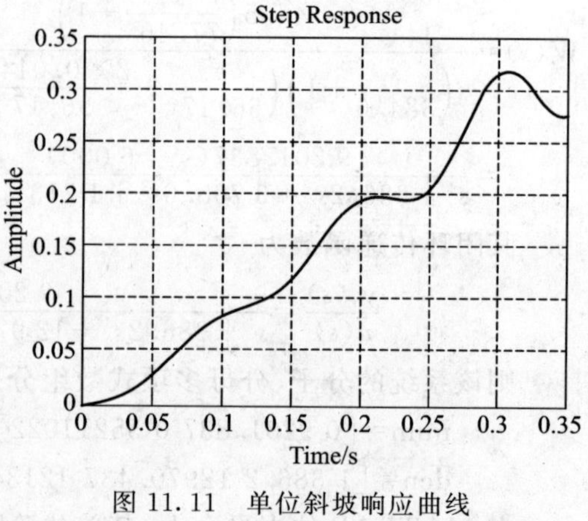

图 11.11　单位斜坡响应曲线

由上可知该系统的稳定程度较差，为获得具有理想稳定性，需加入适当的校正装置。

2. 基于系统状态方程的时域特性分析

设控制系统的状态方程为

$$\dot{\boldsymbol{X}}=\boldsymbol{AX}+\boldsymbol{Bu}$$
$$y=\boldsymbol{CX}+\boldsymbol{Du}$$

在 MATLAB 上控制系统状态方程用状态矩阵 $\boldsymbol{A}$，控制矩阵 $\boldsymbol{B}$，输出矩阵 $\boldsymbol{C}$ 和传输矩阵 $\boldsymbol{D}$ 描述，当上述矩阵为已知时，使用命令

```
step(A,B,C,D)
```

将要产生单位阶跃响应。当阶跃命令左边含有变量时，例如

```
[y,x,t]=step(A,B,C,D,iu,t)
```

命令中，iu 为输入量，t 为时间。

例 11.20 设有控制系统可用下列数学模型描述

$$\begin{pmatrix}\dot{x}_1\\ \dot{x}_2\end{pmatrix}=\begin{pmatrix}0 & 1\\ -11.5 & -3.5\end{pmatrix}\begin{pmatrix}x_1\\ x_2\end{pmatrix}+\begin{pmatrix}1 & 1\\ 0 & 1\end{pmatrix}\begin{pmatrix}u_1\\ u_2\end{pmatrix}$$

$$\begin{pmatrix}y_1\\ y_2\end{pmatrix}=\begin{pmatrix}1 & 0\\ 0 & 1\end{pmatrix}\begin{pmatrix}x_1\\ x_2\end{pmatrix}+\begin{pmatrix}0 & 0\\ 0 & 0\end{pmatrix}\begin{pmatrix}u_1\\ u_2\end{pmatrix}$$

试根据系统状态方程，应用 MATLIB 求取该系统的单位阶跃响应。

解：在 MATLAB 仿真平台上，其单位阶跃响应计算程序为

```
A=[0 1;-11.5 -3.5];
B=[1 1;0 1];
C=[1 0;0 1];
D=[0 0;0 0];
step(A,B,C,D)
```

其单位阶跃响应曲线如图 11.12 所示．

例 11.21 双自由度舵机控制系统原理图如图 11.6 所示。它的闭环传递函数为

$$\frac{y_{\mathrm{p}}(s)}{u(s)}=\frac{9\,201.837s^2+55\,211\,022}{s^4+386.2s^3+12\,970.437s^2+1\,213\,439.9s+55\,211\,022}$$

根据系统闭环传递函数，取

$$\frac{z(s)}{u(s)}=\frac{1}{s^4+386.2s^3+12\,970.437s^2+1\,213\,439.9s+55\,211\,022}$$

$$y_p(s)=(9\,201.837s^2+55\,211\,022)z(s)$$

选择系统状态变量为 $x_1=z\quad x_2=\dot{z}\quad x_3=\ddot{z}\quad x_4=\dddot{z}$，则的系统状态方程及其输出方程为

$$\dot{x}_1=x_2$$
$$\dot{x}_2=x_3$$
$$\dot{x}_3=x_4$$
$$\dot{x}_4=u-386.2x_4-12\,970.437x_3-1\,213\,439.9x_2-55\,211\,022x_1$$
$$y_{\mathrm{p}}=9\,201.837x_3+55\,211\,022x_1$$

写成矩阵微分方程为

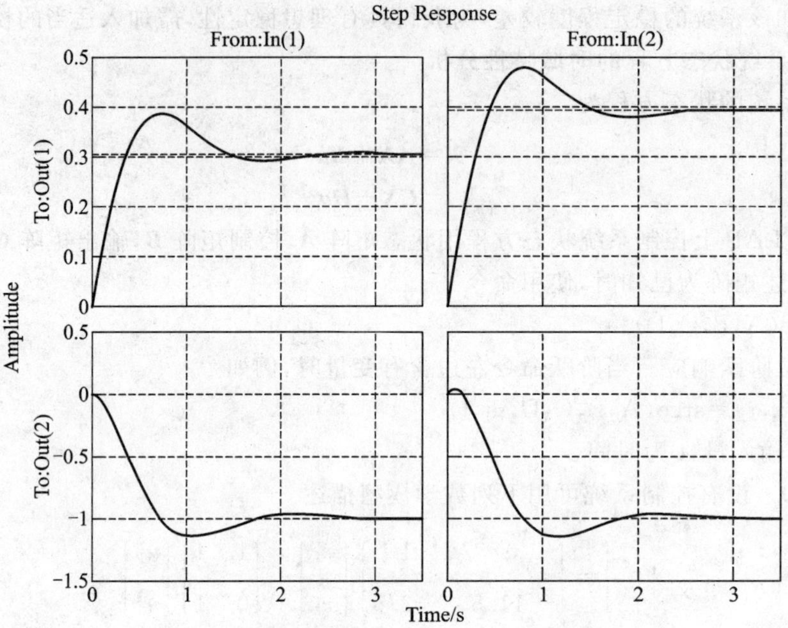

图 11.12 控制系统单位阶跃响应曲线

$$\dot{\boldsymbol{X}}=\boldsymbol{AX}+\boldsymbol{Bu}$$
$$y_p=\boldsymbol{CX}+\boldsymbol{Du}$$

式中：

$$\boldsymbol{A}=\begin{pmatrix} 0 & 1 & 0 & 0 \\ 0 & 0 & 1 & 0 \\ 0 & 0 & 0 & 1 \\ -55\,211\,022 & -1\,213\,439.9 & -12\,970.437 & -386.2 \end{pmatrix} \quad \boldsymbol{B}=\begin{pmatrix} 0 \\ 0 \\ 0 \\ 1 \end{pmatrix}$$

$$\boldsymbol{C}=(0 \quad 55\,211\,022 \quad 0 \quad 9\,201.837) \quad \boldsymbol{D}=0$$

在 MATLAB 仿真平台上，其单位阶跃响应计算程序为

```
A=[0 1 0 0;0 0 1 0;0 0 0 1;-55211022 -1213439.9 -12970.437 -386.2]
B=[0;0;0;1]
C=[0 55211022 0 9201.837]
D=[0]
step(A,B,C,D)
grid
```

其单位阶跃响应曲线如图 11.13 所示。计算结果与例 11.18 相同。

例 11.22 带钢卷取机跑偏电液伺服控制系统

带钢卷取机跑偏电液伺服控制系统原理图如图 11.14 所示，它由液压能源装置、电液伺服阀、伺服放大器、伺服液压缸、卷取机和光电检测器构成。它是用来保证带钢卷取整齐、减少带边的剪切量、提高钢带成品率的一种不可缺少的控制装置。

带钢的跑偏位移是该控制系统的输入量，卷取机的跟踪位移是该系统的输出量。输入量与输出量之间的横向偏差量由光电检测器检出，经伺服放大器放大输入到电液伺服阀中去，驱动电液伺服动作，控制伺服液压缸驱动卷取机工作，使卷筒向跑偏的方向跟踪。当跟

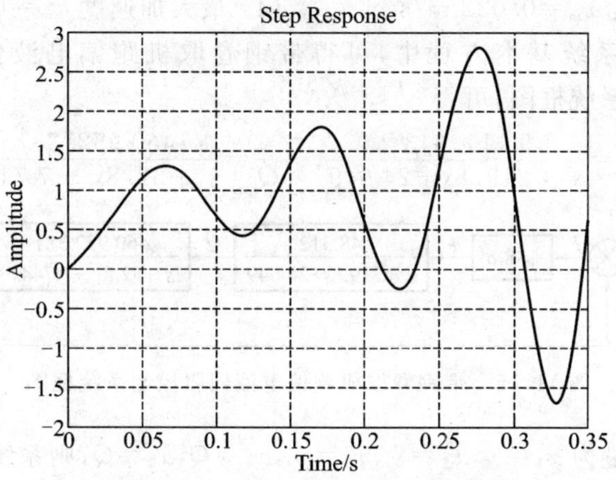

图 11.13 控制系统输出响应曲线

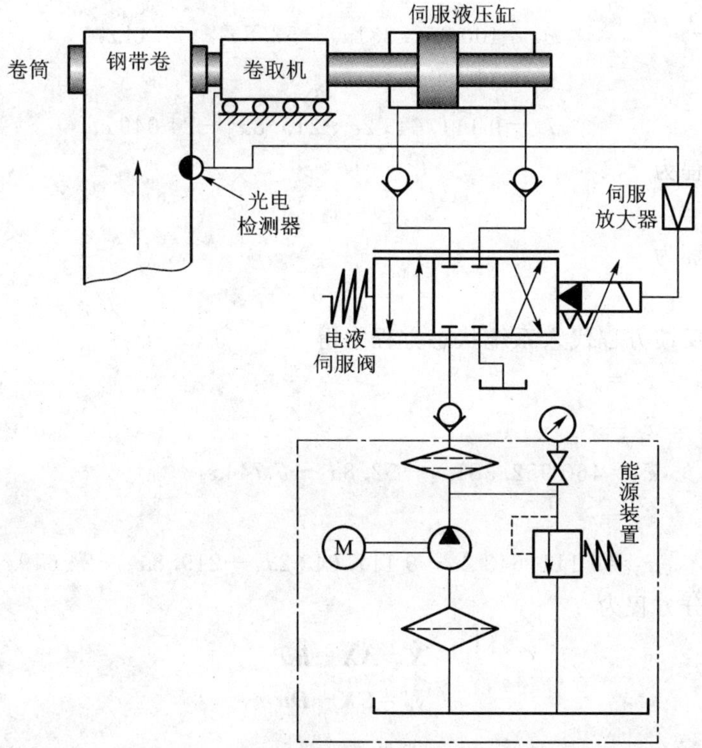

图 11.14 带钢卷取机跑偏电液伺服控制系统原理图

踪位移与跑偏位移相等时，偏差信号为零，卷筒处于新的平衡位置，保证钢带边缘自动卷齐。

假定带钢卷取机跑偏电液伺服控制系统的主要设计参数如下：

(1) 最大卷取速度 $v=5$ m/sec　　(2) 最大钢卷质量 $G_1=15\,000$ kg

(3) 卷取机移动部分质量 $G_2=20\,000$ kg　　(4) 卷取误差 $e<\pm(1\sim2)$ mm

(5) 移动距离 $L=150$ mm　　(6) 最大摩擦力 $F_f=17\,500$ N

根据同类系统的实测数据，经分析确定系统的性能指标为

(1) 系统误差 $e<\pm0.002$ m　　(2) 系统频带宽度 $f\geqslant20$ rad/sec

(3) 最大工作速度 $v_m=0.022\ \mathrm{m/sec}$　　(4) 最大加速度 $a_m=0.47\ \mathrm{m/sec^2}$

将上述参数代入系统基本方程中，可得带钢卷取机跑偏电液伺服控制系统框图如图 11.15 所示。根据系统框图，可得

$$\frac{Q}{E}=\frac{9\,111.643\,2}{s^2+219.8s+24\,649},\quad \frac{y}{Q}=\frac{460\,952.381}{s^3+52.8s^2+7\,744s}$$

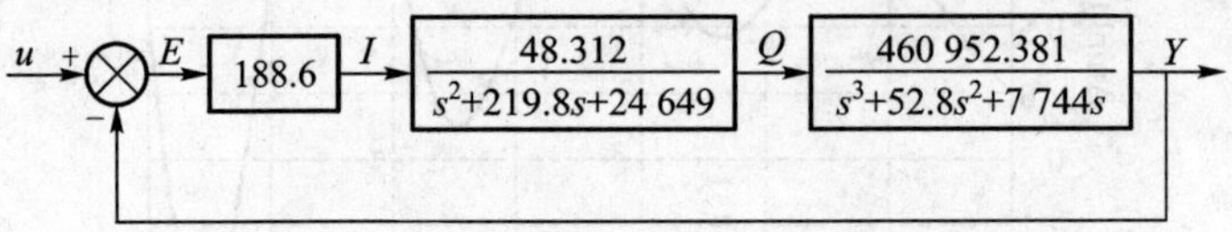

图 11.15　带钢卷取机跑偏电液伺服控制系统框图

选择系统状态变量为 $x_1=y, x_2=\dot{y}, x_3=\ddot{y}, x_4=Q, x_5=\dot{Q}$，则系统的状态方程为

$$\begin{aligned}
&\dot{x}_1=x_2\\
&\dot{x}_2=x_3\\
&\dot{x}_3=460\,952.381x_4-52.8x_3-7\,744x_2\\
&\dot{x}_4=x_5\\
&\dot{x}_5=9\,111.643\,2e-219.8x_5-24\,649x_4
\end{aligned}$$

系统输出方程为

$$y=x_1$$

状态反馈方程为

$$e=u-y=u-x_1$$

将系统状态反馈方程代入系统状态方程中得

$$\begin{aligned}
&\dot{x}_1=x_2\\
&\dot{x}_2=x_3\\
&\dot{x}_3=460\,952.381x_4-52.8x_3-7\,744x_2\\
&\dot{x}_4=x_5\\
&\dot{x}_5=9\,111.643\,2u-9\,111.643\,2x_1-219.8x_5-24\,649x_4
\end{aligned}$$

写成矩阵微分方程为

$$\dot{\boldsymbol{X}}=\boldsymbol{AX}+\boldsymbol{B}u$$

$$y_p=\boldsymbol{CX}+\boldsymbol{D}u$$

式中

$$\boldsymbol{A}=\begin{pmatrix}0&1&0&0&0\\0&0&1&0&0\\0&-7\,744&-52.8&460\,952.381&0\\0&0&0&0&1\\-9\,111.643\,2&0&0&-24\,649&-219.8\end{pmatrix}\quad \boldsymbol{B}=\begin{pmatrix}0\\0\\0\\0\\9\,111.643\,2\end{pmatrix}$$

$$\boldsymbol{C}=(1\quad 0\quad 0\quad 0)\qquad \boldsymbol{D}=0$$

在 MATLAB 仿真平台上，其单位阶跃响应计算程序为

```
A=[0 1 0 0 0;0 0 1 0 0;0 -7744 -52.8 460952.381 0;0 0 0 0 1;-9111.6432 0
```

```
    0 -24649 -219.8];
B=[0;0;0;0;9111.6432];
C=[1 0 0 0 0];
D=[0];
step(A,B,C,D)
```

其单位阶跃响应曲线如图 11.16 所示。

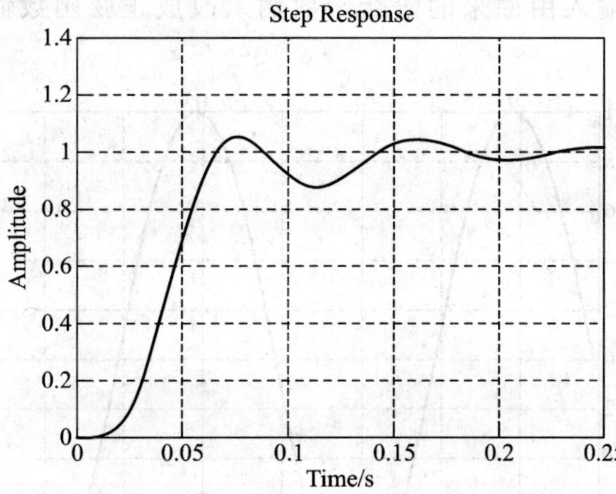

图 11.16 带钢卷取机跑偏电液伺服控制系统阶跃响应曲线

在线性系统时域特性分析中，可根据系统状态方程。在 MATLAB 上，也可以利用 MATLAB 提供的两种 Runge - Kutta 函数

$$[t,X]=ode23('xfun',to,tf,X_0,tol,trace)$$

$$[t,X]=ode45('xfun',to,tf,X_0,tol,trace)$$

在时域特性分析过程中，需要根据系统状态方程创建一个 M 文件，而后利用 MATLAB 提供的上述两个 Runge - Kutta 函数进行分析。

例如上述带钢卷取机跑偏电液伺服控制系统，可以直接利用 MATLAB 提供的 Runge - Kutta 函数进行系统时域特性分析。

在 MATLAB 上创建 M 文件 Vdp2. m 为

```
function yp=Vdp2(t,X)
Yp=[x(2);x(3);460952.381 * x(4)-52.8 * x(3)-7744 * x(2);x(5);
    9111.6432 * 1-9111.6432 * x(1)-219.8 * x(5)-24649 * x(4)];
```

在 MATLAB 命令窗口上写入下述程序

```
[t,X]=ode45('Vdp2',[0,0.25],[0;0;0;0;0]);
X1=X(:,1);
Y=X1
Plot(t,y)
```

运行后，结果如图 11.16 所示。如果将 M 文件改成如下

```
function yp=Vdp2(t,X)
Yp=[x(2);x(3);460952.381 * x(4)-52.8 * x(3)-7744 * x(2);x(5);
    9111.6432 * sin(3.1416 * t)
```

```
-9111.6432 * x(1) - 219.8 * x(5) - 24649 * x(4)];
```

在 MATLAB 命令窗口上也写入如下述程序

```
[t,X]=ode45('Vdp2',[0,4],[0;0;0;0;0]);
X1=X(:,1);
Y=X1
Plot(t,y)
```

即将该系统的控制输入由原来的阶跃函数输入改成正弦函数输入。此时运行结果如图 11.17 所示。

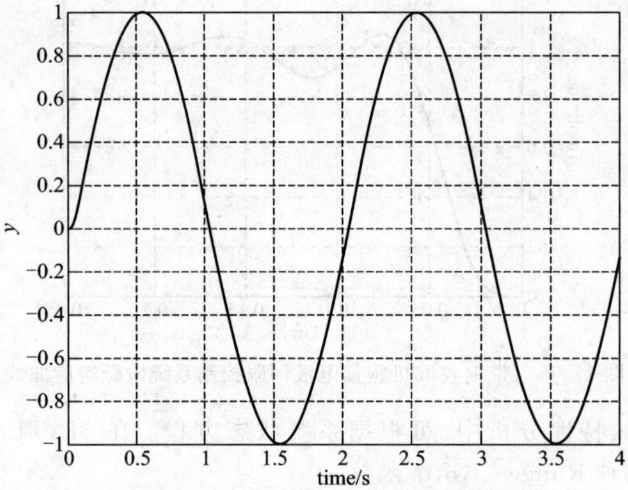

图 11.17　带钢卷取机跑偏电液伺服控制系统正弦响应曲线

11.3.2　基于 SIMULINK 上的控制系统时域特性分析

1. 根据系统状态方程的时域特性分析

在 SIMULINK 上，系统状态方程是以矩阵微分方程的形式给出的，即写成

$$\dot{\boldsymbol{X}}=\boldsymbol{AX}+\boldsymbol{B}u$$
$$y=\boldsymbol{CX}+\boldsymbol{D}u$$

在 SIMULINK 模块中选择 continuos（连续系统），在 continuos 模块中选择 state-space。在 sources 模块中选择相应的输入源模块作为系统的输入。在 sinks 输出模块中用适当的接收模块作为系统的输出。用上述选中的模块，在 SIMULINK 工作窗口上建立系统框图如图 11.18 所示。

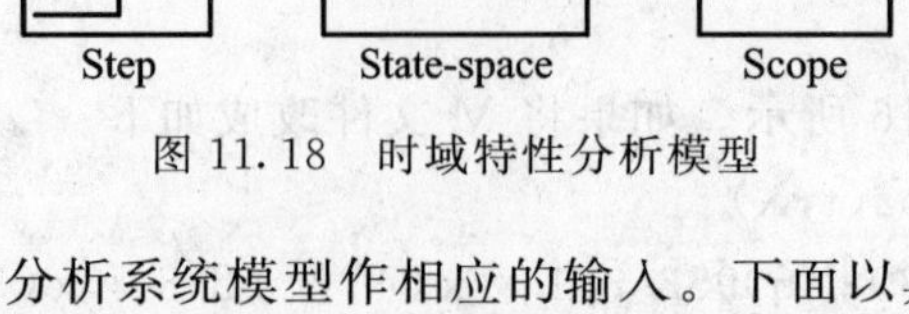

图 11.18　时域特性分析模型

点击相应的模块，将被分析系统模型作相应的输入。下面以具体的实例加以说明。

例 11.23　设某控制系统可用下述状态方程描述

$$\dot{x}_1=x_2$$

$$\dot{x}_2=16u-4x_2-16x_1$$

$$y=x_1$$

试在 SIMULINK 仿真平台上，基于系统状态方程进行时域特性分析。

解：在 SIMULINK 仿真平台上建立仿真模型如图 11.19 所示。

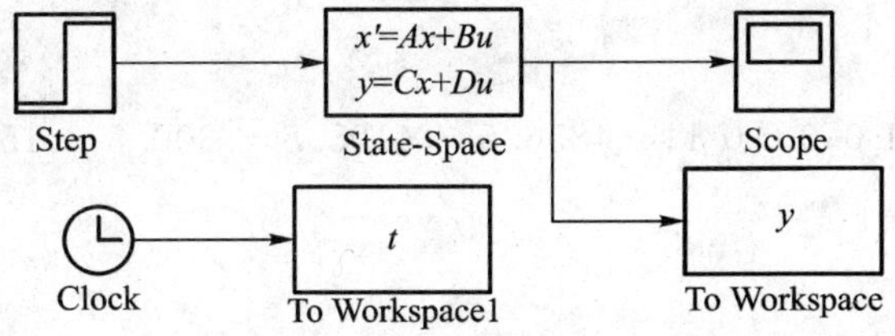

图 11.19 系统仿真模型

点击 state-space 模块，在 state-space 对话框中输入

A

[0 1;−16 −4]

B

[0;16]

C

[1 0]

D

0

输入上述数据后，即可用鼠标点击工具条上的▶按钮开始仿真，其仿真结果如图 11.20 所示。

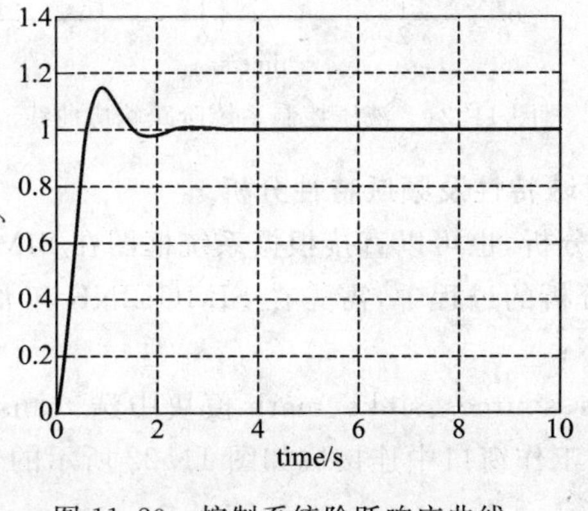

图 11.20 控制系统阶跃响应曲线

例 11.24 设某液压控制系统，可用下述状态方程描述

$$\dot{\boldsymbol{X}}=\boldsymbol{AX}+\boldsymbol{B}u$$

$$y=\boldsymbol{CX}+\boldsymbol{D}u$$

式中：

$$A=\begin{pmatrix}0 & 1 & 0 & 0\\0 & 0 & 1 & 0\\0 & 0 & 0 & 1\\-4\,856.5 & -4\,105.8 & -300.5 & -158\end{pmatrix}\quad B=\begin{pmatrix}0\\0\\0\\5\end{pmatrix}\quad C=(1\,000\quad 250\quad 0\quad 0)\quad D=0$$

解:在 SIMULINK 仿真平台上建立仿真模型如图 11.19 所示。在 state-space 对话框中输入

A

[0 1 0 0;0 0 1 0;0 0 0 1;－4856.5 －4105.8 －300.5 －158]

B

[0;0;0;5]

C

[1000 250 0 0]

D

0

同样在输入上述数据后,即可用鼠标点击工具条上的▶按钮开始仿真,其仿真结果如图 11.21 所示。

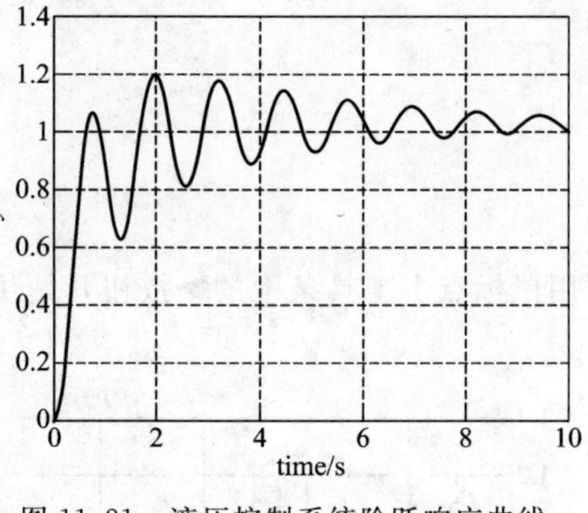

图 11.21　液压控制系统阶跃响应曲线

2. 根据系统框图的时域特性及频域特性分析

控制系统的时域特性分析,也可以直接根据系统框图在 SIMULINK 仿真平台上进行时域特性分析,在时域特性分析的过程中,需先在 SIMULINK 工作窗口上建立以系统框图表示的仿真模型,其方法如下;

1) 分别在 continuous、sources、sinks、math 模块中选 transfer fcn、step、scope、sum 和 gain 模块,在 SIMULINK 工作窗口中连接成如图 11.22 所示的数学模型。

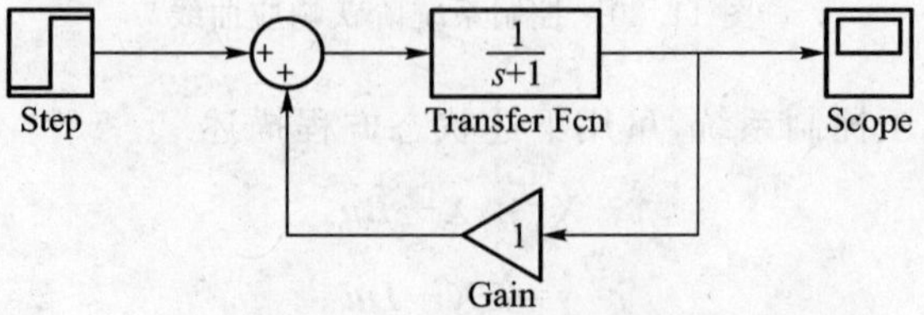

图 11.22　SIMULINK 仿真数学模型

2）输入各仿真模块相应参数，形成被分析系统的仿真模型，完成系统时域特性分析。

下面以具体实例加以说明。

例 11.25 某液压控制系统，可以系统框图 11.23 描述。

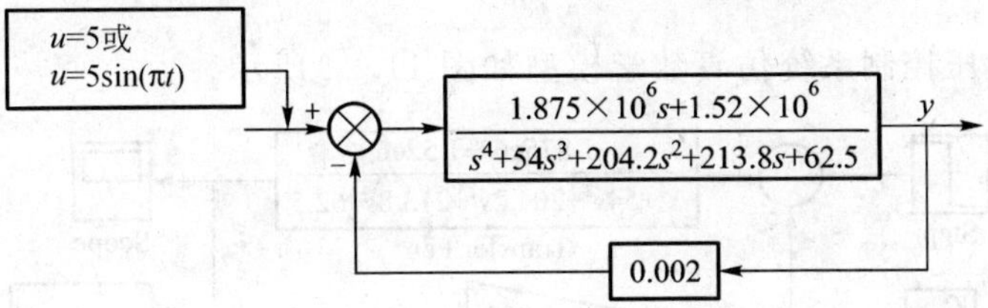

图 11.23 液压系统框图

试根据系统框图，在 SIMULINK 仿真平台上进行系统时域特性分析。

解：在 SIMULINK 工作窗口中建立如图 11.22 所示的数学模型，在相应的对话框中，输入系统参数，即

1. Blok parameters：step 对话框中输入

   Step time

   0

   Initial Value

   0

   Final Value

   5

   Sample time

   0

2. Blok parameters：Transfer Fcn 对话框中输入

   Numerator：

   [1.875e6 1.52e6]

   Denominator：

   [1 54 204.2 213.8 62.5]

3. Blok parameters：Gain 对话框中输入

   Gain

   0.002

4. sum 对话框中输入

   List of signs

   ＋－

5. 在 To workspace 对话框中输入

   Variable name：

   y

   save format：

   选 Array

6. 在 To workspace1 对话框中输入

Variable name:

t

save format:

选 Array

则构成了该液压控制系统仿真数学模型如图 11.24 所示。

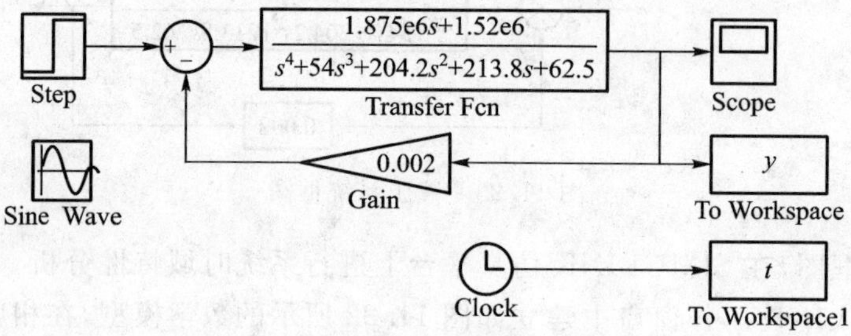

图 11.24　液压系统仿真数学模型

用鼠标点击工具条上的▶按钮开始仿真。

仿真结束后,在 MATLAB 仿真平台上输入下列命令

```
plot(t,y)
grid
```

可直接作出其时域特性响应曲线如图 11.25 所示。

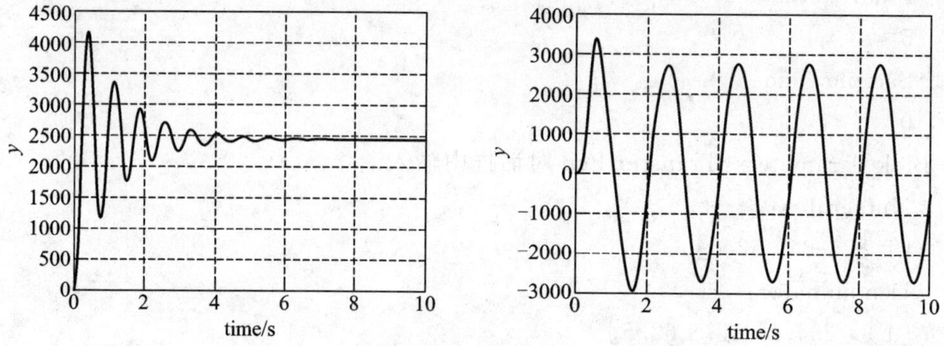

图 11.25　液压系统时域特性曲线

例 11.26　带钢卷取机跑偏电液伺服控制系统框图如图 11.15 所示。它的 SIMULINK 仿真模型如图 11.26 所示,图中 input point、output point 是线性系统的输入点和输出点,开关 Switch2 是为方便计算时域特性与频域特性而设置的。根据这个仿真模型,可得如图 11.27 所示的开环伯德图及如图 11.28 所示的时域特性仿真曲线。

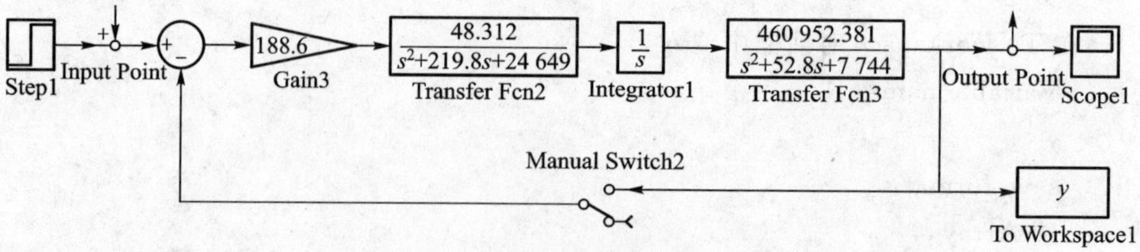

图 11.26　带钢卷取机跑偏电液伺服控制系统 SIMULINK 仿真模型

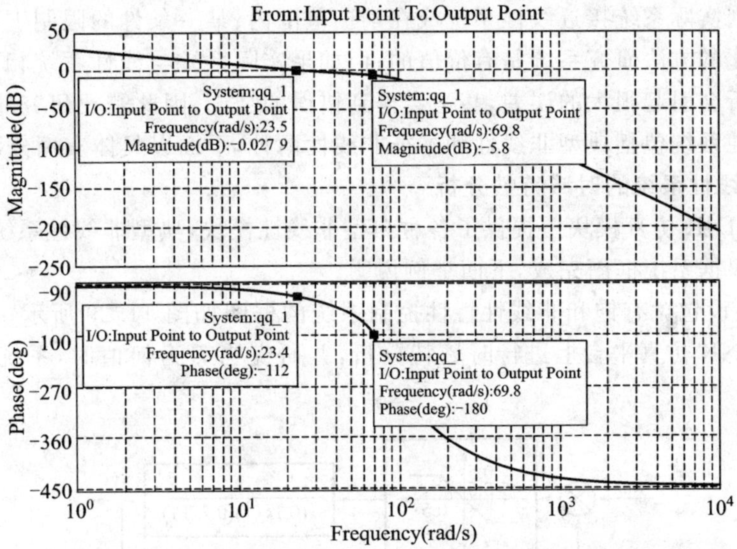

图 11.27 带钢卷取机跑偏电液伺服控制系统开环伯德图

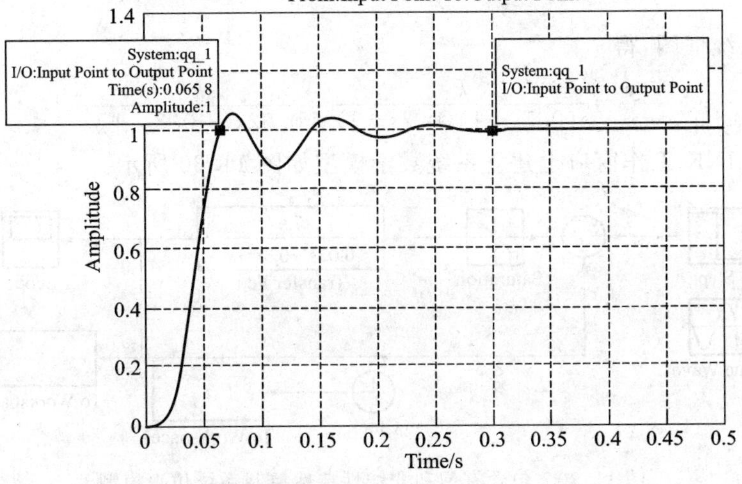

图 11.28 带钢卷取机跑偏电液伺服控制系统时域特性仿真曲线

由图 11.27 的带钢卷取机跑偏电液伺服控制系统开环伯德图可知，其相角裕度 $\gamma=180°-112°=68°$，幅值裕度 $K_g=5.8$ dB，剪切频率 $\omega_c=23.4$ rad/s。系统满足稳定性及频宽要求。从时域特性曲线图 11.28 可知，第一次达到稳态值的时间仅为 0.065 8 s，当时间 $t=0.3$ s 时，其稳态误差仅为 $e_{ss}(0.3)=0.006=0.6\%$。当时间 $t=0.35$ s 其稳态误差仅为 $e_{ss}(0.35)=0$，系统满足其精度及快速性要求。

11.3.3 非线性控制系统的时域特性分析

在此之前，分别讨论了在 MATLAB 及 SIMULINK 上的线性系统时域特性分析问题，但实际上绝大多数的系统，严格地说均不属于线性系统，因为大多数的系统在不同程度上均要受到外界干扰、环境变化、系统本身参数变化的影响。用线性化的方法研究实际系统往往仅是近似的。当实际系统接近线性系统或在某一范围内、某一条件的限制下，可以看成线性系统时用线性化的方法研究系统是有价值的；但如果实际系统与线性系统相差较大时，用线性化的方法分析会引起很大的误差，甚至会得到错误的结论，因此需要研究非线性系统的分析问题。非线性系统包括典型非线性和本征非线性两种，下面以具体实例分别加以讨论。

1. 典型非线性系统的时域特性分析

在 SIMULINK 仿真模块中提供了各种典型非线性模块，典型非线性系统的时域特性分析问题可直接根据系统框图完成，下面举例说明。

例 11.27　设包含有饱和非线性特性控制系统的框图如图 11.29 所示。试根据系统框图，在 SIMULINK 仿真平台上进行时域特分析，并研究当 k 为何值时，系统处于临界稳定状态。

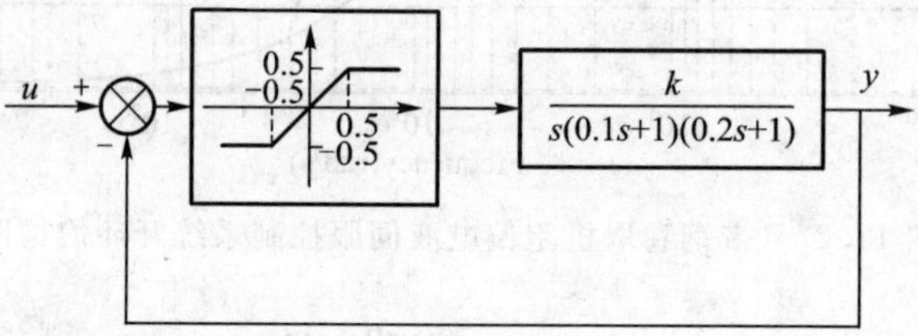

图 11.29　包含有饱和非线性特性控制系统框图

解：根据系统框图，得

$$\frac{y}{x}=\frac{k}{s(0.1s+1)(0.2s+1)}=\frac{k}{0.02s^3+0.3s^2+s}$$

在 SIMULINK 工作窗口上建立系统数学模型如图 11.30 所示。

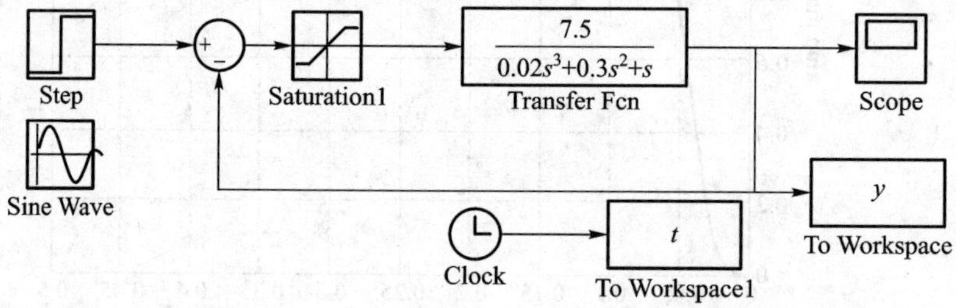

图 11.30　包含有饱和非线性特性控制系统仿真模型

其时域特性曲线如图 11.31、图 11.32 所示。系统输入分别为 $u=1$，$u=\sin(3.1416t)$。由图 11.31 可知，当放大系数 $k=15$ 时系统处于临界稳定状态。

2. 利用典型非线性特性改善系统的控制性能

在控制系统中，如果存在有非线性因素，一般情况下对系统的控制性能将要产生不良的影响。但是，在控制系统中人为地加入一些特定的非线性因素，将可能使系统的控制性能得到极大的改善。这里将人为加入的非线性元件称为非线性控制装置。非线性控制装置和线性控制装置相比有明显的优点，在某些控制系统中，加入一些极为简单的非线性控制元件，就可能使系统的控制性能得以极大的改善，还能同时解决系统快速性与系统振荡之间的矛盾。鉴于上述原因，控制系统中已越来越广泛地采用非线性控制装置来提高控制系统的性

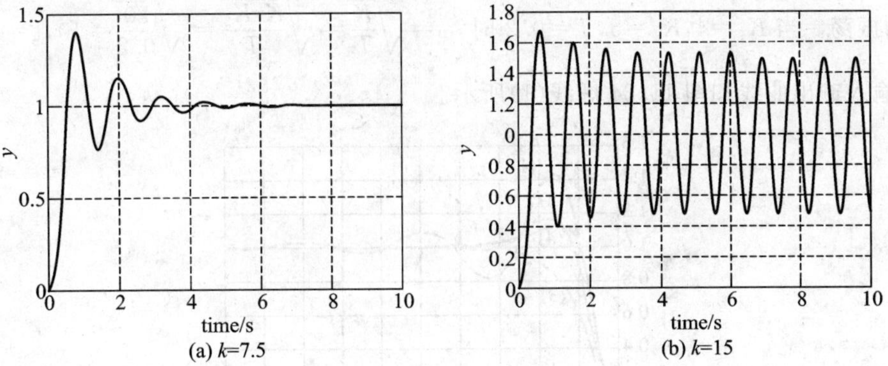

图 11.31　阶跃响应曲线

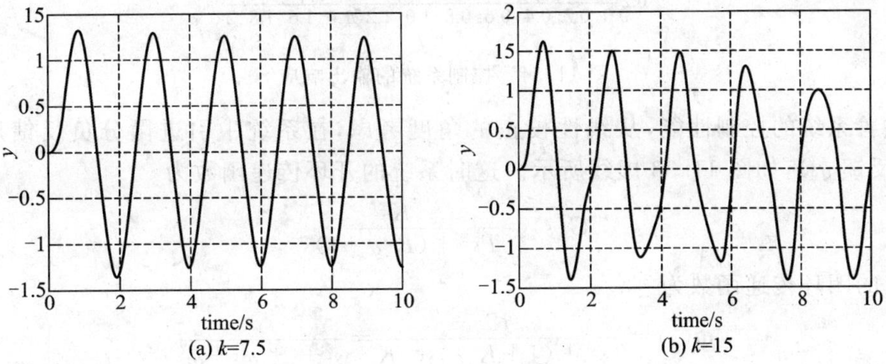

图 11.32　正弦响应曲线

能。下面以具体实例加以说明。

例 11.28　设控制系统框图如图 11.33 所示。

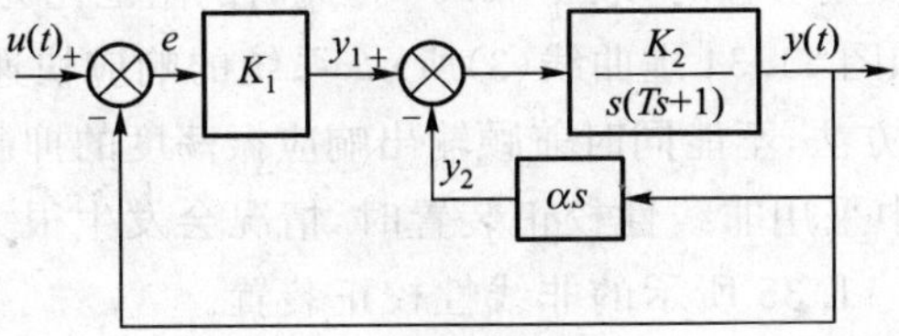

图 11.33　控制系统框图

在控制系统中未加入任何局部反馈时，系统的开环传递函数为

$$G(s)=\frac{K_1K_2}{s(Ts+1)}=\frac{K}{s(Ts+1)}$$

其闭环传递函数为

$$\boldsymbol{\Phi}(s)=\frac{K}{Ts^2+s+K}=\frac{\omega^2}{s^2+2\zeta\omega s+\omega^2}$$

式中：$\omega=\sqrt{\frac{K}{T}}$，$\zeta=\frac{1}{2\sqrt{TK}}$。

由上述系统的闭环传递函数可知，若要求系统具有良好的跟踪精度和跟踪速度，则要求系统应具有较大的开环放大系数 K，这将导致系统的阻尼系数 ζ 减小，造成系统的阶跃响应将具有较大的振荡。当 $K_1=4, K_2=5, T=0.2$ 时，$\omega=\sqrt{\dfrac{K}{T}}=\sqrt{\dfrac{K_1K_2}{T}}=\sqrt{\dfrac{20}{0.2}}=10$，$\zeta=\dfrac{1}{2\sqrt{TK}}=0.25$，其输入输出曲线如图 11.34 虚线(1)所示。

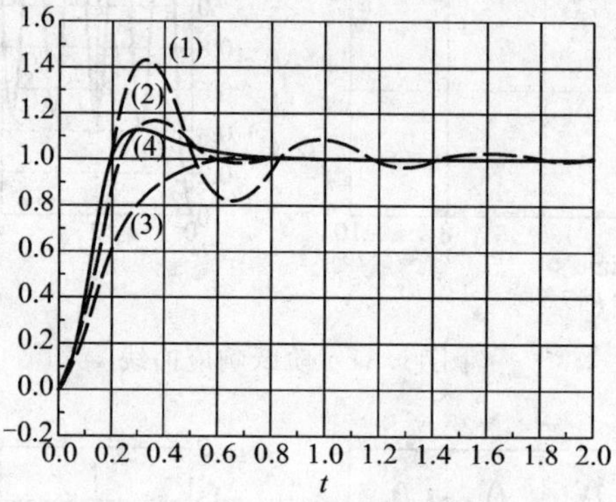

图 11.34 控制系统的输出响应

为改善系统的控制性能，从线性校正的角度考虑，在系统中引进微分负反馈局部校正(即速度反馈 αs)，如图 11.33 虚线所示。这时系统的开环传递函数为

$$G(s)=\frac{K}{Ts^2+(K_2\alpha+1)s}$$

相应的闭环传递函数为

$$\boldsymbol{\Phi}(s)=\frac{K}{Ts^2+(1+K_2\alpha)s+K}=\frac{\omega^2}{s^2+2\zeta_1\omega s+\omega^2}$$

式中的 $\omega=\sqrt{\dfrac{K}{T}}$，$\zeta_1=(1+K_2\alpha)\dfrac{1}{2\sqrt{TK}}=(1+K_2\alpha)\zeta$。系统的阻尼系数增加了 $(1+K_2\alpha)$，当取 $\alpha=0.2$ 时，此时的阻尼比为 $\zeta_1=2\zeta=0.5$，系统输出响应如图 11.34 虚曲线(2)所示，系统的振荡度得以极大的改善。当 α 足够强时，取 $\alpha=0.6$ 时，此时的阻尼比为 $\zeta_1=4\zeta=1.0$，系统的输出响应变成单调过渡过程，如图 11.34 虚曲线(3)所示，系统的响应快速性也受到的极大的影响，说明这种线性的微分校正方法，不能同时兼顾输出响应振荡度的抑制和跟踪速度之间的矛盾。下面将要看到，当在系统中采用非线性校正装置时，情况会发生很大的变化。

设控制系统采用如图 11.35 所示的非线性校正装置。

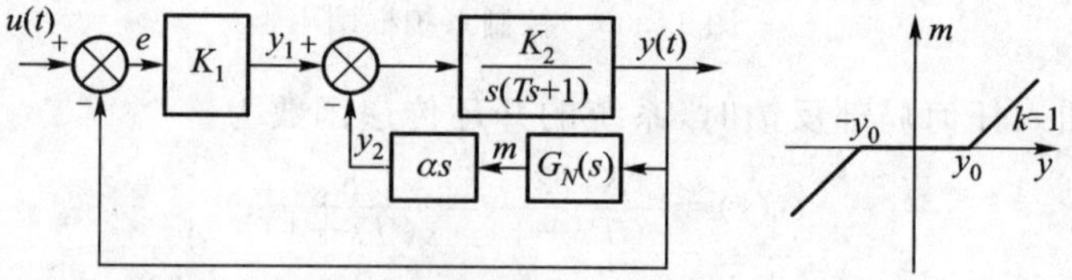

图 11.35 加入非线性校正装置的控制系统

死区非线性特性的数学模型为

$$m=\begin{cases}0 & |y|<y_0\\ (y-y_0) & y>y_0\\ y+y_0 & y<-y_0\end{cases}$$

由上可知，当 $|y|<y_0$ 时 $m=0$，这意味着局部微分负反馈不存在，因此系统的闭环传递

函数为

$$\boldsymbol{\Phi}(s)=\frac{K}{Ts^2+s+K}=\frac{\omega^2}{s^2+2\zeta\omega s+\omega^2}\quad |y|<y_0$$

此时系统的输出响应曲线如图 11.34 虚曲线(1)，系统具有很高的响应速度，但当系统输出大于等于 y_0 值时，系统将立刻进入微分负反馈，这时系统的闭环传递函数为

$$\boldsymbol{\Phi}(s)=\frac{K}{Ts^2+(1+K_2\alpha)s+K}=\frac{\omega^2}{s^2+2\zeta_1\omega s+\omega^2}$$

其相应的输出特性曲线如图 11.34 虚曲线(2)、虚曲线(3)所示。系统此时具有很强的阻尼作用，系统的输出响应的振荡度将大大减少，但跟踪速度也受到了很大的影响。当取 $\alpha=0.6$，$y_0=0.8$ 加入死区非线性校正装置的控制系统的输出响应如图 11.34 实曲线(4)所示。由该曲线可以看出，当系统输出 $|y|<y_0$ 时，曲线(4)具有与曲线(1)重合的特性，当系统输出 $|y|>y_0$ 时，曲线(4)具有和曲线(3)类似的变化规律。这样既保持了系统的快速性又大大减小了控制系统的振荡度，提高了系统的控制性能。图 11.36 为该系统的 SIMULINK 仿真图。

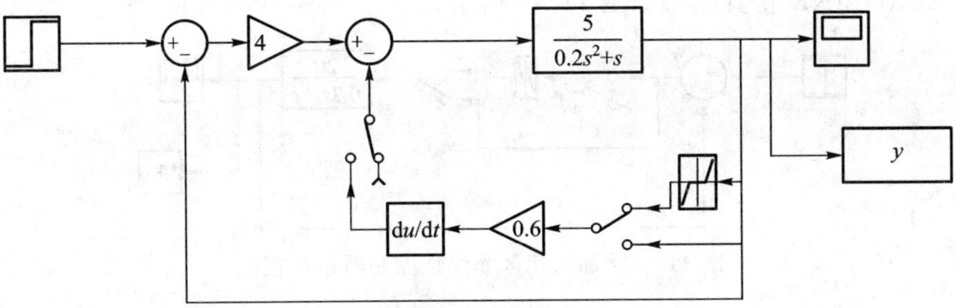

图 11.36 控制系统 SIMULINK 仿真图

在上例中，通过在系统中加入非线性反馈控制器改善系统控制性能。下面介绍在控制系统中串联加入非线性控制器提高系统控制的稳定性问题。

例 11.29 设控制系统框图如图 11.37 所示。

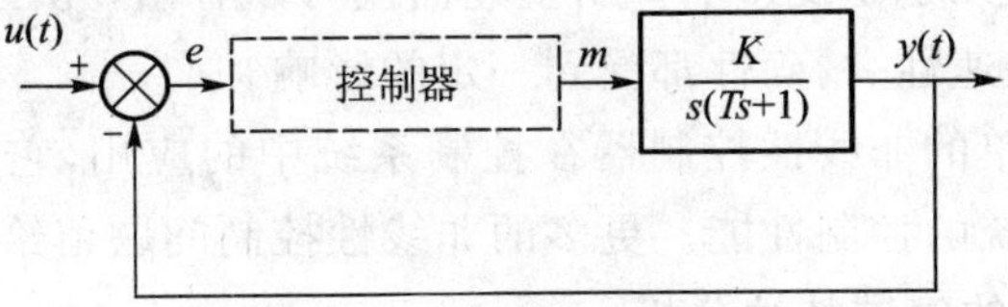

图 11.37 控制系统框图

在控制系统中未加入任何控制器时，系统的开环传递函数为

$$G(s)=\frac{K}{s(Ts+1)}$$

其闭环传递函数为

$$\boldsymbol{\Phi}(s)=\frac{K}{Ts^2+s+K}=\frac{\omega^2}{s^2+2\zeta\omega s+\omega^2}$$

式中：$\omega=\sqrt{\dfrac{K}{T}}$，$\zeta=\dfrac{1}{2\sqrt{TK}}$

当 $K=20$，$T=0.2$ 时，系统的固有频率 $\omega=10$，$\zeta=0.25$，系统的时域特性曲线如图 11.38虚线 1 所示。

下面将要看到，人为加入死区非线性控制器，调整死区非线性特性的死区，可以进一步提高系统的控制精度。图 11.39 为加入死区非线性控制器的控制系统框图。

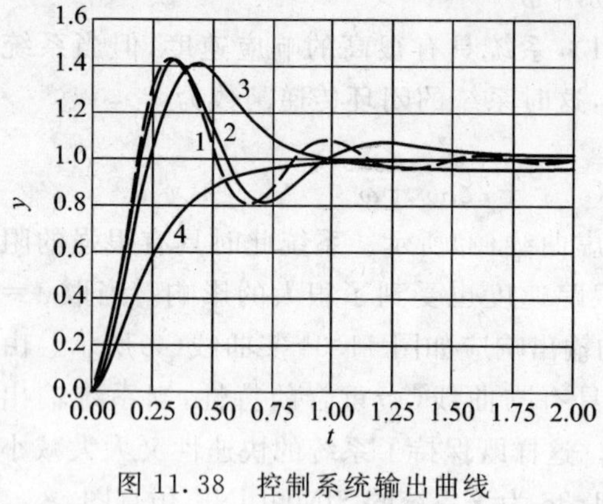

图 11.38 控制系统输出曲线

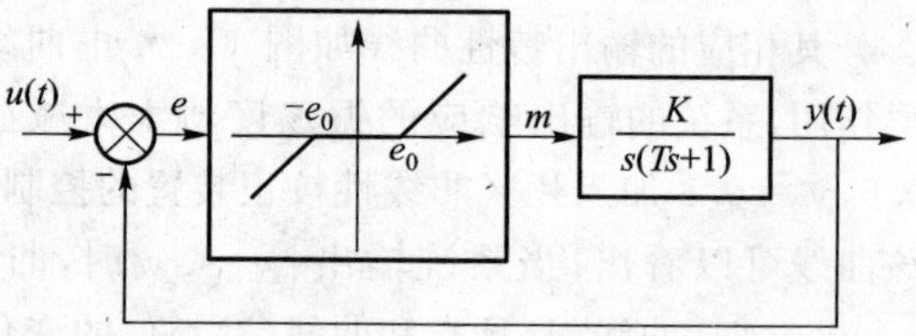

图 11.39 加入死区非线性控制器的控制系统框图

它的 SIMULINK 仿真模型如图 11.40 所示。

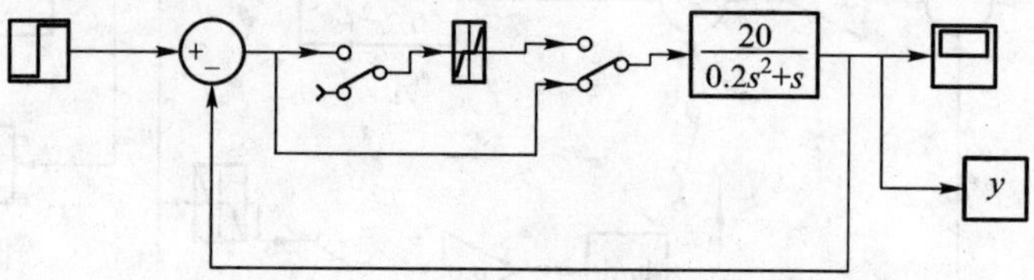

图 11.40 加入死区非线性控制器系统框图

选择死区非线性特性的死区宽度 e_0，可得到不同控制效果。它的仿真结果如图 11.38 曲线 2、3、4 所示。曲线 2 的死区宽度 $|e_0|=0.1$，系统快速性几乎不受影响，稳定性也得到一定的提高，曲线 3 的死区宽度 $|e_0|=0.21$，系统稳定性得到很大提高，但快速性、控制精度都受到影响。曲线 4 的死区宽度 $|e_0|=0.555$ 系统稳定性得到极大提高，但快速性也受到很大的影响，系统控制精度几乎不受影响。由上述曲线可以看出，死区非线性控制器提高了系统的稳定性，但系统的快速性、精确性都受到一定的影响。

上面列举了两个简单的非线性控制器在控制系统中的应用，它说明人为加入非线性控制器可以有效地改善系统的控制性能。更多的非线性控制问题留给读者加以研究。

3. 本征非线性系统的时域特性分析

例 11.30 设有非线性控制系统，可用下述微分方程描述

$$\dddot{y}+3.6\ddot{y}\dot{y}+1.67\dot{y}y+y=u$$

求当输入函数为 $u=5$ 时，它的阶跃响应。

解：选择系统状态变量 $x_1=y \quad x_2=\dot{y} \quad x_3=\ddot{y}$，则系统的状态方程及其输出方程为

$$\dot{x}_1=x_2$$

$$\dot{x}_2=x_3$$

$$\dot{x}_3=u-x_1-1.67x_2x_1-3.6x_3x_2$$

$$y=x_1$$

当输入函数为 $u=5$ 时，要求它的阶跃响应，可在 MATLAB 上创建 M 文件 fei.m 为

```
function yp=fei(t,x)
```

```
yp=[x(2);x(3);5-x(1)-1.67*x(2)*x(1)-3.6*x(3)*x(2)];
```

在 MATLAB 命令窗口上写入下述程序

```
[t,x]=ode45('fei',[0,20],[0;0;0]);
x1=x(:,1);
y=x1;
polt(t,y)
grid
```

即可,运行结果如图 11.41 所示。

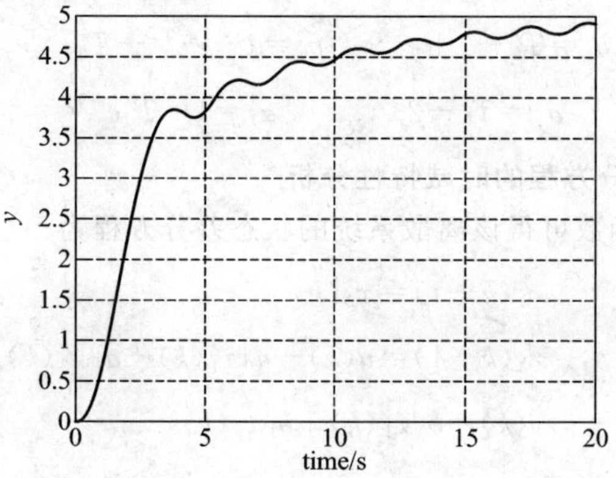

图 11.41 非线性控制系统阶跃响应曲线($u=5$)

11.3.4 离散控制系统的时域特性分析

在系统状态空间的描述法中,已经详细介绍了离散系统的状态方程及其输出方程的列写问题,有了系统的状态方程及其输出方程,就可以直接利用 SIMULINK 进行系统的时域特性分析。利用 SIMULINK 进行系统的时域特性分析的方法有基于系统状态差分方程和基于系统框图两种。在这里,将通过具体事例,说明离散系统的时域特性分析问题。

例 11.31 设有数字控制系统,可用下述系统框图描述

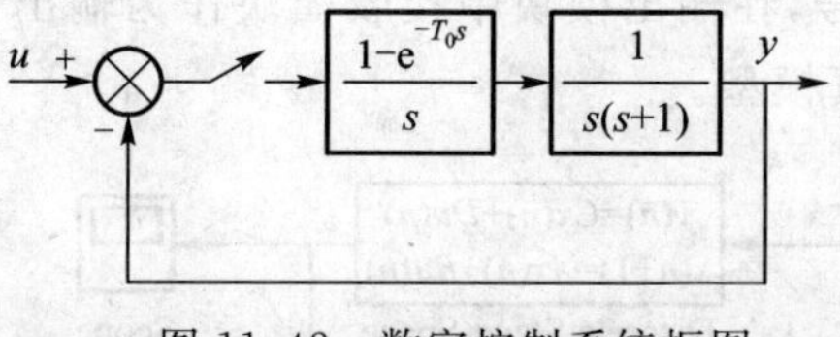

图 11.42 数字控制系统框图

由图 11.42 可知,该数字控制系统连续部分的传递函数为

$$G(s)=\frac{1-e^{-T_0 s}}{s}\frac{1}{s(s+1)}=(1-e^{-T_0 s})\left(\frac{1}{s^2}-\frac{1}{s}+\frac{1}{s+1}\right)$$

它的开环脉冲传递函数为

$$G(z)=(1-z^{-1})Z\left(\frac{1}{s^2}-\frac{1}{s}+\frac{1}{s+1}\right)$$

$$=(1-z^{-1})\left(\frac{T_0z}{(z-1)^2}-\frac{z}{(z-1)}+\frac{z}{(z-e^{-T_0})}\right)$$

$$=\frac{(T_0-1+e^{-T_0})z+(1-e^{-T_0}-T_0e^{-T_0})}{(z-1)(z-e^{-T_0})}$$

它的闭环脉冲传递函数为

$$\frac{y(z)}{u(z)}=\Phi(z)=\frac{G(z)}{1+G(z)}=\frac{b_1z+b_0}{z^2+a_1z+a_0}$$

式中：

$$b_1=T_0-1+e^{-T_0}\qquad b_0=1-e^{-T_0}-T_0e^{-T_0}$$

$$a_1=T_0-2\qquad\qquad a_1=1-T_0e^{-T_0}$$

1. 基于系统状态差分方程的时域特性分析

根据闭环脉冲传递函数可得该离散系统的状态差分方程为

$$x_1(k+1)=x_2(k)$$

$$x_2(k+1)=u(k)-a_0x_1(k)-a_1x_2(k)$$

$$y(k)=b_0x_1(k)+b_1x_2(k)$$

写成矩阵差分方程的形式

$$\boldsymbol{X}(k+1)=\boldsymbol{AX}(k)+\boldsymbol{Bu}(k)$$

$$\boldsymbol{Y}(k)=\boldsymbol{CX}(k)+\boldsymbol{Du}(k)$$

式中：

$$\boldsymbol{A}=\begin{bmatrix}0 & 1\\ -a_0 & -a_1\end{bmatrix}\quad \boldsymbol{B}=\begin{bmatrix}0\\1\end{bmatrix}\quad \boldsymbol{C}=(b_0\quad b_1)\quad \boldsymbol{D}=0$$

根据上述状态差分方程，在 SIMULINK 中选择 Discrete(离散系统)，在 Discrete 模块中选择模块 Discrete state-space，在 sources 模块中选择适当的输入源模块，例如，选择阶跃信号 step 作为该系统的输入信号，在输出模块中接收模块作为输出，在 SIMULINK 工作窗口上建立如图 11.43 所示的仿真模型。

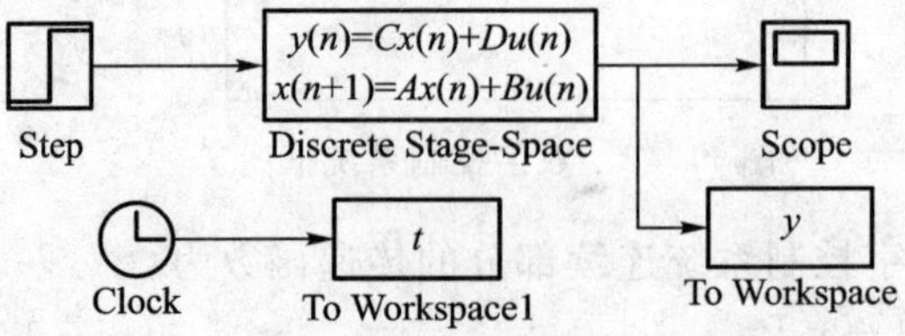

图 11.43　离散系统仿真模型

当采样周期为 $T_0=0.005$ 时，双击 Discrete state-space 模块，在屏幕上将显示如图 11.44 所示对话框，在对话框中将系数矩阵 $\boldsymbol{A},\boldsymbol{B},\boldsymbol{C},\boldsymbol{D}$ 输入到相应的框内，如图 11.44 所示。

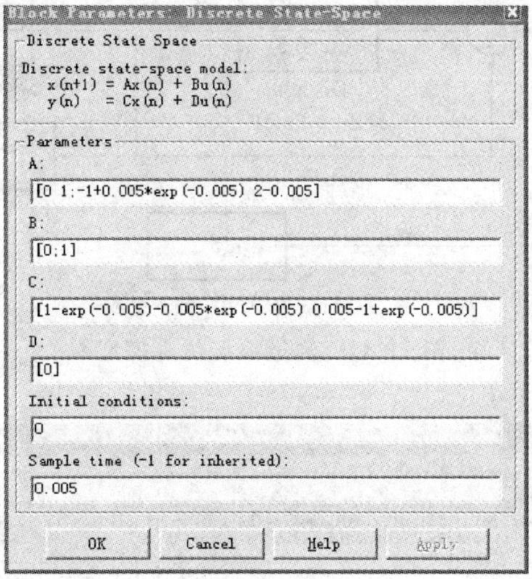

图 11.44　Discrete state-space 对话框

双击 step 模块，在对话框中相应输入有关数据，如图 11.45 所示。运行结果如图 11.46 所示。

图 11.45　step 对话框

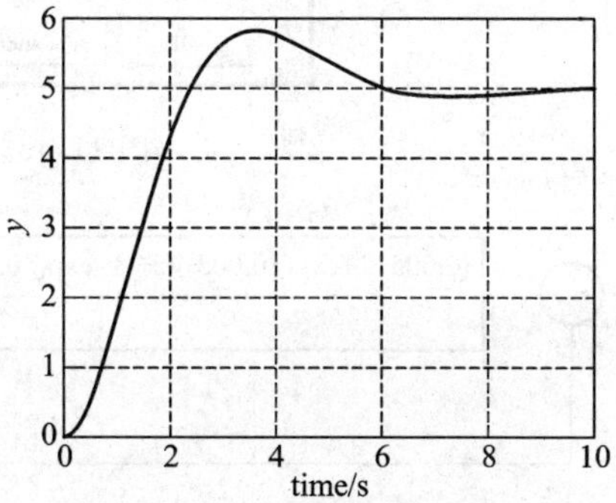

图 11.46　离散系统阶跃响应曲线

2. 基于系统框图的时域特性分析

对于上述系统，也可以直接利用数字控制系统的框图进行时域特性分析。由上述可知，该系统开环脉冲传递函数为

$$G(z)=\frac{(T_0-1+e^{-T_0})(z+(1-e^{-T_0}-T_0e^{-T_0})/(T_0-1+e^{-T_0}))}{(z-1)(z-e^{-T_0})}$$

它的零点为 $z_0=-(1-e^{-T_0}-T_0e^{-T_0})/(T_0-1+e^{-T_0})$，极点为 $p_1=1, p_0=e^{-T_0}$，它的开环放大系数为 $K=(T_0-1+e^{-T_0})$，当采样周期为 $T_0=0.005$ 时，在 SIMULINK 工作窗口上建立以数字控制系统框图描述的仿真模型如图 11.47 所示。

点击 Discrete Zero-pole 模块，在对话框中输入相应零极点数据，如图 11.48 所示。输入零极点数据后的仿真模型如图 11.49 所示。

运行结果如图 11.46 所示。

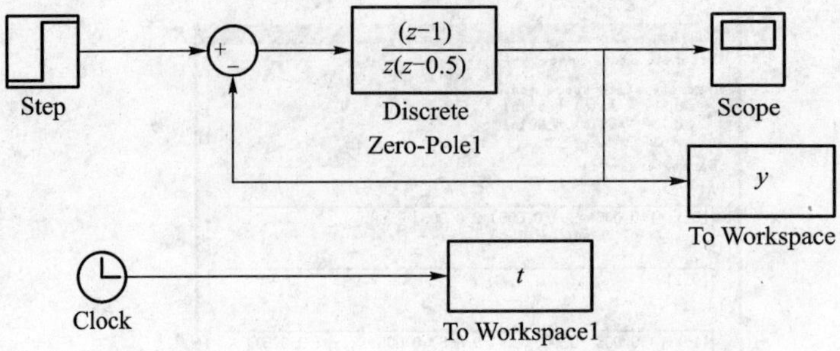

图 11.47　离散系统仿真模型

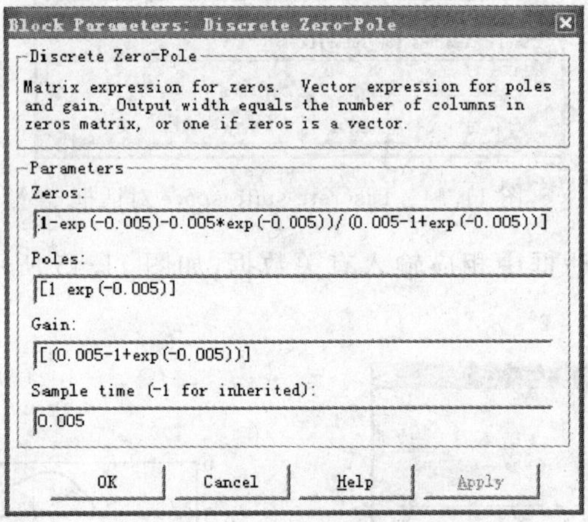

图 11.48　仿真模型对话框

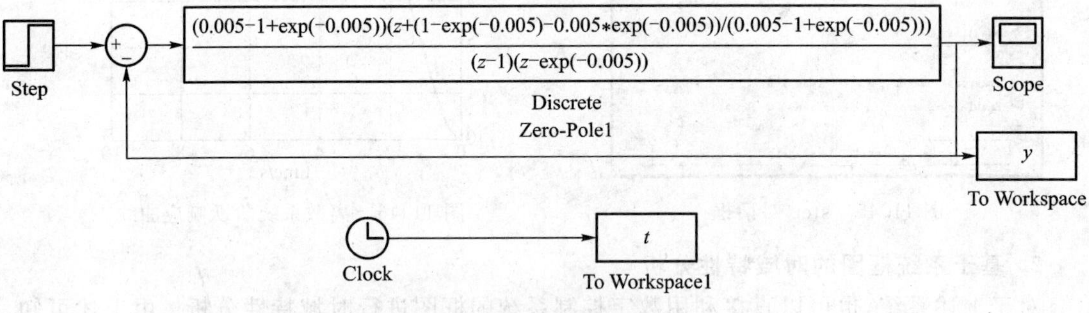

图 11.49　离散系统仿真模型

例 11.32　设数字控制系统可用下列框图描述

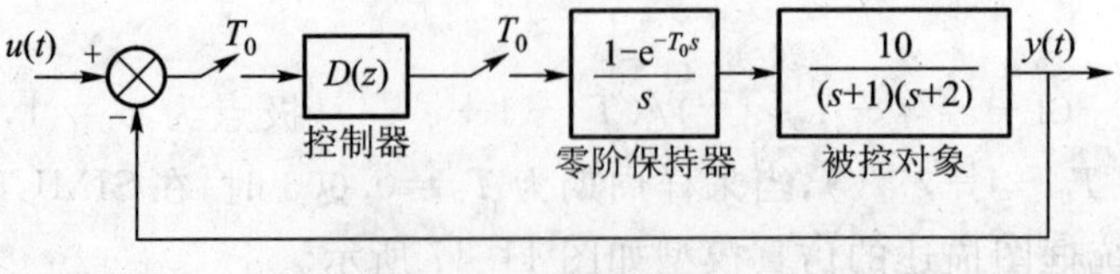

图 11.50　数字控制系统框图

图中采样周期 $T_0=0.1$ s，试分别应用数字控制器 P、PI、PID 加以校正，并分析各控制作用对系统控制性能的影响。

解:在连续系统中,PID 控制器规律可用下式描述

$$K_p\left(\varepsilon(t)+\frac{1}{T_i}\int\varepsilon(t)\mathrm{d}t+T_d\frac{\mathrm{d}\varepsilon(t)}{\mathrm{d}t}\right)$$

式中 $\varepsilon(t)$——偏差;

K_p——比例系数;

T_i——积分常数;

T_d——微分常数。

写成传递函数的形式为

$$D(s)=K_p\left(1+\frac{1}{T_i s}+T_d s\right)$$

为了在数字控制系统中实现 PID 控制,需要将连续 PID 控制规律转化成离散型 PID 控制规律,即用差分方程描述。取 T_0 为采样周期,由于采样周期远小于信号变化的周期,可以用矩形面积求和的方式近似代替积分作用,用先后差分的方式近似代替微分作用,即

$$\frac{1}{T_i}\int\varepsilon(t)\mathrm{d}t=\frac{1}{T_i}\sum_{i=0}^{k}T_0\varepsilon(k-i)$$

$$T_d\frac{\mathrm{d}\varepsilon(t)}{\mathrm{d}t}=T_d\frac{\varepsilon(k)-\varepsilon(k-1)}{T_0}$$

则 PID 控制规律可以写成

$$K_p\left[\varepsilon(k)+\frac{1}{T_i}\sum_{i=0}^{k}T_0\varepsilon(k-i)+T_d\frac{\varepsilon(k)-\varepsilon(k-1)}{T_0}\right]$$

写成脉冲传递函数的形式为

$$D(z)=\frac{b_0-b_1z^{-1}+b_2z^{-2}}{1-z^{-1}}$$

式中:

$$b_0=K_p\left(1+\frac{T_0}{T_i}+\frac{T_d}{T_0}\right),\quad b_1=K_p\left(1+2\frac{T_d}{T_0}\right),\quad b_2=K_p\frac{T_d}{T_0}$$

当 $T_d=0, T_i=\infty$ 时

$$D(z)=K_p$$

为比例数字控制器。

当 $T_d=0$ 时

$$D(z)=\frac{K_p\left(1+\frac{T_0}{T_i}\right)-K_pz^{-1}}{1-z^{-1}}$$

为比例积分数字控制器,

$$D(z)=K_p\left(1+\frac{T_d}{T_0}\right)-K_p\frac{T_d}{T_0}z^{-1}$$

为比例微分控制器。

根据系统框图,通过 Z 变换,可得该数字控制系统连续部分的脉冲传递函数为

$$G(z)=\frac{0.045\,3(z+0.905)}{(z-0.905)(z-0.819)}$$

当数字控制器为比例校正时,数字控制系统开环脉冲传递函数为

$$D(z)G(z)=\frac{0.045\,3K_p(z+0.905)}{(z-0.905)(z-0.819)}$$

当数字控制器为比例加积分校正时，数字控制系统开环脉冲传递函数为

$$D(z)G(z)=\frac{0.0453(K_p+K_i)\left(z-\dfrac{K_p}{K_p+K_i}\right)(z+0.905)}{(z-0.905)(z-0.819)(z-1)}$$

式中：K_i——积分系数，$K_i=K_p\dfrac{T_0}{T_i}$。

由上式可知，由于积分作用，系统开环脉冲传递函数增加了一个零点，为确定积分系数 K_i，提高控制性能，用该零点 $\left(z-\dfrac{K_p}{K_p+K_i}\right)$ 抵消极点 $(z-0.905)$，令

$$\frac{K_p}{K_p+K_i}=0.905$$

选择 $K_p=1$ 得 $K_i=0.105$，此时数字控制器为

$$D(z)=\frac{1.105(z-0.905)}{z-1}$$

数字控制系统开环脉冲传递函数为

$$D(z)G(z)=\frac{0.0453\times1.105(z+0.905)}{(z-0.819)(z-1)}$$

当采用数字 PID 控制器时，其数字控制器脉冲传递函数为

$$D(z)=\frac{(K_p+K_i+K_d)\left(z^2-\dfrac{K_p-2K_d}{K_p+K_i+K_d}z+\dfrac{K_p}{K_p+K_i+K_d}\right)}{z(z-1)}$$

式中：K_d——微分系数，$K_d=K_p\dfrac{T_d}{T_0}$。

考虑到有效地提高系统控制性能，用数字控制器脉的两个零点抵消 $G(z)$ 的两个极点，即令

$$\left(z^2-\frac{K_p-2K_d}{K_p+K_i+K_d}z+\frac{K_p}{K_p+K_i+K_d}\right)=(z-0.905)(z-0.819)$$

当 $K_p=1$ 时，求得 $K_i=0.069$，$K_d=6.062$，此时数字控制器为

$$D(z)=\frac{4.131(z-0.905)(z-0.819)}{z(z-1)}$$

数字控制系统开环脉冲传递函数为

$$D(z)G(z)=\frac{0.187(z+0.905)}{z(z-1)}$$

它们的 SIMULINK 仿真数学模型如图 11.51 所示。

当控制输入 $u(t)=5$ 时，其时域特性曲线如图 11.52 所示。

分析图 11.52 可知，当系统无校正时，其稳态误差为 $e_{ss}=0.8$，为 16%，当系统为比例校正 $K_p=2$ 时，其稳态误差为 $e_{ss}=0.45$，为 9%，增大比例校正系数 K_p 可以减小其稳态误差，但不能彻底消除。当系统为比例积分校正时，由于积分校正的作用，消除了系统稳态误差，提高了系统控制精度，但系统的超调量也随之增大。当系统采用 PID 校正时，系统的稳态误差为零，由于积分控制作用，系统精度得到极大提高，微分控制作用使系统动态性能得以很大的改善，调节时间短，系统时域特性曲线平稳。

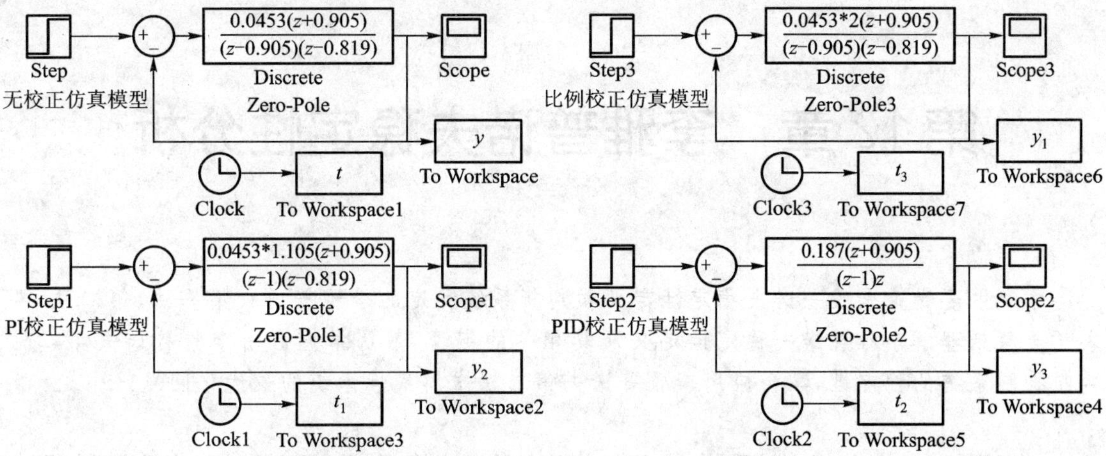

图 11.51 数字控制系统仿真模型

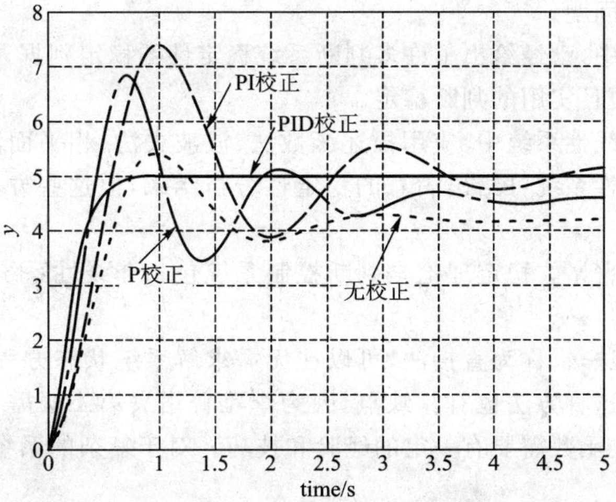

图 11.52 数字控制系统时域特性曲线

第12章 李雅普诺夫稳定性分析

本章主要讨论李雅普诺夫稳定性定义和判断系统稳定的李雅普诺夫第一法、第二法，要求学生深刻理解李雅普诺夫稳定性定义及其相关的定理，熟练掌握应用李雅普诺夫第二法判断控制系统的稳定性，学会应用李雅普诺夫第二法求解线性系统的最优化问题。

众所周知，一个自动控制系统，能否在实际中得到应用，其首要问题是稳定性问题，只有在稳定的基础上，才能考虑快速性和精确性问题，因此对系统的稳定性问题的研究，一直是控制理论研究的重要问题。

在古典控制理论中，已经给出了许多判断系统稳定性的稳定判据，例如，劳斯判据、奈氏判据等，可以极为方便且实用的判断稳定。

在一些典型的非线性系统中，应用描述函数法、波波夫法、相平面法、点变换法等，这些方法对于特定的非线性系统可给出满意的稳定性分析结果，但这些方法都有一定的局限性和近似性。

本章介绍的李雅普诺夫稳定理论是判断控制系统包括非线性系统、时变系统等稳定性更为一般的方法。

李雅普诺夫第二法，也称为直接法，可以在无需求解系统状态方程的条件下，直接给出系统的稳定性。当然这种方法也有其缺点，因为李雅普诺夫第二法需要构成李雅普诺夫函数，而构成李雅普诺夫函数需要有一定的经验和技巧。对于复杂的系统，构成李雅普诺夫函数是相当困难的。

本章主要讨论李雅普诺夫稳定性定义、李雅普诺夫第二法及其主要定理，以及如何应用李雅普诺夫第二法分析线性系统和非线性系统的稳定性。在讨论李雅普诺夫稳定性定义之前，先给出系统的平衡点、欧几里得范数和状态方程解的轨迹等基本概念。

12.1 平衡状态和欧几里得范数及状态方程解的轨迹

1. 平衡状态

设所研究的系统可用下述方程描述

$$\dot{\boldsymbol{X}}(t)=f(\boldsymbol{X},t) \tag{12.1}$$

当在任意时刻 t 都满足

$$f(\boldsymbol{X}_e,t)=0 \tag{12.2}$$

则称 $\boldsymbol{X}_e$ 为该系统的平衡状态，且满足式(12.2)的所有 $\boldsymbol{X}$ 值均为该系统的平衡点。例如对于线性系统，其齐次状态方程为

$$\dot{\boldsymbol{X}}(t)=\boldsymbol{A}\boldsymbol{X}(t) \tag{12.3}$$

若当 $\boldsymbol{A}$ 为非奇异矩阵时，线性系统只有一个平衡状态，若当 $\boldsymbol{A}$ 为奇异矩阵时，则线性系统有无数个平衡状态。对于非线性系统，有一个或多个平衡状态。

任何一个平衡状态，都可以通过坐标变换，将平衡状态移到坐标原点。因此在研究系统平衡状态时，经常将坐标原点作为系统的平衡状态，此时可以写成

$$f(\mathbf{0},t)=0 \tag{12.4}$$

应当指出，在古典控制理论中，认为非线性系统的自由振荡是不稳定的，而在现代控制理论中，认为非线性系统的自由振荡是在李雅普诺夫意义下稳定的。

2. 欧几里得范数

定义一个球域，这个球域是以平衡状态 $\boldsymbol{X}_e$ 为球心，以 k 为半径的球域，用数学表达式表示为

$$\|\boldsymbol{X}-\boldsymbol{X}_e\|\leqslant k \tag{12.5}$$

式中 $\|\boldsymbol{X}-\boldsymbol{X}_e\|$—为欧几里得范数，它等于

$$\|\boldsymbol{X}-\boldsymbol{X}_e\|=\sqrt{(x_1-x_{1e})^2+(x_2-x_{2e})^2+\cdots+(x_n-x_{ne})^2} \tag{12.6}$$

当 $\boldsymbol{X}_e=0$，$n=2$ 时，欧几里得范数为

$$\|\boldsymbol{X}-\boldsymbol{X}_e\|=\sqrt{x_1^2+x_2^2}=c \tag{12.7}$$

即 $x_1^2+x_2^2=c^2$，它表示圆心在原点，半径为 c 的圆。

当 $\boldsymbol{X}_e=0$，$n=3$ 时，欧几里得范数为

$$\|\boldsymbol{X}-\boldsymbol{X}_e\|=\sqrt{x_1^2+x_2^2+x_3^2}=c \tag{12.8}$$

即 $x_1^2+x_2^2+x_3^2=c^2$，它表示以原点为圆心，半径为 c 的球。

3. 状态方程解的轨迹

设系统状态方程 $\dot{\boldsymbol{X}}=f(\boldsymbol{X},t)$ 的解为 $\boldsymbol{\Phi}(t,\boldsymbol{X}_0,t_0)$，则它随时间的推移所构成的轨迹称为解的轨迹。

12.2 李雅普诺夫稳定性定义

1. 李雅普诺夫意义上的稳定与一致稳定

设 $S(\delta)$ 是含有使 $\|\boldsymbol{X}_0-\boldsymbol{X}_e\|<\delta$ 所有点的球域，$S(\varepsilon)$ 是含有使 $\|\boldsymbol{\Phi}(t,X_0,t_0)-\boldsymbol{X}_e\|<\varepsilon$ 所有点的球域，其中 $\boldsymbol{X}_0$ 为系统的初始状态。

如果系统 $\dot{\boldsymbol{X}}(t)=f(\boldsymbol{X},t)$，对于任意选定的 $\varepsilon>0$ 存在一个实数 $\delta(\varepsilon,t)>0$，使得当 $\|\boldsymbol{X}_0-\boldsymbol{X}_e\|<\delta$ 时恒有 $\|\boldsymbol{\Phi}(t,\boldsymbol{X}_0,t_0)-\boldsymbol{X}_e\|<\varepsilon$，$(t_0\leqslant t\leqslant\infty)$，则称平衡状态 $\boldsymbol{X}_e$ 是稳定的。

其中 δ 是 ε，t 的函数，即 δ 与 ε 有关，也与 t_0 有关，如果 δ 与 t_0 无关，则称平衡状态 $\boldsymbol{X}_e$ 为一致稳定平衡状态。

上述定义说明，对于每个球域 $S(\varepsilon)$ 存在一个球域 $S(\delta)$，使得当 $t\to\infty$ 时，从 $S(\delta)$ 出发的解的轨迹不离开球域 $S(\varepsilon)$，则称平衡状态 $\boldsymbol{X}_e$ 在李雅普诺夫意义上是稳定的。即从 $S(\delta)$ 内出发的解的轨迹不离开球域 $S(\varepsilon)$，则称该系统在李雅普诺夫意义上是稳定的。如图 12.1 所示。

2. 渐近稳定

设 $\boldsymbol{X}_e$ 是系统 $\dot{\boldsymbol{X}}(t)=f(\boldsymbol{X},t)$ 的稳定平衡状态，若从 $S(\delta)$ 中出发的每一条解的轨迹

$\boldsymbol{\Phi}(t,X_0,t_0)$，当 $t\to\infty$ 时，都不离开球域 $S(\varepsilon)$，并最后收敛于平衡状态 $\boldsymbol{X}_e$ 的附近，即有 $\lim\limits_{t\to\infty}|\boldsymbol{\Phi}(t,X_0,t_0)-\boldsymbol{X}_e|<\mu$，$\mu$ 为任意小的量，则称平衡状态 $\boldsymbol{X}_e$ 为渐近稳定平衡状态。如图 12.2 所示。

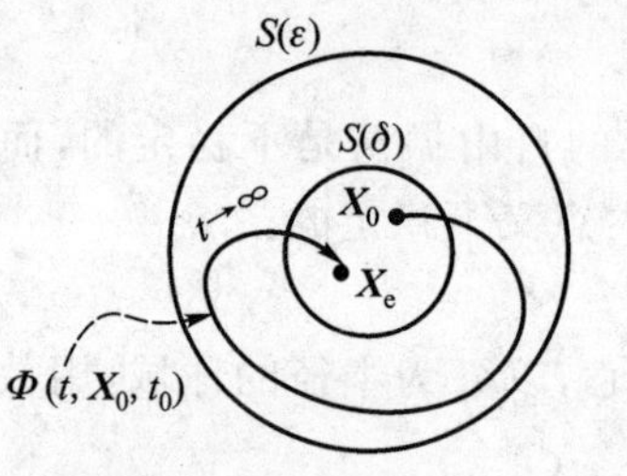

图 12.1　李雅普诺夫意义上的稳定

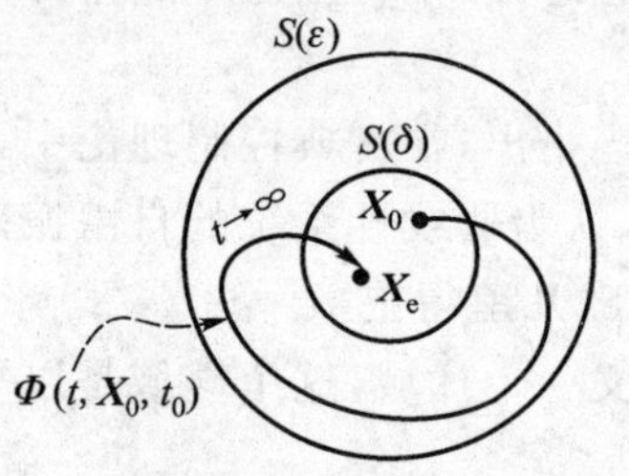

图 12.2　渐近稳定

3. 大范围渐近稳定

对于所有的状态，即状态空间中的所有点，由这些状态出发的轨迹，都具有渐近稳定，则称这种平衡状态为大范围渐近稳定平衡状态，如图 12.13 所示。

上述定义说明，系统状态方程 $\dot{\boldsymbol{X}}(t)=f(\boldsymbol{X},t)$ 在任意的初始状态下，它的解的轨迹，当时间 $t\to\infty$ 时，都收敛于平衡状态 $\boldsymbol{X}_e$ 的附近，则称这个平衡状态为大范围渐近稳定平衡状态。

需要说明，大范围渐近稳定的必要条件是，在整个状态空间中只有一个平衡状态。

4. 不稳定平衡状态

如果由 $S(\delta)$ 域内出发的轨迹，不论 $S(\delta)$ 多么小，也就是说，初始状态非常接近平衡状态 $\boldsymbol{X}_e$，只要有由一条解的轨迹 $\boldsymbol{\Phi}(t,\boldsymbol{X}_0,t_0)$ 脱离域 $S(\varepsilon)$，则称 $\boldsymbol{X}_e$ 为不稳定平衡状态。如图 12.4 所示。

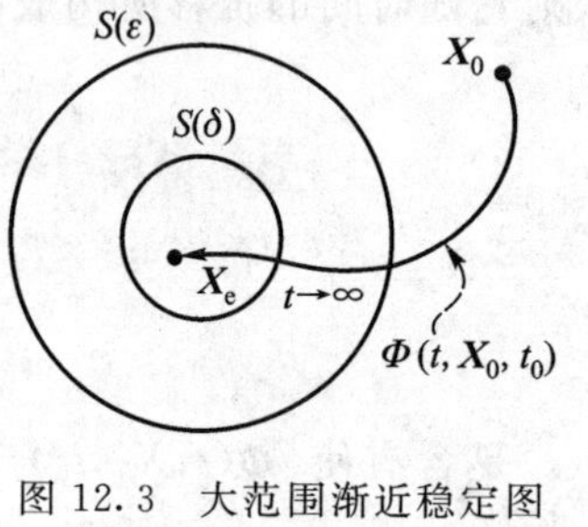

图 12.3　大范围渐近稳定图

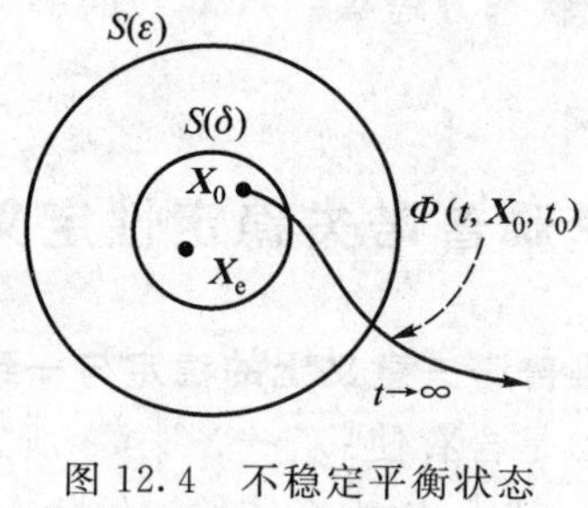

图 12.4　不稳定平衡状态

12.3　系统稳定性的李雅普诺夫判别法

12.3.1　李雅普诺夫第一法

设系统状态方程为

$$\dot{\boldsymbol{X}}(t)=f(\boldsymbol{X},t) \tag{12.9}$$

式中　$\boldsymbol{X}$——n 维状态向量；

$f(\boldsymbol{X},t)$——n 维向量函数，可以是线性函数也可以是非线性函数，并且对向量 $\boldsymbol{X}$ 有连续偏导数。

假定系统平衡状态 $\boldsymbol{X}_e=0$，将系统状态方程在平衡状态 $\boldsymbol{X}_e$ 附近展开成台劳级数，得

$$\dot{\boldsymbol{X}}=\boldsymbol{A}\boldsymbol{X}+\boldsymbol{B}(\boldsymbol{X}) \tag{12.10}$$

式中：

$$\boldsymbol{A}=\frac{\partial f(\boldsymbol{X},t)}{\partial \boldsymbol{X}}=\begin{bmatrix} \dfrac{\partial f_1}{\partial x_1} & \dfrac{\partial f_1}{\partial x_2} & \cdots & \dfrac{\partial f_1}{\partial x_n} \\ \dfrac{\partial f_2}{\partial x_1} & \dfrac{\partial f_2}{\partial x_2} & \cdots & \dfrac{\partial f_2}{\partial x_n} \\ \vdots & \vdots & & \vdots \\ \dfrac{\partial f_n}{\partial x_1} & \dfrac{\partial f_n}{\partial x_2} & \cdots & \dfrac{\partial f_n}{\partial x_n} \end{bmatrix} \tag{12.11}$$

$\boldsymbol{A}\boldsymbol{X}$——是系统状态方程一次近似式；

$\boldsymbol{B}(\boldsymbol{X})$——是包含一次以上的高阶导数项。

李雅普诺夫第一法分为下述三种情况：

1）系统在平衡状态下是稳定的

如果用一次近似式描述原方程，即

$$\dot{\boldsymbol{X}}=f(\boldsymbol{X},t)=\boldsymbol{A}\boldsymbol{X} \tag{12.12}$$

若系数矩阵 $\boldsymbol{A}$ 的所有特征值都具有负实部，则系统 $\dot{\boldsymbol{X}}=f(\boldsymbol{X},t)$ 在平衡点 $\boldsymbol{X}_e$ 是稳定的，且系统的稳定性与高阶导数项无关。

2）系统在平衡点上是不稳定的

如果用一次近似式描述原方程，即

$$\dot{\boldsymbol{X}}=f(\boldsymbol{X},t)=\boldsymbol{A}\boldsymbol{X}$$

若系数矩阵 $\boldsymbol{A}$ 的特征值中，至少有一个实部为正，则无论高阶导数项如何，系统 $\dot{\boldsymbol{X}}=f(\boldsymbol{X},t)$ 在平衡点 $\boldsymbol{X}_e$ 是不稳定的。

3）系统在平衡点上是临界稳定的

如果用一次近似式描述原方程，即

$$\dot{\boldsymbol{X}}=f(\boldsymbol{X},t)=\boldsymbol{A}\boldsymbol{X} \tag{12.13}$$

若系数矩阵 $\boldsymbol{A}$ 的特征值中有零特征值，则系统 $\dot{\boldsymbol{X}}=f(\boldsymbol{X},t)$ 在平衡点 $\boldsymbol{X}_e$ 上的稳定性由高阶导数项 $\boldsymbol{B}(\boldsymbol{X})$ 决定。

对于线性系统，当 $\boldsymbol{X}=\boldsymbol{X}_e$ 时，高阶导数项为零，则系统处于临界稳定。

由此可知，李雅普诺夫第一法是基于一阶近似式系数矩阵 $\boldsymbol{A}$ 的特征值判别系统的稳定性的。

12.3.2 正定函数和二次型函数及李雅普诺夫第二法

1. 标量函数的正定性

设 $V(\boldsymbol{X})$ 是向量 $\boldsymbol{X}$ 的标量函数，Ω 为包含状态空间原点在内的封闭的有限区域。若标量函数 $V(\boldsymbol{X})$ 对于向量 $\boldsymbol{X}$ 的各分量存在有连续的偏导数，当 $\boldsymbol{X}\neq\boldsymbol{0}$ 时有，$V(\boldsymbol{X})>0$，当 $\boldsymbol{X}=\boldsymbol{0}$ 时有 $V(\boldsymbol{X})=0$，则称标量函数为正定函数。若标量函数 $V(\boldsymbol{X})$ 对于向量 $\boldsymbol{X}$ 的各分量存在有连续的偏导数，当 $\boldsymbol{X}\neq\boldsymbol{0}$ 时有，$V(\boldsymbol{X})\geqslant 0$，当 $\boldsymbol{X}=\boldsymbol{0}$ 时有，$V(\boldsymbol{X})=0$，则称标量函数为正半定函数。

若$-V(\boldsymbol{X})$为正定(正半定)标量函数,则$V(\boldsymbol{X})$为负定(负半定)标量函数。如果无论Ω域多么小,在Ω内,$V(\boldsymbol{X})$既可为正,也可为负,则标量函数为不定函数。

2. 二次型函数及其正定性

设$V(\boldsymbol{X})$为

$$V(\boldsymbol{X})=\boldsymbol{X}^{\mathrm{T}}\boldsymbol{P}\boldsymbol{X}=(x_1 \quad x_2 \quad \cdots \quad x_n)\begin{pmatrix} p_{11} & p_{12} & \cdots & p_{1n} \\ p_{21} & p_{22} & \cdots & p_{2n} \\ \vdots & \vdots & & \vdots \\ p_{n1} & p_{n2} & \cdots & p_{nn} \end{pmatrix}\begin{pmatrix} x_1 \\ x_2 \\ \vdots \\ x_n \end{pmatrix} \tag{12.14}$$

或

$$V(\boldsymbol{X})=\sum_{i=1}^{n}\sum_{j=1}^{n}p_{ij}x_ix_j \tag{12.15}$$

若矩阵$\boldsymbol{P}$为实对称矩阵,即$p_{ij}=p_{ji}$,则称函数$V(\boldsymbol{X})$为二次型函数。

二次型函数$V(\boldsymbol{X})$为正定函数的充要条件为矩阵$\boldsymbol{P}$的所有主子行列式为正。即

$$p_{11}>0$$

$$\begin{vmatrix} p_{11} & p_{12} \\ p_{21} & p_{22} \end{vmatrix}>0$$

$$\cdots$$

$$\begin{vmatrix} p_{11} & p_{12} & \cdots & p_{1n} \\ p_{21} & p_{22} & \cdots & p_{2n} \\ \vdots & \vdots & & \vdots \\ p_{n1} & p_{n2} & \cdots & p_{nn} \end{vmatrix}>0$$

若矩阵为奇异矩阵$\boldsymbol{P}$矩阵,其他各组主子行列式为非负定,则$V(\boldsymbol{X})$为正半定函数,若$-V(\boldsymbol{X})$为正定,则$V(\boldsymbol{X})$为负定。$V(\boldsymbol{X})$的正定性也可以通过矩阵$\boldsymbol{P}$判断。

3. 李雅普诺夫第二法

李雅普诺夫第二法是基于系统内部能量而建立起来的稳定判据,其基本思想是:若系统内部能量随时间的推移而衰减,则认为系统迟早要到达静止状态,此时系统是稳定的。基于这种思想,李雅普诺夫第二法需要有一个能量函数。

由于系统形式是多种多样的,找不到一种定义能量函数的统一形式和简便方法。为此李雅普诺夫引出了一个虚构的能量函数,这个虚构的能量函数称为李雅普诺夫函数。任意能量函数只要满足李雅普诺夫稳定定理,都可以作为李雅普诺夫函数。一种较为简便的方法是取系统状态变量的二次型作为李雅普诺夫函数。

在李雅普诺夫第二法中,李雅普诺夫函数的符号特征及其对时间的导数$\dfrac{\mathrm{d}V(\boldsymbol{X},t)}{\mathrm{d}t}=\dot{V}(\boldsymbol{X},t)$的符号特征,提供了判断平衡状态稳定性的准则,而无需求解系统状态方程的解。

12.3.3 李雅普诺夫稳定定理

【定理 12.1】 设系统状态方程为

$$\dot{\boldsymbol{X}}=f(\boldsymbol{X},t)$$

式中:$f(0,t)=0,(t\geqslant t_0)$

如果有一阶连续偏导数的能量函数 $V(\boldsymbol{X},t)$ 存在，且满足以下条件

1) $V(\boldsymbol{X},t)$ 为正定；

2) $\dot{V}(\boldsymbol{X},t)$ 为负定。

则系统原点处的平衡状态为一致渐近稳定的。如果 $\|\boldsymbol{X}\|\to\infty$，有 $V(\boldsymbol{X},t)\to\infty$，则系统原点处的平衡状态为大范围一致渐近稳定的。

例 12.1 设系统状态方程为

$$\dot{x}_1=x_2-x_1(x_1^2+x_2^2)$$
$$\dot{x}_2=-x_1-x_2(x_1^2+x_2^2)$$

试确定系统在平衡状态上的稳定性。

解：根据 $f(\boldsymbol{X}_e,t)=0$ 得平衡状态 $\boldsymbol{X}_e=\begin{bmatrix}0\\0\end{bmatrix}$，即 $x_1=0,x_2=0$，为给定系统的唯一平衡状态。选定正定函数

$$V(\boldsymbol{X},t)=x_1^2+x_2^2$$

为李雅普诺夫函数，则它对时间的一阶导数为

$$\dot{V}(\boldsymbol{X},t)=2x_1\dot{x}_1+2x_2\dot{x}_2$$

考虑到给定的系统状态方程，得

$$\dot{V}(\boldsymbol{X},t)=2x_1[x_2-x_1(x_1^2+x_2^2)]+2x_2[-x_1-x_2(x_1^2+x_2^2)]$$

整理得

$$\dot{V}(\boldsymbol{X},t)=-2(x_1^2+x_2^2)^2$$

由此可知，$\dot{V}(\boldsymbol{X},t)$ 为负定，系统在平衡状态 $\boldsymbol{X}_e=\boldsymbol{0}$ 处为一致渐近稳定。并且当 $\|\boldsymbol{X}\|\to\infty$ 时，$V(\boldsymbol{X},t)\to\infty$，因此平衡状态 $\boldsymbol{X}_e=\boldsymbol{0}$ 为大范围一致渐近稳定。

【定理 12.2】 设系统状态方程为

$$\dot{\boldsymbol{X}}=f(\boldsymbol{X},t)$$

式中 $f(\boldsymbol{0},t)=0,(t\geqslant t_0)$

如果存在一个纯量函数 $V(\boldsymbol{X},t)$，它具有一阶连续偏导数，且满足下列条件

1) $V(\boldsymbol{X},t)$ 为正定；

2) $\dot{V}(\boldsymbol{X},t)$ 为负半定；

3) $\dot{V}(\boldsymbol{\Phi}(t,\boldsymbol{X}_0,t_0),t)$ 对任意的 t_0 和任意的 $\boldsymbol{X}_0\neq\boldsymbol{0}$，在 $t\geqslant t_0$ 时不恒等于零。

则系统原点处的平衡状态为大范围内渐近稳定的。式中 $\boldsymbol{\Phi}(t,\boldsymbol{X}_0,t_0)$ 表示 $t=t_0$ 时，从 $\boldsymbol{X}_0$ 出发的解的轨迹。

例 12.2 设系统状态方程为

$$\dot{x}_1=x_2$$
$$\dot{x}_2=-x_1-x_2$$

试确定系统在平衡状态上的稳定性。

解：根据 $f(\boldsymbol{X}_e,t)=0$ 得平衡状态 $\boldsymbol{X}_e=\begin{bmatrix}0\\0\end{bmatrix}$。选定正定函数

$$V(\boldsymbol{X},t)=x_1^2+x_2^2$$

为李雅普诺夫函数,则它对时间的一阶导数为

$$\dot{V}(\boldsymbol{X},t)=2x_1\dot{x}_1+2x_2\dot{x}_2$$

考虑到给定的系统状态方程,得

$$\dot{V}(\boldsymbol{X},t)=2x_1x_2+2x_2(-x_1-x_2)=-2x_2^2$$

当 $x_1=x_2=0$ 时,有 $\dot{V}(\boldsymbol{X},t)=0$。当 $x_1\neq0,x_2=0$ 时,有 $\dot{V}(\boldsymbol{X},t)=0$,可见 $\dot{V}(\boldsymbol{X},t)$ 为负半定,为此需要进一步分析 $x_1\neq0$、$x_2=0$ 时,$\dot{V}(\boldsymbol{X},t)$ 是否恒等于零。如果随时间 $t\to\infty$,$\dot{V}(\boldsymbol{X},t)$ 不恒等于零,则说明能量随时间的推移而衰减,此时系统是稳定的。下面根据上述思想作一分析。

假定 $\dot{V}(\boldsymbol{X},t)=-2x_2^2$ 恒等于零,则必须要求 x_2 在 $t\geqslant t_0$ 时恒等于零,而 x_2 恒等于零,又要要求 $\dot{x}_2$ 恒等于零。但从系统状态方程 $\dot{x}_2=-x_1-x_2$ 看,在 $t\geqslant t_0$ 时,要求 $x_1=x_2=0$,这说明只有当 $x_1=x_2=0$ 时,$\dot{V}(\boldsymbol{X},t)$ 才恒等于零,即说明李雅普诺夫函数 $V(\boldsymbol{X},t)=x_1^2+x_2^2$ 随时间的推移时衰减的,因此系统是渐近稳定的。又由于 $\|\boldsymbol{X}\|\to\infty$,$V(\boldsymbol{X},t)\to\infty$,所以系统在原点处是大范围渐近稳定的。

【定理 12.3】 设系统状态方程为

$$\dot{\boldsymbol{X}}=f(\boldsymbol{X},t)$$

式中:$f(\boldsymbol{0},t)=0,(t\geqslant t_0)$

如果存在一个纯量函数 $V(\boldsymbol{X},t)$,它具有一阶连续偏导数,且满足下列条件

1) $V(\boldsymbol{X},t)$ 为正定;

2) $\dot{V}(\boldsymbol{X},t)$ 为负半定;

3) $\dot{V}(\boldsymbol{X},t)$ 在某一 $\boldsymbol{X}$ 值恒等于零。

则系统原点处的平衡状态为李雅普诺夫意义下是稳定的。但这时不是渐近稳定系统,系统将保持在一个等幅振荡的状态上。

例 12.3 设系统状态方程为

$$\dot{x}_1=kx_2$$

$$\dot{x}_2=-x_1$$

试确定系统在平衡状态上的稳定性。

解: 根据 $f(\boldsymbol{X}_e,t)=0$ 得平衡状态 $\boldsymbol{X}_e=\begin{bmatrix}0\\0\end{bmatrix}$。选定正定函数

$$V(\boldsymbol{X},t)=x_1^2+kx_2^2$$

为李雅普诺夫函数,则它对时间的一阶导数为

$$\dot{V}(\boldsymbol{X},t)=2x_1\dot{x}_1+2kx_2\dot{x}_2$$

将系统状态方程代入上式中,得

$$\dot{V}(\boldsymbol{X},t)=2x_1kx_2+2kx_2(-x_1)=0$$

由此可知 $\dot{V}(\boldsymbol{X},t)$ 在任意给定的 $\boldsymbol{X}$ 值上均保持为零,系统在李雅普诺夫意义下是稳定的,但不是渐近稳定的。

【定理 12.4】 设系统状态方程为

$$\dot{\boldsymbol{X}}=f(\boldsymbol{X},t)$$

式中：$f(\mathbf{0},t)=0,(t\geqslant t_0)$

如果存在一个纯量函数 $V(\boldsymbol{X},t)$，它具有一阶连续偏导数，且满足下列条件

1) $V(\boldsymbol{X},t)$在原点的某一个邻域内为正定；

2) $\dot{V}(\boldsymbol{X},t)$在同一个邻域内也为正定。

则系统原点处的平衡状态是不稳定的。

例 12.4 设系统状态方程为

$$\dot{x}_1=x_2$$
$$\dot{x}_2=-x_1+x_2$$

试确定系统在平衡状态上的稳定性。

解：根据 $f(\boldsymbol{X}_e,t)=0$ 得平衡状态 $\boldsymbol{X}_e=\begin{bmatrix}0\\0\end{bmatrix}$。选定正定函数

$$V(\boldsymbol{X},t)=x_1^2+x_2^2$$

为李雅普诺夫函数，则它对时间的一阶导数为

$$\dot{V}(\boldsymbol{X},t)=2x_1\dot{x}_1+2x_2\dot{x}_2$$

将系统状态方程代入上式中，得

$$\dot{V}(\boldsymbol{X},t)=2x_1x_2+2x_2(-x_1+x_2)=2x_2^2$$

由此可知 $\dot{V}(\boldsymbol{X},t)$为正半定。这是因为 $x_1\neq0,x_2=0,\dot{V}(\boldsymbol{X},t)=0$，但只有 $x_1=0,x_2=0$ 时，$\dot{V}(\boldsymbol{X},t)$才恒等于零；而当 $x_2\neq0,x_1=0$ 时，$\dot{V}(\boldsymbol{X},t)>0$。因此系统平衡状态是不稳定的。平衡状态是不稳定的含义是，系统解的轨迹不能收敛于平衡状态。

这里需要说明，应用李雅普诺夫第二法判别系统的稳定性，存在李雅普诺夫函数选择是否恰当的问题。如果根据李雅普诺夫第二法判别系统是不稳定的，则不能断定系统一定是不稳定的。换句话说，李雅普诺夫第二法只给出了系统稳定的充分条件，但不是必要条件。

12.4 线性系统的李雅普诺夫稳定性分析

通过判断控制系统稳定性的李雅普诺夫第二法，本节主要讨论线性定常系统、线性时变系统、线性定常离散系统、线性时变离散系统的稳定性分析以及利用李雅普诺夫第二法求解系统参数最优化问题。

12.4.1 线性定常系统的稳定性分析

设线性定常系统的状态方程为

$$\dot{\boldsymbol{X}}=\boldsymbol{A}\boldsymbol{X} \tag{12.16}$$

式中 X——状态向量；

A——$n\times n$ 阶常系数非奇异矩阵。

系统在平衡状态 $\boldsymbol{X}_e=\mathbf{0}$(原点)为大范围渐近稳定的充要条件为：

给定一个正定实对称矩阵 $\boldsymbol{Q}$，存在一个正定实对称矩阵 $\boldsymbol{P}$，使得

$$A^TP+PA=-Q \tag{12.17}$$

成立。并且纯量函数 $V(X,t)=X^TPX$ 是该系统的李雅普诺夫函数。

证明：假定选取李雅普诺夫函数为

$$V(X,t)=X^TPX$$

则

$$\dot V(X,t)=\dot X^TPX+X^TP\dot X$$

将系统方程代入上式得

$$\begin{aligned}\dot V(X,t)&=(AX)^TPX+X^TP(AX)\\&=X^TA^TPX+X^TPAX\\&=X^T(A^TP+PA)X\end{aligned}$$

令 $A^TP+PA=-Q$

则有

$$\dot V(X,t)=-X^TQX$$

因为 Q 为正定实对称矩阵，因此 $\dot V(X,t)$ 为负定，根据李雅普诺夫第二法，$V(X,t)>0$，$\dot V(X,t)<0$ 时系统在平衡点状态 $X_e=0$ 是大范围渐近稳定的充要条件为

$$A^TP+PA=-Q$$

证毕

在具体判定一个系统是否为稳定时，可以先指定一个正定实对称矩阵 Q，而后通过 $A^TP+PA=-Q$ 求正定实对称矩阵 P，这样做比较方便，特别取 Q 为单位矩阵，更为方便。

例 12.5　设系统状态方程为

$$\dot x_1=x_2$$
$$\dot x_2=-x_1-x_2$$

试确定系统在平衡状态上的稳定性。

解：由 $\dot X=AX$ 得 $A=\begin{bmatrix}0&1\\-1&-1\end{bmatrix}$，取正定对称矩阵 $Q=I$，设正定实对称矩阵 $P=\begin{bmatrix}p_{11}&p_{12}\\p_{12}&p_{22}\end{bmatrix}$，通过 $A^TP+PA=-Q$ 求正定实对称矩阵 P 得

$$\begin{bmatrix}0&-1\\1&-1\end{bmatrix}\begin{bmatrix}p_{11}&p_{12}\\p_{12}&p_{22}\end{bmatrix}+\begin{bmatrix}p_{11}&p_{12}\\p_{12}&p_{22}\end{bmatrix}\begin{bmatrix}0&1\\-1&-1\end{bmatrix}=-\begin{bmatrix}1&0\\0&1\end{bmatrix}$$

解此方程得

$$P=\begin{bmatrix}\frac{3}{2}&\frac{1}{2}\\\frac{1}{2}&1\end{bmatrix}$$

因为 P 为正定实对称矩阵，所以系统在平衡点为大范围渐近稳定的，并且该系统的李雅普诺夫函数为

$$V(X,t)=X^T\begin{bmatrix}\frac{3}{2}&\frac{1}{2}\\\frac{1}{2}&1\end{bmatrix}X$$

例 12.6 设控制系统的状态方程为

$$\dot{\boldsymbol{X}}=\begin{bmatrix}0&1&0\\0&-2&1\\-K&0&-1\end{bmatrix}\boldsymbol{X}+\begin{bmatrix}0\\0\\K\end{bmatrix}\boldsymbol{u}$$

试确定该系统为稳定时 $\boldsymbol{K}$ 的取值范围。

解:正半定实对称矩阵 $\boldsymbol{Q}$

$$\boldsymbol{Q}=\begin{bmatrix}0&0&0\\0&0&0\\0&0&1\end{bmatrix}$$

设正定对称矩阵 $\boldsymbol{P}$ 为

$$\boldsymbol{P}=\begin{bmatrix}p_{11}&p_{12}&p_{13}\\p_{12}&p_{22}&p_{23}\\p_{13}&p_{23}&p_{33}\end{bmatrix}$$

由系统为大范围渐近稳定的充要条件有

$$\begin{bmatrix}0&0&-K\\1&-2&0\\0&1&-1\end{bmatrix}\begin{bmatrix}p_{11}&p_{12}&p_{13}\\p_{12}&p_{22}&p_{23}\\p_{13}&p_{23}&p_{33}\end{bmatrix}+\begin{bmatrix}p_{11}&p_{12}&p_{13}\\p_{12}&p_{22}&p_{23}\\p_{13}&p_{23}&p_{33}\end{bmatrix}\begin{bmatrix}0&1&0\\0&-2&1\\-K&0&-1\end{bmatrix}=\begin{bmatrix}0&0&0\\0&0&0\\0&0&-1\end{bmatrix}$$

求得

$$\boldsymbol{P}=\begin{bmatrix}\dfrac{K^2+12K}{12-2K}&\dfrac{6K}{12-2K}&0\\\dfrac{6K}{12-2K}&\dfrac{3K}{12-2K}&\dfrac{K}{12-2K}\\0&\dfrac{K}{12-2K}&\dfrac{6}{12-2K}\end{bmatrix}$$

为使 $\boldsymbol{P}$ 为正定,应满足下列条件

$$12-2K>0,\quad K>0$$

即

$$0<K<6$$

12.4.2 线性时变系统的稳定性分析

设线性时变系统的状态方程为

$$\dot{\boldsymbol{X}}(t)=\boldsymbol{A}(t)\boldsymbol{X}(t) \tag{12.18}$$

式中 $X(t)$——n 阶状态向量;

$A(t)$——$n\times n$ 阶变系数非奇异矩阵。

该系统在平衡状态 $\boldsymbol{X}_e=\boldsymbol{0}$(原点)为大范围渐近稳定的充要条件为:

对于任意给定连续正定实对称矩阵 $\boldsymbol{Q}(t)$,存在一个连续正定实对称矩阵 $\boldsymbol{P}(t)$,使得

$$-\dot{\boldsymbol{P}}(t)=\boldsymbol{A}^{\mathrm{T}}(t)\boldsymbol{P}(t)+\boldsymbol{P}(t)\boldsymbol{A}(t)+\boldsymbol{Q}(t) \tag{12.19}$$

成立。并且 $V(\boldsymbol{X},t)=\boldsymbol{X}^{\mathrm{T}}\boldsymbol{P}(t)\boldsymbol{X}$ 是该系统的李雅普诺夫函数。

证明:设李雅普诺夫函数为

$$V(\boldsymbol{X},t)=\boldsymbol{X}^T(t)\boldsymbol{P}(t)\boldsymbol{X}(t)$$

则

$$\dot{V}(\boldsymbol{X},t)=\dot{\boldsymbol{X}}^T(t)\boldsymbol{P}(t)\boldsymbol{X}(t)+\boldsymbol{X}^T(t)\dot{\boldsymbol{P}}(t)\boldsymbol{X}(t)+\boldsymbol{X}^T\boldsymbol{P}(t)\dot{\boldsymbol{X}}(t)$$

将系统方程代入上式得

$$\begin{aligned}\dot{V}(\boldsymbol{X},t)&=\boldsymbol{X}^T(t)(\boldsymbol{A}^T(t)\boldsymbol{P}(t)+\dot{\boldsymbol{P}}(t)+\boldsymbol{P}(t)\boldsymbol{A}(t))\boldsymbol{X}(t)\\&=-\boldsymbol{X}^T(t)\boldsymbol{Q}(t)\boldsymbol{X}(t)\end{aligned}$$

式中：$\boldsymbol{A}^T(t)\boldsymbol{P}(t)+\dot{\boldsymbol{P}}(t)+\boldsymbol{P}(t)\boldsymbol{A}(t)=-\boldsymbol{Q}(t)$

则有

$$-\dot{\boldsymbol{P}}(t)=\boldsymbol{A}^T(t)\boldsymbol{P}(t)+\boldsymbol{P}(t)\boldsymbol{A}(t)+\boldsymbol{Q}(t)$$

于是得证。

12.4.3 线性定常离散系统的稳定性分析

设线性定常离散系统的状态方程为

$$\boldsymbol{X}(k+1)=\boldsymbol{A}\boldsymbol{X}(k) \tag{12.20}$$

式中 $\boldsymbol{X}(k)$——n 阶状态向量；

$\boldsymbol{A}$——$n\times n$ 阶常系数非奇异矩阵。

该离散系统在平衡状态 $\boldsymbol{X}_e=\boldsymbol{0}$(原点)为大范围渐近稳定的充要条件为

对于任意给定正定实对称矩阵 $\boldsymbol{Q}$，存在一个正定实对称矩阵 $\boldsymbol{P}$，使得

$$\boldsymbol{A}^T\boldsymbol{P}\boldsymbol{A}-\boldsymbol{P}=-\boldsymbol{Q} \tag{12.21}$$

成立。并且 $V(\boldsymbol{X},k)=\boldsymbol{X}^T(k)\boldsymbol{P}\boldsymbol{X}(k)$ 是该系统的李雅普诺夫函数。

证明：设李雅普诺夫函数为

$$V(\boldsymbol{X},k)=\boldsymbol{X}^T(k)\boldsymbol{P}\boldsymbol{X}(k)$$

对于离散系统，用 $V(\boldsymbol{X}(k+1))$ 与 $V(\boldsymbol{X}(k))$ 之差代替连续系统中的微分 $\dot{V}(\boldsymbol{X})$，即

$$\begin{aligned}\Delta V(\boldsymbol{X}(k))&=V(\boldsymbol{X}(k+1))-V(\boldsymbol{X}(k))\\&=\boldsymbol{X}^T(k+1)\boldsymbol{P}\boldsymbol{X}(k+1)-\boldsymbol{X}^T(k)\boldsymbol{P}\boldsymbol{X}(k)\end{aligned}$$

将系统方程代入上式并整理得

$$\Delta V(\boldsymbol{X}(k))=\boldsymbol{X}^T(k)(\boldsymbol{A}^T\boldsymbol{P}\boldsymbol{A}-\boldsymbol{P})\boldsymbol{X}(k)=-\boldsymbol{X}^T(k)\boldsymbol{Q}\boldsymbol{X}(k)$$

式中：$\boldsymbol{A}^T\boldsymbol{P}\boldsymbol{A}-\boldsymbol{P}=-\boldsymbol{Q}$

由于 $\boldsymbol{Q}$ 为正定，所以 $\Delta V(\boldsymbol{X}(k))$ 为负定。于是得证。

12.4.4 线性时变离散系统的稳定性分析

设线性时变离散系统的状态方程为

$$\boldsymbol{X}(k+1)=\boldsymbol{A}(k+1,k)\boldsymbol{X}(k) \tag{12.22}$$

式中 $\boldsymbol{X}(k)$——n 阶状态向量；

$\boldsymbol{A}(k+1,k)$——$n\times n$ 阶变系数非奇异矩阵。

该离散系统在平衡状态 $\boldsymbol{X}_e=\boldsymbol{0}$(原点)为大范围渐近稳定的充要条件为

对于任意给定正定实对称矩阵 $\boldsymbol{Q}(k)$，存在一个正定实对称矩阵 $\boldsymbol{P}(k+1)$，使得

$$\boldsymbol{A}^T(k+1,k)\boldsymbol{P}(k+1)\boldsymbol{A}(k+1,k)-\boldsymbol{P}(k)=-\boldsymbol{Q}(k) \tag{12.23}$$

成立。并且 $V(\boldsymbol{X}(k),k)=\boldsymbol{X}^T(k)\boldsymbol{P}(k)\boldsymbol{X}(k)$ 是该离散系统的李雅普诺夫函数。

证明:设李雅普诺夫函数为

$$V(\boldsymbol{X}(k),k)=\boldsymbol{X}^T(k)\boldsymbol{P}(k)\boldsymbol{X}(k)$$

则

$$\begin{aligned}\Delta V(\boldsymbol{X}(k),k)&=V(\boldsymbol{X}(k+1),k+1)-V(\boldsymbol{X}(k),k)\\&=\boldsymbol{X}^T(k+1)\boldsymbol{P}(k+1)\boldsymbol{X}(k+1)-\boldsymbol{X}^T(k)\boldsymbol{P}\boldsymbol{X}(k)\end{aligned}$$

将系统方程代入上式并整理得

$$\begin{aligned}\Delta V(\boldsymbol{X}(k),k)&=\boldsymbol{X}^T(k)(\boldsymbol{A}^T(k+1,k)\boldsymbol{P}(k+1)\boldsymbol{A}(k+1,k)-\boldsymbol{P}(k))\boldsymbol{X}(k)\\&=-\boldsymbol{X}^T(k)\boldsymbol{Q}(k)\boldsymbol{X}(k)\end{aligned}$$

式中:$\boldsymbol{A}^T(k+1,k)\boldsymbol{P}(k+1)\boldsymbol{A}(k+1,k)-\boldsymbol{P}(k)=-\boldsymbol{Q}(k)$

由于 $\boldsymbol{Q}$ 为正定,所以 $\Delta V(\boldsymbol{X}(k))$ 为负定。于是得证。

12.4.5 应用李雅普诺夫第二法求解系统参数最优化问题

1. 参数最优化问题的提出

设系统状态方程为

$$\dot{\boldsymbol{X}}=\boldsymbol{A}\boldsymbol{X}+\boldsymbol{B}\boldsymbol{u} \tag{12.24}$$

式中 $\boldsymbol{A}$ 的所有特征根均具有负实部,即系统在平衡状态为渐近稳定的。

系统参数最优是要求二次形性能指标

$$J=\int_0^\infty \boldsymbol{X}^T\boldsymbol{Q}\boldsymbol{X}\,\mathrm{d}t \tag{12.25}$$

为极小,式中 $\boldsymbol{Q}$ 为加权矩阵,为正定或正半定实对称矩阵。

2. 参数最优化的求解

对于二次形性能指标中的 $\boldsymbol{X}^T\boldsymbol{Q}\boldsymbol{X}$,看成李雅普诺夫函数的负导数项,即令

$$\frac{\mathrm{d}V(\boldsymbol{X},t)}{\mathrm{d}t}=-\boldsymbol{X}^T\boldsymbol{Q}\boldsymbol{X} \tag{12.26}$$

那么总可以通过

$$\boldsymbol{A}^T\boldsymbol{P}+\boldsymbol{P}\boldsymbol{A}=-\boldsymbol{Q} \tag{12.27}$$

求得正定实对称矩阵 $\boldsymbol{P}$,使得李雅普诺夫函数 $V(\boldsymbol{X},t)=\boldsymbol{X}^T\boldsymbol{P}\boldsymbol{X}$ 为正定。系统性能指标

$$\begin{aligned}J&=\int_0^\infty \boldsymbol{X}^T\boldsymbol{Q}\boldsymbol{X}\,\mathrm{d}t=\int_0^\infty -\frac{\mathrm{d}V(\boldsymbol{X},t)}{\mathrm{d}t}\mathrm{d}t=-V(\boldsymbol{X},t)\Big|_0^\infty=-\boldsymbol{X}^T\boldsymbol{P}\boldsymbol{X}\Big|_0^\infty\\&=-\boldsymbol{X}^T(\infty)\boldsymbol{P}\boldsymbol{X}(\infty)+\boldsymbol{X}^T(0)\boldsymbol{P}\boldsymbol{X}(0)\end{aligned}$$

由于矩阵 $\boldsymbol{A}$ 的所有特征根均具有负实部,系统为渐近稳定系统,当 $t\to\infty$ 时有 $\boldsymbol{X}(\infty)\to\boldsymbol{0}$,于是有

$$J=\boldsymbol{X}^T(0)\boldsymbol{P}\boldsymbol{X}(0) \tag{12.28}$$

由此可知,系统性能指标可由 $\boldsymbol{X}(0)$ 和 $\boldsymbol{P}$ 求得,而矩阵 $\boldsymbol{P}$ 取决于矩阵 $\boldsymbol{A}$ 和 $\boldsymbol{Q}$,因此使性能指标为最小,可直接对李雅普诺夫函数 $V(\boldsymbol{X},t)=\boldsymbol{X}^T\boldsymbol{P}\boldsymbol{X}$ 求极值。

例 12.7 设控制系统如图 12.5 所示,试确定阻尼比 ζ,使系统在单位阶跃函数作用下,系统性能指标

$$J=\int_0^{\infty} \boldsymbol{X}^T\boldsymbol{Q}\boldsymbol{X}\,\mathrm{d}t$$

为极小。

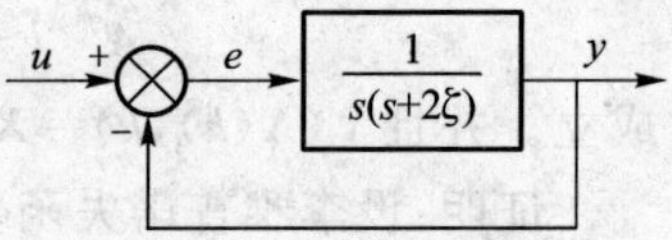

图 12.5　控制系统框图

式中：

$$\boldsymbol{X}=\begin{pmatrix}x_1\\x_2\end{pmatrix}=\begin{pmatrix}e\\\dot{e}\end{pmatrix}\quad \boldsymbol{Q}=\begin{pmatrix}1&0\\0&\mu\end{pmatrix}\quad (\mu>0)$$

由系统框图可得

$$\frac{y(s)}{e(s)}=\frac{1}{s(s+2\zeta)}$$

从而得

$$\ddot{y}+2\zeta\dot{y}=e$$

由于 $e=u-y$，对时间求导数得

$$\dot{e}=-\dot{y}\quad \ddot{e}=-\ddot{y}$$

代入上式可得

$$\ddot{e}+2\zeta\dot{e}+e=0$$

取状态变量 $x_1=e, x_2=\dot{e}$，则系统关于偏差状态方程为

$$\dot{x}_1=x_2$$

$$\dot{x}_2=-2\zeta x_2-x_1$$

考虑到当 $t=0$ 时，$y=0, e=u-y=1, \dot{e}=-\dot{y}=0$，由此可得

$$\boldsymbol{X}=\begin{pmatrix}1\\0\end{pmatrix}=\begin{pmatrix}x_1(0)\\x_2(0)\end{pmatrix}$$

将方程写成矩阵的形式得

$$\dot{\boldsymbol{X}}=\begin{pmatrix}0&1\\-1&-2\zeta\end{pmatrix}\begin{pmatrix}x_1\\x_2\end{pmatrix}=\boldsymbol{A}\boldsymbol{X}$$

系统性能指标可写成

$$J=\boldsymbol{X}^T(0)\boldsymbol{P}\boldsymbol{X}(0)$$

式中 $\boldsymbol{P}$ 由下式可求得

$$\boldsymbol{A}^T\boldsymbol{P}+\boldsymbol{P}\boldsymbol{A}=-\boldsymbol{Q}$$

即

$$\begin{pmatrix}0&-1\\1&-2\zeta\end{pmatrix}\begin{pmatrix}p_{11}&p_{12}\\p_{12}&p_{22}\end{pmatrix}+\begin{pmatrix}p_{11}&p_{12}\\p_{12}&p_{22}\end{pmatrix}\begin{pmatrix}0&1\\-1&-2\zeta\end{pmatrix}=-\begin{pmatrix}1&0\\0&\mu\end{pmatrix}$$

求解上式得

$$\boldsymbol{P}=\begin{bmatrix}\zeta+\dfrac{1+\mu}{4\zeta}&\dfrac{1}{2}\\\dfrac{1}{2}&\dfrac{1+\mu}{4\zeta}\end{bmatrix}$$

于是得

$$J=\boldsymbol{X}^T(0)\boldsymbol{P}\boldsymbol{X}(0)=(1\quad 0)\begin{pmatrix}\zeta+\dfrac{1+\mu}{4\zeta}&\dfrac{1}{2}\\\dfrac{1}{2}&\dfrac{1+\mu}{4\zeta}\end{pmatrix}\begin{pmatrix}1\\0\end{pmatrix}=\zeta+\frac{1+\mu}{4\zeta}$$

为调整 ζ 使 J 为极小，求$\dfrac{\partial J}{\partial \zeta}=0$ 得

$$\zeta=\frac{\sqrt{1+\mu}}{2}$$

当 $\mu=0$ 时 $\zeta=0.5$

当 $\mu=1$ 时 $\zeta=0.707$

此时系统性能指标为最小。

第 13 章　控制系统的状态空间综合法

本章主要讨论线性系统的能控性与能观测性、线性系统的状态反馈与状态观测器问题。要求学生加深理解控制系统的能控性与能观测性具体的物理含义，熟练掌握判断控制系统是否具有能控性和能观测性的方法，以及控制系统的极点配置与状态观测器的设计问题。

13.1　线性系统的能控性与能观测性

在现代控制理论中，能控性与能观测性是两个很重要的概念。

所谓能控性，是指在一个控制系统中，当加入适当的作用函数后，能否在有限的时间内，将系统从任一状态控制（转移）到某个希望的状态上，如果能，则称该系统具有能控性。

所谓能观测性，是指在一个控制系统中，通过对该系统的输出在一段时间内的观测，能否判断（识别）系统的初始状态，如果能，则称该系统具有能观测性。

下面讨论系统的能控性与能观测性问题。

13.1.1　线性定常离散系统的能控性

设线性定常离散系统的状态差分方程为

$$\boldsymbol{X}(k+1)=\boldsymbol{A}\boldsymbol{X}(k)+\boldsymbol{B}\boldsymbol{u}(k)$$

假定作用函数 $\boldsymbol{u}(k)$ 在一个采样周期内，即在 $k<t\leqslant k+1$ 内为常数，系统初始状态为任意的，原点为系统的平衡状态。对于上述线性定常系统，系统能控性的含义是：如果在有限采样间隔 $0<k<n$ 内，存在阶梯控制序列，$\boldsymbol{u}(k)$，$\boldsymbol{u}(k+1)$，…，$\boldsymbol{u}(n-1)$，使得系统从第 k 采样时刻的初始状态 $\boldsymbol{X}(k)$ 开始，能在第 n 个采样时刻上达到平衡状态，即 $\boldsymbol{X}(n)=0$。则称该系统在第 k 个采样时刻上的状态是能控的。其中 $\boldsymbol{X}(k)$ 称为 k 时刻上的能控状态，如果 $k=0$，1，2，…采样时刻均为能控，则称系统是完全能控的，或称系统具有能控性。在导出系统具有能控性的条件之前，这里先分析两个例子，以加深对系统能控性的理解。

例 13.1　设线性离散系统的状态方程为

$$\boldsymbol{X}(k+1)=\boldsymbol{A}\boldsymbol{X}(k)+\boldsymbol{B}\boldsymbol{u}(k)$$

式中：

$$\boldsymbol{A}=\begin{bmatrix}1&0&0\\0&2&-2\\-1&1&0\end{bmatrix},\quad \boldsymbol{B}=\begin{bmatrix}1\\0\\1\end{bmatrix},\quad \boldsymbol{X}(0)=\begin{bmatrix}2\\1\\0\end{bmatrix}$$

试确定控制信号 $\boldsymbol{u}(0)$，$\boldsymbol{u}(T_0)$，$\boldsymbol{u}(2T_0)$ 使系统在 $k=3$ 时刻上，转移到平衡状态，即 $\boldsymbol{X}(3T_0)=0$。

解：根据系统状态方程，应用递推法，依次令 $k=0,1,2$ 得

$$k=0\quad \boldsymbol{X}(T_0)=\boldsymbol{A}\boldsymbol{X}(0)+\boldsymbol{B}\boldsymbol{u}(0)=\begin{bmatrix}1&0&0\\0&2&-2\\-1&1&0\end{bmatrix}\begin{bmatrix}2\\1\\0\end{bmatrix}+\begin{bmatrix}1\\0\\1\end{bmatrix}\boldsymbol{u}(0)$$

$$=\begin{bmatrix}2\\2\\-1\end{bmatrix}+\begin{bmatrix}1\\0\\1\end{bmatrix}\boldsymbol{u}(0)$$

$$k=1\quad \boldsymbol{X}(2T_0)=\boldsymbol{A}\boldsymbol{X}(T_0)+\boldsymbol{B}\boldsymbol{u}(T_0)=\boldsymbol{A}\begin{bmatrix}2\\2\\-1\end{bmatrix}+\boldsymbol{A}\begin{bmatrix}1\\0\\1\end{bmatrix}\boldsymbol{u}(0)+\boldsymbol{B}\boldsymbol{u}(T_0)$$

$$=\begin{bmatrix}2\\6\\0\end{bmatrix}+\begin{bmatrix}1\\-2\\-1\end{bmatrix}\boldsymbol{u}(0)+\begin{bmatrix}1\\0\\1\end{bmatrix}\boldsymbol{u}(T_0)$$

$$k=2\quad \boldsymbol{X}(3T_0)=\boldsymbol{A}\boldsymbol{X}(2T_0)+\boldsymbol{B}\boldsymbol{u}(2T_0)=\boldsymbol{A}\begin{bmatrix}2\\6\\0\end{bmatrix}+\boldsymbol{A}\begin{bmatrix}1\\-2\\-1\end{bmatrix}\boldsymbol{u}(0)+\boldsymbol{A}\begin{bmatrix}1\\0\\1\end{bmatrix}\boldsymbol{u}(T_0)+\boldsymbol{B}\boldsymbol{u}(2T_0)$$

$$=\begin{bmatrix}2\\12\\4\end{bmatrix}+\begin{bmatrix}1\\-2\\-3\end{bmatrix}\boldsymbol{u}(0)+\begin{bmatrix}1\\-2\\-1\end{bmatrix}\boldsymbol{u}(T_0)+\begin{bmatrix}1\\0\\1\end{bmatrix}\boldsymbol{u}(2T_0)$$

根据 $\boldsymbol{X}(3T_0)=0$ 的要求，分析 $\boldsymbol{u}(0)$，$\boldsymbol{u}(T_0)$，$\boldsymbol{u}(2T_0)$ 是否存在，这取决于

$$\begin{bmatrix}1&1&1\\-2&-2&0\\-3&-1&1\end{bmatrix}\begin{bmatrix}\boldsymbol{u}(0)\\\boldsymbol{u}(T_0)\\\boldsymbol{u}(2T_0)\end{bmatrix}=\begin{bmatrix}-2\\-12\\-4\end{bmatrix}$$

是否有解。根据线性代数可知，上述方程有解，取决于系数矩阵

$$\begin{bmatrix}1&1&1\\-2&-2&0\\-3&-1&1\end{bmatrix}$$

是否为满秩矩阵，由系数矩阵可知，其秩为 3，所以上述方程有解，即

$$\begin{bmatrix}\boldsymbol{u}(0)\\\boldsymbol{u}(T_0)\\\boldsymbol{u}(2T_0)\end{bmatrix}=\begin{bmatrix}1&1&1\\-2&-2&0\\-3&-1&1\end{bmatrix}^{-1}\begin{bmatrix}-2\\-12\\-4\end{bmatrix}=\begin{bmatrix}-5\\11\\-8\end{bmatrix}$$

该方程有解说明，该离散系统在控制信号 $\boldsymbol{u}(0)=-5$，$\boldsymbol{u}(T_0)=11$，$\boldsymbol{u}(2T_0)=-8$ 的作用下，经 3 个采样周期，可以由初值状态 $\boldsymbol{X}(0)$ 转移到平衡状态，即此时 $\boldsymbol{X}(3T_0)=\boldsymbol{X}_e=0$。

由上述分析可知，一个系统的初始状态 $\boldsymbol{X}(0)$ 能控的关键是上述方程是否有解，而方程有解性取决于上述系数矩阵是否为满秩矩阵。

例 13.2 设线性离散系统的状态方程为

$$\boldsymbol{X}(k+1)=\boldsymbol{A}\boldsymbol{X}(k)+\boldsymbol{B}\boldsymbol{u}(k)$$

式中：

$$\boldsymbol{A}=\begin{bmatrix}1&0&0\\0&2&-2\\-1&1&0\end{bmatrix},\quad \boldsymbol{B}=\begin{bmatrix}1\\2\\1\end{bmatrix},\quad \boldsymbol{X}(0)=\begin{bmatrix}2\\1\\0\end{bmatrix}$$

试分析该系统能否在 $k=3$ 时刻上，由初始状态 $\boldsymbol{X}(0)$ 转移（控制）到平衡状态，即 $\boldsymbol{X}(3T_0)=0$。

解：根据系统状态方程，应用递推法，依次令 $k=0,1,2$ 得

$$k=0\quad \boldsymbol{X}(T_0)=\boldsymbol{AX}(0)+\boldsymbol{Bu}(0)=\begin{bmatrix}1&0&0\\0&2&-2\\-1&1&0\end{bmatrix}\begin{bmatrix}2\\1\\0\end{bmatrix}+\begin{bmatrix}1\\2\\1\end{bmatrix}\boldsymbol{u}(0)$$

$$=\begin{bmatrix}2\\2\\-1\end{bmatrix}+\begin{bmatrix}1\\2\\1\end{bmatrix}\boldsymbol{u}(0)$$

$$k=1\quad \boldsymbol{X}(2T_0)=\boldsymbol{AX}(T_0)+\boldsymbol{Bu}(T_0)=\boldsymbol{A}\begin{bmatrix}2\\2\\-1\end{bmatrix}+\boldsymbol{A}\begin{bmatrix}1\\2\\1\end{bmatrix}\boldsymbol{u}(0)+\boldsymbol{Bu}(T_0)$$

$$=\begin{bmatrix}2\\6\\0\end{bmatrix}+\begin{bmatrix}1\\2\\1\end{bmatrix}\boldsymbol{u}(0)+\begin{bmatrix}1\\2\\1\end{bmatrix}\boldsymbol{u}(T_0)$$

$$k=2\quad \boldsymbol{X}(3T_0)=\boldsymbol{AX}(2T_0)+\boldsymbol{Bu}(2T_0)=\boldsymbol{A}\begin{bmatrix}2\\6\\0\end{bmatrix}+\boldsymbol{A}\begin{bmatrix}1\\2\\1\end{bmatrix}\boldsymbol{u}(0)+\boldsymbol{A}\begin{bmatrix}1\\2\\1\end{bmatrix}\boldsymbol{u}(T_0)+\boldsymbol{Bu}(2T_0)$$

$$=\begin{bmatrix}2\\12\\4\end{bmatrix}+\begin{bmatrix}1\\2\\1\end{bmatrix}\boldsymbol{u}(0)+\begin{bmatrix}1\\2\\1\end{bmatrix}\boldsymbol{u}(T_0)+\begin{bmatrix}1\\2\\1\end{bmatrix}\boldsymbol{u}(2T_0)$$

根据系统要求，令 $\boldsymbol{X}(3T_0)=0$ 得

$$\begin{bmatrix}1&1&1\\2&2&2\\1&1&1\end{bmatrix}\begin{bmatrix}\boldsymbol{u}(0)\\\boldsymbol{u}(T_0)\\\boldsymbol{u}(2T_0)\end{bmatrix}=\begin{bmatrix}-2\\-12\\-4\end{bmatrix}$$

不难看出，上述方程系数矩阵为奇异矩阵，因而无解。

以上所述说明，该系统不能从初始状态 $\boldsymbol{X}(0)$ 经 3 个采样周期转移到平衡状态上，因而该系统不具有能控性。

由上述两个例子分析，可进一步的了解系统状态的能控性，在这个基础上，下面给出 n 阶线性离散系统状态能控性的充要条件。

【定理 13.1】 n 阶线性离散系统

$$\boldsymbol{X}(k+1)=\boldsymbol{AX}(k)+\boldsymbol{Bu}(k)$$

状态完全能控的充要条件为

$$\operatorname{rank}(\boldsymbol{B}\ \vdots\ \boldsymbol{AB}\ \vdots\ \boldsymbol{A}^2\boldsymbol{B}\ \vdots\ \cdots\ \vdots\ \boldsymbol{A}^{n-1}\boldsymbol{B})=n$$

称 $n\times n$ 矩阵 $(\boldsymbol{B}\ \vdots\ \boldsymbol{AB}\ \vdots\ \boldsymbol{A}^2\boldsymbol{B}\ \vdots\ \cdots\ \vdots\ \boldsymbol{A}^{n-1}\boldsymbol{B})$ 为能控性矩阵。

根据定理 13.1 可知，判断 n 阶线性离散系统是否具有状态能控，只需要判断能控性矩阵是否为满秩矩阵。

例 13.3　设线性离散系统的状态方程为

$$\boldsymbol{X}(k+1)=\boldsymbol{AX}(k)+\boldsymbol{Bu}(k)$$

式中：

$$A=\begin{pmatrix}1 & 0 & 0\\ 0 & 2 & -2\\ -1 & 1 & 0\end{pmatrix},\quad B=\begin{pmatrix}1\\ 0\\ 1\end{pmatrix}$$

试判断该系统是否具有能控性。

解:判断系统是否具有能控性，首先需要求能控性矩阵，即

$$B=\begin{pmatrix}1\\ 0\\ 1\end{pmatrix},\quad AB=\begin{pmatrix}1 & 0 & 0\\ 0 & 2 & -2\\ -1 & 1 & 0\end{pmatrix}\begin{pmatrix}1\\ 0\\ 1\end{pmatrix}=\begin{pmatrix}1\\ -2\\ -1\end{pmatrix},\quad A^2B=\begin{pmatrix}1 & 0 & 0\\ 0 & 2 & -2\\ -1 & 1 & 0\end{pmatrix}^2\begin{pmatrix}1\\ 0\\ 1\end{pmatrix}=\begin{pmatrix}1\\ -2\\ -3\end{pmatrix}$$

即能控性矩阵为

$$(B \vdots AB \vdots A^2B)=\begin{pmatrix}1 & 1 & 1\\ 0 & -2 & -2\\ 1 & -1 & -3\end{pmatrix}$$

其秩为 3，所以系统具有能控性。

例 13.4 设线性离散系统的状态方程为

$$X(k+1)=AX(k)+Bu(k)$$

式中：

$$A=\begin{pmatrix}0 & 1 & 0\\ 0 & 0 & 1\\ -2 & -3 & -1\end{pmatrix},\quad B=\begin{pmatrix}0\\ 0\\ 1\end{pmatrix}$$

试判断该系统是否具有能控性。

解:先求能控性矩阵，因为

$$(B \vdots AB \vdots A^2B)=\begin{pmatrix}0 & 0 & 1\\ 0 & 1 & -1\\ 1 & -1 & -2\end{pmatrix}$$

其秩为 3，所以系统具有能控性。

例 13.5 设线性离散系统的状态方程为

$$X(k+1)=AX(k)+Bu(k)$$

式中：

$$A=\begin{pmatrix}1 & 2 & -1\\ 0 & 1 & 0\\ 1 & -4 & 3\end{pmatrix},\quad B=\begin{pmatrix}0\\ 0\\ 1\end{pmatrix}$$

试判断该系统是否具有能控性。

解:因为

$$\mathrm{rank}(B \vdots AB \vdots A^2B)=\mathrm{rank}\begin{pmatrix}0 & -1 & -4\\ 0 & 0 & 0\\ 1 & 3 & 8\end{pmatrix}=2<n=3$$

其秩小于 3，因此系统不具有能控性。

对于多输入 n 阶线性定常离散系统的能控性可用下述定理来判断。

【定理 13.2】 设多输入 n 阶线性定常离散系统

$$\boldsymbol{X}(k+1)=\boldsymbol{A}\boldsymbol{X}(k)+\boldsymbol{B}\boldsymbol{u}(k)$$

状态完全能控的充要条件为

$$\mathrm{rank}(\boldsymbol{B} \vdots \boldsymbol{A}\boldsymbol{B} \vdots \boldsymbol{A}^2\boldsymbol{B} \vdots \cdots \vdots \boldsymbol{A}^{n-1}\boldsymbol{B})=n$$

式中 $n\times n$ 矩阵$(\boldsymbol{B} \vdots \boldsymbol{A}\boldsymbol{B} \vdots \boldsymbol{A}^2\boldsymbol{B} \vdots \cdots \vdots \boldsymbol{A}^{n-1}\boldsymbol{B})$为能控性矩阵。

例 13.6 设多输入线性定常离散系统的状态方程为

$$\boldsymbol{X}(k+1)=\boldsymbol{A}\boldsymbol{X}(k)+\boldsymbol{B}\boldsymbol{u}(k)$$

式中：

$$\boldsymbol{A}=\begin{bmatrix}1 & 2 & -1\\0 & 1 & 0\\1 & 0 & 3\end{bmatrix},\quad \boldsymbol{B}=\begin{bmatrix}1 & 0\\0 & 1\\0 & 0\end{bmatrix}$$

试判断该系统是否具有能控性。

解:因为能控性矩阵为

$$\boldsymbol{B}=\begin{bmatrix}1 & 0\\0 & 1\\0 & 0\end{bmatrix},\quad \boldsymbol{A}\boldsymbol{B}=\begin{bmatrix}1 & 2\\0 & 1\\1 & 0\end{bmatrix}\boldsymbol{A}^2\boldsymbol{B}=\begin{bmatrix}0 & 4\\0 & 1\\4 & 2\end{bmatrix}$$

$$(\boldsymbol{B} \vdots \boldsymbol{A}\boldsymbol{B} \vdots \boldsymbol{A}^2\boldsymbol{B})=\begin{bmatrix}1 & 0 & 1 & 2 & 0 & 4\\0 & 1 & 0 & 1 & 0 & 1\\0 & 0 & 1 & 0 & 4 & 2\end{bmatrix}$$

因为

$$\mathrm{rank}(\boldsymbol{B} \vdots \boldsymbol{A}\boldsymbol{B})=\mathrm{rank}\begin{bmatrix}1 & 0 & 1 & 2\\0 & 1 & 0 & 1\\0 & 0 & 1 & 0\end{bmatrix}=3=n$$

则可判断该系统具有能控性。无需再继续计算整个能控性矩阵的秩。

13.1.2 线性定常连续系统的能控性

设线性定常连续系统的状态方程为

$$\dot{\boldsymbol{X}}=\boldsymbol{A}\boldsymbol{X}+\boldsymbol{B}\boldsymbol{u}$$

系统的能控性可有下述定理给出。

【定理 13.3】 n 阶线性定常连续系统

$$\dot{\boldsymbol{X}}=\boldsymbol{A}\boldsymbol{X}+\boldsymbol{B}\boldsymbol{u}$$

状态完全能控的充要条件为其能控性矩阵的秩为 n，即

$$\mathrm{rank}(\boldsymbol{B} \vdots \boldsymbol{A}\boldsymbol{B} \vdots \boldsymbol{A}^2\boldsymbol{B} \vdots \cdots \vdots \boldsymbol{A}^{n-1}\boldsymbol{B})=n$$

例 13.7 设线性定常连续系统的状态方程为

$$\begin{bmatrix}\dot{x}_1\\\dot{x}_2\end{bmatrix}=\begin{bmatrix}-3 & 5\\0 & -2\end{bmatrix}\begin{bmatrix}x_1\\x_2\end{bmatrix}+\begin{bmatrix}0\\1\end{bmatrix}u$$

试判断该系统是否具有能控性。

解: $\boldsymbol{B}=\begin{bmatrix}0\\1\end{bmatrix}\quad \boldsymbol{A}\boldsymbol{B}=\begin{bmatrix}-3 & 5\\0 & -2\end{bmatrix}\begin{bmatrix}0\\1\end{bmatrix}=\begin{bmatrix}5\\-2\end{bmatrix}$

能控性矩阵为

$$\mathrm{rank}(\boldsymbol{B} \vdots \boldsymbol{AB})=\mathrm{rank}\begin{pmatrix}0 & 5\\ 1 & -2\end{pmatrix}=2=n$$

可知该系统具有能控性。

【定理 13.4】 设多输入 n 阶线性定常连续系统状态方程为

$$\dot{\boldsymbol{X}}=\boldsymbol{AX}+\boldsymbol{Bu}$$

该系统状态完全能控的充要条件为

$$\mathrm{rank}(\boldsymbol{B} \vdots \boldsymbol{AB} \vdots \boldsymbol{A}^2\boldsymbol{B} \vdots \cdots \vdots \boldsymbol{A}^{n-1}\boldsymbol{B})=n$$

式中 $n\times nr$ 矩阵$(\boldsymbol{B} \vdots \boldsymbol{AB} \vdots \boldsymbol{A}^2\boldsymbol{B} \vdots \cdots \vdots \boldsymbol{A}^{n-1}\boldsymbol{B})$为能控性矩阵。

13.1.3 线性定常连续系统的输出能控性

上面研究了线性定常离散系统、连续系统的状态能控性问题，但在分析与设计中，通常是以系统的输出为研究对象的，因此有必要研究系统的输出能控性问题。

设线性定常系统的状态方程及其输出方程为

$$\dot{\boldsymbol{X}}=\boldsymbol{AX}+\boldsymbol{Bu}$$
$$\boldsymbol{y}=\boldsymbol{CX}+\boldsymbol{Du}$$

如果存在分段连续函数 $\boldsymbol{u}(t)$，能在有限时间间隔 $t_0\leqslant t\leqslant t_1$ 内，将任意的初始输出 $y(t_0)$ 转移(控制)到 $y(t_1)$，则称该系统为输出完全能控。

其输出完全能控的充要条件为 $m\times(n-1)r$ 阶输出能控性矩阵的秩

$$\mathrm{rank}(\boldsymbol{CB} \vdots \boldsymbol{CAB} \vdots \cdots \vdots \boldsymbol{CA}^{n-1}\boldsymbol{B} \vdots \boldsymbol{D})=m$$

式中 m——系统输出维数；

n——系统状态变量维数；

r——系统作用函数维数。

例 13.8 设线性定常连续系统的状态方程及输出方程为

$$\begin{pmatrix}\dot{x}_1\\ \dot{x}_2\end{pmatrix}=\begin{pmatrix}-4 & 1\\ 2 & -3\end{pmatrix}\begin{pmatrix}x_1\\ x_2\end{pmatrix}+\begin{pmatrix}1\\ 2\end{pmatrix}\boldsymbol{u}$$

$$y=(1\quad 0)\begin{pmatrix}x_1\\ x_2\end{pmatrix}$$

试分析该系统是否具有输出能控性及状态能控性。

解：

$$\boldsymbol{CB}=(1\quad 0)\begin{pmatrix}1\\ 2\end{pmatrix}=(1),\quad \boldsymbol{CAB}=(1\quad 0)\begin{pmatrix}-4 & 1\\ 2 & -3\end{pmatrix}\begin{pmatrix}1\\ 2\end{pmatrix}=(-2),\quad \boldsymbol{D}=0$$

系统输出能控性矩阵为$(\boldsymbol{CB} \vdots \boldsymbol{CAB})=(1\quad -2)$，其秩为 $m=1$，与系统输出数目相等，因此系统具有输出能控性。

又

$$\boldsymbol{B}=\begin{pmatrix}1\\ 2\end{pmatrix},\quad \boldsymbol{AB}=\begin{pmatrix}-4 & 1\\ 2 & -3\end{pmatrix}\begin{pmatrix}1\\ 2\end{pmatrix}=\begin{pmatrix}-2\\ -4\end{pmatrix}$$

状态能控性矩阵为

$$(\boldsymbol{B} \vdots \boldsymbol{AB})=\begin{pmatrix}1 & -2\\ 2 & -4\end{pmatrix}$$

其秩为 1 小于 $n=2$，由此可知系统不具有状态能控性。

由该例可知一个系统输出能控性与状态能控性之间不具有必然联系。

13.1.4 线性定常离散系统状态能观测性

在工程上，常常会遇到系统的状态变量全部或部分不可直接测得，这就需要根据系统输出将这些状态确定出来。这样由系统输出确定系统状态的问题称为系统的观测性问题。

设 n 阶线性定常离散系统的状态方程及输出方程为

$$\boldsymbol{X}[(k+1)T_0]=\boldsymbol{AX}(kT_0)+\boldsymbol{Bu}(kT_0)$$
$$y(kT_0)=\boldsymbol{CX}(kT_0)$$

式中 $X(kT_0)$ 为 n 维，$u(kT_0)$ 为 1 维，$y(kT_0)$ 为 m 维，A 为 $n\times n$ 维，B 为 $n\times 1$ 维，C 为 $m\times n$ 维。

对于上述方程描述的系统，如果根据第 i 个及其以后的有限采样时刻上，对系统输出的观测 $y(iT_0)$，$y[(i+1)T_0]$，…，$y[(i+j)T_0]$，能唯一地确定出第 i 个采样时刻上的系统的状态 $\boldsymbol{X}(iT_0)$，即由 $y(iT_0)$，$y[(i+1)T_0]$，…，$y[(i+j)T_0]$ 唯一地确定 $\boldsymbol{X}(iT_0)$，则称第 i 个采样时刻上的状态 $\boldsymbol{X}(iT_0)$ 是能观测的。

如果系统在任意采样时刻上都能观测，则称系统为完全能观测，或称系统具有能观测性。

例 13.9 试判断系统

$$\begin{pmatrix}x_1(k+1)\\ x_2(k+1)\end{pmatrix}=\begin{pmatrix}2 & 0\\ -1 & -3\end{pmatrix}\begin{pmatrix}x_1(k)\\ x_2(k)\end{pmatrix}+\begin{pmatrix}1\\ 1\end{pmatrix}\boldsymbol{u}(k)$$

$$y(k)=(1\quad 0)\begin{pmatrix}x_1(k)\\ x_2(k)\end{pmatrix}$$

是否具有能观测性。

解： 由系统输出方程及其状态方程可得

$$y(iT_0)=(1\quad 0)\begin{pmatrix}x_1(iT_0)\\ x_2(iT_0)\end{pmatrix}=x_1(iT_0)$$

$$y[(i+1)T_0]=(1\quad 0)\begin{pmatrix}x_1[(i+1)T_0]\\ x_2[(i+1)T_0]\end{pmatrix}$$

由于

$$\boldsymbol{X}[(i+1)T_0]=\boldsymbol{AX}(iT_0)+\boldsymbol{Bu}(iT_0)$$

所以

$$\begin{aligned}y[(i+1)T_0]&=(1\quad 0)\boldsymbol{AX}(iT_0)+(1\quad 0)\boldsymbol{Bu}(iT_0)\\ &=(1\quad 0)\begin{pmatrix}2 & 0\\ -1 & -3\end{pmatrix}\begin{pmatrix}x_1(iT_0)\\ x_2(iT_0)\end{pmatrix}+(1\quad 0)\begin{pmatrix}1\\ 1\end{pmatrix}\boldsymbol{u}(iT_0)\\ &=2x_1(iT_0)+\boldsymbol{u}(iT_0)\end{aligned}$$

同样

$$
\begin{aligned}
y(i+2) &= \boldsymbol{CX}(i+2) \\
&= \boldsymbol{CAX}(i+1)+\boldsymbol{CBu}(i+1) \\
&= \boldsymbol{CAAX}(i)+\boldsymbol{CABu}(i)+\boldsymbol{CBu}(i+1) \\
&= (1\quad 0)\begin{pmatrix}2 & 0\\ -1 & -3\end{pmatrix}^2 \boldsymbol{X}(i)+(1\quad 0)\begin{pmatrix}2 & 0\\ -1 & -3\end{pmatrix}\begin{pmatrix}1\\1\end{pmatrix}\boldsymbol{u}(i)+(1\quad 0)\begin{pmatrix}1\\1\end{pmatrix}\boldsymbol{u}(i+1) \\
&= 4x_1(i)+2\boldsymbol{u}(i)+\boldsymbol{u}(i+1)
\end{aligned}
$$

由上分析可知,上述所有方程中,只含有 $x_1(i)$,不含有 $x_2(i)$,因此,通过输出的有限次观测,只能确定 $x_1(i)$,而不能确定 $x_2(i)$,也就是说,通过系统输出的观测,不能确定系统的状态,系统不具有能观测性。

例 13.10 试判断系统

$$
\boldsymbol{X}(k+1)=\boldsymbol{AX}(k)+\boldsymbol{Bu}(k)
$$

$$
\boldsymbol{y}(k)=\boldsymbol{CX}(k)
$$

式中:

$$
\boldsymbol{A}=\begin{pmatrix}1 & 0 & -1\\ 0 & -2 & 1\\ 3 & 0 & 2\end{pmatrix},\quad \boldsymbol{B}=\begin{pmatrix}2\\ -1\\ -1\end{pmatrix},\quad \boldsymbol{C}=(0\quad 1\quad 0)
$$

是否具有能观测性,$\boldsymbol{u}(k)$为给定的输入函数。

解:由系统输出方程可得

$$
y(i)=\boldsymbol{CX}(i)
$$

$$
y(i+1)=\boldsymbol{CX}(i+1)=\boldsymbol{CAX}(i)+\boldsymbol{CBu}(i)
$$

$$
y(i+2)=\boldsymbol{CX}(i+2)=\boldsymbol{CAX}(i+1)+\boldsymbol{CBu}(i+1)=\boldsymbol{CAAX}(i)+\boldsymbol{CABu}(i)+\boldsymbol{CBu}(i)
$$

将系数矩阵 $\boldsymbol{A},\boldsymbol{B},\boldsymbol{C}$ 代入上述各方程中得

$$
\begin{aligned}
y(i) &= x_2(i) \\
y(i+1) &= -2x_2(i)+x_3(i)-u(i) \\
y(i+2) &= 3x_1(i)+4x_2(i)+3u(i)-u(i+1)
\end{aligned}
$$

写成矩阵方程形式

$$
\begin{pmatrix} y(i) \\ y(i+1)+u(i) \\ y(i+2)-3u(i)+u(i+1)\end{pmatrix}=\begin{pmatrix}0 & 1 & 0\\ 0 & -2 & 1\\ 3 & 4 & 0\end{pmatrix}\begin{pmatrix}x_1(i)\\ x_2(i)\\ x_3(i)\end{pmatrix}
$$

上述左端向量为已知向量,其 $y(i)$,$y(i+1)$,$y(i+2)$可为实际观测值,$u(i)$,$u(i+1)$为给定值。由上述矩阵方程可知,能否由 $y(i)$,$y(i+1)$,$y(i+2)$唯一地确定系统状态 $x_1(i)$,$x_2(i)$,$x_3(i)$,取决于系数矩阵 $\begin{pmatrix}0 & 1 & 0\\ 0 & -2 & 1\\ 3 & 4 & 0\end{pmatrix}$ 的秩。如果该系数矩阵为满秩矩阵,即秩为 3,则系统在第 i 个采样时刻上具有能观测性,又因为系统为定常系统,上述推理对于任何采样时刻 i 都成立,所以该系统具有完全能观测性。

根据上述两个例子,可以得到下述定理。

【定理 13.5】 设 n 阶线性定常离散系统为

$$\boldsymbol{X}(k+1)=\boldsymbol{AX}(k)+\boldsymbol{Bu}(k)$$
$$\boldsymbol{y}(k)=\boldsymbol{CX}(k)$$

状态完全能观测的充要条件为

$$\text{rank}(\boldsymbol{C} \vdots \boldsymbol{CA} \vdots \boldsymbol{CA}^2 \vdots \cdots \vdots \boldsymbol{CA}^{n-1})^{\mathrm{T}}=n$$

称矩阵$(\boldsymbol{C} \vdots \boldsymbol{CA} \vdots \boldsymbol{CA}^2 \vdots \cdots \vdots \boldsymbol{CA}^{n-1})^{\mathrm{T}}$为能观测性矩阵。矩阵 $\boldsymbol{A},\boldsymbol{C}$ 为能观测性矩阵对。由于矩阵和其共轭转置矩阵具有相同的秩,因此状态完全能观测的充要条件还可以写成如下形式。

$$\text{rank}(\boldsymbol{C}^{\mathrm{T}} \vdots \boldsymbol{A}^{\mathrm{T}}\boldsymbol{C}^{\mathrm{T}} \vdots \cdots \vdots (\boldsymbol{A}^{n-1})^{\mathrm{T}}\boldsymbol{C}^{\mathrm{T}})=n$$

顺便指出,在判断系统是否具有能观测性的过程中,计算 $nm\times n$ 能观测性矩阵时,无需将该矩阵计算到底,算到那一步,发现其秩等于 n 时,就无需继续算下去。

例 13.11 试判断系统

$$\begin{pmatrix} x_1(k+1) \\ x_2(k+1) \end{pmatrix}=\begin{pmatrix} 2 & 1 \\ -1 & -3 \end{pmatrix}\begin{pmatrix} x_1(k) \\ x_2(k) \end{pmatrix}+\begin{pmatrix} -1 \\ 1 \end{pmatrix}u(k)$$

$$y(k)=\begin{pmatrix} 1 & 0 \\ -1 & 0 \end{pmatrix}\begin{pmatrix} x_1(k) \\ x_2(k) \end{pmatrix}$$

是否具有能观测性。

解:

$$\boldsymbol{C}=\begin{pmatrix} 1 & 0 \\ -1 & 0 \end{pmatrix},\quad \boldsymbol{CA}=\begin{pmatrix} 1 & 0 \\ -1 & 0 \end{pmatrix}\begin{pmatrix} 2 & 1 \\ 1 & -3 \end{pmatrix}=\begin{pmatrix} 2 & 1 \\ -2 & -1 \end{pmatrix}$$

$$\text{rank}\begin{pmatrix} \boldsymbol{C} \\ \boldsymbol{CA} \end{pmatrix}=\text{rank}\begin{pmatrix} 1 & 0 \\ -1 & 0 \\ 2 & 1 \\ -2 & -1 \end{pmatrix}=2=n$$

因此该系统具有完全能观测性。

13.1.5 对偶原理

1. 线性系统及其对偶系统

设线性系统 s_1 为

$$\dot{\boldsymbol{X}}=\boldsymbol{AX}+\boldsymbol{Bu}$$
$$\boldsymbol{y}=\boldsymbol{CX}$$

则由转置矩阵 $\boldsymbol{A}^{\mathrm{T}},\boldsymbol{B}^{\mathrm{T}},\boldsymbol{C}^{\mathrm{T}}$,构成另一个线性系统 s_2

$$\dot{\boldsymbol{Z}}=\boldsymbol{A}^{\mathrm{T}}\boldsymbol{Z}+\boldsymbol{C}^{\mathrm{T}}\boldsymbol{u}$$
$$\boldsymbol{y}=\boldsymbol{B}^{\mathrm{T}}\boldsymbol{Z}$$

线性系统 s_2 即为系统 s_1 的对偶系统。

2. 线性系统 s_1 及 s_2 的能观测性和能控性

对于线性系统 s_1:

系统能控性的充要条件为

$$\operatorname{rank}(\boldsymbol{B} \vdots \boldsymbol{AB} \vdots \cdots \vdots \boldsymbol{A}^{n-1}\boldsymbol{B})=n$$

能观测性的充要条件为

$$\operatorname{rank}(\boldsymbol{C}^{\mathrm{T}} \vdots \boldsymbol{A}^{\mathrm{T}}\boldsymbol{C}^{\mathrm{T}} \vdots \cdots \vdots (\boldsymbol{A}^{n-1})^{\mathrm{T}}\boldsymbol{C}^{\mathrm{T}})=n$$

对于线性系统 s_2：

系统能控性的充要条件为

$$\operatorname{rank}(\boldsymbol{C}^{\mathrm{T}} \vdots \boldsymbol{A}^{\mathrm{T}}\boldsymbol{C}^{\mathrm{T}} \vdots \cdots \vdots (\boldsymbol{A}^{n-1})^{\mathrm{T}}\boldsymbol{C}^{\mathrm{T}})=n$$

能观测性的充要条件为

$$\operatorname{rank}(\boldsymbol{B} \vdots \boldsymbol{AB} \vdots \cdots \vdots \boldsymbol{A}^{n-1}\boldsymbol{B})=n$$

3. 对偶原理

控制系统 s_1 状态完全能控(完全能观)的充要条件,与其对偶系统 s_2 的状态完全能观(完全能控)的充要条件完全相同,称该原理为对偶原理。

根据对偶原理可知,一个系统的能控性(能观测性)可以通过其对偶系统来研究。

13.1.6 系统完全能控条件与完全能观条件的另一种形式

当系统状态方程的系数矩阵 $\boldsymbol{A}$ 具有对角线形式时,可以通过另一种简便条件形式,来判断系统是否具有能控性与能观测性。

1. 状态完全能控的另一种条件形式

设 n 阶线性定常连续系统的状态方程为

$$\dot{\boldsymbol{X}}=\boldsymbol{AX}+\boldsymbol{B}u$$

如果系数矩阵 $\boldsymbol{A}$ 的特征值不相同,设为 $s_1,s_2,\cdots,s_n$,则总可通过模态矩阵 $\boldsymbol{P}$ 化矩阵 $\boldsymbol{A}$ 为对角线矩阵,即

$$\boldsymbol{P}^{-1}\boldsymbol{AP}=\begin{bmatrix} s_1 & 0 & \cdots & 0 \\ 0 & s_2 & \ddots & \vdots \\ \vdots & \ddots & \ddots & 0 \\ 0 & \cdots & 0 & s_n \end{bmatrix}$$

此时系统状态完全能控的另一种条件形式由下列定理给出。

【定理 13.6】 若 n 阶线性定常连续系统

$$\dot{\boldsymbol{X}}=\boldsymbol{AX}+\boldsymbol{B}u$$

的系数矩阵 $\boldsymbol{A}$ 具有互不相同的特征值,则系统具有完全能控的充要条件为矩阵 $\boldsymbol{P}^{-1}\boldsymbol{B}$ 没有任何一行的元素全部为零。

例 13.12 设线性定常系统的状态方程为

$$\begin{bmatrix} \dot{x}_1 \\ \dot{x}_2 \end{bmatrix}=\begin{bmatrix} 0 & 1 \\ 2.5 & -1.5 \end{bmatrix}\begin{bmatrix} x_1 \\ x_2 \end{bmatrix}+\begin{bmatrix} 1 \\ 1 \end{bmatrix}u$$

试根据定理 13.6 判断系统是否具有能控性。

解:系统特征方程为

$$|s\boldsymbol{I}-\boldsymbol{A}|=\left|\begin{bmatrix} s & 0 \\ 0 & s \end{bmatrix}-\begin{bmatrix} 0 & 1 \\ 2.5 & -1.5 \end{bmatrix}\right|=\begin{vmatrix} s & -1 \\ -2.5 & s+1.5 \end{vmatrix}=s^2+1.5s-2.5=0$$

求得特征根为 $s_1=1,s_2=-2.5$。

因此模态矩阵为

$$\boldsymbol{P}=\begin{pmatrix}1 & 1\\ 1 & -2.5\end{pmatrix}$$

其逆矩阵为

$$\boldsymbol{P}^{-1}=-\frac{1}{3.5}\begin{pmatrix}-2.5 & -1\\ -1 & 1\end{pmatrix}$$

$$\boldsymbol{P}^{-1}\boldsymbol{B}=-\frac{1}{3.5}\begin{pmatrix}-2.5 & -1\\ -1 & 1\end{pmatrix}\begin{pmatrix}1\\ 1\end{pmatrix}=\begin{pmatrix}1\\ 0\end{pmatrix}$$

因为上述矩阵第二行元素全部为零,所以该系统不具有能控性。

2. 状态完全能观测的另一种条件形式

设 n 阶线性定常连续系统

$$\dot{\boldsymbol{X}}=\boldsymbol{AX}+\boldsymbol{B}u$$
$$y=\boldsymbol{CX}$$

中,如果系数矩阵 $\boldsymbol{A}$ 具有互不相同特征值,则可通过模态矩阵 $\boldsymbol{P}$ 化矩阵 $\boldsymbol{A}$ 为对角线矩阵,即

$$\boldsymbol{P}^{-1}\boldsymbol{AP}=\begin{pmatrix}s_1 & 0 & \cdots & 0\\ 0 & s_2 & \ddots & \vdots\\ \vdots & \ddots & \ddots & 0\\ 0 & \cdots & 0 & s_n\end{pmatrix}$$

则系统完全可观测的充要条件也可由下述定理叙述。

【定理 13.7】 设 n 阶线性定常连续系统

$$\dot{\boldsymbol{X}}=\boldsymbol{AX}+\boldsymbol{B}u$$
$$y=\boldsymbol{CX}$$

的系数矩阵 $\boldsymbol{A}$ 具有互不相同的特征值,则系统具有完全能观测的充要条件为矩阵 $\boldsymbol{CP}$ 没有任何一列的元素全部为零。

例 13.13　设线性定常系统的状态方程为

$$\begin{pmatrix}\dot{x}_1\\ \dot{x}_2\end{pmatrix}=\begin{pmatrix}0 & 1\\ 2.5 & -1.5\end{pmatrix}\begin{pmatrix}x_1\\ x_2\end{pmatrix}+\begin{pmatrix}1\\ 1\end{pmatrix}u$$
$$y=(1\quad 0)\boldsymbol{X}$$

试根据定理 13.7 判断系统是否具有能观测性。

解:系统特征方程为

$$|s\boldsymbol{I}-\boldsymbol{A}|=\left|\begin{pmatrix}s & 0\\ 0 & s\end{pmatrix}-\begin{pmatrix}0 & 1\\ 2.5 & -1.5\end{pmatrix}\right|=\begin{vmatrix}s & -1\\ -2.5 & s+1.5\end{vmatrix}=s^2+1.5s-2.5=0$$

求得特征根为 $s_1=1, s_2=-2.5$。

因此模态矩阵为

$$\boldsymbol{P}=\begin{pmatrix}1 & 1\\ 1 & -2.5\end{pmatrix}$$

则

$$\boldsymbol{CP}=(1\quad 0)\begin{pmatrix}1 & 1\\ 1 & -2.5\end{pmatrix}=(1\quad 1)$$

根据定理 13.7 可知,该系统具有能观测性。

13.1.7 系统状态完全能控和完全能观及传递函数

【定理 13.8】 n 阶线性定常连续系统,若在传递函数中发生极点与零点相互抵消现象,则根据系统状态向量的选择,它将是不能控或不能观测的。

例 13.14 设线性定常系统的传递函数为

$$\frac{y(s)}{u(s)}=\frac{s+2.5}{(s+2.5)(s-1)}$$

试判断系统是否具有能控性。

解: 根据定理 13.8,因为传递函数中有极点、零点对消现象,因此系统不具有能控性,这可由定理 13.3 来验证。根据系统传递函数,可写出系统状态方程为

$$\begin{pmatrix}\dot{x}_1\\ \dot{x}_2\end{pmatrix}=\begin{pmatrix}0 & 1\\ 2.5 & -1.5\end{pmatrix}\begin{pmatrix}x_1\\ x_2\end{pmatrix}+\begin{pmatrix}1\\ 1\end{pmatrix}u$$

其能控性矩阵的秩为

$$\mathrm{rank}(\boldsymbol{B}\,\vdots\,\boldsymbol{AB})=\mathrm{rank}\begin{pmatrix}1 & 1\\ 1 & 1\end{pmatrix}=1<2$$

例 13.15 设线性定常系统的传递函数为

$$\frac{y(s)}{u(s)}=\frac{(s+1)(s+4)}{(s+1)(s+2)(s+3)}$$

试判断系统是否具有能观测性。

解: 根据定理 13.8,因为传递函数中有极点、零点对消现象,因此系统不具有能观测性,这可由定理 13.5 来验证。根据系统传递函数,可写出系统状态方程及其输出方程为

$$\dot{\boldsymbol{X}}=\begin{pmatrix}0 & 1 & 0\\ 0 & 0 & 1\\ -6 & -11 & -6\end{pmatrix}\boldsymbol{X}+\begin{pmatrix}0\\ 0\\ 1\end{pmatrix}u$$

$$y=(4\quad 5\quad 1)\boldsymbol{X}$$

能观测性矩阵为

$$\mathrm{rank}\begin{pmatrix}\boldsymbol{C}\\ \boldsymbol{CA}\\ \boldsymbol{CA}^2\end{pmatrix}=\mathrm{rank}\begin{pmatrix}4 & 5 & 1\\ -6 & -7 & -1\\ 6 & 5 & -1\end{pmatrix}<3=n$$

因此系统不具有能观性。

13.1.8 系统状态完全能控和完全能观测标准形

1. 完全能控标准形

设 n 阶线性系统状态方程和输出方程具有如下形式

$$\dot{\boldsymbol{X}}=\boldsymbol{AX}+\boldsymbol{B}u$$

$$y=\boldsymbol{CX}$$

式中:

$$A=\begin{pmatrix} 0 & 1 & 0 & \cdots & 0 \\ 0 & 0 & 1 & \cdots & 0 \\ \vdots & \vdots & & \ddots & 0 \\ 0 & 0 & 0 & \cdots & 1 \\ -a_n & -a_{n-1} & -a_{n-2} & \cdots & a_1 \end{pmatrix},\quad B=\begin{pmatrix} 0 \\ 0 \\ \vdots \\ 0 \\ 1 \end{pmatrix}$$

可以证明，状态方程具有上述形式的线性系统一定是能控系统。并称矩阵 $\boldsymbol{A},\boldsymbol{B}$ 为能控性矩阵对，也称矩阵对 $\boldsymbol{A},\boldsymbol{B}$ 为单输入系统的能控性标准形。

对于任意具有能控性系统，都可以通过变换矩阵化为能控性标准形。

下面讨论将具有能控性系统化为能控性标准形的问题。

【定理 13.9】 设 n 阶线性定常系统的状态方程为

$$\dot{\boldsymbol{X}}=\boldsymbol{A}\boldsymbol{X}+\boldsymbol{B}\boldsymbol{u}$$

若该系统具有能控性，即能控性矩阵

$$(\boldsymbol{B} \vdots \boldsymbol{A}\boldsymbol{B} \vdots \cdots \vdots \boldsymbol{A}^{n-1}\boldsymbol{B})$$

为非奇异的，则必存在非奇异变换矩阵 $\boldsymbol{P}$，使

$$\boldsymbol{W}=\boldsymbol{P}\boldsymbol{X}$$

或

$$\boldsymbol{X}=\boldsymbol{P}^{-1}\boldsymbol{W}$$

能将原系统状态方程变为能控性标准形

$$\dot{\boldsymbol{W}}=\boldsymbol{A}_1\boldsymbol{W}+\boldsymbol{B}_1\boldsymbol{u}$$

式中：

$$\boldsymbol{A}_1=\boldsymbol{P}\boldsymbol{A}\boldsymbol{P}^{-1}=\begin{pmatrix} 0 & 1 & 0 & \cdots & 0 \\ 0 & 0 & 1 & \cdots & 0 \\ \vdots & \vdots & \vdots & \ddots & \vdots \\ 0 & 0 & 0 & \cdots & 1 \\ -a_n & -a_{n-1} & -a_{n-2} & \vdots & -a_1 \end{pmatrix},\quad \boldsymbol{B}_1=\boldsymbol{P}\boldsymbol{B}=\begin{pmatrix} 0 \\ 0 \\ \vdots \\ 0 \\ 1 \end{pmatrix}$$

变换矩阵 $\boldsymbol{P}$ 由下列给出

$$\boldsymbol{P}=\begin{pmatrix} \boldsymbol{P}_1 \\ \boldsymbol{P}_1\boldsymbol{A} \\ \vdots \\ \boldsymbol{P}_1\boldsymbol{A}^{n-1} \end{pmatrix},\quad \boldsymbol{P}_1=(0\quad 0\quad \cdots\quad 0\quad 1)(\boldsymbol{B} \vdots \boldsymbol{A}\boldsymbol{B} \vdots \cdots \vdots \boldsymbol{A}^{n-1}\boldsymbol{B})^{-1}$$

例 13.16　试将系统状态方程

$$\dot{\boldsymbol{X}}=\begin{pmatrix} 1 & 0 \\ -1 & 2 \end{pmatrix}\boldsymbol{X}+\begin{pmatrix} -1 \\ 1 \end{pmatrix}\boldsymbol{u}$$

化成能控性标准形。

解：首先判断系统是否具有能控性，由能控性矩阵

$$(\boldsymbol{B} \vdots \boldsymbol{A}\boldsymbol{B})=\begin{pmatrix} -1 & -1 \\ 1 & 3 \end{pmatrix}$$

可知，其秩为 2，等于系统的阶数，因此系统具有能控性。

其次求能控性矩阵的逆矩阵，即

$$(\boldsymbol{B} \vdots \boldsymbol{AB})^{-1}=\begin{pmatrix}-1 & -1\\ 1 & 3\end{pmatrix}^{-1}=\frac{1}{2}\begin{pmatrix}-3 & -1\\ 1 & 1\end{pmatrix}$$

接着求变换矩阵 $\boldsymbol{P}$ 及变换矩阵的逆 $\boldsymbol{P}^{-1}$

$$\boldsymbol{P}_1=\frac{1}{2}(0\quad 1)\begin{pmatrix}-3 & -1\\ 1 & 1\end{pmatrix}=\frac{1}{2}(1\quad 1)$$

$$\boldsymbol{P}=\begin{pmatrix}\boldsymbol{P}_1\\ \boldsymbol{P}_1\boldsymbol{A}\end{pmatrix}=\begin{pmatrix}\frac{1}{2} & \frac{1}{2}\\ 0 & 1\end{pmatrix}$$

$$\boldsymbol{P}^{-1}=\begin{pmatrix}\boldsymbol{P}_1\\ \boldsymbol{P}_1\boldsymbol{A}\end{pmatrix}^{-1}=\begin{pmatrix}\frac{1}{2} & \frac{1}{2}\\ 0 & 1\end{pmatrix}^{-1}=\begin{pmatrix}2 & -1\\ 0 & 1\end{pmatrix}$$

最后由

$$\dot{\boldsymbol{W}}=\boldsymbol{PAP}^{-1}\boldsymbol{W}+\boldsymbol{PBu}$$

求能控性矩阵标准形 $\boldsymbol{A}_1=\boldsymbol{PAP}^{-1}=\begin{pmatrix}0 & 1\\ -2 & 3\end{pmatrix}$，$\boldsymbol{B}_1=\boldsymbol{PB}=\begin{pmatrix}0\\ 1\end{pmatrix}$

2. 完全能观测标准形

设 n 阶线性系统的状态方程及其输出方程具有如下形式

$$\dot{\boldsymbol{X}}=\boldsymbol{AX}+\boldsymbol{Bu}$$
$$\boldsymbol{y}=\boldsymbol{CX}$$

式中：

$$\boldsymbol{A}=\begin{pmatrix}0 & 0 & \cdots & 0 & -a_n\\ 1 & 0 & \cdots & 0 & -a_{n-1}\\ 0 & 1 & \cdots & 0 & -a_{n-2}\\ \vdots & \vdots & \ddots & 0 & \vdots\\ 0 & 0 & \cdots & 1 & -a_1\end{pmatrix},\quad \boldsymbol{C}=(0\quad \cdots\quad 0\quad 1)$$

则该系统一定是能观测系统。称矩阵 $\boldsymbol{A}$,$\boldsymbol{C}$ 为能观测形矩阵对，也称矩阵对 $\boldsymbol{A}$,$\boldsymbol{C}$ 为能观测标准形。

对于任意具有能观测性系统，都可以通过变换矩阵化为能观测性标准形。

下面讨论将具有能观测性系统化为能观测性标准形的问题。

【定理 13.10】 设 n 阶线性定常系统的状态方程及其输出方程为

$$\dot{\boldsymbol{X}}=\boldsymbol{AX}+\boldsymbol{Bu}$$
$$\boldsymbol{y}=\boldsymbol{CX}$$

若该系统具有能观测性，即能观测性矩阵

$$\begin{pmatrix}\boldsymbol{C}\\ \boldsymbol{CA}\\ \vdots\\ \boldsymbol{CA}^{n-1}\end{pmatrix}$$

为非奇异的，则必存在非奇异变换矩阵 $\boldsymbol{T}$，使

$$X=TW$$

或

$$W=T^{-1}X$$

能将原系统状态方程变为能观测性标准形

$$\dot{W}=A_1W+B_1u$$
$$y=C_1W$$

式中：

$$A_1=T^{-1}AT,\quad B_1=T^{-1}B,\quad C_1=CT$$

变换矩阵 T 由下列给出

$$T=(T_1 \vdots AT_1 \vdots \cdots \vdots A^{n-1}T),\quad T_1=\begin{pmatrix} C \\ CA \\ \vdots \\ CA^{n-1} \end{pmatrix}^{-1}\begin{pmatrix} 0 \\ \vdots \\ 0 \\ 1 \end{pmatrix}$$

例 13.17　试将系统状态方程

$$\dot{X}=\begin{pmatrix} 1 & -1 \\ 0 & 2 \end{pmatrix}X$$
$$y=(-1 \quad -1/2)X$$

化成能观测性标准形。

解：首先判断系统是否具有能观测性，由能观测性矩阵

$$\begin{pmatrix} C \\ CA \end{pmatrix}=\begin{pmatrix} -1 & -\frac{1}{2} \\ -1 & 0 \end{pmatrix}$$

为非奇异矩阵，可知系统具有能观测性。

其次求变换矩阵及其逆矩阵，即

$$T_1=\begin{pmatrix} C \\ CA \end{pmatrix}^{-1}\begin{pmatrix} 0 \\ 1 \end{pmatrix}=\begin{pmatrix} -1 & -1/2 \\ -1 & 0 \end{pmatrix}^{-1}\begin{pmatrix} 0 \\ 1 \end{pmatrix}=\begin{pmatrix} -1 \\ 2 \end{pmatrix}$$

$$T=(T_1 \vdots AT_1)=\begin{pmatrix} -1 & -3 \\ 2 & 4 \end{pmatrix}$$

$$T^{-1}=(T_1 \vdots AT_1)^{-1}=\begin{pmatrix} -1 & -3 \\ 2 & 4 \end{pmatrix}^{-1}=\frac{1}{2}\begin{pmatrix} 4 & 3 \\ -2 & -1 \end{pmatrix}$$

最后由求能观测性矩阵标准形

$$A_1=T^{-1}AT=\begin{pmatrix} 0 & -2 \\ 1 & 3 \end{pmatrix}$$
$$C_1=CT=(0 \quad 1)$$

13.2　线性系统的状态反馈与状态观测器

13.2.1　概述

在经典控制理论中，反馈原理是极其重要的，反馈的目的是为了提高系统的控制性能。

在现代控制理论中，应用状态空间解决系统的综合问题，反馈的概念也是一很重要的概念。

在多输入多输出系统中，为提高系统性能，常常应用状态反馈和输出反馈这两个基本概念。在可以直接获取系统状态信息和输出信息的系统，可以通过直接反馈构成状态反馈和(或)输出反馈系统。其框图如图13.1所示。

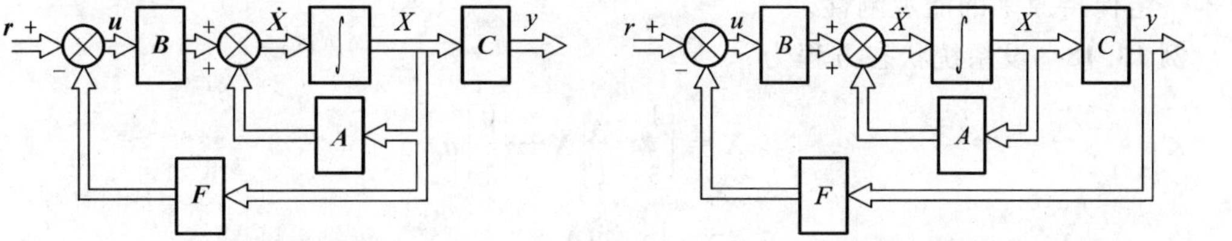

(a) 状态反馈系统　　(b) 输出反馈系统

图13.1　多输入多输出系统直接状态反馈与直接输出反馈

另一种不能直接获得系统状态信息与输出信息的系统，为构成反馈系统，可以通过状态观测器构成状态反馈系统。如图13.2所示。

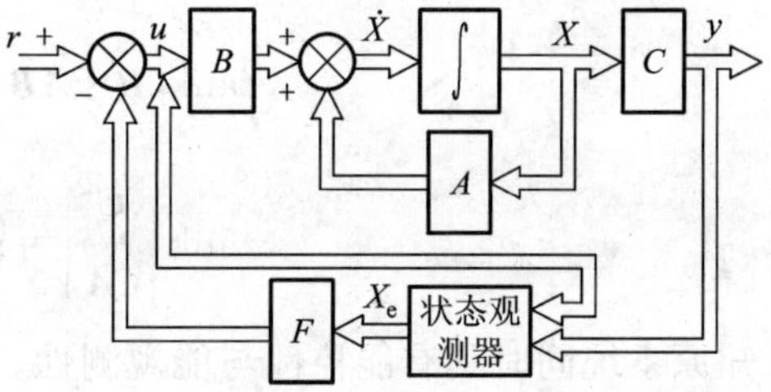

图13.2　多输入多输出系统通过状态观测器构成状态反馈

其特点是系统的反馈状态是通过系统的输出信息和作用函数估计的状态，在这个基础上构成状态反馈系统。

由图13.1及图13.2可写出系统的状态反馈及输出反馈系统的状态方程。

1. 具有状态反馈的系统状态方程

如前所述，当系统可以直接获取状态信息时，可根据图13.1a所示系统，列写出系统的状态方程及其输出方程。即

$$\dot{\boldsymbol{X}}=\boldsymbol{AX}+\boldsymbol{Bu}$$
$$\boldsymbol{y}=\boldsymbol{CX}$$
$$\boldsymbol{u}=\boldsymbol{r}-\boldsymbol{FX}$$

则有

$$\dot{\boldsymbol{X}}=\boldsymbol{AX}+\boldsymbol{Br}-\boldsymbol{BFX}=(\boldsymbol{A}-\boldsymbol{BF})\boldsymbol{X}+\boldsymbol{Br}$$

该式称为具有状态反馈的系统状态方程。

2. 具有输出反馈的系统状态方程

由图13.1b可得

$$\dot{\boldsymbol{X}}=\boldsymbol{AX}+\boldsymbol{Bu}$$
$$\boldsymbol{y}=\boldsymbol{CX}$$
$$\boldsymbol{u}=\boldsymbol{r}-\boldsymbol{Hy}=\boldsymbol{r}-\boldsymbol{HCX}$$

则有

$$\dot{\boldsymbol{X}}=\boldsymbol{AX}+\boldsymbol{Br}-\boldsymbol{BHCX}=(\boldsymbol{A}-\boldsymbol{BHC})\boldsymbol{X}+\boldsymbol{Br}$$

下面讨论

(1) 具有状态反馈、输出反馈系统的能控性与能观测性问题；

(2) 极点配置问题；

(3) 状态观测器问题。

13.2.2 具有状态反馈和输出反馈系统的能控性与能观测性

可以证明,如果系统具有能控性,则通过状态反馈后的系统,仍保持原来的能控性不变,但不一定保持原来的能观测性。

例 13.18 设系统状态方程为

$$\dot{\boldsymbol{X}}=\begin{pmatrix}1 & 2\\3 & 1\end{pmatrix}\boldsymbol{X}+\begin{pmatrix}0\\1\end{pmatrix}\boldsymbol{u}$$

$$\boldsymbol{y}=(1\quad 2)\boldsymbol{X}$$

状态反馈矩阵 $\boldsymbol{F}=(3\quad 1)$,试分析状态反馈系统是否具有能控性与能观测性。

解:原系统的能控性与能观测性矩阵的秩为

$$\mathrm{rank}(\boldsymbol{B}\vdots\boldsymbol{AB})=\mathrm{rank}\begin{pmatrix}0 & 2\\1 & 1\end{pmatrix}=2=n$$

$$\mathrm{rank}\begin{pmatrix}\boldsymbol{C}\\\boldsymbol{CA}\end{pmatrix}=\mathrm{rank}\begin{pmatrix}1 & 2\\7 & 4\end{pmatrix}=2=n$$

可知原系统同时具有能控性与能观测性。

状态反馈后的系统状态方程为

$$\dot{\boldsymbol{X}}=(\boldsymbol{A}-\boldsymbol{BF})\boldsymbol{X}+\boldsymbol{Br}=\begin{pmatrix}1 & 2\\0 & 0\end{pmatrix}\boldsymbol{X}+\begin{pmatrix}0\\1\end{pmatrix}\boldsymbol{r}$$

能控性矩阵的秩为

$$\mathrm{rank}(\boldsymbol{B}\vdots(\boldsymbol{A}-\boldsymbol{BF})\boldsymbol{B})=\mathrm{rank}\begin{pmatrix}0 & 2\\1 & 0\end{pmatrix}=2=n$$

能观测性矩阵的秩为

$$\mathrm{rank}\begin{pmatrix}\boldsymbol{C}\\\boldsymbol{C}(\boldsymbol{A}-\boldsymbol{BF})\end{pmatrix}=\mathrm{rank}\begin{pmatrix}1 & 2\\1 & 2\end{pmatrix}=1<n$$

由此可知,通过状态反馈后的系统,仍保持原来的能控性,但不保持原来的能观测性。

13.2.3 极点配置问题

所谓极点配置问题,即对线性系统,通过状态反馈,使反馈系统的系数矩阵$(\boldsymbol{A}-\boldsymbol{BF})$的特征值具有希望的特征值,也就是使反馈系统的传递函数的极点进行任意配置,以达到系统具有希望的性能。

设线性系统为

$$\dot{\boldsymbol{X}}=\boldsymbol{AX}+\boldsymbol{Bu}$$
$$\boldsymbol{y}=\boldsymbol{CX}$$

若系统具有状态完全能控,则总可以通过变换矩阵,变成能控性标准形。因此,在这里,假定系统状态方程中的系数矩阵 $\boldsymbol{A},\boldsymbol{B}$ 具有能控性标准形。即

$$\boldsymbol{A}=\begin{pmatrix}0 & 1 & 0 & \cdots & 0\\ 0 & 0 & 1 & \cdots & 0\\ \vdots & \vdots & & \ddots & 0\\ 0 & 0 & 0 & \cdots & 1\\ -a_n & -a_{n-1} & -a_{n-2} & \cdots & a_1\end{pmatrix},\quad \boldsymbol{B}=\begin{pmatrix}0\\0\\ \vdots\\0\\1\end{pmatrix}$$

输出矩阵具有如下形式

$$\boldsymbol{C}=(c_0 \quad c_1 \quad \cdots \quad c_{n-1})$$

则根据系统状态方程及其输出方程，可以写出具有能控性标准形系统的闭环传递函数为

$$\frac{y(s)}{u(s)}=\frac{c_{n-1}s^{n-1}+\cdots+c_1s+c_0}{s^n+a_1s^{n-1}+\cdots+a_{n-1}s+a_n}$$

设状态反馈矩阵为

$$\boldsymbol{F}=(f_1 \quad f_2 \quad \cdots \quad f_n)$$

则状态反馈系统的状态方程的系数矩阵为

$$(\boldsymbol{A}-\boldsymbol{BF})=\begin{pmatrix}0 & 1 & 0 & \cdots & 0\\ 0 & 0 & 1 & \cdots & 0\\ \vdots & \vdots & \vdots & \ddots & \vdots\\ 0 & 0 & 0 & \cdots & 1\\ -a_n-f_1 & -a_{n-1}-f_2 & -a_{n-2}-f_3 & \cdots & -a_1-f_n\end{pmatrix}$$

于是可写出状态反馈系统的闭环传递函数为

$$\frac{y(s)}{u(s)}=\frac{c_{n-1}s^{n-1}+\cdots+c_1s+c_0}{s^n+(a_1+f_n)s^{n-1}+\cdots+(a_{n-1}+f_2)s+(a_n+f_1)}$$

由闭环传递函数可知，通过反馈矩阵 $\boldsymbol{F}=(f_1 \quad f_2 \quad \cdots \quad f_n)$ 的选择，可实现状态反馈系统闭环传递函数极点的任意配置。

需要指出：

(1) 具有能控性系统，才能通过状态反馈实现极点的任意配置；

(2) 由于状态反馈不影响系统的零点，通过反馈矩阵 $\boldsymbol{F}$，实现极点任意配置，可能产生零极点对消现象，从而影响系统的能观测性。

(3) 如果系统无零点，即 $c_1=c_2=\cdots=c_n=0$，$c_0\neq0$，由于不可能出现零极点对消，因而在这种情况下，状态反馈既保持能控性又保持能观测性。

例 13.19 设系统传递函数为

$$\frac{y(s)}{u(s)}=\frac{1}{s(s+1)(s+2)}$$

试确定状态反馈矩阵 $\boldsymbol{F}=(f_1 \quad f_2 \quad f_3)$，使闭环极点配置在 $s_1=-2$，$s_{2,3}=-1\pm \mathrm{j}$ 的位置上。

解：由于系统无零点，不可能出现零极点对消，同时系统具有能控形标准形，因而可以通过状态反馈实现极点任意配置。

根据系统传递函数，可得系统状态方程为

$$\dot{\boldsymbol{X}}=\begin{pmatrix}0 & 1 & 0\\ 0 & 0 & 1\\ 0 & -2 & -3\end{pmatrix}\boldsymbol{X}+\begin{pmatrix}0\\0\\1\end{pmatrix}u$$

则通过状态反馈后的状态方程的系数矩阵为

$$(\boldsymbol{A}-\boldsymbol{BF})=\begin{pmatrix}0 & 1 & 0\\ 0 & 0 & 1\\ 0 & -2 & -3\end{pmatrix}-\begin{pmatrix}0\\0\\1\end{pmatrix}(f_1\quad f_2\quad f_3)=\begin{pmatrix}0 & 1 & 0\\ 0 & 0 & 1\\ -f_1 & -2-f_2 & -3-f_3\end{pmatrix}$$

其特征方程为

$$|s\boldsymbol{I}-(\boldsymbol{A}-\boldsymbol{BF})|=\begin{vmatrix}s & -1 & 0\\ 0 & s & -1\\ f_1 & 2+f_2 & s+3+f_3\end{vmatrix}=s^3+(3+f_3)s^2+(2+f_2)s+f_1=0$$

另由要求，状态反馈后，系统希望的特征方程为

$$(s+2)(s+1-\mathrm{j})(s+1+\mathrm{j})=s^3+4s^2+6s+4=0$$

根据系数比较法可得

$$3+f_3=4,\quad 2+f_2=6,\quad f_1=4$$

由此可得反馈矩阵

$$F=(f_1\quad f_2\quad f_3)=(4\quad 4\quad 1)$$

例 13.20　设系统传递函数为

$$\frac{y(s)}{u(s)}=\frac{1}{s(s+6)}$$

试应用状态反馈构成状态反馈系统，并求系统具有 $\zeta=\frac{1}{\sqrt{2}},\omega=35\sqrt{2}$ 的反馈矩阵 $\boldsymbol{F}$

解：按系统要求 $\zeta=\frac{1}{\sqrt{2}},\omega=35\sqrt{2}$，求得状态反馈后的系统闭环传递函数为

$$\frac{y(s)}{u(s)}=\frac{\omega^2}{s^2+2\zeta\omega s+\omega^2}=\frac{2\,450}{s^2+70s+2\,450}$$

由系统选择状态变量为 $x_1=y,x_2=\dot{y}$，则系统的状态方程为

$$\dot{x}_1=x_2$$
$$\dot{x}_2=u-6x_2$$

写成矩阵微分方程形式

$$\dot{\boldsymbol{X}}=\begin{pmatrix}0 & 1\\ 0 & -6\end{pmatrix}\boldsymbol{X}+\begin{pmatrix}0\\1\end{pmatrix}u$$

因为系统具有可控性标准形，可以通过状态反馈实现极点配置。设反馈矩阵 $\boldsymbol{F}=(f_1\quad f_2)$ 则状态反馈后的系统的特征方程为

$$|s\boldsymbol{I}-(\boldsymbol{A}-\boldsymbol{BF})|=\begin{vmatrix}s & 1\\ f_1 & s+6+f_2\end{vmatrix}=s^2+(6+f_2)s+f_1=0$$

与要求的特征方程 $s^2+70s+2\,450=0$ 比较得

$$f_1=2\,450,\quad f_2=64$$

例 13.21　设三阶系统，其闭环传递函数为

$$\boldsymbol{\Phi}(s)=\frac{K}{s(s+6)(s+12)}=\frac{y(s)}{u(s)}$$

当要求系统的性能指标为：输出超调量为 $\sigma_{\mathrm{p}}\leqslant 5\%$，峰值时间为 $t_{\mathrm{p}}\leqslant 0.5\ \mathrm{s}$，系统频带宽度 $\omega_{\mathrm{b}}\geqslant 10$，系统位置稳态误差 $e_{\mathrm{p}}=0$。试确定状态反馈矩阵 $\boldsymbol{F}=(f_1\quad f_2\quad f_3)$ 及放大系数 K。

解:这是一个综合性的研究问题,按极点配置综合系统可按下述步骤进行。

(1) 列写能控标准形系统状态方程

根据给定系统闭环传递函数,

$$\frac{y(s)z(s)}{u(s)z(s)}=\boldsymbol{\Phi}(s)=\frac{K}{s(s+6)(s+12)}=\frac{K}{s^3+18s^2+72s}$$

选择系统状态变量为 $x_1=z, x_2=\dot{z}, x_3=\ddot{z}$,则能控标准形状态方程为

$$\dot{\boldsymbol{X}}=\begin{pmatrix}0 & 1 & 0\\ 0 & 0 & 1\\ 0 & -72 & -18\end{pmatrix}\boldsymbol{X}+\begin{pmatrix}0\\0\\1\end{pmatrix}\boldsymbol{u},\quad y=(K\quad 0\quad 0)\boldsymbol{X}$$

(2) 根据系统要求的动态性能指标,确定状态反馈后希望的闭环极点

为了满足系统的动态性能指标,对于三阶系统,一般要求希望的闭环极点为系统具有一对共轭复数极点 $s_{1,2}=-\zeta\omega\pm \mathrm{j}\omega\sqrt{1-\zeta^2}$ 和一个远离虚轴的实数极点 s_3,其中共轭复数极点 $s_{1,2}$ 为闭环系统的主导极点。根据主导极点的概念,可以认为系统的动态性能主要是由闭环系统的主导极点决定的,而非主导极点的影响可以被忽略。根据系统要求的动态性能指标有

$$\sigma_{\mathrm{p}}=\mathrm{e}^{-\frac{\pi\zeta}{\sqrt{1-\zeta^2}}}\%\leqslant 5\%$$

可得 $\zeta\geqslant 0.707$,取 $\zeta=0.707$,由

$$t_{\mathrm{p}}=\frac{\pi}{\omega\sqrt{1-\zeta^2}}$$

得 $\omega\geqslant 9$,取 $\omega=10$。

$$\omega_{\mathrm{b}}=\omega\sqrt{1-2\zeta^2+\sqrt{2-4\zeta^2+4\zeta^4}}$$

则希望的闭环极点为

$$s_{1,2}=-\zeta\omega\pm\mathrm{j}\omega\sqrt{1-\zeta^2}=-7.07\pm\mathrm{j}7.072$$

远离虚轴的实数极点 s_3 取为 $s_3=-100$。

(3) 确定状态反馈矩阵 F

根据系统状态方程可得状态反馈后的特征方程为

$$s^3+(18+f_3)s^2+(72+f_2)s+f_1=0$$

具有希望极点的特征方程为

$$(s+100)(s^2+14.1s+100)=s^3+114.1s^2+1\,510s+10\,000=0$$

根据系数比较法得 $\boldsymbol{F}=(10\,000\quad 1\,438\quad 96.1)$。

(4) 系统放大系数的确定

由上可得状态反馈后的闭环传递函数为

$$\boldsymbol{\Phi}(s)=\frac{K}{s^3+114.1s^2+1\,510s+10\,000}$$

当系统输入信号为 $u(t)=1(t)$ 时,根据终值定理,有

$$\lim_{s\to 0}s\boldsymbol{\Phi}(s)\frac{1}{s}=\lim_{s\to 0}\frac{K}{s^3+114.1s^2+1\,510s+10\,000}=\frac{K}{10\,000}$$

由系统要求的位置稳态误差 $e_p=0$ 可得，系统的希望稳态输出为 $y=1$，可得

$$\frac{K}{10\,000}=1$$

即 $K=10\,000$。

13.2.4　状态观测器

前面讨论了一个具有完全能控系统的极点配置问题，它是建立在系统状态能测的基础之上的，但当系统状态信息不能直接获得的情况下，要实现状态反馈达到极点任意配置之目的，需要在系统中构建状态观测器，即利用状态观测器的估计状态，反馈到输入端，实现状态反馈。

通过能观测系统

$$\dot{\boldsymbol{X}}=\boldsymbol{AX}+\boldsymbol{B}u$$
$$y=\boldsymbol{CX}$$

的输入函数 $\boldsymbol{u}(t)$ 及输出函数 $\boldsymbol{y}(t)$，确定系统状态的一种常用方法是：

按原系统的系数矩阵 $\boldsymbol{A},\boldsymbol{B},\boldsymbol{C}$，建造一个新的系统，在同一输入函数作用下，通过新系统的输出 $\boldsymbol{y}_e(t)$ 与原系统得输出 $\boldsymbol{y}(t)$ 之间的误差 $(\boldsymbol{y}_e-\boldsymbol{y})$，通过反馈矩阵 $\boldsymbol{F}_e$ 反馈到输入端，控制新系统的状态 $\boldsymbol{X}_e$ 尽快地等于或接近于原系统的状态 $\boldsymbol{X}$，这时称新系统为原系统的状态观测器，如图 13.3 所示。

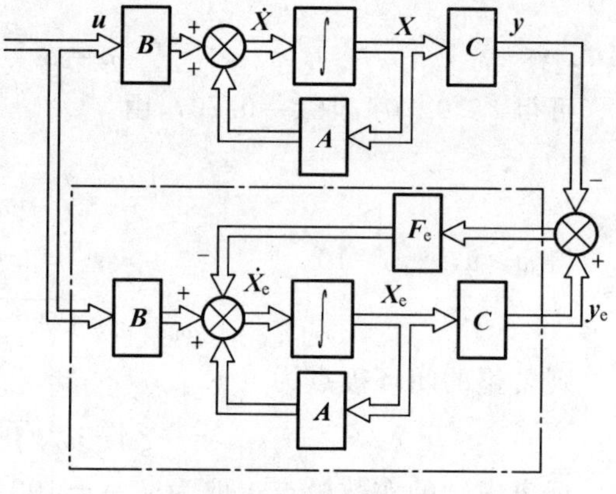

图 13.3　状态观测器

由图可得，状态观测器的状态方程为

$$\dot{\boldsymbol{X}}_e=\boldsymbol{AX}_e+\boldsymbol{B}u-\boldsymbol{F}_e(\boldsymbol{y}_e-\boldsymbol{y})$$
$$\boldsymbol{y}_e=\boldsymbol{CX}_e$$

也可以写成

$$\dot{\boldsymbol{X}}_e=\boldsymbol{AX}_e+\boldsymbol{B}u-\boldsymbol{F}_e\boldsymbol{C}(\boldsymbol{X}_e-\boldsymbol{X})$$

用 $\dot{\boldsymbol{X}}=\boldsymbol{AX}+\boldsymbol{B}u$ 减上式得

$$\dot{\boldsymbol{X}}-\dot{\boldsymbol{X}}_e=\boldsymbol{AX}-\boldsymbol{AX}_e-\boldsymbol{F}_e\boldsymbol{C}(\boldsymbol{X}-\boldsymbol{X}_e)=(\boldsymbol{A}-\boldsymbol{F}_e\boldsymbol{C})(\boldsymbol{X}-\boldsymbol{X}_e)$$

上式描述了原系统状态与观测器状态之间差的微分方程，其解为

$$\boldsymbol{X}(t)-\boldsymbol{X}_e(t)=\mathrm{e}^{(\boldsymbol{A}-\boldsymbol{F}_e\boldsymbol{C})(t-t_0)}(\boldsymbol{X}(t_0)-\boldsymbol{X}_e(t_0))$$

若初始条件相同，即 $\boldsymbol{X}(t_0)=\boldsymbol{X}_e(t_0)$，则有 $\boldsymbol{X}(t)=\boldsymbol{X}_e(t)$；如果初始条件不同，即 $\boldsymbol{X}(t_0)\neq\boldsymbol{X}_e(t_0)$，因原系统为渐近稳定系统，则必有

$$\lim_{t\to\infty}[\boldsymbol{X}(t)-\boldsymbol{X}_e(t)]=0$$

在这种情况下，确定反馈矩阵 $\boldsymbol{F}_e$ 的原则是使 $\lim\limits_{t\to\infty}[\boldsymbol{X}(t)-\boldsymbol{X}_e(t)]$ 尽快衰减于 0，因此可以说 $\boldsymbol{X}_e\to\boldsymbol{X}$ 的速度取决于 $\boldsymbol{F}_e$ 的选择。但这个速度不可选择得太高，因为太高会减低观测器的抗干扰能力。

例 13.22　设系统的状态方程与输出方程为

$$\dot{\boldsymbol{X}}=\begin{pmatrix}0 & 1\\ -2 & -3\end{pmatrix}\boldsymbol{X}+\begin{pmatrix}0\\ 1\end{pmatrix}u$$

$$y=(2\quad 0)\boldsymbol{X}$$

试设计状态观测器，使状态观测器特征方程的根配置在 $s_{1,2}=-10$ 上。

解：(1) 因为系统具有能控标准形，因此系统为完全可控的。

(2) 系统的能观测性矩阵的秩为

$$\operatorname{rank}\begin{pmatrix}\boldsymbol{C}\\ \boldsymbol{CA}\end{pmatrix}=\operatorname{rank}\begin{pmatrix}2 & 0\\ 0 & 2\end{pmatrix}=2=n$$

因此系统是能观测的。

设

$$\boldsymbol{F}_{\mathrm{e}}=\begin{pmatrix}f_{\mathrm{e}1}\\ f_{\mathrm{e}2}\end{pmatrix}$$

得

$$\boldsymbol{A}-\boldsymbol{F}_{\mathrm{e}}\boldsymbol{C}=\begin{pmatrix}0 & 1\\ -2 & -3\end{pmatrix}-\begin{pmatrix}f_{\mathrm{e}1}\\ f_{\mathrm{e}2}\end{pmatrix}(2\quad 0)=\begin{pmatrix}-2f_{\mathrm{e}1} & 1\\ -2-2f_{\mathrm{e}2} & -3\end{pmatrix}$$

状态观测器的特征方程为

$$|s\boldsymbol{I}-(\boldsymbol{A}-\boldsymbol{F}_{\mathrm{e}}\boldsymbol{C})|=\begin{vmatrix}s+2f_{\mathrm{e}1} & -1\\ 2+2f_{\mathrm{e}2} & s+3\end{vmatrix}=s^2+(2f_{\mathrm{e}1}+3)s+(6f_{\mathrm{e}1}+2f_{\mathrm{e}2}+2)=0$$

与要求的状态观测器的特征方程 $(s+10)(s+10)=s^2+20s+100=0$ 比较得

$$2f_{\mathrm{e}1}+3=20$$

$$6f_{\mathrm{e}1}+2f_{\mathrm{e}2}+2=100$$

得

$$\boldsymbol{F}_{\mathrm{e}}=\begin{pmatrix}8.5\\ 23.5\end{pmatrix}$$

最后讨论通过状态观测器实现状态反馈的问题。通过状态观测器实现状态反馈可用下述系统框图实现。

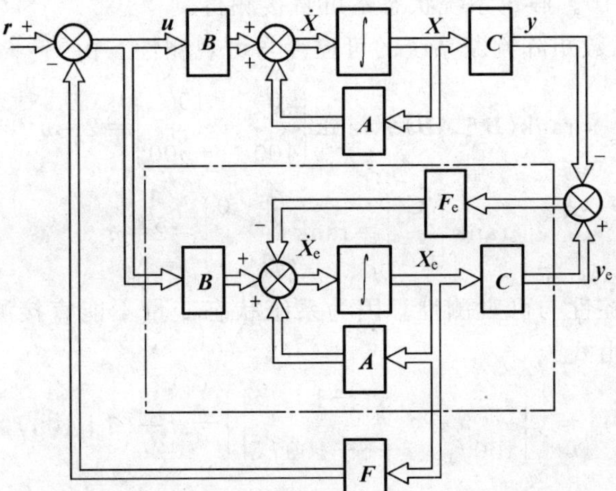

图 13.4 通过状态观测器实现系统状态反馈

根据系统框图可写出原系统与状态观测器状态方程、反馈方程、输出方程分别为

$$\dot{\boldsymbol{X}}=\boldsymbol{AX}+\boldsymbol{B}u$$

$$u=r-\boldsymbol{FX}_e$$

$$y=\boldsymbol{CX}$$

$$\dot{\boldsymbol{X}}_e=\boldsymbol{AX}_e+\boldsymbol{B}u-\boldsymbol{F}_e(y_e-y)$$

即

$$\begin{aligned}\dot{\boldsymbol{X}}&=\boldsymbol{AX}+\boldsymbol{B}(r-\boldsymbol{FX}_e)=\boldsymbol{AX}+\boldsymbol{BFX}-\boldsymbol{BFX}+\boldsymbol{B}r-\boldsymbol{BFX}_e\\&=(\boldsymbol{A}-\boldsymbol{BF})\boldsymbol{X}+\boldsymbol{B}r+\boldsymbol{BF}(\boldsymbol{X}-\boldsymbol{X}_e)\end{aligned}$$

$$\begin{aligned}\dot{\boldsymbol{X}}_e&=\boldsymbol{AX}_e+\boldsymbol{B}(r-\boldsymbol{FX}_e)-F_e\boldsymbol{C}(\boldsymbol{X}_e-\boldsymbol{X})\\&=(\boldsymbol{A}-\boldsymbol{BF})\boldsymbol{X}_e+\boldsymbol{B}r+\boldsymbol{F}_e\boldsymbol{C}(\boldsymbol{X}-\boldsymbol{X}_e)\end{aligned}$$

两式相减得

$$\begin{aligned}\dot{\boldsymbol{X}}-\dot{\boldsymbol{X}}_e&=(\boldsymbol{A}-\boldsymbol{BF})(\boldsymbol{X}-\boldsymbol{X}_e)+(\boldsymbol{BF}-\boldsymbol{F}_e\boldsymbol{C})(\boldsymbol{X}-\boldsymbol{X}_e)\\&=\boldsymbol{A}(\boldsymbol{X}-\boldsymbol{X}_e)+\boldsymbol{BF}(\boldsymbol{X}-\boldsymbol{X}_e)-\boldsymbol{BF}(\boldsymbol{X}-\boldsymbol{X}_e)-\boldsymbol{F}_e\boldsymbol{C}(\boldsymbol{X}-\boldsymbol{X}_e)\\&=(\boldsymbol{A}-\boldsymbol{F}_e\boldsymbol{C})(\boldsymbol{X}-\boldsymbol{X}_e)\end{aligned}$$

① 由 $\dot{\boldsymbol{X}}$ 式可知，通过状态观测器的状态反馈与直接状态反馈的特征方程一样，都是 $|s\boldsymbol{I}-(\boldsymbol{A}-\boldsymbol{BF})|=0$，因此可以通过反馈矩阵 $\boldsymbol{F}$ 实现极点任意配置。

② 状态偏差 $(\boldsymbol{X}-\boldsymbol{X}_e)$ 的衰减速度取决于矩阵 $(\boldsymbol{A}-\boldsymbol{F}_e\boldsymbol{C})$ 的特征值，当系统为可观测时，可以通过 $\boldsymbol{F}_e$ 的选择确定 $\boldsymbol{X}_e\to\boldsymbol{X}$ 的速度。

③ 与直接反馈相比，式 $\dot{\boldsymbol{X}}$ 中多了一项 $\boldsymbol{BF}(\boldsymbol{X}-\boldsymbol{X}_e)$，这是由于状态偏差造成的，但是随时间的推移，该项将自行消失。

例 13.23 设系统的状态方程与输出方程为

$$\dot{\boldsymbol{X}}=\begin{pmatrix}0&1\\0&-5\end{pmatrix}\boldsymbol{X}+\begin{pmatrix}0\\100\end{pmatrix}u$$

$$y=(1\quad 0)\boldsymbol{X}$$

试确定状态反馈矩阵 $\boldsymbol{F}=(f_1\quad f_2)$，使状态反馈系统的极点配置在 $s_{1,2}=-7.07\pm \mathrm{j}7.07$ 上，即要求 $\zeta=0.707,\omega=10$。假定系统状态不可直接测得。

解：根据系统的系数矩阵判断系统的可控性与可观测性。由

$$\operatorname{rank}(\boldsymbol{B}\vdots\boldsymbol{AB})=\operatorname{rank}\begin{pmatrix}0&100\\100&-500\end{pmatrix}=2=n$$

$$\operatorname{rank}\begin{pmatrix}\boldsymbol{C}\\\boldsymbol{CA}\end{pmatrix}=\operatorname{rank}\begin{pmatrix}1&0\\0&1\end{pmatrix}=2=n$$

可知系统同时具有可控性与可观测性。因为系统状态变量不能直接测得，故需重构状态观测器实现状态反馈。由式

$$|s\boldsymbol{I}-(\boldsymbol{A}-\boldsymbol{BF})|=\left|\begin{pmatrix}s&-1\\100f_1&s+5+100f_2\end{pmatrix}\right|=s^2+(5+100f_2)s+100f_1=0$$

与要求的特征方程

$$(s+7.07-\mathrm{j}7.07)(s+7.07+\mathrm{j}7.07)=s^2+2\times7.07s+2\times7.07^2=0$$

比较求得

$$F=(1\quad 0.0914)$$

由状态观测器的特征方程 $|s\boldsymbol{I}-(\boldsymbol{A}-\boldsymbol{F}_e\boldsymbol{C})|=0$ 得

$$s^2+(5+f_{e1})s+(5f_{e1}+f_{e2})=0$$

为尽快使 $\boldsymbol{X}_e\to\boldsymbol{X}$，选择特征值为 $s_{1,2}=-50$，则希望的状态观测器的特征方程为

$$s^2+100s+2\,500=0$$

比较状态观测器的特征方程得

$$\boldsymbol{F}_e=\begin{pmatrix}95\\2\,025\end{pmatrix}$$

13.2.5 利用 MATLAB 实现控制系统的极点配置

在 MATLAB 工作平台上，很容易实现控制系统的极点配置问题，其步骤为

(1) 在 MATLAB 上，给出控制系统状态方程的系数矩阵 $\boldsymbol{A},\boldsymbol{B}$。

(2) 给出能控性矩阵 $\boldsymbol{M}=(\boldsymbol{B}\quad \boldsymbol{AB}\quad \boldsymbol{A}^2\boldsymbol{B}\quad \cdots\quad \boldsymbol{A}^{n-1}\boldsymbol{B})$

(3) 求能控性矩阵 $\boldsymbol{M}$ 的秩 rank

在 MATLAB 中的求秩函数为

$$\text{rank}(M)$$

如果系统能控性矩阵 $\boldsymbol{M}$ 的 rank$=n$(系统的阶数)，则该系统具有能控性，则可以实现极点的任意配置。

(4) 如果在设计状态反馈矩阵 $\boldsymbol{F}$ 时要用到化系统状态方程为能控性标准形的变换矩阵 $\boldsymbol{P}$ 时，需先求系统特征方程 $|s\boldsymbol{I}-\boldsymbol{A}|=s^n+a_1s^{n-1}+a_2s^{n-1}+\cdots+a_{n-1}s+a_n=0$ 的系数 $a_i(i=1,2,\cdots,n)$

在 MATLAB 上用函数

$$ai=poly(\boldsymbol{A})$$

求得。

(5) 输入矩阵 $\boldsymbol{W}$

$$\boldsymbol{W}=\begin{pmatrix}a_{n-1} & a_{n-2} & \cdots & a_1 & 1\\ a_{n-2} & a_{n-3}\cdots & 1 & 0 & 0\\ \vdots & \vdots & & \vdots & \vdots\\ a_1 & 1 & \cdots & 0 & 0\\ 1 & 0 & \cdots & 0 & 0\end{pmatrix}$$

(6) 求化系统状态方程为能控性标准形的变换矩阵 $\boldsymbol{P}$

$$\boldsymbol{P}=\boldsymbol{M}*\boldsymbol{W}$$

(7) 根据希望闭环极点，可以定义矩阵 $\boldsymbol{J}$

$$\boldsymbol{J}=\begin{pmatrix}\mu_1 & 0 & \cdots & 0\\ 0 & \mu_2 & \ddots & \vdots\\ \vdots & \ddots & \ddots & 0\\ 0 & \cdots & 0 & \mu_n\end{pmatrix}$$

式中　$\mu_1,\mu_2,\cdots,\mu_n$——希望的闭环极点。

(8) 求具有希望闭环极点系统的特征方程的系数

$$aai=poly(\boldsymbol{J})$$

(9) 根据系数比较法，确定状态反馈矩阵 $\boldsymbol{F}$

下面举例加以说明。

例 13.24 设控制系统状态方程为

$$\dot{\boldsymbol{X}}=\begin{pmatrix}0&1&0\\0&0&1\\-1&-5&-6\end{pmatrix}\boldsymbol{X}+\begin{pmatrix}0\\0\\1\end{pmatrix}u$$

试应用 MATLAB 确定状态反馈矩阵 $\boldsymbol{F}=(f_1 \quad f_2 \quad f_3)$，使状态反馈后的系统闭环极点配置在 $\mu_1=-2+j4, \mu_2=-2-j4, \mu_3=-10$ 上。

在 MATLAB 工作平台上，输入

```
A=[0 1 0;0 0 1;-1 -5 -6];(输入状态方程系数矩阵 A)
B=[0;0;1];                (输入状态方程系数矩阵 B)
M=[B A*B A^2*B];          (构成能控性矩阵 M)
rank(M)                   (求能控性矩阵 M 的秩)
ans=
    3                     (秩等于 3,为满秩矩阵,该系统具有能控性)
ai=poly(A)                (求系统特征方程系数)
ai=
    1.0000 6.0000 5.0000 1.0000
a1=ai(2);a2=ai(3);a3=ai(4);
W=[a2 a1 1;a1 1 0;1 0 0];  (建立矩阵 W)
P=M*W;                     (求变换矩阵 P)
J=[-2+j*4 0 0;0 -2-j*4 0;0 0 -10];(根据希望闭环极点,定义矩阵 J)
aai=poly(J)                (求具有希望闭环极点系统特征方程的系数)
aai=
    1 14 60 200
aa1=aai(2);aa2=aai(3);aa3=aai(4);
F=[aa3-a3 aa2-a2 aa1-a1]*(invP)(求状态反馈矩阵 F)
F=
    199 55 8
```

则使状态反馈后的系统闭环极点配置在 $\mu_1=-2+j4, \mu_2=-2-j4, \mu_3=-10$ 上的状态反馈矩阵为 $\boldsymbol{F}=(199 \quad 55 \quad 8)$。

例 13.25 设控制系统状态方程为

$$\dot{\boldsymbol{X}}=\begin{pmatrix}0&1&0&0\\78&0&0&0\\0&0&0&1\\-0.678&0&0&0\end{pmatrix}\boldsymbol{X}+\begin{pmatrix}0\\-1.5\\0\\0.8\end{pmatrix}u$$

试应用 MATLAB 确定状态反馈矩阵 $\boldsymbol{F}=(f_1 \quad f_2 \quad f_3 \quad f_4)$，使状态反馈后的系统闭

环极点配置在 $\mu_1=-2+j2\sqrt{3},\mu_2=-2-j2\sqrt{3},\mu_3=-10,\mu_4=-12$ 上。

在 MATLAB 工作平台上，输入

```
A=[0 1 0 0;78 0 0 0;0 0 0 1;-0.678 0 0 0];(输入状态方程系数矩阵 A)
B=[0;-1.5;0;0.8];                         (输入状态方程系数矩阵 B)
M=[B A*B A^2*B A^3*B];                    (构成能控性矩阵 M)
rank(M)                                   (求能控性矩阵 M 的秩)
ans=
    4                                     (秩等于 4,为满秩矩阵,该系统具
                                          有能控性)
ai=poly(A)                                (求系统特征方程系数)
ai=
    1.0000 -0.0000 -78.0000 0.0000 0.0000
a1=ai(2);a2=ai(3);a3=ai(4);a4=ai(5)
W=[a3 a2 a1 1;a2 a1 1 0;a1 1 0 0;1 0 0 0]; (建立矩阵 W)
P=M*W;                                    (求变换矩阵 P)
J=[-2+j*2*sqrt(3) 0 0 0;0 -2-j*2*sqrt(3) 0 0;0 0 -10 0;0 0 0 -12];
                                          (根据希望闭环极点,定义矩阵 J)
aai=poly(J)                               (求具有希望闭环极点系统特征方
                                          程的系数)
aai=
    1.0*e+003*
    0.0010 0.0260 0.2240 0.8320 1.9200
aa1=aai(2);aa2=aai(3);aa3=aai(4);aa4=aai(5);
F=[aa4-a4 aa3-a3 aa2-a2 aa1-a1]*(invP)(求状态反馈矩阵 F)
F=
    -218.0155 -24.5623 -31.2790 -13.5542
```

例 13.26 设调节系统的状态方程及其输出方程为

$$\dot{\boldsymbol{X}}=\begin{pmatrix}0 & 1\\-30.5 & -2.8\end{pmatrix}\boldsymbol{X}+\begin{pmatrix}0\\1\end{pmatrix}u,\quad y=(1\quad 0)\boldsymbol{X}$$

试确定具有状态观测器的状态反馈系统的状态反馈矩阵 $\boldsymbol{F}=(f_1\quad f_2)$ 及状态观测器反馈矩阵 $\boldsymbol{F}_e=\begin{pmatrix}f_{e1}\\f_{e2}\end{pmatrix}$，使状态反馈控制系统闭环极点配置在 $\mu_{1,2}=-2\pm j5$ 上，观测器增益矩阵特征方程的根要求为 $\mu_{e1}=-10,\mu_{e2}=-15$。

在 MATLAB 上输入

```
A=[0 1;-30.5 -2.8];
B=[0;1];
C=[1 0];
D=[0];
```

```
M=[B A*B];
rank(M)
ans=
    2
J=[-2-j*5 0;0 -2+j*5];
aai=poly(J)
aai=
    1 4 29
Phi=polyvalm(poly(J),A);
F=[0 1]*inv(M)*Phi
F=
    -1.5000 1.2000
N=[C'A'*C'];
rank(N)
ans=
    2
Je=[-10 0;0 -15];
poly(Je)
ans=
    1 25 150
Ph=polyvalm(poly(Je),A);
Fe=Ph*(inv(N')0*[0;1]
Fe=
    -3.9180
    22.2000
```

由此求得状态反馈矩阵 $\boldsymbol{F}=(-1.5\quad 1.2)$，状态观测器反馈矩阵 $\boldsymbol{F}_{\mathrm{e}}=\begin{pmatrix}-3.918\\22.2\end{pmatrix}$。

例 13.27　设某控制系统的闭环传递函数为

$$\frac{y_p(s)}{u(s)}=\frac{9\,201.916s^2+55\,211\,496}{s^3+9\,591.234s^2+4\,969.73s+6\,724\,935.9}$$

试通过状态反馈，使状态反馈系统闭环极点配置在 $\mu_{1,2}=-70.7\pm \mathrm{j}55$，$\mu_3=-100$ 上，试确定状态反馈矩阵 $\boldsymbol{F}=(f_1\quad f_2\quad f_3)$和系统稳态误差 $e_{\mathrm{p}}=0$ 的放大系数 K。

根据给定系统闭环传递函数，在 MATLAB 上编写原系统仿真程序为

```
num=[9201.916 0 55211496];
den=[1 9591.234 4969.73 6724935.9];
Step(num,den)
grid
```

原系统的阶跃响应如图 13.5 所示。

由图 13.5 可知，原系统虽为稳定，但稳定裕度较小。

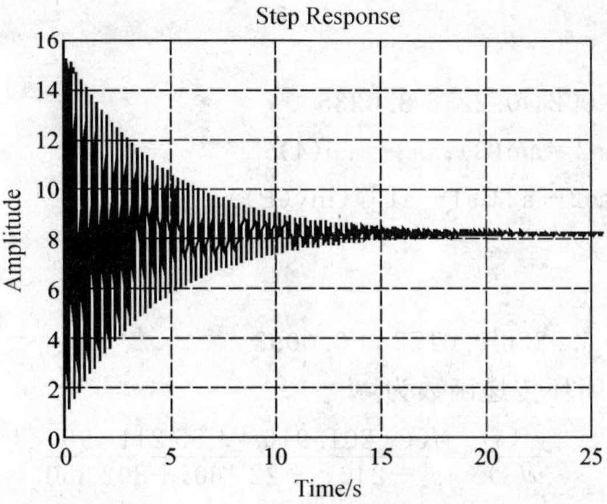

图 13.5　原系统的阶跃响应

根据系统的闭环传递函数可直接列写出该系统的状态方程及其输出方程为

$$\dot{\boldsymbol{X}}=\boldsymbol{AX}+\boldsymbol{Bu}$$
$$\boldsymbol{y}_{\mathrm{p}}=\boldsymbol{CX}+\boldsymbol{Du}$$

式中：

$$\boldsymbol{A}=\begin{pmatrix}0 & 1 & 0\\ 0 & 0 & 1\\ -6\,724\,935.9 & -4\,969.73 & -9\,591.234\end{pmatrix},\quad \boldsymbol{B}=\begin{pmatrix}0\\0\\1\end{pmatrix}$$
$$\boldsymbol{C}=(55\,211\,496\quad 0\quad 9\,201.916),\quad \boldsymbol{D}=0$$

在 MATLAB 上输入

```
A=[0 1 0;0 0 1;-6724935.9 -4969.73 -9591.234];
B=[0;0;1];
C=[55211496 0 9201.916];
D=[0];
ai=poly(A)
ai=
  1.0e+006*
    0.0000 0.0096 0.0050 6.7249
a1=ai(2);a2=ai(3);a3=ai(4);
M=[B A*B A^2*B];
rank(M)
ans=
  3
W=[a2 a1 1;a1 1 0;1 0 0];
P=M*W;
J=[-70.7-j*55 0 0;0 -70.7+j*55 0;0 0 -100 ];
aai=poly(J)
```

```
aai=
  1.0e+005*
    0.0000 0.0024 0.2216 8.0235
aa1=aai(2);aa2=aai(3);aa3=aai(4);
F=[aa3-a3 aa2-a2 aa1-a1]*(inv(P))
F=
  1.0e+006*
           -5.9226 0.0172 -0.0093
```

状态反馈后系统的闭环传递函数为

$$\frac{y_{\mathrm{p}}(s)}{u(s)}=\frac{K(9\,201.916s^2+55\,211\,496)}{s^3+240s^2+22\,160s+802\,350}$$

状态反馈矩阵为 $\boldsymbol{F}=(-5.922\,6\times10^6 \quad 0.017\,2\times10^6 \quad -0.009\,3\times10^6)$，当 $K=1$ 时状态反馈后系统的输出曲线如图 13.6(a)所示。根据系统稳态误差 $e_{\mathrm{p}}=0$ 的要求，当输入函数为 $u(t)=1(t)$时系统的输出为 $y=1$，根据终值定理可得

$$K=\frac{802\,350}{55\,211\,496}=0.014\,532\,3$$

当 $K=0.014\,532\,3$ 时，反馈控制系统的输出曲线如图 13.6(b)所示。与图 13.5 比较知，系统动态性能及其控制精度都得到极大提高。

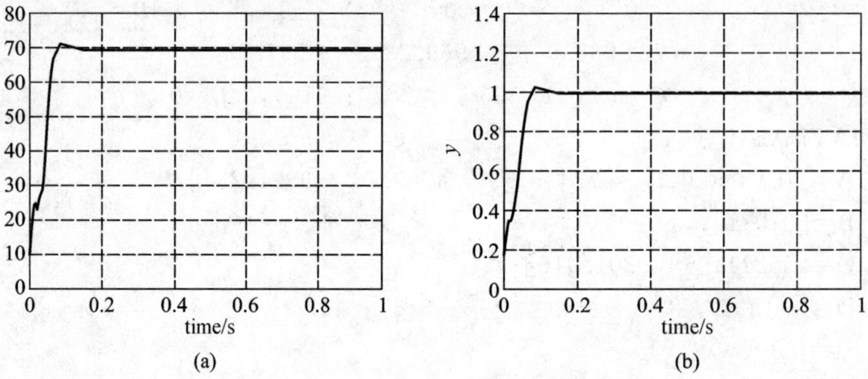

图 13.6 状态反馈系统输出曲线

控制系统的极点配置问题，即对线性系统，通过状态反馈，使反馈系统的系数矩阵($\boldsymbol{A}-\boldsymbol{BF}$)的特征值具有希望的特征值，也就是使反馈系统传递函数的极点进行任意配置，以达到系统希望具有的性能。在这里特别要注意的是只有能控性系统，才能通过状态反馈实现极点的任意配置。

第 14 章　神经网络控制及其应用

本章主要讲述神经网络控制产生的背景、神经网络模型的组成、神经网络的学习、基于BP 神经网络的线切割加工质量及效率控制。通过学习读者可重点掌握BP 神经网络的基本概念及结合工程实际完成神经网络控制系统的设计。

14.1　神经网络控制产生的背景

一个时期以来,自动控制面临着两个方面的技术问题:

(1) 控制对象越来越复杂,存在着多种不确定性(随机性)和难以确切描述的非线性。

(2) 对控制系统的要求越来越高,迫切要求提高控制系统的智能化水平,即系统应具有逻辑思维和推理判断的能力。

神经网络为处理和解决上述问题提供了一条新的途径,其原因为:

(1) 神经网络源于对脑神经的模拟,所以具有很强的适应于复杂环境和多目标控制要求的自学习能力。

(2) 具有以任意精度逼近任意非线性连续函数的特性。

目前,神经网络的应用已渗透到自动控制领域各个方面,如系统辨识、非线性系统控制、智能控制、优化计算及控制系统的故障诊断与容错技术等。

14.2　生物学的启示

人脑由 $10^{11}\sim10^{12}$ 个高度互连的单元组成,这些单元被称为神经元。而每个神经元间有 $10^{4}\sim10^{5}$ 个相互连接,以使人完成信息传递、阅读、思考、会话、运动、呼吸、情感表达等各项活动。这些神经元由三部分组成:树突、细胞体和轴突。树突是树状的神经纤维接收网络,它将电信号传递到细胞体,细胞体对这些输入信号进行整合并进行阈值处理。轴突是单根长神经纤维,它把细胞体的输出信号导向其他神经元。一个神经细胞的轴突和另一个神经细胞树突的结合点称为突触。神经元的排列和突触的强度(由复杂的化学过程决定)确定了神经网络的功能。图 14.1 是两个生物神经元的简化图示。

一些神经结构是固有的,而作为神经元之间的连接是通过学习训练不断地产生、强化或者消失。这个过程在生命的早期最为显著。除人之外的其他动物也是一样,如果在某一关键时期内禁止一只小猫使用它的某一只眼睛,则它的这只眼在以后很难形成正常视力。

神经结构在整个生命期内不断地进行着改变,后期的改变主要是加强或减弱突触连接。现已确认,新记忆的形成是通过改变突触强度而实现的。所以,认识一位新人面孔的过程中就包含了各种突触的改变过程。

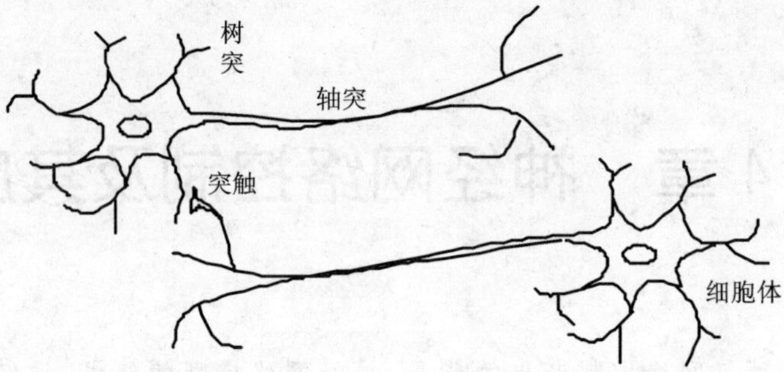

图 14.1　生物神经元的简图

生物神经元相对于电子电路来说信息的传递非常慢(10^{-3}秒相对于 10^{-9}秒),但是人脑却能以比现有计算机快得多的速度完成复杂任务。这主要是因为生物神经网络具有巨大的并行性,即所有的神经元可同时操作。

14.3　人工神经元

人工神经元是对生物神经元的简化和模拟,它是神经网络的基本处理单位。人工神经网络没有人脑那么复杂,但它们之间有两个关键相似之处。首先,两个网络的构成都是可计算单元的高度互连,其次是处理单元之间的连接决定了网络的功能。图 14.2 为单神经元的结构图,它是一个多输入、单输出的非线性元件,其输入输出关系可做如下描述。

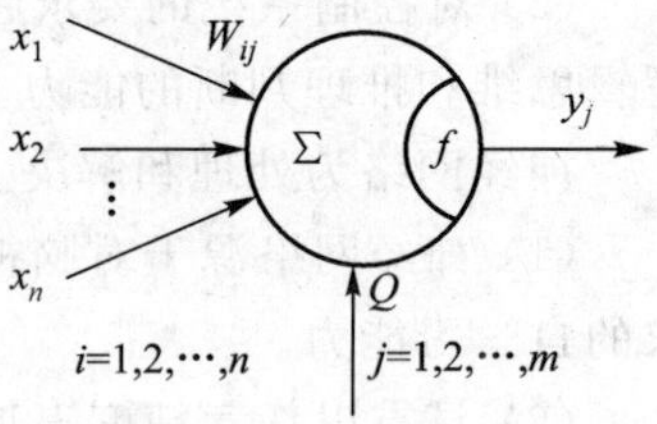

图 14.2　单神经元结构图

输入
$$I_i = \sum_{i=1}^{n} W_{ij} x_i - \theta_j$$

输出
$$y_j = f(I_i)$$

式中　x_i——其他神经元传至本神经元的输入信号,$i=1,2,\cdots,n$;

θ_j——神经元 j 的阈值,此阈值决定了该神经元的兴奋与否,$j=1,2,\cdots,m$;

W_{ij}——表示从神经元 i 到神经元 j 的连接权值;

$f(I_i)$——称为激励函数(也有称为响应函数或传输函数)。

1. 权值

权值表示相邻的神经元相互连接的程度。权值 W_{ij} 的大小决定了一个神经元的输出对另一个神经元激活的程度,两个神经元之间的权值越大,它们之间的功效就越大,影响就越强烈。一般说所有输入的加权总和决定了神经元的活度。权值的大小即权重值的确定要综合考虑一个神经元的输出对激活另一个神经元的重要程度、数量级和量纲上的差异等因素。

2. 阈值

阈值决定神经元的兴奋与否,即决定兴奋与抑制。对于生物神经元的阈值意味着细胞膜电位的高低。神经细胞在受到电、化学和机械的刺激以后产生兴奋,此时细胞膜内外有电位差,称为膜电位。膜内为正,膜外为负。

3. 激励函数

激励函数 $f(x)$可为线性函数也可为非线性函数。它是用来实现输入对输出函数关系的静态映射,它决定了神经元的单元特性。常用的神经元非线性函数 $f(x)$如下:

(1) 阶跃函数

当神经元输出 y_j取 0 或 1 时,$f(x)$为图 14.3 所示单位阶跃函数,其表达式为

$$f(x)=\begin{cases}1 & x\geqslant 0\\ 0 & x<0\end{cases}$$

(2) sgn 函数

当神经元输出 y_j取−1 或 1 时,$f(x)$为图 14.4 所示的 sgn 函数,其表达式为

$$\operatorname{sgn}(x)=\begin{cases}1 & x\geqslant 0\\ -1 & x<0\end{cases}$$

(3) S 状函数

通常是在[0,1]或[−1,1]内连续取值的单调可微分的函数,常用指数一类 S 状曲线(Sigmoid)来表示,如图 14.5 所示就是上式 $f(x)$在 β 取不同值时的曲线。

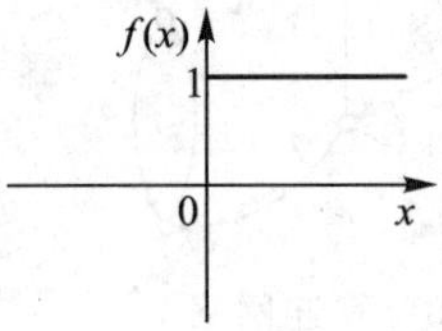

图 14.3 阶跃函数

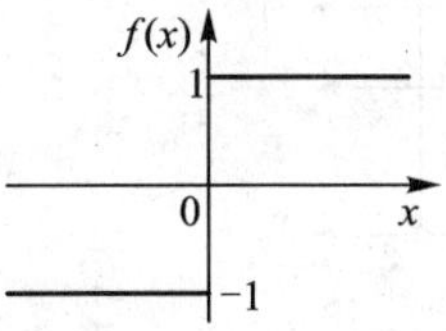

图 14.4 sgn 函数

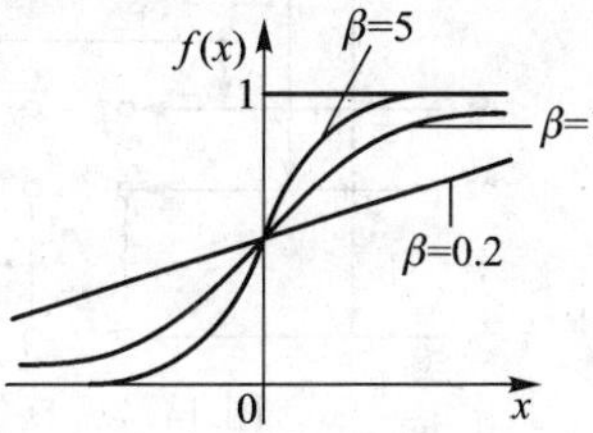

图 14.5 S 状函数

$$f(x)=\frac{1}{1+\exp(-\beta x)}\quad(\beta>0)$$

显然随着 β 的增大,$f(x)$变得越来越陡,当 $\beta\to\infty$时,$f(x)$变成了开关函数,开关函数不具有微分特性,这样会给神经网络的学习算法带来困难,所以,大多数情况下激励函数都取连续可微的函数,通常取 $\beta=1$。

14.4 神经网络模型的组成

大脑神经网络系统之所以具有思维认知等高级功能,是由于它为无数个神经元相互连接而构成的一个极为庞大而复杂的神经网络系统。人工神经网络也是一样,单个神经元的功能是很有限的,只有许多神经元按一定规则连接构成的神经网络才具有强大的功能。

1. 神经网络连接的结构形式

(1) 前向网络

网络中神经元是分层排列,每个神经元只与前一层的神经元相连接,分为输入层,隐含层(一层或多层)和输出层,如图 14.6 所示。

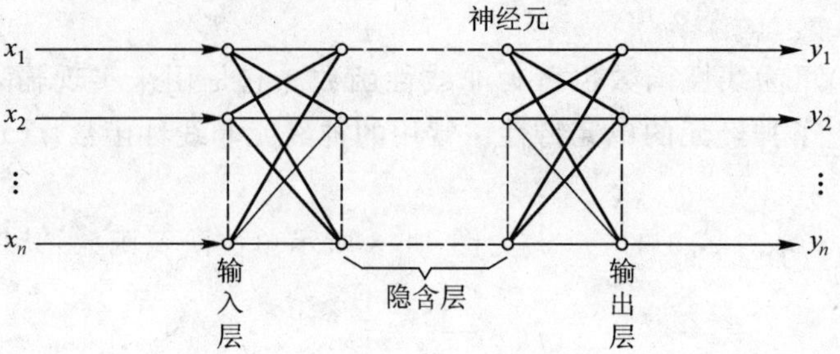

图 14.6 前向网络

(2) 反馈前向网络

网络本身是前向型,但从输出到输入有反馈,如图 14.7 所示。

(3) 互连网络

任意两个神经元之间都可能有连接,因此输入信号要在神经元之间反复往返传递,如图 14.8 所示。

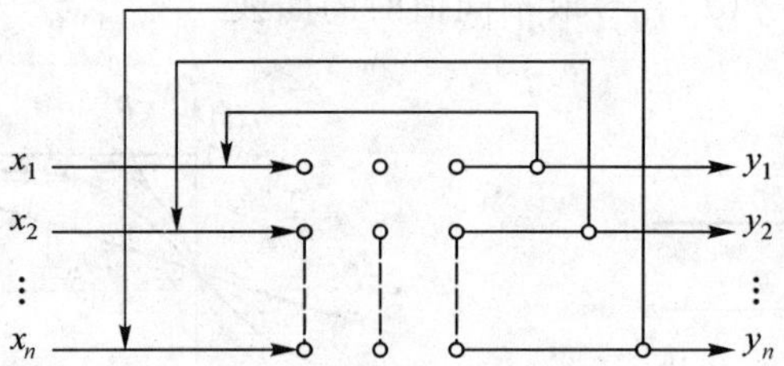

图 14.7 反馈前向网络

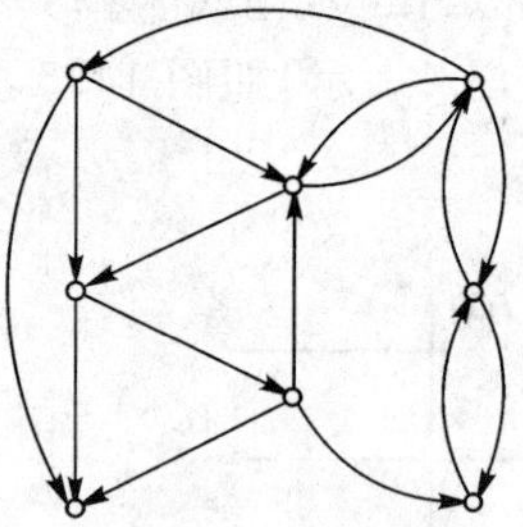

图 14.8 互连网络

2. BP(Back Propagation)网络的结构

BP 网络是一种单向传播的多层前向网络,其结构图如图 14.6 所示。BP 网络可看成是一个从输入到输出的高度非线性映射网络。

BP 算法是误差反向传播算法,此算法是一种有教师(样本)的学习算法,样本输入信号在神经网络中正向传播,应用了多层前向神经网络所具有的以任意精度逼近非线性函数的能力。而网络输出与样本给定输出值之差(误差)在网络中是反向传播的,即由输出层到隐含层再到输入层,实现网络的权值训练,以最终满足网络正向传播时的精度要求。

BP 网络各层的神经元数(即节点数)及隐含层层数的确定如下:

(1) 输入层神经元数

要根据所要研究问题的输入量来确定,输入层神经元数应等于输入量数。

(2) 隐含层神经元数

隐含层目前还没有一个很好的计算方法,要根据经验来定。神经元的数目很重要,数目太少,网络拟合误差曲线能力差,如果数目太多,网络会出现过拟合现象(即拟合精度很高,但预报能力很差,即对样本的预报误差反而增大)。数目的确定一般取决于输入输出间的非线性程度,非线性程度高时可多些神经元(节点),反之,可少些。

(3) 隐含层数的确定

层数的确定和隐含节点的选择方法一样,也没有一个很好的计算方法,一般利用试错法。先设置一层隐含层,计算其输出层均方差,逐渐增加层,如果出现均方差变大的情况,则选择出现均方差最小时的隐含层数。

(4) 输出层神经元数的确定

根据所研究问题的输出量来确定，输出层神经元数应等于输出量数。

14.5 神经网络的学习

当神经网络的结构确定之后，关键问题是设计一个学习速度快，收敛性好的学习算法。

神经网络的学习(或称网络训练)问题归根结底是网络连接权值和阈值的调整问题。这就涉及连接权值的作用，前面讲过，从相邻的神经元进入另一个神经元是加权连接，权重的大小决定了一个神经元的输出对另一个神经元激活的影响程度，两个神经元之间的绝对权重越大，它们之间连接的功效就越大，影响越强烈。一般说所有输入的加权的总和决定了神经元的活度。

所以要求网络本身必须具有学习功能，即能够从示教模式的学习中逐渐调整权值，使网络整体具有近似函数或处理信息的功能。

14.5.1 神经网络的学习方式

1. 有教师学习

网络的实际输出和希望输出(即教师信号)进行比较，然后根据两者之间的差调整网络的权值，最终使差值变小，满足给定的要求。

2. 无教师学习

输入模式进入网络后，网络按照预先设定的规则(如竞争规则)自动调整权值，使网络最终具有模式分类等功能。

本章只讲广泛应用的有教师学习的算法——BP 算法。BP 算法即误差反向传播算法，该方法已成为神经网络学习中最常用的方法之一。BP 算法一般应用梯度下降原理，样本输入信号在神经网络中正向传播，应用了多层前向神经网络具有的以任意精度逼近非线性函数的能力，而网络输出与样本给定输出值之差(误差)在网络中是反向传播，用于网络的权值的训练。

图 14.9 为三层 BP 神经网络拓扑结构形式。

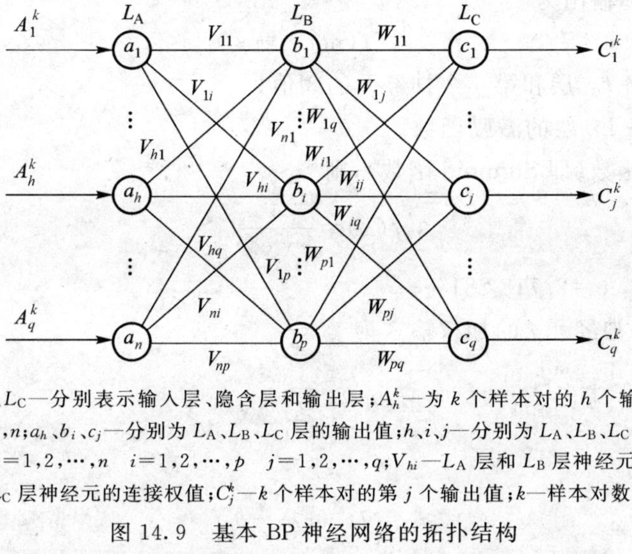

L_A、L_B、L_C—分别表示输入层、隐含层和输出层；A_h^k—为 k 个样本对的 h 个输入值，$h=1,2,\cdots,n$；a_h、b_i、c_j—分别为 L_A、L_B、L_C 层的输出值；h、i、j—分别为 L_A、L_B、L_C 层的神经元数的变量，$h=1,2,\cdots,n$ $i=1,2,\cdots,p$ $j=1,2,\cdots,q$；V_{hi}—L_A 层和 L_B 层神经元的连接权值；W_{ij}—L_B 层和 L_C 层神经元的连接权值；C_j^k—k 个样本对的第 j 个输出值；k—样本对数，$k=1,2,\cdots,m$

图 14.9 基本 BP 神经网络的拓扑结构

14.5.2 神经网络的计算

对BP神经网络进行训练时，首先要提供训练样本，样本可以形式化为样本对或称模式对(A^k, C^k)，其中A^k为第k个样本的输入模式$(A_1^k, A_2^k, \cdots, A_n^k)$，$C^k$为第$k$个样本的希望输出模式$(C_1^k, C_2^k, \cdots, C_q^k)$，它们分别对应于$L_A$层的$n$个神经元和$L_C$层的$q$个神经元。

当网络的实际输出与希望输出一致时，学习过程结束。否则学习系统将根据实际输出和希望输出之间的误差，通过调整连接权值使网络的实际输出趋向于希望输出。

由图14.9可见，V_{hi}为L_A层神经元h到L_B层神经元i的连接权值，W_{ij}为L_B层神经元i到L_C层神经元j的连接权值，θ_i为L_B层神经元i的阈值，γ_j为L_C层神经元j的阈值。

假设某一样本对(A^k, C^k)在网络L_C层上的误差函数为

$$E_k = \frac{1}{2}\sum_{j=1}^{q}(c_j - C_j^k)^2 \quad k = 1, 2, \cdots, m \tag{14.1}$$

式中 c_j——为L_C层神经元j的实际输出；

C_j^k——为某一样本k，L_C层神经元j的给定值，即L_C层神经元j的希望输出。

整个训练集上m个样本总的误差函数为

$$E = \sum_{k=1}^{m} E_k \tag{14.2}$$

对于第k个样本，L_B层神经元的加权输入为

$$\text{net}\, b_i = \sum_{h=1}^{n} V_{hi} a_h^k \tag{14.3}$$

该神经元的实际输出为

$$b_i = f(\text{net}\, b_i - \theta_i) \tag{14.4}$$

对于第k个样本对，L_C层神经元的加权输入为

$$\text{net}\, c_j = \sum_{j=1}^{p} W_{ij} b_i \tag{14.5}$$

该神经元的实际输出为

$$c_j = f(\text{net}\, c_j - \gamma_j) \tag{14.6}$$

式中 γ_j——为网络L_C层和第j个神经元的阈值；

$f(x)$——为网络L_C层的激励函数。

如果选用S型函数(即Sigmoid函数)，则

$$f(x) = \frac{1}{1 + \mathrm{e}^{-x}} \tag{14.7}$$

式中 e——自然数，e=2.718 281…。

网络L_B层某一神经元i的加权输入为

$$\text{net}\, b_i = \sum_{h=1}^{n} v_{hi} a_h \tag{14.8}$$

其实际输出为

$$b_i = f(\text{net}\, b_i - \theta_i) \tag{14.9}$$

式中 θ_i——网络 L_B 层的第 i 个神经元阈值；

$f(x)$——网络 L_B 层的激励函数，在此 $f(x)$ 也是 S 型函数。

由于 S 型函数 $f(x)$ 为可微非递减函数，因此，对于 L_C 层的神经元 j，可以定义一般化误差为

$$d_j = -\frac{\partial E_k}{\partial \mathrm{net}\, c_j} \tag{14.10}$$

考虑到式(14.6)，则式(14.10)可以写成

$$d_j = -\frac{\partial E_k}{\partial c_j}\frac{\partial c_j}{\partial \mathrm{net}\, c_j} = -\frac{\partial E_k}{\partial c_j} f'(\mathrm{net}\, c_j - \gamma_j) \tag{14.11}$$

由式(14.1)可得

$$\frac{\partial E_k}{\partial c_j} = \frac{\partial\left[\dfrac{1}{2}\sum_{j=1}^{q}(c_j - C_j^k)^2\right]}{\partial c_j} = c_j - C_j^k \tag{14.12}$$

再根据 S 型函数的性质，可以得到

$$f'(\mathrm{net}\, c_j - \gamma_j) = c_j(1 - c_j) \tag{14.13}$$

于是，将式(14.12)和式(14.13)代入式(14.11)中，得

$$d_j = c_j(1 - c_j)(C_j^k - c_j) \tag{14.14}$$

对于 L_B 层神经元 i，同样可以定义一般化误差为

$$e_i = -\frac{\partial E_k}{\partial \mathrm{net}\, b_i} \tag{14.15}$$

类似地考虑到式(14.9)，可以得出

$$e_i = -\frac{\partial E_k}{\partial b_i}\frac{\partial b_i}{\partial \mathrm{net}\, b_i} = -\frac{\partial E_k}{\partial b_i} f'(\mathrm{net}\, b_i + \theta_i)$$

$$= -\sum_{j=1}^{q}\frac{\partial E_k}{\partial \mathrm{net}\, c_j}\frac{\partial \mathrm{net}\, c_j}{\partial b_i} f'(\mathrm{net}\, b_i + \theta_i) \tag{14.16}$$

将式(14.10)和式(14.5)代入式(14.16)得

$$e_i = \sum_{j=1}^{q} d_j \frac{\partial\left[\sum_{i=1}^{p} W_{ij} b_i\right]}{\partial b_i} f'(\mathrm{net}\, b_i + \theta_i) = \sum_{j=1}^{q} W_{ij} d_j f'(\mathrm{net}\, b_i - \theta_i) \tag{14.17}$$

再根据 S 型函数的性质，可得到

$$f'(\mathrm{net}\, b_i + \theta_i) = b_i(1 - b_i) \tag{14.18}$$

于是式(14.17)可以写成

$$e_i = b_i(1 - b_i)\sum_{j=1}^{q} d_j W_{ij} \tag{14.19}$$

为了减小误差函数 E_k，可以使用梯度下降规则，即令连接权的变化为 $-\dfrac{\partial E_k}{\partial W_{ij}}$ 成正比。因此，对于 L_B 层到 L_C 层的连接权 W_{ij}，有

$$\Delta W_{ij} = -\alpha\frac{\partial E_k}{\partial W_{ij}} = -\alpha\frac{\partial E_k}{\partial \mathrm{net}\, c_j}\frac{\partial \mathrm{net}\, c_j}{\partial \mathrm{net}\, W_{ij}} = \alpha d_j\left[\frac{\partial\left(\sum_{i=1}^{p} W_{ij} b_i\right)}{\partial W_{ij}}\right] = \alpha d_j b_i \tag{14.20}$$

同理，对于 L_A 层到 L_B 层的连接权 V_{hi}，有

$$\Delta V_{hi}=-\beta\frac{\partial E_k}{\partial V_{hi}}=-\beta\frac{\partial E_k}{\partial \text{net}\, b_i}\frac{\partial \text{net}\, b_i}{\partial V_{hi}}=\beta e_i a_h \tag{14.21}$$

式(14.20)和式(14.21)中 $0<\alpha<1$，$0<\beta<1$，通常称为学习率，也可称学习步长。α 和 β 值的选取直接影响学习速度的快慢，如果选大值，则学习速度快，反之则慢。但如果 α 和 β 值选的过大，会造成学习过程的振荡，形成局部收敛，这样难以达到预期的精度。所以 α 和 β 值的选取需在训练中加以调整。

网络 L_C 层各神经元阈值调整为

$$\Delta\gamma_j=\alpha d_j \tag{14.22}$$

网络 L_B 层各神经元阈值调整为

$$\Delta\theta_i=\beta e_i \tag{14.23}$$

BP 网络样本输入学习算法程序框图如图 14.10 所示。并以图 14.11 三层(L_A，L_B，L_C) BP 神经网络为例进行学习过程的演示。

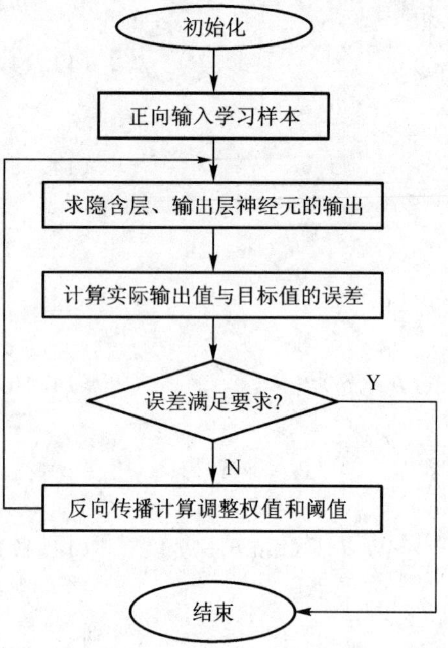

图 14.10　BP 神经网络学习算法程序框图

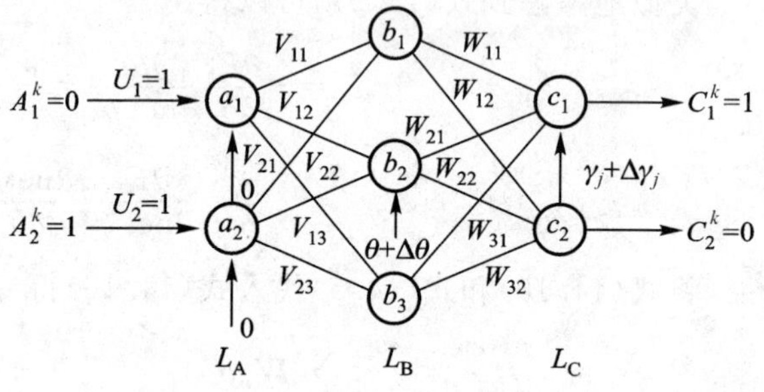

图 14.11　三层 BP 神经网络拓扑结构

BP 三层神经网络学习算法各种参数及计算公式见表 14.1。

表 14.1　BP 三层神经网络的学习过程的各种参数

参数名	符号及公式 \ 层名	输入层 L_A	隐含层 L_B	输出层 L_C
1	神经元数	$1\cdots h\cdots n$	$1\cdots i\cdots p$	$1\cdots j\cdots q$
2	初始权值矩阵	$U_h^0=1$	V_{hi}^0	W_{ij}^0

续表

参数名	符号及公式 \ 层名	输入层 L_A	隐含层 L_B	输出层 L_C
3	初始阈值矩阵	0	θ_i^0	γ_j^0
4	第 k 个样本对值	A_h^k		C_j^k
5	加权输入值	$\text{net } a_h = U_h^0 A_h^k$	$\text{net } b_i = \sum_{h=1}^{n} V_{hi} a_h$	$\text{net } c_j = \sum_{i=1}^{p} W_{ij} b_i$
6	输出值	$a_h = f(\text{net } a_h)$	$b_i = f(\text{net } b_i - \theta_i)$	$c_j = f(\text{net } c_j - \gamma_j)$
7	误差		$e_i = b_i(1-b_i)\sum_{j=1}^{q} d_j W_{ij}$	$d_j = c_j(1-c_j)(C_j^k - c_j)$
8	学习率		$0<\beta<1$	$0<\alpha<1$
9	阈值调整		$\Delta\theta_i = \beta e_i$	$\Delta\gamma_i = \alpha d_j$
10	权值调整		$\Delta V = \beta e_i a_h$	$\Delta W = \alpha d_j b_i$

学习训练步骤如下：

第 1 步：网络初始化

输入层 L_A，以一个样本对即 $k=1$ 为例，样本输入值 $A_1^1=0, A_2^1=1$，样本输出值 $C_1^1=1$，$C_2^1=0$，输入层权值 $U_h=1$，阈值为零。

输入层 L_A 到隐含层 L_B 的权值矩阵初步给定为

$$V_{hi}^0 = \begin{vmatrix} V_{11} & V_{12} & V_{13} \\ V_{21} & V_{22} & V_{23} \end{vmatrix} = \begin{vmatrix} 0.1 & 0.4 & 0.6 \\ 0.2 & 0.3 & 0.5 \end{vmatrix} \tag{14.24}$$

隐含层 L_B 到输出层 L_C 权值矩阵初步给定为

$$W_{ij}^0 = \begin{vmatrix} W_{11} & W_{12} \\ W_{21} & W_{22} \\ W_{31} & W_{32} \end{vmatrix} = \begin{vmatrix} 0.1 & 0.4 \\ 0.6 & 0.2 \\ 0.5 & 0.3 \end{vmatrix} \tag{14.25}$$

隐含层 L_B 各神经元阈值为

$$\theta_i^0 = (0.1 \quad 0.2 \quad 0.3)^T \tag{14.26}$$

输出层 L_C 各神经元阈值为

$$\gamma_j^0 = (0.2 \quad 0.4)^T \tag{14.27}$$

以一个样本对，即 $k=1$ 为例，样本输入 $(A_1^1, A_2^1)=(0,1)$，样本输出 $(C_1^1, C_2^1)=(1,0)$。

第 2 步：样本正向输入，进行前向计算

输入样本为 $A_1^1=0, A_2^1=1$，其输入层的输出为 a_1 和 a_2。对于输入层，给定每个神经元的权值 U_h^0 为 1，阈值为 0，其激励函数为 S 型函数，则

$$a_h = f(x) = f(U_h^0 A_h^k - 0) \tag{14.28}$$

式中 A_h^k——样本 k 的第 h 个神经元的输入值；

U_h^0——输入层 L_A 的某一神经元的权值。

● L_A层神经元的输出值为

$$a_1=f(U_hA_h^k)=\frac{1}{1+e^{-x}}=\frac{1}{1+e^{-U_hA_1^k}}=\frac{1}{1+e^{-1\times 0}}=0.5$$

$$a_2=f(U_hA_h^k)=\frac{1}{1+e^{-x}}=\frac{1}{1+e^{-U_hA_2^k}}=\frac{1}{1+e^{-1\times 1}}=0.731\,06$$

则

$$a_h=\begin{vmatrix}0.5\\0.731\,06\end{vmatrix} \tag{14.29}$$

● L_B 层神经元的加权输入值，根据式(14.8)$\mathrm{net}\,b_i=\sum_{h=1}^{n}V_{hi}a_h$ 计算为

$$\mathrm{net}\,b_1=\sum_{h=1}^{2}V_{h1}a_h=V_{11}a_1+V_{21}a_2=0.1\times 0.5+0.2\times 0.731\,06=0.196\,212$$

$$\mathrm{net}\,b_2=\sum_{h=1}^{2}V_{h2}a_h=V_{12}a_1+V_{22}a_2=0.4\times 0.5+0.3\times 0.731\,06=0.419\,318$$

$$\mathrm{net}\,b_3=\sum_{h=1}^{2}V_{h3}a_h=V_{13}a_1+V_{23}a_2=0.6\times 0.5+0.5\times 0.731\,06=0.665\,53$$

● L_B层的实际输出值，根据式(14.9)$b_i=f(\mathrm{net}\,b_i-\theta_i)$和式(14.26)计算为

$$b_1=f(\mathrm{net}\,b_1-\theta_1)=f(0.196\,212-0.1)$$
$$b_2=f(\mathrm{net}\,b_2-\theta_2)=f(0.419\,318-0.2)$$
$$b_3=f(\mathrm{net}\,b_3-\theta_3)=f(0.665\,53-0.3)$$

根据式(14.7)$b_i=\frac{1}{1+e^{-x}}$求激励函数为S型情况下的b值为

$$b_1=\frac{1}{1+e^{-0.096\,212}}=0.524$$

$$b_2=\frac{1}{1+e^{-0.219\,318}}=0.554\,6$$

$$b_3=\frac{1}{1+e^{-0.365\,53}}=0.590\,4$$

则

$$b_i=\begin{vmatrix}0.524\\0.554\,6\\0.590\,4\end{vmatrix} \tag{14.30}$$

● L_C 层加权输入值，当$k=1$时，并根据式(14.5)$\mathrm{net}\,c_j=\sum_{j=1}^{p}W_{ij}b_i$ 计算为

$$\begin{aligned}\mathrm{net}\,c_1&=(W_{11}b_1+W_{21}b_2+W_{31}b_3)\\&=0.1\times 0.524+0.6\times 0.554\,6+0.5\times 0.590\,4=0.680\,36\\\mathrm{net}\,c_2&=(W_{12}b_1+W_{22}b_2+W_{32}b_3)\\&=0.4\times 0.524+0.2\times 0.554\,6+0.3\times 0.590\,4=0.497\,64\end{aligned}$$

● L_C 层实际输出值，根据式(14.6)$c_j=f(\mathrm{net}\,c_j-r_j)$为

$$c_1=f(0.680\,36-0.2)=\frac{1}{1+e^{-0.480\,36}}=0.617\,8$$

$$c_2=f(0.497\,64-0.4)=\frac{1}{1+e^{-0.097\,64}}=0.524\,4$$

则 $$c_j=\begin{vmatrix}0.6178\\0.5244\end{vmatrix} \tag{14.31}$$

第 3 步：进行误差计算和是否满足精度要求的判断

● L_C 层误差值，根据式(14.14)$d_j=c_j(1-c_j)(C_j^k-c_j)$和样本希望值进行计算为

$$d_1=c_1(1-c_1)(1-c_1)=0.6178(1-0.6178)(1-0.6178)=0.0903$$

$$d_2=c_2(1-c_2)(0-c_2)=0.5244(1-0.5244)(0-0.5244)=-0.1308$$

则 $$d_j=\begin{vmatrix}0.0903\\-0.1308\end{vmatrix} \tag{14.32}$$

通过给定的精度系数 ε 可判断输出层 L_C 的误差值 d 是否满足要求，如果不满足，则需进行反向传播计算，通过修正权值和阈值使其逼近给定精度系数 ε。

第 4 步：反向传播计算

(1) 隐含层 L_B 一般化误差的计算

根据式(14.19) $e_i=b_i(1-b_i)\sum_{j=1}^{q}d_jW_{ij}$ 计算隐含层 L_B 一般化误差为

$$e_1=b_1(1-b_1)\sum_{j=1}^{2}(d_1W_{11}+d_2W_{12})$$

$$=0.524(1-0.524)(0.09025\times0.1-0.1308\times0.4)=-0.0108$$

$$e_2=b_2(1-b_2)(d_1W_{21}+d_2W_{22})$$

$$=0.5546(1-0.5546)(0.09025\times0.6-0.1308\times0.2)=0.0069$$

$$e_3=b_3(1-b_3)(d_1W_{31}+d_2W_{32})$$

$$=0.5904(1-0.5904)(0.09025\times0.5-0.1308\times0.3)=0.0014$$

则 $$e_i=\begin{vmatrix}-0.0108\\0.0069\\0.0014\end{vmatrix} \tag{14.33}$$

(2) 隐含层 L_B至输出层 L_C 权值的调整根据式(14.20)$\Delta W_{ij}=\alpha d_jb_i$调整其 L_B 至 L_C 权值，则按学习步长(也称学习率)α 的范围：$0<\alpha<1$，给定 $\alpha=0.9$。

$$\Delta W_{11}=\alpha d_1b_1=0.9\times0.09025\times0.524=0.0426$$

$$\Delta W_{12}=\alpha d_2b_1=0.9\times(-0.1308)\times0.524=-0.0617$$

$$\vdots \qquad \vdots \qquad \vdots$$

$$\Delta W_{32}=\alpha d_2b_3=0.9\times(-0.1308)\times0.5904=-0.0695$$

则 $$\Delta W_{ij}=\begin{vmatrix}\Delta W_{11} & \Delta W_{12}\\ \Delta W_{21} & \Delta W_{22}\\ \Delta W_{31} & \Delta W_{32}\end{vmatrix}=\begin{vmatrix}0.0426 & -0.0617\\ 0.045 & -0.0653\\ 0.0479 & -0.0695\end{vmatrix} \tag{14.34}$$

(3) 输入层 L_A至 隐含层 L_B权值的调整，按步长范围：$0<\beta<1$，给定 $\beta=0.9$ 根据式(14.21)$\Delta V_{hi}=\beta e_ia_h$调整为

$$\Delta V_{11}=\beta e_1a_1=0.9\times(-0.0108)\times0.5=-0.0049$$

$$\Delta V_{12}=\beta e_2a_1=0.9\times0.0069\times0.5=0.0031$$

$$\vdots \qquad \vdots \qquad \vdots$$

$$\Delta V_{23}=\beta e_2 a_2=0.9\times 0.0014\times 0.731061=0.0009$$

则
$$\Delta V_{hi}=\begin{vmatrix}\Delta V_{11} & \Delta V_{12} & \Delta V_{13}\\ \Delta V_{21} & \Delta V_{22} & \Delta V_{23}\end{vmatrix}=\begin{vmatrix}-0.0049 & 0.0031 & 0.0006\\ -0.0071 & 0.0045 & 0.0009\end{vmatrix}\tag{14.35}$$

(4) 输出层 L_C 阈值的调整，根据式(14.22) $\Delta\gamma_j=\alpha d_j$ 的调整值计算为

$$\Delta\gamma_1=\alpha d_1=0.9\times 0.09025=0.081225$$
$$\Delta\gamma_2=\alpha d_2=0.9\times(-0.1308)=-0.11772$$

则
$$\Delta\gamma_j=\begin{vmatrix}0.081225\\ -0.11772\end{vmatrix}\tag{14.36}$$

(5) 隐含层 L_B 阈值的调整，根据式(14.23) $\Delta\theta_i=\beta e_i$ 调整为

$$\Delta\theta_1=\beta e_1=0.9\times(-0.0108)=-0.009$$
$$\Delta\theta_2=\beta e_2=0.9\times 0.0069=0.0062$$
$$\Delta\theta_3=\beta e_3=0.9\times 0.0014=0.0013$$

则
$$\Delta\theta_i=\begin{vmatrix}-0.009\\ 0.0062\\ 0.0013\end{vmatrix}\tag{14.37}$$

(6) 计算调整后的权值和阈值

- 隐含层 L_B 至输出层 L_C 的权值，由式(14.25)和式(14.34)得

$$W_{ij}=W_{ij}^0+\Delta W_{ij}=\begin{vmatrix}0.1 & 0.4\\ 0.6 & 0.2\\ 0.5 & 0.3\end{vmatrix}+\begin{vmatrix}0.0426 & -0.0617\\ 0.045 & -0.0653\\ 0.0479 & -0.0695\end{vmatrix}=\begin{vmatrix}0.1426 & 0.3383\\ 0.6450 & 0.1347\\ 0.5479 & 0.2305\end{vmatrix}\tag{14.38}$$

- 输入层 L_A 至隐含层 L_B 的权值，由式(14.24)和式(14.35)得

$$V_{hi}=V_{hi}^0+\Delta V_{hi}=\begin{vmatrix}0.1 & 0.4 & 0.6\\ 0.2 & 0.3 & 0.5\end{vmatrix}+\begin{vmatrix}-0.0049 & 0.0031 & 0.0006\\ -0.0071 & 0.0045 & 0.0009\end{vmatrix}$$
$$=\begin{vmatrix}0.0951 & 0.4031 & 0.6006\\ 0.1929 & 0.3045 & 0.5009\end{vmatrix}$$

- 输出层 L_C 阈值根据式(14.27)和式(14.36)得

$$\gamma_j=\gamma_j^0+\Delta\gamma_j=\begin{vmatrix}0.2\\ 0.4\end{vmatrix}+\begin{vmatrix}0.081225\\ -0.11772\end{vmatrix}=\begin{vmatrix}0.281225\\ 0.28228\end{vmatrix}\tag{14.39}$$

- 隐含层 L_B 阈值，根据式(14.26)和式(14.37)得

$$\theta_i=\theta_i^0+\Delta\theta_i=\begin{vmatrix}0.1\\ 0.2\\ 0.3\end{vmatrix}+\begin{vmatrix}-0.009\\ 0.0062\\ 0.0013\end{vmatrix}=\begin{vmatrix}0.091\\ 0.2062\\ 0.3013\end{vmatrix}\tag{14.40}$$

经过上述计算在输出层 L_C 的误差值 d 未满足精度要求的情况下，完成了第 1 次权值和阈值的调整训练。经反向计算调整后需按程序框图 14.12 的流程和上述计算方法再计算输出层 L_C 误差值 d，其运算过程不再全部列出，只是直接给出将调整后 L_B 层和 L_C 层的输出值和误差值。

$$L_B\text{ 层的输出值 } b_i=\begin{vmatrix}0.5246\\ 0.5543\\ 0.5903\end{vmatrix};L_B\text{ 层的误差值 } e_i=\begin{vmatrix}-0.0078\\ 0.0101\\ 0.0047\end{vmatrix}$$

…;L_C 层的误差值 $d_j=\begin{vmatrix}0.0751\\-0.1400\end{vmatrix}$

…判断是否满足给定的精度系数 ε，如果不满足再进行第 2 次

…运行，以后为了简化只给出调整结果。

…调整

$$\begin{vmatrix}0.0428 & -0.062\\0.0452 & -0.0655\\0.0482 & -0.0697\end{vmatrix};\quad W_{ij}=\begin{vmatrix}0.1854 & 0.2764\\0.6903 & 0.0692\\0.5961 & 0.1608\end{vmatrix}$$

…的权值调整

$$\begin{vmatrix}0.0035 & 0.0045 & 0.0021\\-0.0052 & 0.0066 & 0.0031\end{vmatrix};\quad V_{hi}=\begin{vmatrix}0.0916 & 0.4076 & 0.6028\\0.1877 & 0.3112 & 0.5040\end{vmatrix}$$

…层阈值 γ 的调整

$$\Delta\gamma_j=\begin{vmatrix}0.0816\\-0.1181\end{vmatrix};\quad \gamma_j=\begin{vmatrix}0.3628\\0.1642\end{vmatrix}$$

L_B 层阈值 θ 的调整

$$\Delta\theta_i=\begin{vmatrix}-0.0071\\0.0091\\0.0042\end{vmatrix};\quad \theta_i=\begin{vmatrix}0.0822\\0.2153\\0.3055\end{vmatrix}$$

L_B 层的输出值 $b_i=\begin{vmatrix}0.5249\\0.5538\\0.5901\end{vmatrix}$;$L_B$ 层的误差值 $e_i=\begin{vmatrix}-0.0049\\0.0133\\0.008\end{vmatrix}$

L_C 层的输出值 $c_j=\begin{vmatrix}0.5285\\0.6150\end{vmatrix}$;$L_C$ 层的误差值 $d_j=\begin{vmatrix}0.1175\\-0.1456\end{vmatrix}$

- 第 3 次循环调整

L_C 层至 L_B 层的权值调整

$$\Delta W_{ij}=\begin{vmatrix}0.0433 & -0.0625\\0.0456 & -0.0658\\0.0486 & -0.0701\end{vmatrix};\quad W_{ij}=\begin{vmatrix}0.2272 & 0.1517\\0.7813 & -0.0622\\0.6932 & 0.0207\end{vmatrix}$$

L_B 层至 L_A 层的权值调整

$$\Delta V_{hi}=\begin{vmatrix}-0.0008 & 0.0074 & 0.0051\\-0.0012 & 0.0109 & 0.0075\end{vmatrix};\quad V_{hi}=\begin{vmatrix}0.0886 & 0.4211 & 0.6115\\0.1833 & 0.3308 & 0.5168\end{vmatrix}$$

L_C 层阈值 γ 的调整

$$\Delta\gamma_j=\begin{vmatrix}0.0825\\-0.1189\end{vmatrix};\quad \gamma_j=\begin{vmatrix}0.5273\\-0.0733\end{vmatrix}$$

L_B 层阈值 θ 的调整

$$\Delta\theta_i=\begin{vmatrix}-0.0017\\0.0149\\0.0102\end{vmatrix};\quad \theta_i=\begin{vmatrix}0.0772\\0.2422\\0.3230\end{vmatrix}$$

L_B 层的输出值 $b_i=\begin{vmatrix}0.525\ 2\\0.553\ 2\\0.589\ 7\end{vmatrix}$；$L_B$ 层的误差值 $e_i=\begin{vmatrix}-0.001\ 8\\0.016\ 5\\0.011\ 4\end{vmatrix}$

L_C 层的输出值 $c_j=\begin{vmatrix}0.530\ 6\\0.613\ 5\end{vmatrix}$；$L_C$ 层的误差值 $d_j=\begin{vmatrix}0.116\ 9\\-0.145\ 5\end{vmatrix}$

……

● 第 18 次循环调整

L_C 层的输出值 $c_j=\begin{vmatrix}0.578\ 84\\0.569\ 87\end{vmatrix}$；$L_C$ 层的误差值 $d_j=\begin{vmatrix}0.102\ 7\\-0.139\ 7\end{vmatrix}$

● 第 19 次循环调整

L_C 层的输出值 $c_j=\begin{vmatrix}0.699\ 9\\0.441\ 5\end{vmatrix}$；$L_C$ 层的误差值 $d_j=\begin{vmatrix}0.063\ 0\\-0.108\ 9\end{vmatrix}$

……

● 第 99 次循环调整

L_C 层至 L_B 层的权值调整

$$\Delta W_{ij}=\begin{vmatrix}0.004\ 1 & -0.003\ 8\\0.003\ 8 & -0.003\ 5\\0.004\ 1 & -0.003\ 8\end{vmatrix};\quad W_{ij}=\begin{vmatrix}2.995\ 3 & -2.744\ 4\\3.477\ 6 & -2.953\ 8\\3.613\ 7 & -3.106\ 3\end{vmatrix}$$

L_B 层至 L_A 层的权值调整

$$\Delta V_{hi}=\begin{vmatrix}0.008\ 2 & 0.008\ 7 & 0.009\ 5\\0.012\ 0 & 0.013\ 7 & 0.013\ 9\end{vmatrix};\quad V_{hi}=\begin{vmatrix}2.465\ 6 & 3.337\ 0 & 3.640\ 1\\3.658\ 7 & 4.592\ 0 & 4.945\ 0\end{vmatrix}$$

L_C 层阈值 γ 的调整

$$\Delta\gamma_j=\begin{vmatrix}0.014\ 5\\-0.013\ 5\end{vmatrix};\quad \gamma_j=\begin{vmatrix}6.863\ 7\\-6.588\ 8\end{vmatrix}$$

L_B 层阈值 θ 的调整

$$\Delta\theta_i=\begin{vmatrix}0.016\ 4\\0.017\ 4\\0.019\ 0\end{vmatrix};\quad \theta_i=\begin{vmatrix}4.831\ 1\\6.074\ 0\\6.380\ 2\end{vmatrix}$$

L_B 层的输出值 $b_i=\begin{vmatrix}0.284\ 9\\0.260\ 6\\0.280\ 7\end{vmatrix}$；$L_B$ 层的误差值 $e_i=\begin{vmatrix}0.018\ 2\\0.019\ 3\\0.021\ 1\end{vmatrix}$

L_C 层的输出值 $c_j=\begin{vmatrix}0.984\ 6\\0.016\ 7\end{vmatrix}$；$L_C$ 层的误差值 $d_j=\begin{vmatrix}0.016\ 1\\-0.015\ 0\end{vmatrix}$

……

● 第 999 次循环调整

L_C 层至 L_B 层的权值调整 $W_{ij}=\begin{vmatrix}3.512\ 7 & -3.262\ 2\\3.944\ 6 & -3.421\ 1\\4.109\ 6 & -3.602\ 3\end{vmatrix}$

L_B 层至 L_A 层的权值调整 $V_{hi}=\begin{vmatrix}3.703\ 4 & 4.604\ 8 & 5.023\ 9\\5.468\ 6 & 6.448\ 0 & 6.968\ 2\end{vmatrix}$

L_C 层的阈值为 $\gamma_j=\begin{vmatrix}9.0758\\-8.8108\end{vmatrix}$；$L_B$ 层的阈值为 $\theta_i=\begin{vmatrix}7.3069\\8.6097\\9.1477\end{vmatrix}$

L_B 层的输出值 $b_i=\begin{vmatrix}0.1889\\0.1689\\0.1763\end{vmatrix}$；$L_B$ 层的误差值 $e_i=\begin{vmatrix}0.00094\\0.00094\\0.00102\end{vmatrix}$

L_C 层的输出值 $c_j=\begin{vmatrix}0.99907\\0.00089\end{vmatrix}$；$L_C$ 层的误差值 $d_j=\begin{vmatrix}0.00089\\-0.00093\end{vmatrix}$

BP神经网络样本输入信号正向传播和误差反向传播的过程，就是在不断地调整权值和阈值的过程，可以使网络以任意精度逼近任意非线性函数，也就是随着循环调整次数的增加，其输出层的误差值 d 在不断地减小，直至趋近于零，这是总的趋势。但不排除在训练过程中可能出现后一次 d 值比前一次 d 值增大的现象，特别是前些次调整，产生这种现象的原因是网络学习训练过程中出现的振荡现象。这与学习率 α 和 β 的取值有关，α 和 β 的值取的过大就会出现振荡现象。

14.6 基于BP神经网络的线切割加工质量及效率控制

电火花线切割加工是用直径为0.02～0.3 mm不断移动的铜丝或钨丝等作为电极，根据被加工工件的形状要求，编制数字程序控制工作台的运动，对安装在工作台上的工件实现电火花线切割加工。对于在线切割机床上加工工件，经常被人们关注的影响表面质量和生产率的主要技术指标是：被加工工件的表面粗糙度Ra(μm)和在一定厚度下的表面切割速度(mm^2/min)。而影响这两项指标的加工工艺参数分别是工件厚度，脉冲电流的脉宽、脉间、幅值及平均加工电流。而这5项工艺参数均以不同的程度错综复杂地影响着这两项技术指标，而且影响过程难以用数学模型进行综合性表达。但从生产需要出发，还必须要了解并掌握它们之间的影响规律，故采用神经网络的技术手段可通过以下步骤来实现这一目的。现以BP神经网络的学习算法实现对线切割加工质量及效率的控制。

14.6.1 线切割加工BP神经网络的设计

1. BP网络结构的确定

BP网络为前向网络结构，各层的神经元数和隐含层数的确定是要根据所研究对象和内容来确定。

(1) 输入层神经元数(节点数)的确定

输入层神经元数的确定是根据线切割加工时输入的工件厚度及脉冲电流的脉宽、脉间、脉冲峰值电流和平均加工电流等5项工艺参数来确定的，故输入层节点数为5。

(2) 隐含层神经元数及层数的确定

① 隐含层神经元数的确定

隐含层目前还没有一个很好的计算方法，而是要根据经验来定，但是神经元的数目很重要，数目太少，网络拟合误差曲线的能力差。如果数目太多，网络会出现过拟合现象，即拟合精度很高，但样本的均方差(均方差的计算公式与表14.1误差的计算公式不同，均方差的计算见式(14.41))并不减小反而增大。一般神经元的数目取决于输入与输出之间的非线性程度,非线性程度高时可多些神经元,反之,可少些。但有文献说,神经元数不能少于输入及输出神经元数之和,也有文献说应不小于输入神经元数的 2 倍。此例分别选定神经元数为 13 和 18 进行对比实验,最终选择较为合适的一种。

均方差的计算公式为
$$J=\frac{1}{2}\sum_{k=1}^{m}\sum_{j=1}^{q}(C_j^k-c_j^k) \tag{14.41}$$

式中 k——为样本数,$k=1,2,\cdots,N$;

j——为输出层神经元数,$k=1,2,\cdots,L$;

C_j^k——为期望值输出;

c_j^k——为实际输出。

② 隐含层层数的确定

隐含层层数的确定也没有一个很好的计算方法,和隐含层神经元数一样,可以利用经验或是试错法,先设置一层隐含层,计算其输出层均方差,逐渐增加层数,如果出现均方差增大现象,则停止,选择均方差最小时的层数。此例选定一层和二层隐含层进行对比实验,最终选择较为合适的一种。

(3) 输出层神经元数的确定

输出层神经元数的确定根据实际需要,在线切割机上主要是两项技术指标,一是加工零件的表面粗糙度,另一项就是表面切割速度。

线切割加工质量和效率控制 BP 神经网络三层和四层拓扑结构分别如图 14.12 和图 14.13 所示。

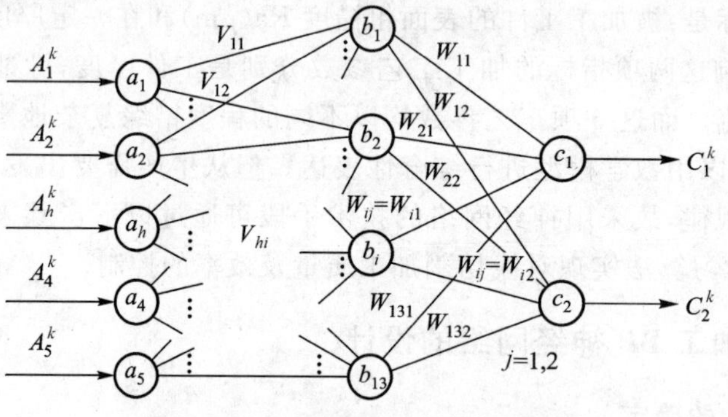

图 14.12 BP 神经网络三层拓扑结构图

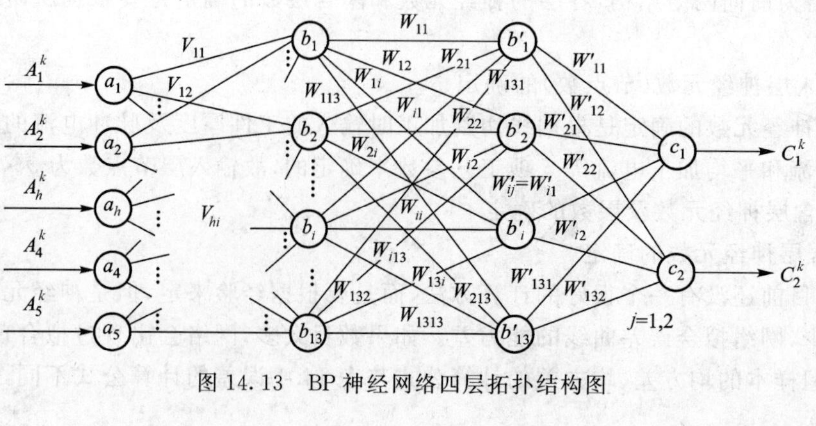

图 14.13 BP 神经网络四层拓扑结构图

2. 网络的初始化

在 BP 神经网络模型的训练中,所有神经元之间的连接初始权值 V_{hi}、W_{ij} 和 W'_{ij} 以及各层神经元的初始阈值可分别选择变化区间为[−1,1]或[0,1]的随机值。并在网络训练中进行比较,观察其不同,最终选取较为合适的变化区间。

3. 学习(训练)样本的确定及激励函数的选择

学习样本的个数为 25 个,样本对输入数据为 A_1^k、A_2^k、A_3^k、A_4^k、A_5^k、样本对输出数据即希望值 C_1^k、C_2^k,而实际输出为 c_1^k、c_2^k。最后达到的期望误差 $\varepsilon=1\times10^{-8}$(反映网络收敛误差的大小,在此为均方差)等的确定如表 14.2 所示。

表 14.2　网络参数和训练收敛次数

网络训练方案	网络初始化参数						网络结构参数		收敛次数
	最大训练次数	期望误差	学习率	训练函数	训练显示间隔次数	初始权值、阈值取值范围	隐含层数	隐含层神经元数	
1	500	1×10^{-8}	0.01	Trainlm(梯度下降法)	20	[−1～1]	1	13	115
2						[0～1]	1	13	150
3						[−1～1]	1	18	142
4						[−1～1]	2	13	78

在此选择 S 状函数,即 Sigmoid 函数作为激励函数。

4. 样本的正向输入及反向传播计算

样本输入之后,按所编制的计算机程序,进行前向输入层、隐含层和输出层输出值的计算以及误差值和反向计算等。其最终的结果如表 14.4 所示。

14.6.2　线切割加工质量及效率控制 BP 神经网络的训练

下面应用 MATLAB 软件平台进行网络训练。

1. 神经网络预测程序的编写

用 MATLAB 软件编写神经网络预测程序,预测程序包括:输入的归一化和输出的反归一化、函数的调用、网络初始化参数和网络结构参数的确定等。

2. 采用不同网络训练方案

BP 神经网络采用不同训练方案其结果如表 14.2 所示。

不同训练方案的结果对比如表 14.3 所示:由方案 1 和方案 2 可见,初始权值和阈值的取值范围为[−1～1]比取值范围为[0～1]时收敛次数少(收敛次数定义为:当均方差小于给定的期望误差时,程序停止运行,此时的迭代次数为收敛次数),而收敛速度快;由方案 1 和方案 3 可见,隐含层神经元数为 13 时比神经元数为 18 时的收敛次数少,收敛速度更快;由方案 1 和方案 4 可见,神经元数相同,隐含层为二层的收敛速度比隐含层为一层的收敛次数少,收敛速度快。

当采用不同网络训练方案时,其训练次数为 78 次时,均方差与收敛后的均方差的对比见表 14.3,这种比较只看出其不同,因数据太少不足以认定其规律。

表 14.3 训练次数为78次时的均方差与收敛后的均方差的对比

网络训练方案	网络拓扑结构参数			收敛次数	收敛时的均方差	均方差（训练次数为78）
	隐含层数	隐含层神经元数	初始权值、阈值取值范围			
1	1	13	[−1～1]	115	9.36447×10^{-9}	5.8524×10^{-5}
2	1	13	[0～1]	150	9.80664×10^{-9}	7.63455×10^{-5}
3	1	18	[−1～1]	142	9.50911×10^{-9}	0.138 797
4	2	13	[−1～1]	78	9.01122×10^{-9}	9.01122×10^{-9}

从表14.2和表14.3的对比，可以选择较佳的方案。从收敛速度和收敛时的均方差最小来看应选择方案4。从收敛时的均方差更接近期望误差（此时期望误差给定为 $\varepsilon=1\times10^{-8}$）来看，应是方案2。

3. 四种训练方案网络训练收敛后的权值和阈值矩阵

下面是按四种方案进行训练，收敛后得到的权值和阈值。权值和阈值符号的右上角的数字为收敛后的训练次数，如 V_{hi}^{115} 右上角的115为训练次数。

训练方案1：

输入层——隐含层权值矩阵

$$V_{hi}^{115}=\begin{vmatrix} V_{11} & V_{12} & V_{13} & V_{14} & V_{15} \\ V_{21} & V_{22} & V_{23} & V_{24} & V_{25} \\ \vdots & \vdots & \vdots & \vdots & \vdots \\ V_{121} & V_{122} & V_{123} & V_{124} & V_{125} \\ V_{131} & V_{132} & V_{133} & V_{134} & V_{135} \end{vmatrix}=\begin{vmatrix} -5.2059 & 1.3219 & -0.2769 & 2.5712 & 1.4281 \\ -8.2483 & 1.6570 & 3.5038 & -4.3875 & 1.6909 \\ \vdots & \vdots & \vdots & \vdots & \vdots \\ 14.8608 & -3.4938 & -0.4572 & -9.9724 & -0.9747 \\ 1.2098 & -0.8082 & 3.2091 & -5.1901 & 1.9534 \end{vmatrix}$$

隐含层——输出层权值矩阵

$$W_{ij}^{115}=\begin{vmatrix} W_{11} & W_{12} & \cdots & W_{112} & W_{113} \\ W_{21} & W_{22} & \cdots & W_{212} & W_{213} \end{vmatrix}=\begin{vmatrix} 1.2421 & 3.8904 & \cdots & -7.3560 & -5.5219 \\ -5.1561 & -7.5597 & \cdots & -11.1681 & 4.6843 \end{vmatrix}$$

隐含层阈值矩阵

$$\theta_i^{115}=(\theta_1\quad \theta_2\quad \cdots\quad \theta_{12}\quad \theta_{13})^{\mathrm T}=(-2.7584\quad 0.9942\quad \cdots\quad -3.1237\quad -0.4434)^{\mathrm T}$$

输出层阈值矩阵

$$\theta_i^{115}=(\theta_1\quad \theta_2)^{\mathrm T}=(-3.2512\quad 2.4499)^{\mathrm T}$$

训练方案2：

输入层——隐含层权值矩阵

$$V_{hi}^{150}=\begin{vmatrix} V_{11} & V_{12} & V_{13} & V_{14} & V_{15} \\ V_{21} & V_{22} & V_{23} & V_{24} & V_{25} \\ \vdots & \vdots & \vdots & \vdots & \vdots \\ V_{121} & V_{122} & V_{123} & V_{124} & V_{125} \\ V_{131} & V_{132} & V_{133} & V_{134} & V_{135} \end{vmatrix}=\begin{vmatrix} -4.9315 & 1.3955 & -1.5976 & -3.0200 & 2.2412 \\ -6.2755 & -4.7584 & 8.2540 & 1.2643 & 0.4681 \\ \vdots & \vdots & \vdots & \vdots & \vdots \\ -16.5187 & -0.7453 & -11.2729 & 8.8533 & -10.7245 \\ -1.2585 & 2.5595 & -1.4371 & 3.9354 & -2.5673 \end{vmatrix}$$

隐含层——输出层权值矩阵

$$W_{ij}^{150}=\begin{vmatrix} W_{11} & W_{12} & \cdots & W_{112} & W_{113} \\ W_{21} & W_{22} & \cdots & W_{212} & W_{213} \end{vmatrix}=\begin{vmatrix} 2.6545 & 4.0438 & \cdots & 0.3698 & -1.8050 \\ 2.9671 & -2.3746 & \cdots & 19.5061 & 2.1309 \end{vmatrix}$$

隐含层阈值矩阵

$$\theta_i^{150}=(\theta_1\quad \theta_2\quad \cdots\quad \theta_{12}\quad \theta_{13})^{\mathrm T}=(-0.3624\quad -4.5015\quad \cdots\quad 0.0958\quad 3.3281)^{\mathrm T}$$

输出层阈值矩阵

$$\theta_i^{150}=(\theta_1 \quad \theta_2)^{\mathrm{T}}=(-16.5131 \quad -11.2060)^{\mathrm{T}}$$

训练方案 3：

输入层——隐含层权值矩阵

$$V_{hi}^{142}=\begin{vmatrix} V_{11} & V_{12} & V_{13} & V_{14} & V_{15} \\ V_{21} & V_{22} & V_{23} & V_{24} & V_{25} \\ \vdots & \vdots & \vdots & \vdots & \vdots \\ V_{171} & V_{172} & V_{173} & V_{174} & V_{175} \\ V_{181} & V_{182} & V_{183} & V_{184} & V_{185} \end{vmatrix}=\begin{vmatrix} 6.7102 & -1.0347 & -3.5695 & -4.9918 & -0.4582 \\ -5.9731 & -2.1747 & 2.4752 & 0.1942 & 2.4770 \\ \vdots & \vdots & \vdots & \vdots & \vdots \\ 0.5722 & -0.6382 & -1.0878 & -1.7738 & 4.3847 \\ -16.5922 & 4.8619 & -1.4693 & 9.2257 & 1.8255 \end{vmatrix}$$

隐含层——输出层权值矩阵

$$W_{ij}^{142}=\begin{vmatrix} W_{11} & W_{12} & \cdots & W_{117} & W_{118} \\ W_{21} & W_{22} & \cdots & W_{217} & W_{218} \end{vmatrix}=\begin{vmatrix} -4.9006 & 3.1851 & \cdots & 4.6462 & 7.5577 \\ -0.4570 & -3.9871 & \cdots & -3.2778 & 12.9755 \end{vmatrix}$$

隐含层阈值矩阵

$$\theta_i^{142}=(\theta_1 \quad \theta_2 \quad \cdots \quad \theta_{17} \quad \theta_{18})^{\mathrm{T}}=(7.1067 \quad -1.4651 \quad \cdots \quad -3.115 \quad 4.7925)^{\mathrm{T}}$$

输出层阈值矩阵

$$\theta_i^{142}=(\theta_1 \quad \theta_2)^{\mathrm{T}}=(-1.5446 \quad -0.7303)^{\mathrm{T}}$$

训练方案 4：

输入层——隐含 1 层权值矩阵

$$V_{hi}^{78}=\begin{vmatrix} V_{11} & V_{12} & V_{13} & V_{14} & V_{15} \\ V_{21} & V_{22} & V_{23} & V_{24} & V_{25} \\ \vdots & \vdots & \vdots & \vdots & \vdots \\ V_{121} & V_{122} & V_{123} & V_{124} & V_{125} \\ V_{131} & V_{132} & V_{133} & V_{134} & V_{135} \end{vmatrix}=\begin{vmatrix} -1.1289 & -1.6540 & -0.5910 & -2.2513 & -1.3355 \\ 2.8748 & -0.7756 & 4.1277 & -3.5375 & 0.2576 \\ \vdots & \vdots & \vdots & \vdots & \vdots \\ -2.9711 & 1.5353 & -1.5063 & -3.7241 & -4.0418 \\ -5.0402 & 0.9273 & -1.1053 & -0.0478 & 1.4468 \end{vmatrix}$$

隐含 1 层——隐含 2 层权值矩阵

$$V_{hi}^{78}=\begin{vmatrix} V_{11} & V_{12} & \cdots & V_{112} & V_{113} \\ V_{21} & V_{22} & \cdots & V_{212} & V_{213} \\ \vdots & \vdots & \ddots & \vdots & \vdots \\ V_{121} & V_{122} & \cdots & V_{1\,212} & V_{1\,213} \\ V_{131} & V_{132} & \cdots & V_{1\,312} & V_{1\,313} \end{vmatrix}=\begin{vmatrix} 1.7816 & 0.0395 & \cdots & 3.0480 & 0.6152 \\ 1.4082 & -2.7299 & \cdots & -0.1774 & 3.8219 \\ \vdots & \vdots & \ddots & \vdots & \vdots \\ -0.1675 & 1.7061 & \cdots & 0.7860 & 3.6035 \\ 2.4226 & -1.8328 & \cdots & -0.7937 & 1.0893 \end{vmatrix}$$

隐含 2 层——输出层权值矩阵

$$W_{ij}^{78}=\begin{vmatrix} W_{11} & W_{12} & \cdots & W_{112} & W_{113} \\ W_{21} & W_{22} & \cdots & W_{212} & W_{213} \end{vmatrix}=\begin{vmatrix} 0.3649 & 2.5184 & \cdots & 6.7239 & -1.3581 \\ -1.0806 & -4.1438 & \cdots & 2.4192 & 0.3288 \end{vmatrix}$$

隐含 1 层阈值矩阵

$$\theta_i^{78}=(\theta_1 \quad \theta_2 \quad \cdots \quad \theta_{12} \quad \theta_{13})^{\mathrm{T}}=(-1.3357 \quad -2.0037 \quad \cdots \quad 3.9859 \quad 1.3397)^{\mathrm{T}}$$

隐含 2 层阈值矩阵

$$\theta_i^{78}=(\theta_1 \quad \theta_2 \quad \cdots \quad \theta_{12} \quad \theta_{13})^{\mathrm{T}}=(-9.8184 \quad -1.9405 \quad \cdots \quad 0.6509 \quad 1.4238)^{\mathrm{T}}$$

输出层阈值矩阵

$$\theta_i^{78}=(\theta_1 \quad \theta_2)^{\mathrm{T}}=(-1.7319 \quad -0.1214)^{\mathrm{T}}$$

4. 网络训练收敛后的学习样本和最终的训练结果

四种训练方案网络训练收敛后的学习样本和最终的训练结果如表 14.4 所示。

表 14.4　网络学习样本和预测结果

序号	样本值							训练方案 1：网络预测值（实际输出值）		训练方案 2：网络预测值（实际输出值）		训练方案 3：网络预测值（实际输出值）		训练方案 4：网络预测值（实际输出值）	
	输入值					期望输出值									
	工件厚度/mm	脉冲电流脉宽/μs	脉冲电流脉间/μs	脉冲电流幅值/A	平均加工电流/A	切割速度/($mm^2 \cdot min^{-1}$)	表面粗糙度/μm	切割速度/($mm^2 \cdot min^{-1}$)	表面粗糙度/μm	切割速度/($mm^2 \cdot min^{-1}$)	表面粗糙度/μm	切割速度/($mm^2 \cdot min^{-1}$)	表面粗糙度/μm	切割速度/($mm^2 \cdot min^{-1}$)	表面粗糙度/μm
1	5	1	15	1	0.2	3.6	1.3	3.661 7	1.300 0	3.668 7	1.300 0	3.623 4	1.300 0	3.658 6	1.299 9
2	5	1	10	1	0.5	7.8	1.8	7.799 7	1.800 0	7.798 1	1.800 0	7.799 1	1.800 0	7.799 7	1.800 0
3	5	3	9	2	0.7	21.1	2.8	21.100 2	2.800 0	21.100 0	2.800 0	21.100 6	2.800 0	21.101 9	2.799 9
4	5	5	9	2	0.7	23.1	3.5	23.100 1	3.500 0	23.100 0	3.500 0	23.100 5	3.500 0	23.101 0	3.499 9
5	5	7	8	3	0.9	33.0	4.5	32.999 8	4.500 0	33.000 0	4.500 0	33.000 3	4.500 0	32.999 5	4.499 9
6	5	9	7	3	0.9	34.9	5.5	34.900 1	5.500 0	34.900 0	5.500 0	34.899 8	5.500 0	34.900 8	5.499 9
7	5	11	6	4	1.2	47.6	6.5	47.599 4	6.497 7	47.600 0	6.498 2	47.600 4	6.498 0	47.599 0	6.498 1
8	20	1	11	1	0.4	8.0	1.2	7.998 0	1.200 0	7.998 4	1.199 9	8.000 1	1.200 0	7.997 4	1.200 0
9	20	1	9	1	0.5	13.0	1.5	13.001 0	1.500 0	13.001 1	1.500 0	13.000 8	1.499 9	13.000 5	1.500 1
10	20	3	9	2	0.8	22.5	2.3	22.500 2	2.300 0	22.500 0	2.300 1	22.497 8	2.300 1	22.500 4	2.300 0
11	20	7	9	3	1.0	34.3	3.0	34.300 4	3.000 0	34.300 1	3.000 0	34.300 3	3.000 0	34.301 2	2.999 9
12	20	9	7	3	1.4	40.6	3.7	40.599 1	3.700 0	40.600 0	3.700 0	40.600 5	3.700 0	40.600 8	3.700 0
13	20	11	6	4	1.8	50.5	4.2	50.499 4	4.200 0	50.500 0	4.200 0	50.500 2	4.200 0	50.499 4	4.200 0
14	20	13	6	4	1.8	54.5	4.7	54.499 3	4.700 0	54.500 2	4.700 0	54.500 1	4.700 0	54.498 8	4.700 0
15	50	15	6	5	1.9	58.5	5.2	58.499 1	5.200 0	58.499 9	5.200 0	58.500 1	5.200 0	58.496 9	5.200 0
16	50	15	3	5	2.7	82.8	5.5	82.799 1	5.500 0	82.800 0	5.500 0	82.800 2	5.500 0	82.795 7	5.499 9
17	50	1	9	1	0.6	4.2	1.0	4.198 6	1.001 6	4.198 3	1.002 0	4.190 8	1.003 0	4.199 0	1.001 8
18	50	2	9	2	0.8	13.3	1.7	13.300 1	1.700 0	13.299 8	1.700 0	13.302 5	1.700 0	13.299 2	1.700 0
19	50	4	9	2	0.8	15.2	2.2	15.199 8	2.200 0	15.199 9	2.200 0	15.199 5	2.200 0	15.199 6	2.200 0
20	50	6	9	3	1.0	26.9	2.6	26.899 5	2.600 0	26.900 1	2.600 0	26.899 6	2.600 0	26.900 4	2.600 0
21	50	9	7	3	1.3	38.6	3.2	38.600 1	3.200 0	38.600 0	3.200 0	38.599 7	3.200 0	38.599 7	3.200 0
22	50	13	6	4	1.6	48.8	3.9	48.799 2	3.900 0	48.799 9	3.900 0	48.800 0	3.900 0	48.798 7	3.900 2
23	200	15	6	5	2.1	50.4	4.8	50.399 9	4.800 0	50.400 1	4.800 0	50.400 2	4.800 0	50.395 1	4.800 1
24	200	15	3	5	3.0	70.1	4.7	70.100 1	4.700 0	70.100 3	4.700 0	70.100 3	4.700 0	70.094 3	4.700 0
25	200	15	0	5	5.8	148.1	5.0	148.076 9	4.999 9	148.081 7	5.000 0	148.081 2	5.000 0	148.066 8	5.000 2

5. 对 BP 网络训练的测试

最后随机选择两个测试样本，对上述训练好的 BP 神经网络进行测试，其结果如表 14.5 所示。

表 14.5 测试值及结果

序号	测试输入值					实际输出值	
	工件厚度/mm	脉冲电流脉宽/μs	脉冲电流脉间/μs	脉冲电流幅值/A	平均加工电流/A	切割速度/($mm^2 \cdot min^{-1}$)	表面粗糙度/μm
1	20	2	10	0.9	0.3	9.907 3	1.435 9
2	50	8	7	2	1.4	43.943 2	3.644 6

由表 14.5 和表 14.4 比对可知：表 14.5 序号 1 的测试输入值和表 14.4 样本输入值相对应，看其实际输出值应该和样本 8 和 9 相接近，实际情况也是如此。而序号 2 的实际输出值应该和样本 20～22 相接近，实际情况也是如此。

第15章　模糊控制及其应用

本章主要讲述模糊控制及产生的背景、模糊控制系统的原理及基本组成、磨削加工表面粗糙度的模糊控制系统的建立。通过学习读者重点掌握模糊控制的基本概念及结合工程实际完成模糊控制系统的设计。

在对客观事物的思维表达或者思维逻辑中，仅用真与假、好与坏、正确与错误、白与黑、年老与年少等来刻画人的思维或对某些事物描述是不够的，因为客观事物不是那么绝对化，上述相互对应的两者之间存在过渡区，而且没有一个清晰的过渡边缘，这种难以清晰分辨的就是模糊。

那么，对于含有模糊概念的对象该用什么逻辑来描述呢？当然，不能用(1,0)二值基础上的数理逻辑——布尔代数来描述，在1965年美国加州大学控制论专家札德(L. A. Zadeh)的模糊子集理论诞生后，首先应用于数理逻辑，从而产生了基于模糊集合论的模糊逻辑系统。模糊逻辑在模糊控制论、模糊语言、计算机科学及专家系统中体现了强大生命力，显示出广阔的应用前景。

15.1　模糊控制及产生的背景

作为一个控制系统，对那些难以预测、难以量化、难以用数学模型描述、难以识别、难以界定、随机性很大的动态特性常变的控制系统，经典的控制方法已经不能满足要求，故出现了模糊控制。

模糊控制是以模糊数学作为理论基础，以人的控制经验作为控制的知识模型，以模糊集合、模糊语言变量以及模糊逻辑推理作为控制算法的一种控制方法。

模糊控制一般针对难以用数学模型描述的复杂系统或动态特性常变的控制系统。

目前，模糊控制已广泛应用于列车自动运行控制、机器人控制、飞行控制、机器故障诊断、加工误差的预报及误差补偿、图像识别、文字识别和天气预报等对象。

15.2　模糊控制系统

模糊控制系统如图15.1所示，与通常的负反馈闭环控制系统相似，唯一不同之处是控制装置由模糊控制器代替。所以研究模糊控制系统实际上就是研究模糊控制器的设计。模糊控制器是模糊逻辑控制器的简称。控制器的研究关键是控制规则的制订，控制规则是基于模糊条件语句描述的语言控制规则，所以模糊控制器又称为模糊语言控制器。控制器的模糊变量是通过语言描述的。下面讲述语言变量的表述。

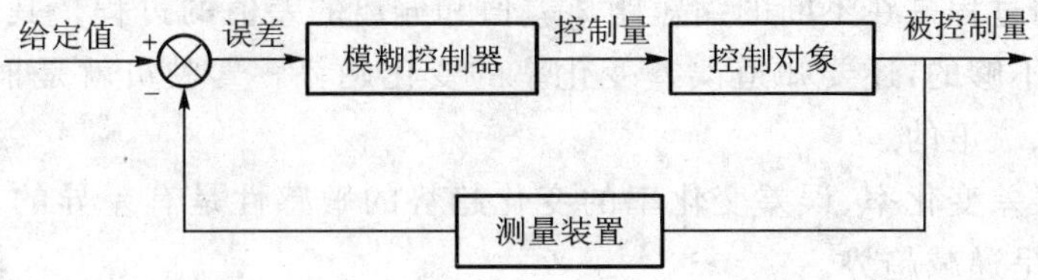

图 15.1 模糊控制系统框图

15.2.1 模糊变量的描述

模糊变量的描述是通过语言的描述实现的，而语言变量的描述有以下五个要素：

1. 语言变量及其名称

语言变量是模糊控制系统的控制量，即模糊控制量的语言描述。如加工误差、进给量、表面粗糙度、温度等一些需要控制的量。

2. 语言变量的语言值及其名称

语言值是对语言变量的大小、高低等不同等级的语言描述。如作为语言变量误差的语言值大小的描述为很大、大、中、小、零等。

3. 论域

论域是指语言变量的范围，如误差－3～＋3。

4. 语言控制规则

语言控制规则是指在何种条件下会出现某种状况的逻辑推理的语言描述，即条件语句。如“若天气晴朗，则暖和”，“若进给量小，则表面粗糙度值低”。

5. 语言值的描述

是论域的数字量隶属于某种语言值的隶属程度。可以用正态分布、三角形分布或者是梯形分布曲线描述，如图 15.2 所示。也可以用表格的形式予以描述。

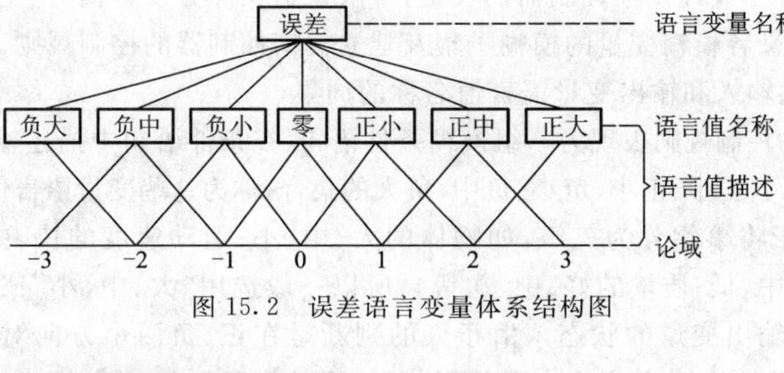

图 15.2 误差语言变量体系结构图

15.2.2 模糊逻辑控制器的设计

模糊控制器的设计包括以下内容：

1. 确定模糊控制器结构形式

模糊控制器结构形式的确定，主要是根据控制器的输入量和输出量(即被控制对象的控制量)。要确定选哪些变量作为模糊控制器的输入量和输出量，必须研究手动控制中，人是如何获得信息的，因为模糊控制器的控制规则是要模拟人脑的思维决策方式。如飞机追击的目标为一敌机，驾驶员首先观测的是误差，即不断的观测与敌机的距离远近以及航向是否偏离,所以追击的过程是在不断的缩短距离差值和偏离的差值的过程。其次是误差的变化,但仅此两项还是不够的,还要知道误差变化率的变化趋势。驾驶员就是根据此三项数据在头脑中进行综合、决策的。

人对误差、误差变化率、误差变化率的变化趋势的敏感性是有差异的,而且人对三项参数的敏感程度也呈递减趋势。

通常将模糊控制器的输入变量的个数称为模糊控制的维数。一、二、三维模糊控制器的结构分类如图15.3(a)、(b)、(c)所示。

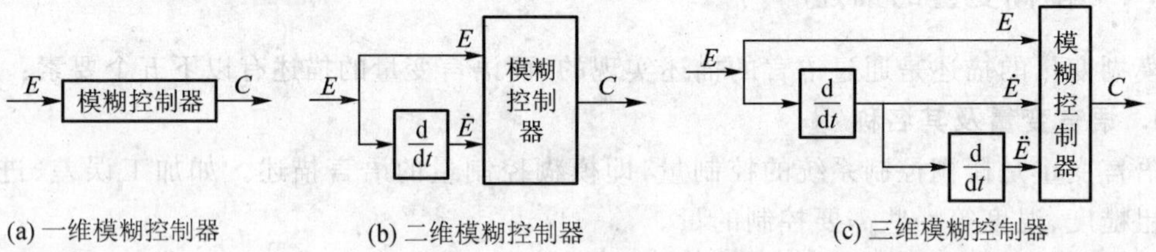

图15.3 模糊控制器结构形式

一维控制器用于一阶被控对象,输入变量只是误差一项,它的动态控制性能不佳。

二维控制器是以误差和误差变化率为输入量,以控制量的变化为输出量,目前被广泛采用。

三维控制器是以误差、误差变化率、误差变化率的变化趋势为输入量。从理论上讲,模糊控制器维数越高,控制越精细,但维数过高,则模糊控制规则过于复杂,控制算法变得相当困难,这也是广泛应用二维模糊控制器的原因。

2. 选择模糊控制器的输入变量及输出变量的论域

论域在此表示变量的总体范围,误差语言变量的结构如图15.2所示。误差论域是根据实际情况而定,此处定为$-3\sim+3$。

3. 模糊控制规则设计

控制规则设计是设计模糊控制器的关键,一般包括三部分设计内容:选择描述输入和输出变量的词集、定义各模糊变量的模糊子集及建立模糊控制器的控制规则。

(1) 选择描述输入和输出变量语言值名称的词集

模糊控制器的控制规则表现为一组模糊条件语句,在条件语句中描述输入输出变量状态的一些词汇,如正大、正中、正小、负小、负中、负大的集合,称为这些变量语言值名称的词集。

人们常习惯于将事物分为三级,如物体的大、中、小;运动速度的快、中、慢;年龄的老、中、青;精度的高、中、低;质量的好、中、次等。所以一般选用"大、中、小"三个词汇来描述模糊控制器的输入、输出变量的状态。由于人的判断是在正、负两个方向对称的,将"大、中、小"再加上正、负两个方向,并考虑变量的零状态,所以共有七个词汇,即:

{负大,负中,负小,零,正小,正中,正大}

{NB NM NS Z PS PM PB}

选择较多的词汇描述输入、输出变量,可以使制订控制规则方便,但是控制规则相应变得复杂。词汇过少,使得描述变量变得粗糙,导致控制器的性能可能变坏。一般都是选择七个词汇左右。

对于误差的变化这个输入变量,选择描述状态词汇时,常常将"零"又分为"正零"和"负零",这样词集变为:

{负大,负中,负小,负零,正零,正小,正中,正大}

{NB NM NS NO PO PS PM PB}

描述输入、输出变量的词汇都具有模糊特性,可用模糊集合来表示。因此,模糊概念的确定问题就直接转化为求模糊集合的隶属函数问题。

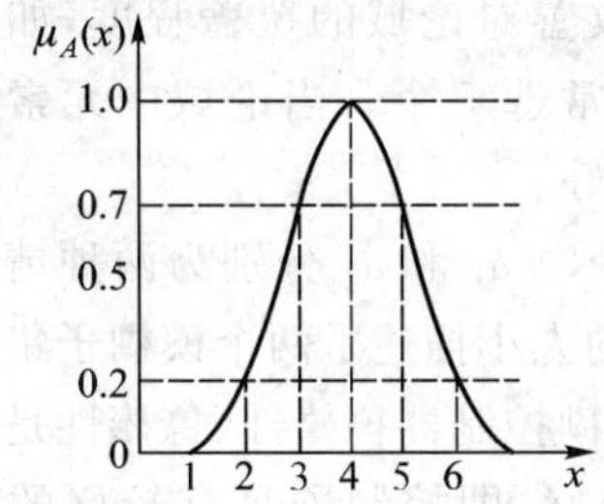

图 15.4 论域为 X 的模糊子集

(2) 确定语言值各模糊变量的模糊子集

定义或确定一个模糊子集,实际上就是要确定模糊子集隶属函数曲线的形状。将隶属函数曲线离散化,就得到了有限个点上的隶属度,构成了一个相应的模糊变量的模糊子集,如图 15.4 所示。隶属函数曲线表示论域 X 中的元素 x 的模糊变量 A 的隶属程度,设定

$$X=\{-6,-5,-4,-3,-2,-1,0,1,2,3,4,5,6\}$$

则有 $\mu_A(2)=\mu_A(6)=0.2$; $\mu_A(3)=\mu_A(5)=0.7$; $\mu_A(A)=1$

论域 X 内除 $x=2,3,4,5,6$ 外各点的隶属度均为零,则模糊变量 A 的模糊子集为

$$A=\frac{0.2}{2}+\frac{0.7}{3}+\frac{1}{4}+\frac{0.7}{5}+\frac{0.2}{6}$$

由此可见,确定了隶属函数曲线后,就很容易定义出一个模糊变量的模糊子集。

实验结果表明,在人进行控制活动时的模糊概念用正态分布曲线来描述模糊变量是合适的。如果模糊变量假定为工件加工尺寸正态型模糊变量,其函数为

$$Y(x)=\frac{1}{\sigma\sqrt{2\pi}}\exp\left[-\frac{(x-\bar{x})^2}{2\sigma^2}\right]$$

式中 x——工件尺寸;

$\bar{x}$——工件平均尺寸(分散范围中心),$\bar{x}=\sum_{i=1}^{n}x_i/n$;

σ——均方根误差,$\sigma=\sqrt{\sum_{i=1}^{n}(x_i-\bar{x})^2/n}$;

n——工件总数。

式中参数 σ 的大小直接影响隶属函数曲线的形状,而隶属函数曲线的形状不同会导致不同的控制特性,如图 15.5 所示的三个模糊子集 A、B、C 的隶属函数曲线的形状不同,显然模糊子集 A 形状尖些,它的分辨率高,其次是 B,最低是 C。

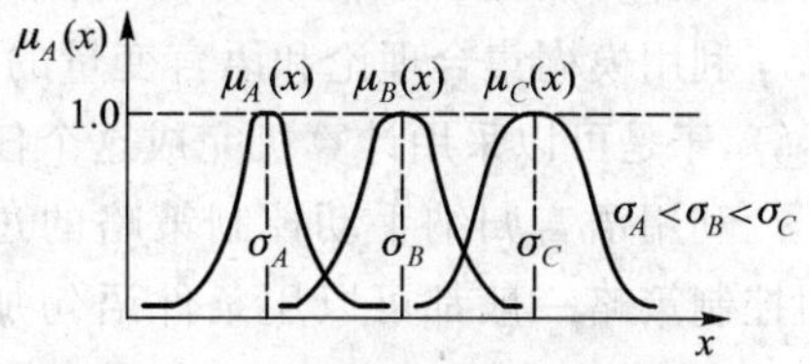

图 15.5 模糊子集的隶属函数曲线

上述分析表明,隶属函数曲线形状较尖的模糊子集其分辨率较高,控制灵敏度也较高;相反,隶属函数曲线形状较缓的,控制特性也较平缓,系统稳定性较好。因此,在选择模糊变量模糊集的隶属函数时,在误差较大的区域采用低分辨率的模糊集,在误差较小的区域采用高分辨率的模糊集,当误差接近于零时选用高分辨率的模糊集。

下面就同一模糊变量(例如:误差或误差的变化率)的各个模糊子集(如:负大、负中、负小、……、正中、正大)之间的相互关系及其对控制性能影响问题作进一步分析。

从自动控制角度来看,总希望一个控制系统在所要求的范围内都能很好地实现控制,因此在选择描述某一模糊变量的各个模糊子集时,要使它们在论域上的分布合理,应该较好地

覆盖整个论域。在定义这些模糊子集时要注意，论域中任何一点对这些模糊子集隶属度的最大值不能太小，否则会在这样的点附近出现不灵敏区，以至造成失控，使模糊控制系统控制性能变坏。

适当地增加各模糊变量的模糊子集论域中的元素个数，可改善对论域的覆盖程度，如一般论域中的元素个数的选择均不低于 13 个，而模糊子集总数通常选 7 个。当论域中元素总数为模糊子集总数的 2～3 倍时，模糊子集对论域的覆盖程度较好。

此外还须指出，各模糊子集之间也有相互影响，如图 15.6 所示。α_1 和 α_2 分别为两种情况下两个模糊子集 A 和 B 交集的最大隶属度，显然 α_1 小于 α_2，α 值的大小描述了两个模糊子集之间的影响程度，当 α 值较小时控制灵敏度较高，而当 α 值较大时模糊控制器鲁棒性（鲁棒性是健壮性、强壮性，是衡量系统抗各种干扰、适应环境变化的能力）较好，即控制器具有较好的适应对象特性参数变化的能力（即抗干扰的能力）。α 值取得过小或过大都是不利的，一般选取 α 值为 0.4～0.8。α 值过大时会造成两个模糊子集难以区分，使控制灵敏度显著降低。

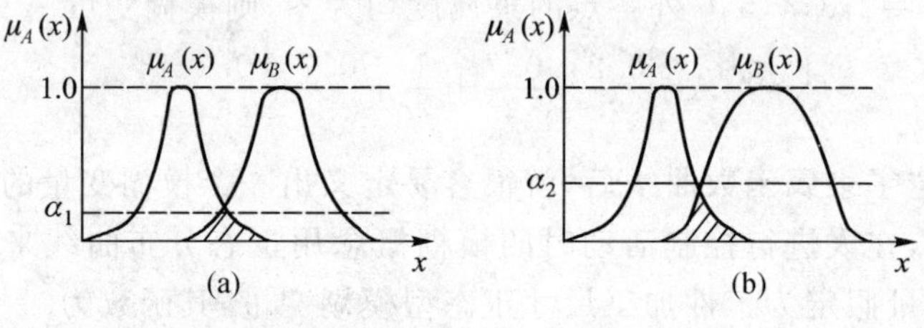

图 15.6 模糊子集 A 和 B 的交集隶属度曲线

（3）建立模糊控制器的控制规则

模糊控制器的控制规则是基于手动控制策略的，而手动控制策略又是人们通过学习、试验以及长期经验积累而逐渐形成的，是存储在操作者头脑中的一种知识集合。手动控制过程一般是操作者通过对被控制对象（过程）的一些观测，再根据已有的经验和知识，进行综合分析并做出控制决策，经调整对被控对象进行控制，从而使系统达到预期的目标。

手动控制的作用同自动控制系统中的控制器作用基本相同，所不同的是手动控制决策是基于操作者经验和知识，而控制器的控制决策是基于某种控制算法的数值运算。

利用模糊集合理论和语言变量的概念，可以把利用语言归纳的手动控制策略上升为数值运算，于是可以采用计算机完成这个任务以代替人的手动控制，实现所谓的模糊自动控制。

利用语言归纳手动控制策略的过程，实际上是建立模糊控制器的控制规则的过程。手动控制策略一般都可以用条件语句加以描述，常见的模糊条件语句及其对应的模糊关系 R 概括如下：

a. “若 A 则 B”（即 if A then B）

$$A \rightarrow B$$

例句：假设以气温 R 为论域，A 及 B 均为模糊命题

A：天气晴朗；B：天气暖和

则 $A \rightarrow B$ 称为似然推理句，表示“若天气晴朗则暖和”，而 $B \rightarrow A$ 则表示“若天气暖和则晴朗”。

b. “若 A 则 B 否则 C”（即 if A then B else C）

$$R = (A \times B) + (\bar{A} \times C)$$

例句：“若水温高则加冷水，否则加热水”。

c. “若 A 且 B 则 C”(即 if A and B then C)

$$R=(A\times B)\cdot(B\times C)$$

还可以表示为“若 A 若 B 则 C”(即 if A then C if B then C)

$$R=A\times(B\times C)=A\times B\times C$$

例句:“若水温偏低且温度继续下降,则加大热水流量”。

d. “若 A 或 B 且 C 或 D 则 E”(即 if A or B and C or D then E)

$$R=[(A+B)\times E]\cdot[(C+D)\times E]$$

例句:“若水温高或偏高且温度继续上升快或较大,则加大冷水流量”。

e. “若 A 则 B 且若 A 则 C”(即 if A then B and if A then C)

$$R=(A\times B)\cdot(A\times C)$$

这条语句还可以表述为:

“若 A 则 B,C”(即 if A then B,C)

例句:“若水温已到,则停止加热水、停止加冷水”。

f. “若 A_1 则 B_1 或 A_2 则 B_2”(if A_1 then B_1 or if A_2 then B_2)

$$R=A_1\times B_1+A_2\times B_2$$

例句:“若水温偏高则加大冷水流量,或若水温偏低则加大热水流量”。

这条语句还可表示为

“若 A_1 则 B_1 否则 A_2 则 B_2”(即 if A_1 then B_1 else if A_2 then B_2)

下面以手动操作控制水温为例,总结一下手动控制策略,从而给出一类模糊控制规则。

设:温度的误差为 E,温度误差的变化率为 $\dot{E}$,热水流量的变化为 C_U。假设选取 E 及 C_U 的语言变量的词集均为

$$\{NB,NM,NS,NZ,PZ,PS,PM,PB\}$$

选取 $\dot{E}$ 的语言变量词集为

$$\{NB,NM,NS,Z,PS,PM,PB\}$$

现将操作者在操作过程中要遇到的各种可能出现的情况和相应的控制策略汇总如表 15.1。

表 15.1 模糊控制规则表

C_U \ E \ $\dot{E}$	NB	NM	NS	Z	PS	PM	PB
NB	PB	PB	PB	PB	PM	Z	Z
NM	PB	PB	PB	PB	PM	Z	Z
NS	PM	PM	PM	PM	Z	NS	NS
NZ	PM	PM	PS	Z	NS	NM	NM
PZ	PM	PM	PS	Z	NS	NM	NM
PS	PS	PS	Z	NM	NM	NM	NM
PM	Z	Z	NM	NB	NB	NB	NB
PB	Z	Z	NM	NB	NB	NB	NB

下面说明建立模糊控制规则表的基本思想，首先考察误差为负的情况，当误差为负大时，若当误差变化率为负，这时误差有增大趋势，为尽快消除已有的负大误差并抑制误差变大，所以控制量的变化取正大。

当误差为负，而误差变化率为正时，系统本身已有减少误差的趋势，所以为尽快消除误差且又不超调，应取较小的控制量。由表可见，当误差为负大且误差变化率为正小时，控制量的变化取为正中。若误差变化率为正大或正中时，控制量不宜增加，否则造成超调会产生正误差，因此这时控制量变化取为 Z 等级。

当误差为负中时，控制量的变化应使误差尽快消除，基于这种原则，控制量变化的选取与误差为负大时相同。

当误差为负小时，系统接近稳态，若误差变化为负时，选取控制量变化为正中，以抑制误差往负方向变化；若误差变化为正时，系统本身有趋势消除负小的误差，选取控制量变化为正小即可。

上述选取控制量变化的原则是：当误差大或较大时，控制是以尽快消除误差为主；当误差较小时，选择控制量要注意防止超调，以系统的稳定性为主要出发点。

误差为正时与误差为负时相类同，但相应的符号要变化。

表中给出的控制规则，是一类消除误差的二维模糊控制器的模糊控制规则。

4. 清晰量与模糊量的相互转换

由模糊控制器组成的系统框图如图 15.7 所示。

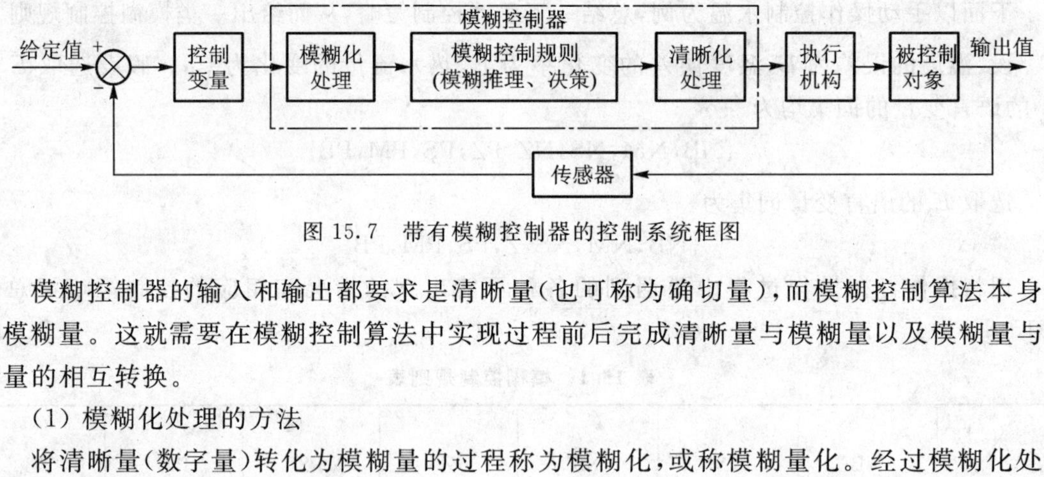

图 15.7　带有模糊控制器的控制系统框图

模糊控制器的输入和输出都要求是清晰量（也可称为确切量），而模糊控制算法本身需要模糊量。这就需要在模糊控制算法中实现过程前后完成清晰量与模糊量以及模糊量与清晰量的相互转换。

(1) 模糊化处理的方法

将清晰量（数字量）转化为模糊量的过程称为模糊化，或称模糊量化。经过模糊化处理的控制变量才能保证模糊控制算法的实现。

模糊化一般采用如下方法：

把清晰量离散化。如把在[−6，+6]之间变化的连续量 y 分为 7 个档次，即 7 个语言值，如表 15.2 所示，每一档对应一个模糊集。

如表中在[−6，+6]区间的离散化后的清晰量与表示模糊语言的模糊量建立了关系。这样，就可以将[−6，+6]之间的任意清晰量用模糊量表示成隶属函数值。例如在 −6 附近称为负大，用 NB 表示，在 −4 附近称为负中，用 NM 表示。如果 $y=-5$，需从表 11.2 中隶属度上选择，由于

$$\mu_{NM}(-5)=0.7,\quad \mu_{NB}(-5)=0.8$$

$$\mu_{NB} > \mu_{NM}$$

所以-5用NB表示。

表15.2 语言值描述表

隶属度 \ y / 语言值	-6	-5	-4	-3	-2	-1	0	1	2	3	4	5	6
PB	0	0	0	0	0	0	0	0	0	0.1	0.4	0.8	1.0
PM	0	0	0	0	0	0	0	0	0.2	0.7	1.0	0.7	0.2
PS	0	0	0	0	0	0	0	0.9	1.0	0.7	0.2	0	0
Z	0	0	0	0	0	0.5	1	0.5	0	0	0	0	0
NS	0	0	0.2	0.7	1.0	0.9	0	0	0	0	0	0	0
NM	0.2	0.7	1.0	0.7	0.2	0	0	0	0	0	0	0	0
NB	1.0	0.8	0.4	0.1	0	0	0	0	0	0	0	0	0

如果清晰量x的实际变化范围为$[a,b]$，将$[a,b]$区间的清晰变量转换为$[-6,+6]$区间变化的变量y，采用如下公式

$$y=12[x-(a+b)/2]/(b-a)$$

y的变化范围为$[-6,6]$，如果x的变化范围$[a,b]$为$[-4,4]$，当$x=-4$时，则转化到y范围内，由上式计算

$$y=12[-4-(-4+4)/2]/(4+4)=-6$$

此时x中的-4相当于y中的-6。

由上式计算出的y值，若不是整数，可以把它归入最接近于y的整数。例如$-4.8\to-5$，$2.7\to3$，$-0.4\to0$。

实际的输入变量（如误差和误差变化率）都是连续变量，通过模糊化处理把连续量离散为$[-6,6]$之间有限个整数值的做法是为了使模糊推理合成方便。

表中的隶属度可根据实际问题确定，这里仅是人为给定的一个例子。

(2) 输出模糊量的清晰化方法

模糊控制器的输出是一个模糊量，这个模糊量不能直接控制被控对象，还需将它转换为一个确切量，这个转换过程称为清晰化，或称去模糊化。清晰化有下列三种方法：

① 选择最大隶属度法

选取模糊子集中隶属度最大的元素作为控制量，例如模糊子集为$\underset{\sim}{c}$，所选择的隶属度最大元素u^*应满足

$$\mu_{\underset{\sim}{c}}(u^*)\geqslant\mu_{\underset{\sim}{c}}(u),\quad u\in U \tag{15.1}$$

若u^*仅为一个，则选择该值作为控制量。若u^*有多个，且$u^*_{\underset{\sim}{a}}\leqslant u^*_{\underset{\sim}{b}}\leqslant\cdots\leqslant u^*_{\underset{\sim}{p}}$，则取它们的平均值$\bar{u}^*$或取$u^*_{\underset{\sim}{a}}$和$u^*_{\underset{\sim}{p}}$的中点$\left(\text{即}\dfrac{u^*_{\underset{\sim}{a}}+u^*_{\underset{\sim}{p}}}{2}\right)$作为控制量。

例15.1 设两个模糊子集分别为

$$\underset{\sim}{c}_1=\frac{0.3}{-1}+\frac{0.18}{-2}+\frac{1}{-3}+\frac{0.5}{-4}+\frac{0.1}{-5}$$

$$\underset{\sim}{c}_2=\frac{0.3}{0}+\frac{1}{1}+\frac{1}{2}+\frac{0.8}{3}+\frac{0.4}{4}+\frac{0.2}{5}$$

按最大隶属度法确定控制量 u^*

解:在 $\underset{\sim}{c}_1$ 中,元素-3的隶属度最大,故选取 $u^*=-3$ 作为 $\underset{\sim}{c}_1$ 的控制量。

在 $\underset{\sim}{c}_2$ 中,u^* 有两个,元素1和元素2,则取

$$u^*=\frac{1+2}{2}=1.5$$

作为 $\underset{\sim}{c}_2$ 的控制量。

此法简单易行,缺点只考虑隶属度最大的点控制,而未考虑隶属度小的点的控制作用,有时欠妥。

② 取中位数法

选取求出模糊子集的隶属函数曲线和横坐标所围成区域的面积,并垂直于横坐标平分为两部分,则横坐标的数,作为清晰化的结果,这种方法比较充分地利用了模糊子集提供的信息,但计算要比方法①麻烦。

③ 加权平均判决法

这种方法是仿照普通加权法的计算公式

$$u^*=\frac{\sum_{i=1}^{n}k_iu_i}{\sum_{i=1}^{n}k_i} \tag{15.2}$$

式(15.2)表示模糊子集 $\underset{\sim}{c}$ 中有元素 $u_1,u_2,\cdots,u_n$,其对应的隶属函数为 $\mu_{\underset{\sim}{c}}(u_i)$,当选择加权系数 $k_i=u_{\underset{\sim}{c}}(u_i)$时,上式将变为

$$u^*=\frac{\sum_{i=1}^{n}u_{\underset{\sim}{c}}(u_i)u_i}{\sum_{i=1}^{n}\mu_{\underset{\sim}{c}}(u_i)} \tag{15.3}$$

式(15.3)即为加权平均判决法的计算式

例15.2　已知

$$\underset{\sim}{c}_1=\frac{0.3}{-1}+\frac{0.18}{-2}+\frac{1}{-3}+\frac{0.5}{-4}+\frac{0.1}{-5}$$

$$\underset{\sim}{c}_2=\frac{0.3}{0}+\frac{1}{1}+\frac{1}{2}+\frac{0.8}{3}+\frac{0.4}{4}+\frac{0.2}{5}$$

利用加权平均判决法求 u^*。

解:对 $\underset{\sim}{c}_1$ 而言,利用公式(15.3)则有

$$u^*=\frac{(-1)\times0.3+(-2)\times0.8+(-3)\times1+(-4)\times0.5+(-5)\times0.1}{0.3+0.8+1+0.5+1}=-2.74$$

对 $\underset{\sim}{c}_2$ 而言

$$u^*=\frac{0.3\times0+1\times1+1\times2+0.8\times0.3+0.4\times4+0.2\times5}{0.3+1+1+0.8+0.4+0.2}=2.16$$

加权系数的选取对系统的响应特性有直接影响,调整加权系数可以在很大程度上改善系统的响应特性。

上述三种方法,第一种方法简单易行,第二、三种方法能充分利用模糊子集提供的有用信息量,这一点优于第一种方法,但计算量较大。使用时可根据具体情况而选用。

下面讨论一下模糊控制器输出模糊量的隶属函数曲线形状,及其对控制性能的影响。一般说来,由模糊控制算法计算出的控制量模糊集隶属函数曲线如图 15.8 所示。图中 A、B、C 分别为三种不同形状的模糊集隶属函数曲线。A 是单峰的,这种模糊集对应着一个控制规则;B 是双峰的,表明模糊控制规则中出现了相矛盾的情况,导致控制量的模糊集出现了双峰;C 是平坦的无峰曲线,这表明模糊控制器确定得不好,使控制性能变坏。一个设计好的模糊控制器应该具有类似于 A 曲线的模糊集作为输出的模糊控制量。

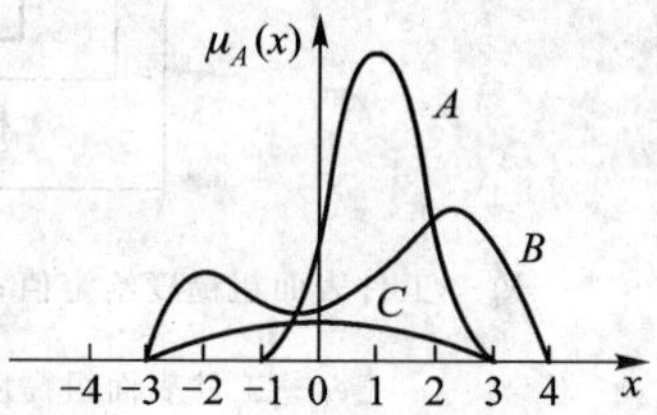

图 15.8 模糊集隶属函数曲线

15.3 磨削加工表面粗糙度的模糊控制

在切削加工中,被加工零件的加工精度和表面质量(几何形状、相对位置、精度和表面粗糙度、波纹度及残余应力等)受到多种因素的影响,其加工精度难以准确控制,并带有很大的随机性,在这种情况下,采用模糊控制的方法保证磨削加工所要求的零件表面粗糙度是一种行之有效的途径。

现以阀控液压缸作为执行机构的磨削闭环控制系统为例(如图 15.9 所示),此系统是以给定的磨削工件表面粗糙度 R_a^0 为输入,以磨削表面粗糙度的实测值 R_a 为输出。

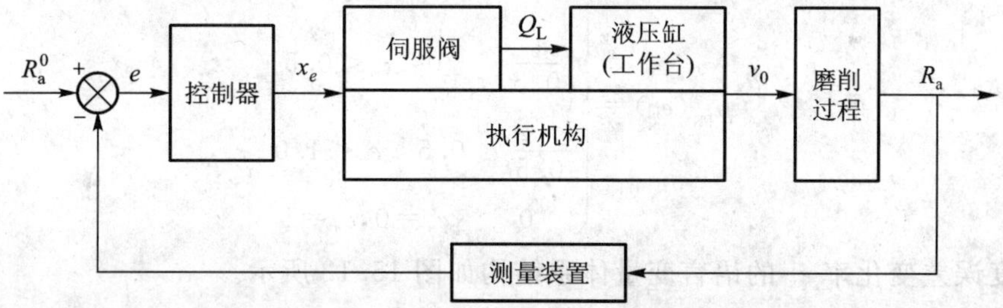

图 15.9 磨削加工闭环控制液压系统框图

如若以通常的控制方式实现此系统的闭环控制,除设计或选择控制器外,还要建立系统的数学模型,这是一个相当复杂而且也难以准确描述的过程。在此引用第 4 章简化后的式(4.38),可得到以伺服阀阀芯位移 x_e 为输入,以工作台速度(此处是磨削工作台速度,即磨削速度)$\dfrac{dx_0}{dt}=v_0$ 为输出的传递函数为

$$\frac{V_0(s)}{X_e(s)}=\frac{K_q}{A_p\left(\dfrac{V_t m}{4\beta_e A_p^2}s^2+\dfrac{K_c m}{A_p^2}s+1\right)}$$

另外,还要建立以磨削速度 v_0 为输入,以磨削表面粗糙度的实测值 R_a 为输出的磨削过程数学模型,这也是一个更为复杂的过程,所涉及的因素和难以预测的因素很多,其数学模型的建立更为困难。所以在此情况下采用模糊控制是较为有效的方法。

1. 磨削加工模糊控制系统的建立

以表面粗糙度的给定值 R_a^0 为输入,以磨削后表面粗糙度的实测值 R_a 为输出的控制系统组成如图 15.10 所示。

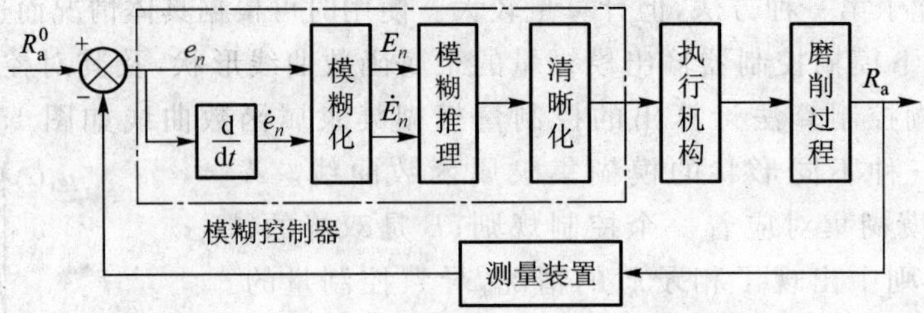

R_a^0—工件表面粗糙度给定值；R_a—工件表面粗糙度实测值；e_n—工件表面粗糙度误差值，$e_n=R_a^0-R_a$；

$\dot{e}_n$—工件表面粗糙度误差变化率，$\dot{e}_n=\dfrac{e_n-e_{n-1}}{T}$，$n$ 为采样次数，T 为采样时间间隔

图 15.10　磨削加工模糊控制系统框图

2. 误差和误差变化率的语言变量体系结构的建立

现将模糊控制器的输入值粗糙度误差 e_n 和误差变化率 $\dot{e}_n$ 均分成 7 个等级，并用模糊语言(模糊集)和隶属度进行描述为 NB(负大)、NM(负中)、NS(负小)、Z(零)、PS(正小)、PM(正中)、PB(正大)。

粗糙度误差 e_n 的语言变量体系结构如图 15.11 所示。

误差 e_n 模糊语言分为 NB、NM、NS、Z、PS、PM、PB 等 7 级，7 级误差语言变量的论域在 −1.5～1.5 μm 范围内。正小(PS)级的隶属函数如式(15.4)所示，各隶属函数也可表示为图 15.11 所示的形式。

$$\mu_{PS}(e_n)=\begin{cases}1 & e_n=0.5\\ \dfrac{e_n}{0.5} & 0<e_n<0.5\\ \dfrac{1-e_n}{0.5} & 0.5<e_n<1.0\\ 0 & e_n=0,e_n=1\end{cases} \tag{15.4}$$

粗糙度误差变化率 $\dot{e}_n$ 的语言变量体系结构如图 15.12 所示。

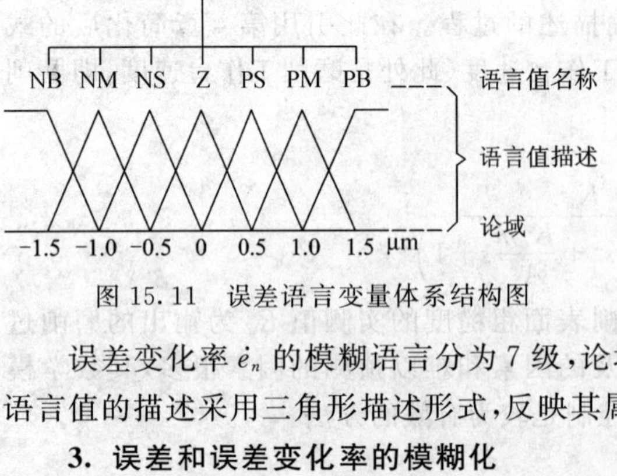

图 15.11　误差语言变量体系结构图

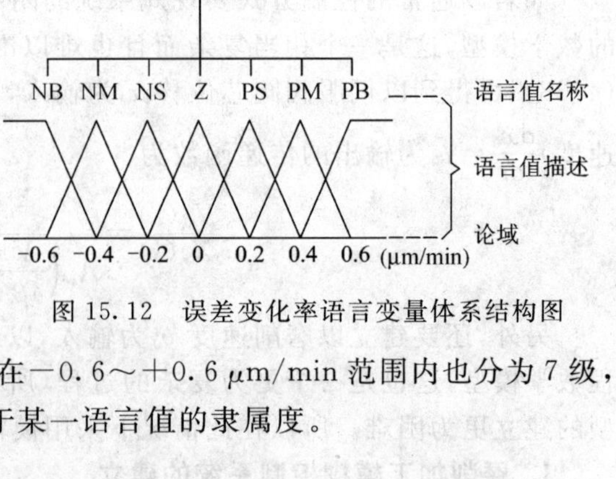

图 15.12　误差变化率语言变量体系结构图

误差变化率 $\dot{e}_n$ 的模糊语言分为 7 级，论域在 −0.6～+0.6 μm/min 范围内也分为 7 级，语言值的描述采用三角形描述形式，反映其属于某一语言值的隶属度。

3. 误差和误差变化率的模糊化

e_n 和 $\dot{e}_n$ 为模糊控制器输入的数值量(清晰量)，要根据上述模糊语言进行模糊化。

例如：当 $e_n=0.8$ 时，则通过图 15.11 语言值的描述可得

$$A=e_n=\frac{0}{\text{NB}}+\frac{0}{\text{NM}}+\frac{0}{\text{NS}}+\frac{0}{\text{Z}}+\frac{0.4}{\text{PS}}+\frac{0.6}{\text{PM}}+\frac{0}{\text{PB}}$$

当 $\dot{e}_n=0.05$ 时，则通过图 15.12 语言值的描述可得

$$B=\dot{e}_n=\frac{0}{\text{NB}}+\frac{0}{\text{NM}}+\frac{0}{\text{NS}}+\frac{0.75}{\text{Z}}+\frac{0.25}{\text{PS}}+\frac{0}{\text{PM}}+\frac{0}{\text{PB}}$$

在模糊集 A 和 B 的各自语言值中，根据模糊算子“or”的运算，则应分别取 PS、PM 和 Z、PS 中的 max 值，所以 A 确定在模糊语言 PM 中，B 则确定模糊语言 Z 中。

4. 磨削进给量的语言变量体系结构的建立

磨削过程的输入（为模糊控制器的输出，即是控制量）即为进给速度 f，f 增大，则 R_a 增大，如果 f 减小，则 R_a 也减小。f 的取值范围根据该机床的实际磨削性能而定。

假设在某一粗糙度范围内，f_u 和 f_e 表示进给速度的上限和下限。其进给速度的变化范围 $\Delta f=f_u-f_e=6$，将 Δf 分为 6 段，7 个等级，如图 15.13 所示。

5. 进给量模糊控制规则的建立

建立磨削进给量的控制策略，即建立双输入（E_n，$\dot{E}_n$）、单输出（ΔF）的模糊控制语言值描述规则表（表 15.3），E_n、$\dot{E}_n$、ΔF 分别为 e_n、$\dot{e}_n$ 和 Δf 的模糊量。

在“若 E_n 且 $\dot{E}_n$ 则 ΔF”的情况下建立规则表。在此必须清楚了解 $\dot{e}_n$ 的含义，$\dot{e}_n=\frac{e_n-e_{n-1}}{T}$，假设图 15.14 为表面粗糙度的误差 e_n 的变化曲线（$e_n=R_a^0-R_a$）如图 15.14 所示，图中 ab 为正，bcd 段为负，df 段为正。在 R_a^0 线以下表示表面粗糙度值小，加工质量好，在 R_a^0 线以上正好相反，所以在制订进给量控制策略时要注意这一点，当然除了质量以外，还要考虑效率的问题，两者综合考虑，将进给速度控制在合理范围之内，使得表面粗糙度逼近 R_a^0。模糊控制规则表如表 15.3 所示。

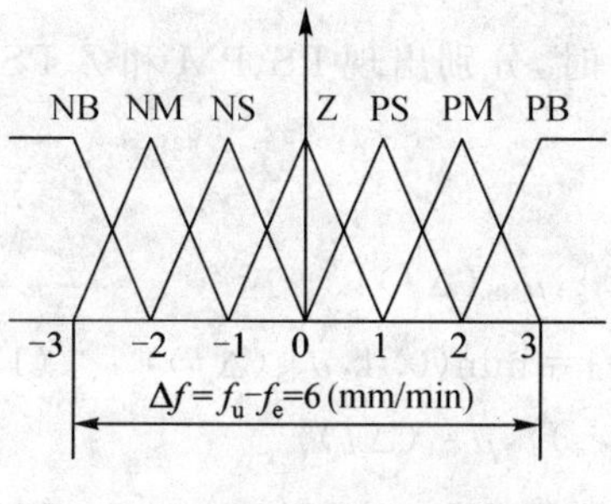

图 15.13　进给速度变化范围语言变量隶属函数标识图

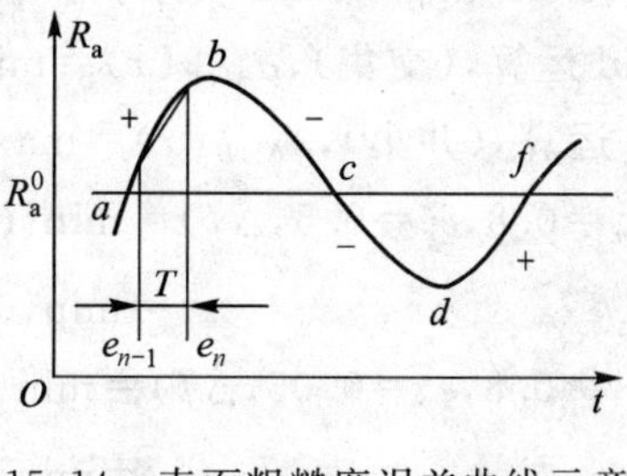

图 15.14　表面粗糙度误差曲线示意图

表 15.3　双输入、单输出进给量模糊控制规则表

E_n \ ΔF \ $\dot{E}_n$	NB	NM	NS	Z	PS	PM	PB
NB	*	PB	PM	PM	PM	PM	PS
NM	PB	PM	PM	PS	PS	PS	PS

续表

ΔF \ $\dot{E}_n$ / E_n	NB	NM	NS	Z	PS	PM	PB
NS	PM	PM	PS	Z	PS	PS	PS
Z	Z	Z	Z	Z	Z	Z	Z
PS	NM	NM	NM	NS	NS	NM	NB
PM	NM	NM	NM	NM	NM	NB	NB
PB	NM	NB	NB	NB	NB	NB	*

表中符号“*”表示此种状态不会出现，表右下角区是表面粗糙度值最大，如图15.14表面质量呈下降趋势发展的区，此区域必须特别关注，要快速调整进给量使其降低。而左上角区是粗糙度值最低，而且是向表面质量较好发展趋势的区，所以只是从表面粗糙度角度出发进给量可以不调或者少调，但按生产率来说需要调整，保证 R_a^0 即可，调整结果如表15.3所示。

模糊推理和决策的制订是根据操作者经验和对控制系统的深入分析，经过归纳综合后得到的。

6. 模糊控制量的清晰化处理

进给量模糊控制规则的语言叙述为：

$$R_i \quad \text{if} \quad E_n=\text{PS} \quad \text{and} \quad \dot{E}_n=\text{Z} \quad \text{then} \quad \Delta F=\text{NS}$$

$$R_j \quad \text{if} \quad E_n=\text{PM} \quad \text{and} \quad \dot{E}_n=\text{PS} \quad \text{then} \quad \Delta F=\text{NM}$$

以上述 R_i、R_j 为例说明 ΔF 的清晰化如何处理，由 Δf 隶属度标识图15.13可看出，NS、NM相邻有交叉。

利用模糊算子的定义：

如图15.11和图15.12所示，当 $e_n=0.8$ 和 $\dot{e}_n=0.05$ 时，分别出现PS、PM和Z、PS。

① and运算，(交集)，$\mu_{A\cap B}(x)=\min\{\mu_A(x);\mu_B(x)\}$

② or运算，(并集)，$\mu_{A\cup B}(x)=\max\{\mu_A(x);\mu_B(x)\}$

$$\mu_{R_i}(e_n=0.8,\dot{e}_n=0.5,\Delta f)=\min\{\min\{\mu_{\text{PS}}(e_n),\mu_{\text{Z}}(\dot{e}_n)\},\mu_{\text{NS}}(\Delta f)\}$$
$$=\min\{0.4\wedge 0.75,\mu_{\text{NS}}(\Delta f)\}=\min(0.4,\mu_{\text{NS}}(\Delta f)) \tag{15.5}$$

$$\mu_{R_j}(e_n=0.8,\dot{e}_n=0.05,\Delta f)=\min\{\min\{\mu_{\text{PM}}(e_n),\mu_{\text{PS}}(\dot{e}_n)\},\mu_{\text{NM}}(\Delta f)\}$$
$$=\min\{0.6\wedge 0.25,\mu_{\text{NM}}(\Delta f)\}=\min(0.25,\mu_{\text{NM}}(\Delta f)) \tag{15.6}$$

式(15.5)和式(15.6)的运算实质上是将输出模糊集的隶属函数 $\mu_{\text{NS}}(\Delta f)$ 和 $\mu_{\text{NM}}(\Delta f)$ 分别以0.4和0.25的条件满足度截断，形成两个输出多边形，由图15.11、图15.12、图15.13构成的图15.15所示。将该两个多边形面积累加，即得模糊输出

$$\mu(\Delta f)=\max\{\mu_{R_i}(\Delta f),\mu_{R_j}(\Delta f)\}$$
$$=\max\{\min\{0.4,\mu_{\text{NS}}(\Delta f)\},\min\{0.25,\mu_{\text{NM}}(\Delta f)\}\} \tag{15.7}$$

由表15.3得

$$\text{if} \quad E_n=\text{PS} \quad \text{and} \quad \dot{E}_n=\text{Z}, \quad \text{then} \quad \Delta F=\text{NS} \tag{15.8}$$

$$\text{if}\quad E_n = \text{PM}\quad \text{and}\quad \dot{E}_n = \text{PS},\quad \text{then}\quad \Delta F = \text{NM} \tag{15.9}$$

式(15.8)和式(15.9)表示在图15.15中，输出Δf为一多边形面积，必须转化为非模糊值，该过程称为清晰化或称去模糊化，前面已经讲过选择最大隶属度法、取中位数法、加权平均判决法。下面以图15.15所示，用面积重心法进行模糊量的清晰化。

该方法取模糊输出多边形面积重心的横坐标为该模糊输出的非模糊值。

当隶属函数为三角形或矩形时，可采用下式近似计算面积重心，设每一规则输出面积的高为H_i和重心的横坐标为S_i，其面积重心的横坐标位置为

$$S^* = \frac{\sum_{i=1}^{m} H_i S_i}{\sum_{i=1}^{m} H_i} \tag{15.10}$$

图15.15中面积重心近似为

$$S^* = \frac{H_1 S_1 + H_2 S_2}{H_1 + H_2} = \frac{0.4\times(-1)+0.25\times(-2)}{0.4+0.25} = -1.38$$

则工作台进给速度控制量应为　$f = S^* + \frac{f_u - f_e}{2} = -1.38 + \frac{3-(-3)}{2} = 1.62$

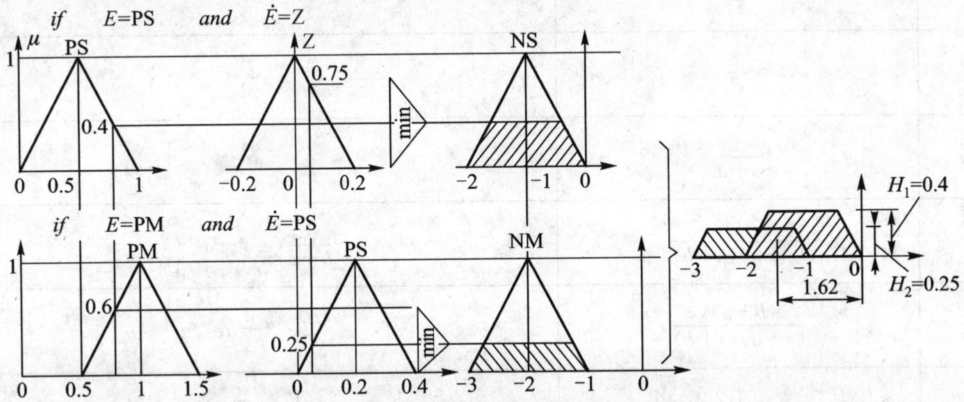

图15.15　面积重心法的模糊量清晰化原理图

模糊控制器的控制效果，可通过观察磨削工件的表面粗糙度R_a来验证。

当系统稳定后改变给定值R_a^0，因为模糊控制器可跟随给定值的变化，使其输出值R_a可自动地改变，使系统恢复到所希望的工作状态，即改变了被加工零件的表面粗糙度值R_a，可通过对加工后零件表面粗糙度值的测量来验证模糊控制器设计的正确性。

要澄清一个误解，似乎模糊控制系统是模糊的、不准确的，实际上，当语言变量、隶属函数、控制规则、模糊推理方法和清晰化方法都确定后，其模糊控制的输入输出关系就是确定的。模糊控制方法是更高层次上模拟人类思维的一种科学而系统的方法。该方法可将那些难以预测、难以量化、难以识别、难以界定、随机性很大的信息用模糊理论描述出来，按其合理的规则和科学的推理方法进行处理，得到切实可行的理想效果，这就是模糊控制微妙之所在。

附 录

附表 1　拉普拉斯变换表

序号	象函数 $F(s)$	原函数 $f(t)$
1	1	单位脉冲 $\delta(t)$ 在 $t=0$ 时
2	$\frac{1}{s}$	单位阶跃 $1(t)$
3	$\frac{K}{s}$	$K(t)$
4	$\frac{1}{s^2}$	t
5	$\frac{1}{s^3}$	$\frac{t^2}{2}$
6	$\frac{1}{s+a}$	e^{-at}
7	$\frac{1}{(s+a)(s+b)}$	$\frac{1}{b-a}(e^{-at}-e^{-bt})$
8	$\frac{(b-a)s}{(s+a)(s+b)}$	$be^{-bt}-ae^{-at}$
9	$\frac{1}{s(s+a)}$	$\frac{1}{a}(1-e^{-at})$
10	$\frac{1}{s^2(s+a)}$	$\frac{1}{a}\left(t-\frac{1-e^{-at}}{a}\right)=\frac{1}{a^2}(e^{-at}+at-1)$
11	$\frac{s+b}{s^3(s+a)}$	$\frac{a-b}{a^2}+\frac{b}{a}t+\frac{1}{a}\left(\frac{b}{a}-1\right)e^{-at}$
12	$\frac{1}{s(s+a)(s+b)}$	$\frac{1}{ab}\left(1+\frac{b}{a-b}e^{-at}-\frac{a}{a-b}e^{-bt}\right)$
13	$\frac{1}{(s+a)^2}$	te^{-at}
14	$\frac{1}{(s+a)^n}$	$\frac{1}{(n-1)!}t^{n-1}e^{-at}$
15	$\frac{a^2}{s(s+a)^2}$	$1-(1+at)e^{-at}$

续表

序号	象函数 $F(s)$	原函数 $f(t)$
16	$\frac{1}{s^3(s+a)}$	$\frac{1}{2a}\left(t^2-\frac{2}{a}t+\frac{2}{a^2}-\frac{2}{a^2}e^{-at}\right)$
17	$\frac{a}{s^2+a^2}$	$\sin at$
18	$\frac{s}{s^2+a^2}$	$\cos at$
19	$\frac{a}{s^2-a^2}$	$\sin hat$
20	$\frac{s}{s^2-a^2}$	$\cos hat$
21	$\frac{s+a}{(s+a)^2+b^2}$	$e^{-at}\cos bt$
22	$\frac{b}{(s+a)^2+b^2}$	$e^{-at}\sin bt$
23	$\frac{a}{s(s^2+a^2)}$	$\frac{1}{a}(1-\cos at)$
24	$\frac{1}{s^2[(s+a)^2+b^2]}$	$\frac{1}{a^2+b^2}\left[t-\frac{2a}{a^2+b^2}+\frac{1}{b}e^{-at}\sin\left(bt+2\arctan\frac{b}{a}\right)\right]$
25	$\frac{1}{(s+a)(s+b)(s+c)}$	$\frac{e^{-at}}{(b-a)(c-a)}+\frac{e^{-bt}}{(a-b)(c-b)}+\frac{e^{-ct}}{(a-c)(b-c)}$
26	$\frac{s+d}{(s+a)(s+b)(s+c)}$	$\frac{(d-a)e^{-at}}{(b-a)(c-a)}+\frac{(d-b)e^{-bt}}{(a-b)(c-b)}+\frac{(d-c)e^{-ct}}{(a-c)(b-c)}$
27	$\frac{abc}{s(s+a)(s+b)(s+c)}$	$1-\frac{bce^{-at}}{(b-a)(c-a)}-\frac{cae^{-bt}}{(a-b)(c-b)}-\frac{abe^{-ct}}{(a-c)(b-c)}$
28	$F_L(s+a)$	$e^{-at}f(t)$
29	$e^{-\tau s}F(s)$	$f(t-\tau)$，　$\tau\Rightarrow KT$
30	$\frac{(a-b)^2+c^2}{(s+b)[(s+a)^2+c^2]}$	$e^{-bt}-e^{-at}\sec\theta\cos(ct-\theta)$　其中 $\theta=\arctan\frac{b-a}{c}$
31	$\frac{[(a-b)^2+c^2](s+d)}{(s+b)[(s+a)^2+c^2]}$	$(d-b)e^{-bt}-(d-b)e^{-at}\sec\theta\cos(ct+\theta)$ 其中 $\theta=\arctan\frac{(d-a)(b-a)+c^2}{(d-b)c}$
32	$\frac{(a^2+c^2)^2}{s^2[(s+a)^2+c^2]}$	$(a^2+c^2)t-2a+2ae^{-at}\sec\theta\cos(ct+\theta)$ 其中 $\theta=\arctan\frac{c^2-a^2}{2ac}$
33	$\frac{(a^2+c^2)^2(s+b)}{s^2[(s+a)^2+c^2]}$	$b(a^2+c^2)t+K^2-K^2e^{-at}\sec\theta\cos(ct+\theta)$ 其中 $K^2=a^2+c^2-2ab$ $\theta=\arctan\frac{aK^2+b(a^2+c^2)}{-cK^2}$

附表 2 拉普拉斯变换的几个重要性质

名称		公式
线性性质		$L[a_1 f_1(t)+a_2 f_2(t)]=a_1 F_1(s)+a_2 F_2(s)$
位移性质	t 域	$L[f(t-a)]=e^{-as}F(s)$
	s 域	$L[e^{at}f(t)]=F(s-a)$
相似性		$L[f(t/a)=aF(as)$
原函数的导数		$L\left[\frac{d^{(n)}}{dt^{(n)}}f(t)\right]=L[f^{(n)}(t)]=s^n F(s)-s^{n-1}f(0)-s^{n-2}f'(0)-s^{n-3}f''(0)\cdots-s^{n-n}f^{(n-1)}(0)$
原函数的积分		$L\left[\int\cdots\int f(t)(dt)^n\right]=\frac{F(s)}{s^n}+\frac{f_{(0)}^{(-1)}}{s^n}+\frac{f_{(0)}^{(-2)}}{s^{n-1}}+\cdots+\frac{f_{(0)}^{(-n)}}{s}$

参考文献

[1] 王显正，范崇讬．控制理论基础．北京：国防工业出版社，1980.

[2] Katsuhiko Ogata．现代控制理论．卢伯英，于海勋，等译．北京：电子工业出版社，2003.

[3] 傅佩琛．自动控制原理．哈尔滨：哈尔滨工业大学出版社，1985.

[4] 卢泽生．工艺过程自动控制．北京：国防工业出版社，1989.

[5] 鄢景华．自动控制原理．哈尔滨：哈尔滨工业大学出版社，2000.

[6] 马长水，叶俊之，李金良．液压伺服控制系统．北京：煤炭工业出版社，1990.

[7] 徐丽娜．神经网络控制．哈尔滨：哈尔滨工业大学出版社，1998.

[8] 赵振宇，徐用樊．模糊理论和神经网络的基础与应用．北京：清华大学出版社，1996.

[9] Martin T. Nagan，Noward B. Demuth，Mark N. Beale．神经网络设计．戴葵，等译．北京：机械工业出版社，2002.

[10] 汤兵勇，路林吉，王文杰．模糊控制理论与应用技术．北京：清华大学出版社，2002.

[11] 王积伟，吴振顺．控制工程基础．北京：高等教育出版社，2001.

[12] 王积伟，陆一心，吴振顺．现代控制理论与工程．北京：高等教育出版社，2003.

[13] 李友善．自动控制原理．北京：国防工业出版社，1983.

[14] 吴振顺．液压系统仿真与 CAD．哈尔滨：哈尔滨工业大学出版社，2000.

[15] 刘豹．现代控制理论．北京：机械工业出版社，1992.

[16] 杨叔子．机械工程控制基础．武汉：华中科技大学出版社，2004.

[17] 陈维山，赵杰．机电系统计算机控制．哈尔滨：哈尔滨工业大学出版社，1999.

[18] 欣内尔斯 SM．现代控制系统．李育才，译．北京：机械工业出版社，1984.

[19] 李人厚．精通 MATLAB 综合辅导与指南．西安：西安交通大学出版社，1998.

[20] 楼顺天．基于 MATLAB 的系统分析与设计：控制系统．西安：西安电子科技大学出版社，1998.

[21] 吴振顺，张健成．控制理论基础及应用．哈尔滨：哈尔滨工业大学出版社，2007.

[22] 吴振顺，韩俊伟．机电液控制系统数字仿真与 CAD．哈尔滨：哈尔滨工业大学出版社，2006.

郑重声明